权威·前沿·原创

皮书系列为
"十二五""十三五"国家重点图书出版规划项目

生态城市绿皮书

GREEN BOOK OF
ECO-CITIES

中国生态城市建设发展报告
（2019）

THE REPORT ON THE DEVELOPMENT OF CHINA'S
ECO-CITIES (2019)

顾　问／王伟光　张广智　陆大道　李景源
主　编／刘举科　孙伟平　胡文臻
副主编／曾　刚　高天鹏　常国华　钱国权

社会科学文献出版社
SOCIAL SCIENCES ACADEMIC PRESS (CHINA)

图书在版编目（CIP）数据

中国生态城市建设发展报告. 2019／刘举科，孙伟
平，胡文臻主编. －－北京：社会科学文献出版社，
2019.12
　　（生态城市绿皮书）
　　ISBN 978 - 7 - 5201 - 5814 - 5

　　Ⅰ. ①中…　　Ⅱ. ①刘… ②孙… ③胡…　　Ⅲ. ①生态城
市 - 城市建设 - 研究报告 - 中国 - 2019　　Ⅳ. ①X321.2

　　中国版本图书馆 CIP 数据核字（2019）第 256328 号

生态城市绿皮书

中国生态城市建设发展报告（2019）

主　　编／刘举科　孙伟平　胡文臻
副 主 编／曾　刚　高天鹏　常国华　钱国权

出 版 人／谢寿光
责任编辑／赵慧英

出　　版／社会科学文献出版社·社会政法分社（010）59367156
　　　　　　地址：北京市北三环中路甲 29 号院华龙大厦　邮编：100029
　　　　　　网址：www.ssap.com.cn
发　　行／市场营销中心（010）59367081　59367083
印　　装／天津千鹤文化传播有限公司

规　　格／开　本：787mm×1092mm　1/16
　　　　　　印　张：25.75　字　数：387 千字
版　　次／2019 年 12 月第 1 版　2019 年 12 月第 1 次印刷
书　　号／ISBN 978 - 7 - 5201 - 5814 - 5
定　　价／178.00 元

本书如有印装质量问题，请与读者服务中心（010 - 59367028）联系

《生态城市绿皮书》为连续出版系列皮书。《中国生态城市建设发展报告（2019）》由兰州城市学院、中国社会科学院、上海大学、华东师范大学等院校主编并发布。

生态城市绿皮书编委会

主要编撰者简介

陆大道　男　经济地理学家，中国科学院院士。中国科学院地理研究所原所长，现任中国科学院地理科学与资源研究所研究员，中国地理学会理事长。

李景源　男　全国政协委员。中国社会科学院学部委员、文哲学部副主任，中国社会科学院文化研究中心主任，哲学研究所原所长，中国历史唯物主义学会副会长，博士，研究员，博士生导师。

刘举科　男　甘肃省人民政府参事，中国社会科学院社会发展研究中心特约研究员，教育部全国高等教育自学考试指导委员会教育类专业委员会委员，中国现代文化学会文化建设与评价专业委员会副会长，兰州城市学院原副校长，教授，享受国务院政府特殊津贴。

孙伟平　男　上海大学特聘教授，中国社会科学院哲学研究所原副所长，中国辩证唯物主义研究会副会长，中国现代文化学会副会长、文化建设与评价专业委员会会长，博士，研究员，博士生导师。

胡文臻　男　中国社会科学院社会发展研究中心常务副主任，中国社会科学院中国文化研究中心副主任，中国林产工业联合会杜仲产业分会副会长，安徽省庄子研究会副会长，特约研究员，博士。

曾　刚　男　华东师范大学城市发展研究院院长，国家自然科学基金委员会特聘专家，中国城市规划学会理事，中国自然资源学会理事、中国地理学会经济地理委员会副主任、长江流域发展研究院学术委员会委员、联邦德国 University Duisburg-Essen 兼职教授，终身教授，博士生导师。

高天鹏 男 甘肃省人民政府参事室特约研究员，甘肃省植物学会副理事长，甘肃省矿区污染治理与生态修复工程研究中心主任，祁连山北麓矿区生态系统与环境野外科学观测研究站负责人，兰州城市学院学术带头人，博士，教授，硕士生导师。

常国华 女 兰州城市学院地理与环境工程学院副院长、副教授，中国科学院生态环境研究中心环境科学博士。

钱国权 男 甘肃省人民政府参事室特约研究员，甘肃省城市发展研究院副院长，兰州城市学院地理与环境工程学院党委书记，教授，人文地理学博士。

摘　要

2019 年是中华人民共和国成立 70 周年。习近平总书记在十九大报告中指出，要在全党开展"不忘初心、牢记使命"主题教育，推动全党更加自觉地为实现新时代党的历史使命不懈奋斗。这对实现"两个一百年"奋斗目标、实现中华民族伟大复兴的中国梦，具有十分重大的意义。《中国生态城市建设发展报告》也已走过了近十年的研创发布历程。牢记使命，始终把生态城市建设作为重要使命，坚持绿色发展，为广大人民群众建设更加美好的生产生活环境、享有美丽宜居环境，为推进城乡一体化发展做出自己的贡献。

过去一年里，国家持续加大污染防治力度，改革完善相关制度，协调推动高质量发展与生态环境保护。提出 2019 年二氧化硫、氮氧化物排放量要下降 3%，化学需氧量、氨氮排放量要下降 2%。重点地区细颗粒物（PM2.5）浓度要继续下降。持续开展京津冀及周边、长三角、汾渭平原大气污染治理攻坚。重点实施对空气、水、土壤的治理和保护工作。加强生态系统保护修复。

《中国生态城市建设发展报告（2019）》深入贯彻习近平新时代中国特色社会主义生态文明思想，仍然坚守与秉持以人为本、绿色发展的理念，坚持循环经济、低碳生活、健康宜居的发展观，牢固树立和践行自然、绿色、健康、生态的社会主义生态文明价值观，以服务城镇化建设、提高居民幸福指数、实现人的全面发展为宗旨，以更新民众观念、提供决策咨询、指导工程实践、引领绿色发展为己任，把生态文明理念全面融入城镇化建设进程中，处理好人与自然的关系，推动绿色循环低碳发展的生产生活方式全面形成。我们依据生态文明理念和生态城市建设指标体系，坚持全面考核与动态

评价相结合，运用大数据技术，建立动态评价模型，对国内 284 个地级及以上城市进行了全面考核与健康指数评价排名；坚持普遍性要求与特色发展相结合的原则，对地方政府生态城市建设投入产出效果进行了科学评价与排名，评选出了生态城市特色发展 100 强。从评价结果看，建成区人均绿地面积由 2016 年的 15.01 平方米提高到了 2017 年的 15.71 平方米，增加了 0.7 平方米。单位 GDP 工业二氧化硫排放量由 2016 年的 1.76 千克/万元下降到 2017 年的 1.26 千克/万元，下降了 0.5 千克/万元。单位 GDP 综合能耗由 2016 年的 0.85 吨标准煤/万元下降到 2017 年的 0.82 吨标准煤/万元，下降了 0.03 吨标准煤/万元。例如北京 2018 年蓝天保卫战"成绩单"喜人，年平均优良天数比例达到 62.2%，PM2.5 浓度为 51 微克/立方米，同比下降 12.1%，重污染天数 15 天，比 2017 年减少 9 天。

中国的生态城市建设已经进入城市群阶段。城市群内部的生态城市协同建设成为新的聚焦点。生态城市建设发展不充分、不平衡问题依然突出，特别是新一轮西部大开发建设中，亟须"形成若干新的大城市群和区域性城市群"。近期《中共中央、国务院关于新时代推进西部大开发形成新格局的指导意见》指出：要"因地制宜优化城镇化布局与形态，提升并发挥国家和区域中心城市的功能和作用，推动城市群高质量发展和大中小城市网络化建设"。以推进东西部城市协调发展。

本报告有针对性地进行"分类评价，分类指导，分类建设，分步实施"，指出了各个城市绿色发展的年度建设重点和难点。在案例研究基础上，继续发布了"双十"事件，对国家城市群的生态城市协同建设、大都市圈的协同建设研究等核心问题进行了深入探讨，提出了对策建议。

绿色发展人人有责，贵在行动、成在坚持。我们要共同努力，实现建设美丽中国目标。

关键词：生态城市　绿色发展　健康宜居　城市群建设

Abstract

This year marks the 70th anniversary of the founding of the People's Republic of China. In the 19th National Congress of the Communist Party of China, General Secretary Xi Jinping noted thatwe would launch activities in CPC under the theme of "remain true to our original aspiration and keep our mission firmly in mind", and we would move forward to work tirelessly to realize the historic mission of the Communist Party of China in the new era. This is of great significancefor us to achieve the two centenary goals, and realize the Chinese Dream of national rejuvenation. Our research and publication of *The Report on the Development of China's Eco-cities*have lasted for nearly ten years. During the past ten years, we have kept our mission—constructing the eco-cities firmly in mind. Acting on the principle of green development, we alwaysstrive to create better working and living environments for the people, and let them enjoy a beautiful and livable environment. We also promote the coordinated development of urban and rural areas in China.

In the past year, the governmenthas continued the efforts to prevent and control the environmentalpollution, renovate and improve the related system, and coordinate and promote the high quality of development and the protection of ecological environment. According to the report, in this year, both sulfur dioxide and oxynitride emissions are expected to decline by 3 percent; both chemical oxygen demand and ammonia nitrogen emissions are expected to decline by 2 percent; and there will be a sharp decline in the density of fine particulate matter, or PM2.5, in key areas. The tough battle will be sustained to prevent and control the air pollution in the Beijing-Tianjin-Hebei regions and its surrounding region as well as Yangtze River Delta and the Fenhe-Weihe Plain. The goverance and protection of air, water and soil will be propelled in all respects. Also, the protection and restore of the ecosystem will be strengthened.

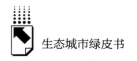

The Report on the Development of China's Eco-cities (2019) thoroughly implements President XiJinping's Thought on the ecological civilization of Socialism with Chinese Characteristics for a New Era, and continues to uphold the development conceptions of people oriented, green development, circular economy, low-carbon life and city's habitability for people. The report gains a strong understanding of and put into practice the value of socialist ecological civilization—natural, green, healthy and ecological. In the meantime, the report still aims to serve the development of urbanization, improve people's happiness index and help human beings to achieve a comprehensive development. It tries to upgrade the general public's ecological awareness, provide decision-making consultation and guidance of engineering practices for the eco-city's construction, as well as to advocate and lead the green development. By integrating the concept of eco-cities into the progression of urbanization, the report focuses on the harmonious relationship between man and nature, and intends to help cultivate a green, circular, and low-carbon way for people's production and life. According to the notion of ecological civilization and eco-city index system, the report has built a dynamic evaluation model by using Big Data technologies, to comprehensively evaluateand sort 284 prefecture-level and above cities in China with health index. Then, taking general demands and featured purposes into consideration, the report ranks these cities in accordance with the scientific evaluation of local government's input in eco-city construction and its output effects. By means of the evaluation model, top 100 eco-cities of "featured development" are selected. According to the result of our evaluation, from 2016 to 2017, the per capita green area of urban built-up area has risen from 15.01 square meters to 15.71 square meters, increasing by 0.7 square metres; sulfur dioxide emissions per unit of GDP has dropped from 1.76 kilograms per 10000 yuan of GDP to 1.26 kilograms per 10000 yuan of GDP, falling by 0.5 kilograms; energy consumption per unit of GDP has fallen from 0.85 tons of standard coal (SCE) per 10000 yuan of GDP to 0.82 tons of SCE per 10000 yuan of GDP, decreasing by 0.03 tons. For instance, Beijing has been fairly successful in making our skies blue again in 2018: the proportion of average number of days with good air quality in last year has increased to 62.2%; the density of PM2. 5 has decreased to 51 micrograms per cubic meter, falling by 12. 1% year-on-year; the number of days with hazardous quality has been reduced from 15 days to 9 days in 2017.

The construction of eco-cities in China has entered into the stage of city clusters. So the coordinated construction of eco-city inside the city clusters has become a new focus point. However, the problem of the inadequate and unbalanced development of eco-city construction is still acute, especially in the new round of the development of the western region. As a result, it is urgent to "form some new big city clusters and regional city clusters". Recently, *Guidance of the CPC Central Committee and the State Council Pertaining to Speeding up Reaching a New Stage in the Large-scale Development of the Western Region in a New Era*noted that we should improve the arrangement and form of urbanization to suit the local conditions, promote and perform the functions of national and regional central cities, and at the same time, promote the high-quality development of city clusters and the network of cities and towns. All these measures will help us advance the coordinated development of the cities ineastern and western China.

The report follows the principle of " categorized evaluation, categorized guidance, categorized construction and phased implementation", and points out the key targets and the challenges for the annual construction work in the green development of each city. Based on these case studies, the report continues its release of the "double-ten" typical cases of eco-cities construction (the top ten successful and top ten failed cases of ecological construction in China). In the report, essential issues concerning the coordinated development of eco-cities of national city clusters, research on the coordinated construction of metropolitan regionand so on have been explored in depth as well, and accordingly, measures and suggestions have been proposed.

Everyone bears his share of the responsibility for green development. The success relies on our actions and persistance. Let us work together to realize our goal of building a beautiful China.

Keywords: Eco-cities; Green Development; Healthy and Habitable; Construction of City Clusters.

目　录

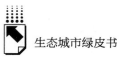

Ⅳ　核心问题探索

Ⅴ　附　录

皮书数据库阅读使用指南

CONTENTS

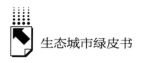
Ⅳ   Studies on Key Issues

V   Appendices

序言　守护绿水青山　夯实生态之基

李景源

生态文明建设事关"两个一百年"奋斗目标和中华民族伟大复兴中国梦的实现。2012年，党的十八大做出了"大力推进生态文明建设"的战略决策，强调"把生态文明建设放在突出地位，融入经济建设、政治建设、文化建设、社会建设各方面和全过程，努力建设美丽中国，实现中华民族永续发展"。2015年，党的十八届五中全会将"绿色"作为五大发展理念之一提出。2017年，党的十九大报告将坚持人与自然和谐共生作为坚持和发展中国特色社会主义的基本方略，要求必须树立和践行绿水青山就是金山银山的理念，实行最严格的生态环境保护制度，形成绿色发展方式和生活方式，坚定走生产发展、生活富裕、生态良好的文明发展道路，建设美丽中国，为人民创造良好的生产生活环境。

一　中国生态城市规划建设转型发展的背景及意义

中国经济、政治、文化和社会等方面活动的中心在城市，其在党和国家全局工作中占有非常重要的地位。自20世纪实行改革开放以来，中国经历了人类历史上最大规模、最快速度的城镇化进程，其发展呈波澜壮阔态势，已经取得了令人瞩目的成就。城市发展辐射带动了经济社会的全面发展，城市建设成为现代化建设的重要引擎。

跨入新时代，中国城市发展也步入新的发展阶段。早在2015年中央城市工作会议上，习近平总书记即做出了重要战略部署，要求"统筹规划、建设、管理三大环节，提高城市工作的系统性。城市工作要树立系统思维，

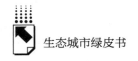
从构成城市的诸多要素、结构、功能等方面入手，对事关城市发展的重大问题进行深入研究和周密部署，系统推进各方面工作"。"城市发展不仅要追求经济目标，还要追求生态目标、人与自然和谐的目标，树立绿水青山就是金山银山的意识，强化尊重自然、传承历史、绿色低碳等理念"。所以，从生态文明角度重新审视城市规划建设层面面临的一系列问题，深入解读转型发展理念与原则，对今后的工作实践，具有重大的指导意义。

二　当前中国生态城市规划建设领域存在的主要问题

中国进行的城镇化，既要满足人民日益增长的物质财富和精神财富的美好生活需要，也要满足人民日益增长的更多优质生态产品以及优美生态环境的需要，是绿色的城镇化和以人为本的城镇化。目前，中国生态城市建设仍然处于探索阶段，符合中国实际的生态城市规划设计原理和实践经验亟待进一步研究和积累，现在主要存在以下几方面突出问题。

（一）中国生态城市规划建设的思路不尽相同

近年来，生态城市建设在全国各地已经深入人心，然而鉴于各地经济基础、环境条件的不同，以及中央有关部门的顶层设计、地方政府开发建设目标差异等因素，生态城市建设在实践中的概念界定、工作思路方面存在较大差异，尽管也确定了一些生态示范城市、生态园林城市与区域，但具体工作机制不尽相同。在更大范围内贯彻生态城市建设的政策及保障措施有待完善，试点示范的经验转化存在瓶颈，需要更新城市规划建设的有关原则和理念，进一步明确思路。

（二）中国生态城市协同建设缺乏内生动力

每一个城市，在加入城市群建设之前，都有一套自成体系的发展模式和规划，在城市群协同建设过程中，城市原规划与城市群规划相抵触的现象屡见不鲜。在协同问题上，相邻城市自然地理环境相似，势必会出现产业布局及发展利益的冲突，当涉及城市自身核心利益的时候，各参与城市往往畏首畏尾，不愿意合作。各城市由于天然禀赋不同，对资源的掌控能力各不相同，对待城市群的态度也不一样。

中国整体生态环境不容乐观，流域发展不平衡问题突出。绝大多数城市并未实现自身经济发展及生态保护的良性循环，参与城市群建设，多是出于自身利益考虑，主要是为了解决自身发展问题。各个城市都想把污染产业转移出去，把经济建设搞上来。参与生态城市协同建设的各方，利益得失不同，对待已经签署的合作协议的态度也各不相同。得到利益的城市往往实施协议的积极性高，推进速度快，而失去利益的城市往往会采取各种借口拖延甚至抵制协议的实施。随着城市群的发展，这种恶性循环的弊端被进一步放大，加之顶层设计不健全，产业结构和空间布局不合理，城市功能分工不明确，不科学，错位竞争不畅，影响了城市群整体效能的发挥。

（三）中国生态城市规划的执行力欠缺

中国大多数城市在确定生态城市发展思路后，均制定了包含生态城市的发展目标、建设原则以及建设步骤等一系列内容的建设规划。这些规划成为生态城市建设的指导思想。但不少城市在生态化建设过程中，却存在落实生态城市规划不力的现状，甚至不少城市的生态化建设与其生态城市规划相背离。其一是因为生态城市规划不接地气，过于宏观，操作性不强，难以发挥应有的作用；其二是生态城市规划缺乏整体和长远预测，未考虑到生态城市建设中可能出现的问题，严重阻碍了科学规划和有序建设；其三是规划实施过程中缺乏数据监测与过程监管，问题反馈与目标纠偏机制不完善。

（四）生态城市规划的公众参与机制不健全

公众参与涉及公众对生态城市的规划、建设和管理的知情权、参与权、表达权和监督权。生态城市建设的最终受益者是社会公众，但在生态城市规划建设与运营环节，政府和开发建设单位是其主要参与者，公众参与只是象征性的，社会组织很少能发挥协调作用。究其原因，其一是生态城市建设是一个漫长的

过程，短期内难以收到成效，公众参与积极性不高；其二是在生态城市的建设中，公众的生态意识还未真正建立起来，很少参与有关生态城市建设规划的活动。因此，公众参与机制的建立与完善是建设生态城市的迫切需求，鼓励广大市民与各种社会组织积极参与，是中国生态城市建设中有待改进的地方之一。

三　中国生态城市规划建设的基本理念

生态城市的规划建设必须采用系统的科学研究方法，制定规划与计划，并推进实施。尤其要把握阶段性和长远性，处理好整体和局部、大系统和小系统的关系，统筹制定总体战略和实施策略。

（一）突出城市设计，彰显生态特色

城市设计强调城市规划布局、城市面貌和城镇功能，特别是聚焦城市公共空间。其研究方法多样，研究范围广泛，研究内容灵活，能够应对遇到的不同问题并选择恰当的分析工具，形成具有一定针对性的技术路线，不受法定规划的时效限制，成果的表现形式直观易懂。城市设计作为一种介于城市规划和建筑学之间的三维工具，弥补了城市规划形态研究不足的缺憾，在规划和建设决策的前期阶段被广泛应用。而绿色城市设计就是在城市规划和建设中基于生物气候条件确定城市设计策略与方法。

在生态城市规划中，应把城市当作生命有机体，秉承生态友好的城市设计原则，以区域生态环境为背景，研究与城市空间相适宜的规划设计策略。要严守"生态底线"，落实生态保护红线、永久基本农田、城镇开发边界三条控制线划定，统筹推进"多规合一"。要按照促进生产空间集约高效、生活空间宜居适度、生态空间山清水秀的总体要求，形成生产、生活以及生态空间的合理结构，提高土地的利用效率。

（二）开展城市双修，提高环境质量

城市双修是指生态修复、城市修补。其中，生态修复旨在有计划、有步骤地修复被破坏的山体、河流、植被，重点是通过一系列手段恢复城市生态系统的自我调节功能；城市修补的重点是不断改善城市公共服务质量，改进市政基础设施条件，发掘和保护城市历史文化和社会网络，使城市功能体系及其承载的空间场所得到全面系统的修复、弥补和完善。

城市建设要以自然为美，把好山好水好风光融入城市，使城市内部的水系、绿地同城市外围河湖、森林、耕地形成完整的生态网络。要保留城市原有的沿湖沿河、山体林地等生态区域和自然痕迹，优先保障绿地公园用地，依托区内主要水系打造绿化生态系统，满足生态多样化和人性化景观的要求。要大力开展生态修复，让城市再现绿水青山。要因地制宜推行海绵城市建设模式。通过对海绵城市的精心设计和悉心管理，可以大幅度减少防洪压力，控制面源污染，特别是城市水体环境污染，整体改善水生态环境，实现投资少、效益好的综合成果。同时，生态城市应广泛建设城市地下综合管廊，建设综合管廊能够减少由管线铺设与维修造成的城市经常性的"开膛破肚"，能够降低能耗和材料损耗。

（三）发展绿色建筑，降低资源消耗

绿色建筑是生态城市的最基础性构成元素，没有绿色建筑就没有绿色生态城市。绿色建筑是指在建筑的全寿命周期内，最大限度地节约资源，包括节能、节地、节水、节材等，保护环境和减少污染，为人们提供健康、舒适和高效的使用空间，与自然和谐共生的建筑物。绿色建筑技术注重低耗、高效、经济、环保、集成与优化，是人与自然、现在与未来之间的利益共享，是可持续发展的建设手段。

发展绿色建筑就是要以人为本，着力解决中国建筑业高资源消耗、高环境负荷和低质量供给几大问题。新时代高质量绿色建筑应符合"五化"理念，即人性化、本土化、低碳化、长寿化、智慧化。人性化是指更加注重从人的需要出发，创造出安全、健康、舒适、自然、优美的室内外环境，使人有更多的获得感。本土化是指更加注重发挥建筑设计的重要作用，赋予建筑天然绿色的基因并体现地域文化特征。低碳化一是更加注重建筑全生命期，

从重点关注运行过程拓展到关注建筑的建造、运行、改造、拆解等各个阶段；二是更加注重全面，从重点关注节能拓展到关注节能、节地、节水、节材等方面。长寿化就是要更加注重延长建筑寿命，这是节约能源资源、降低能源负荷的最有效的方法。智慧化是指注重以信息技术为支撑，并且综合运用信息技术提高建筑功能和智能化精细化的技术管理水平，最终为使用者的工作和生活提供便利。

四　中国生态城市规划建设转型发展的思考

笔者针对中国生态城市规划建设方面存在的突出问题，并结合生态城市规划建设的有关理念和原则，提出几点建议。

（一）因地制宜，严格规划管控

每个城市应从本地实际出发，结合地理位置、自然条件以及历史文化传统，因地制宜、合理确定城市风格。既要充分了解本地亟须解决的问题，也要客观评估本地的潜在优势。只有这样，才能在生态城市建设中充分发挥本地优势，解决城市化进程中出现的问题，实现经济、社会和环境效益的统一。

科学、合理的规划是建设生态城市的前提和基础，是政府部门做出决策的重要依据。城市规划要立足现实，着眼未来，在制定中要充分考虑到空间、人口、资源、经济、社会、环境等方面的因素，要尽可能做到详细、全面、科学和系统。在编制过程中，要广泛征求意见，最终形成具有可操作性和较为完善的城市规划方案。城市规划一旦确定，就要保持规划的权威性，依法定程序执行和修改完善，而不能随意变更，要"一张蓝图干到底"。政府各个部门的工作计划、项目立项审批等都要以生态城市规划为出发点和落脚点，进一步细化，把规划化为行动，保证规划的有序推进。

（二）顶层设计，推进协同建设

在制定生态城市协同建设发展规划的时候，要主动与国家层面的规划相衔接，与城市原本的发展规划相协调和衔接。建立统筹城市群内部各城市的权威机构，协调城市之间的协同建设问题，避免城市发展的无序状态甚至恶性竞争。

推进区域基本公共服务一体化进程，逐步实现基本公共服务异地共享标准一致。加强"同城化"合作，努力实现公共服务在省际、市际的均衡化、平等化。继续推进城市群内部交通一体化，优化公路网、铁路网等交通枢纽的建设和布局，快速推进交通信息资源的整合共享。要加强跨区域生态管控合作，建立和完善城市群内部环保情况通报制度，统一环境保护标准，强化污染监测技术研究，加快实现环境监测数据的互通和共享。

（三）突出重点，协调城乡发展

生态城市规划建设要突出重点，要把城市中心的规划建设作为突破口。城市中心区域基础设施相对比较发达，经济发展水平相对较高，具备了建设生态城市的硬性条件。城市中心区域的发展对于迅速提升整个城市的生态水平具有"立竿见影"的效果，因此生态城市的建设应该率先在城市中心区域打开局面，要让人民群众真正体会到生态城市建设带来的好处，亲身体验到一个优美、安全、舒适的工作和生活环境。

建设生态城市要协调城乡发展问题，把农村地区的建设作为生态城市建设的着力点。农村地区的生态化水平在整个城市的生态化中起着决定性作用，没有农村的生态化，也就没有整个城市的生态化。相对于城市，农村地区基础设施落后，人们的环境保护意识还不够强，这也是生态城市建设的重点和难点。新农村建设一定要走符合农村发展实际的路子，遵循乡村自身发展规律，充分体现农村特点，注意乡土味道，保留乡村风貌，留得住青山绿水，记得住乡愁。要依托现有区域优势、历史文化特色和村庄特色，保护好现有生态底色和文化底蕴，还原乡村质朴面貌。要因地制宜搞好农村人居环境综合整治，改变农村许多地方"污水乱排、垃圾乱扔、秸秆乱烧"的脏乱差状况，给农民一个干净整洁的生活环境。要积极推进农村生活垃圾治理和农村生活污水治理，推动农村人居环境升级。

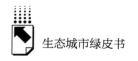

（四）政府引导，增强公众参与

生态城市建设是一个复杂而系统的工程。生态城市规划建设水平在很大程度上取决于地方政府的主导作用。政府要在生态城市建设中发挥好"组织者"与"协调者"的作用。既要把有限的人力、物力和财力配置到生态城市建设最需要的地方，又要协调好眼前利益和长远利益的关系、经济发展和环境质量的关系、人与自然的关系、城市与农村的关系等方面。

加快生态城市建设，必须提高公众参与度。公众参与程度决定了生态城市建设的广度和深度。生态文明建设同每个人息息相关，每个人都应该做践行者、推动者。要加强生态文明宣传教育，增强全民生态意识，在全社会树立生态文明理念，形成全社会共同参与的良好风尚。加强对社会公众的知识普及，促进社会公众对生态城市规划建设的理解与支持。

综上，生态城市建设的发展空间巨大。要以习近平新时代中国特色社会主义思想为指导，牢固树立五大发展理念，深入贯彻习近平生态文明思想，站在党和国家事业发展全局的高度，践行"绿水青山就是金山银山"的理念，处理好经济发展与环境保护的关系，坚持人与自然和谐共生，坚持为人民创造良好生产生活生态环境，让天更蓝、山更绿、水更清、环境更优美，稳步推进中国生态城市建设事业健康发展。

总 报 告

General Report

G.1
中国生态城市建设发展报告

刘举科　孙伟平　胡文臻　李具恒*

生态城市是未来城市发展的趋势，是中国城镇化发展的必由之路。当今，城市绿色发展转向城市群的绿色发展，① 中国的生态城市建设已经进入城市群阶段，转向以天蓝、地绿、水净为特质的高质量发展阶段。

2012～2018 年的《生态城市绿皮书：中国生态城市建设发展报告》界定、延续并丰富着生态城市的内涵，即生态城市是依照生态文明理念，按照生态学原则建立的经济、社会、自然协调发展，物质、能源、信息高效利用，文化、技术、景观高度融合的新型城市，是实现以人为本的可持续发展

---

* 李具恒，男，教授，经济学博士后，兰州城市学院商学院院长，主要从事应用经济学的教学与研究。

① 卢中原、李晓西、赵峥等：《亚太城市绿色发展研究报告》，《中国发展观察》2017 年第 Z1 期。

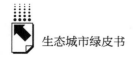
的新型城市，是人类绿色生产、生活的宜居家园。①② 随着十九大报告的出台和生态城市建设实践的丰富，我们将继续聚焦生态城市新理念，关注生态城市建设新进展，探求生态城市建设新路径。

本报告承继历年《中国生态城市建设发展报告》的逻辑思路，凝聚学界最新研究成果，汲取社会各界的思想精华，渗透中国生态城市建设的最新理念，延续 2017 年以来改进确定的环境友好型、绿色生产型、绿色生活型、健康宜居型和综合创新型五类生态城市类型，动态完善生态城市建设评价指标体系和动态评价模型，综合并分类评价全国生态城市建设和发展状况，最后提出中国生态城市建设的靶向路径，即：领悟习近平关于绿色发展重要论述的真谛，谋求生态城市科学发展；以绿色治理助推公园城市建设，促进生态城市高质量发展；建立健全城市建设质量标准体系，支撑生态城市高质量发展；因地制宜凸显生态城市地域特色，助推五类城市高质量发展。

一 中国生态城市建设的时代诉求

随着时代的变迁，城市运行的指导理念发生了动态变化。生态文明时代赋予了生态城市建设新理念、新内容和新定位。中国城市发展已进入了新时代，"十四五"规划研究也已启动，新型城镇化持续推进，城市群相继崛起，都市圈建设政策出台，大湾区经济快速发展，中心城市全国布局、快速交通网络延伸拓展、城市经济创新驱动等都在重新塑造着中国城市的面貌。③ 新时代，公园城市再次升华了城市发展理念，生态城市的高质量发展成为时代诉求。

（一）绿色发展是城市高质量发展的时代诉求

习近平总书记曾指出，"绿色发展和可持续发展是当今世界的时代潮

---

① 刘举科：《生态城市是城镇化发展必然之路》，《中国环境报》2013 年 6 月 20 日。
② 李景源、孙伟平、刘举科：《生态城市绿皮书：中国生态城市建设发展报告（2012）》，社会科学文献出版社，2012。
③ 张涵：《以人为本促进城市高质量发展》，《中国国情国力》2019 年第 7 期。

流"，其"根本目的是改善人民生活环境和生活水平，推动人的全面发展"。这是从世界观和发展理念高度的精准概括。实现绿色发展是新时代人民对美好生活的殷切期盼，是建设生态文明、构建高质量现代化经济体系的必然要求，也是当代国际社会发展的共识和潮流，① 是发展观的一场深刻革命。绿色发展的核心是尊重自然，通过实现人与自然的和谐来促进人与人、人与社会关系的和谐，最终实现人类的可持续发展，这是人与自然和谐共生的本质所在。为此，需要牢固树立人类命运共同体、人与自然的命运共同体的理念，追求人与自然和谐共生。

绿色发展是一种可持续发展模式，是人类社会文明演进的高级形态，在状态上要求可持续发展，在速度上要求生态循环，在效率上要求低碳高效。② 绿色发展过程是开放的、环状的、非线性的螺旋式上升过程；绿色发展是绿色驱动机制驱动的持续性、阶段性、不平衡和非均匀发展；绿色发展是依托绿色技术的传承和跃迁而实现的跳跃式发展；绿色发展的价值导向是价值增值和可循环的过程，最终解决的是人地协调问题；绿色发展的目标是实现人的全面发展，核心在于制度创新和政策工具的选择。③

绿色生态是一种最具持久性和竞争力的发展优势，是市场竞争最有效的砝码和手段，是难以取代的优质资产，是特殊的资本存在，④ 必须树立绿水青山就是金山银山的发展理念。习近平总书记指出："我们既要绿水青山，也要金山银山。宁要绿水青山，不要金山银山，而且绿水青山就是金山银山。"科学表述深入揭示了生态环境建设与中国经济发展之间、生态环境与生产力之间的辩证统一关系，其根本指向就是坚持绿色发展，实现人与自然和谐共生。"绿水青山就是金山银山"理论破解了如何正确处理生态环境保护与生产力发展关系的难题，是合理处理经济社会发展与生态环境保

---

① 李百汉：《推动绿色发展需抓住五大"着力点"》，《经济日报》2019 年 7 月 19 日。
② 刘耀彬、袁华锡、胡凯川：《中国的绿色发展：特征规律·框架方法·评价应用》，《吉首大学学报》（社会科学版）2019 年第 4 期。
③ 刘耀彬、袁华锡、胡凯川：《中国的绿色发展：特征规律·框架方法·评价应用》，《吉首大学学报》（社会科学版）2019 年第 4 期。
④ 李百汉：《推动绿色发展需抓住五大"着力点"》，《经济日报》2019 年 7 月 19 日。

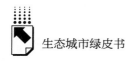

护之间关系的基本准则，始终坚持尊重自然、顺应自然、保护自然的思维
和行为逻辑。

城市绿色发展是城市高质量发展的时代诉求。城市是各类要素空间集聚
的地域共同体，是人与自然共生共存的生命共同体，是历史文化与城市精神
生长发育的价值共同体。[①] 城市绿色发展是一种全新的发展模式，在追求经
济可持续增长的过程中观照自然环境系统、经济系统和社会系统耦合的城市
复合系统的协调健康发展。[②] 城市高质量发展，是生产、生活、生态空间协
同的以人为本的城市化，即生产要生态，生活亦生产，生态保障宜居宜
业[③]。城市化高质量发展，是城市经济、人口与资源环境的均衡发展，是将
"经济发展、人的全面发展、可持续发展"实现于一定空间内的"空间均衡
发展"，既有财富增加，也有财富公平共享，还能保持自然再生。[④] 可见，
城市绿色发展和城市高质量发展共同追求建立人与自然的命运共同体，追求
人与自然和谐共生。

新时代，推动城市高质量发展需要聚焦精细、协调、活力、厚实、温馨
五个关键词。高质量发展的城市应当是生产功能、生活功能和生态功能的有
机结合体。在高质量发展前提下的"三生"协调，是要坚持绿色发展的理
念，把绿色作为经济社会活动的底色，融入生产格局和生活方式之中。城市
的高质量发展必须以人民为中心推进物质文明、精神文明的发展和协调，实
现城市和农村的协调。[⑤] 产业的活力、人的创新创造活力、体制机制的活
力、良好的营商环境为城市高质量发展注入了活力。平台、服务、国际化、
逆向、特色和生活环境是创新型城市的标志。[⑥] 坚实的产业体系、紧凑的城
市格局、坚而智的基础设施、深厚的人文底蕴构成城市高质量发展的厚实基

---

① 姚龙华：《城市高质量发展需要城市更新"升级版"》，《金融咨询》2019年2月26日。

② 杨伟民：《树立空间发展理念　推进城市化高质量发展》，中国网，2019年6月12日。

③ 潘家华：《公园城市　城市高质量发展的理论与实践创新》，《成都日报》2019年2月27日。

④ 杨伟民：《树立空间发展理念　推进城市化高质量发展》，中国网，2019年6月12日。

⑤ 范恒山：《紧扣城市高质量发展五个关键词》，《解放日报》2019年8月2日。

⑥ 刘燕华：《中小城市高质量发展：怎么看，怎么办》，中国经济网，2019年3月1日。

础。人文与自然和谐交融的温馨，让广大市民有明显的获得感，是城市质量的生动写照。

将绿色发展理念全面融入城市发展的全过程，是市民的热切期待和共同诉求。城市是实施绿色发展的区位重点，发展的根基，在于坚守绿色与发展协同推进，实现青山和金山兼得。应以城市产业转型升级为重点，以生态修复肌理涵养为引领，探索经济生态化和生态经济化两种路径，在绿色、低碳、循环的道路上实现更高水平、更高品质、更深内涵的绿色发展。①

（二）公园城市体现绿色发展理念的最新要求

2018 年 2 月，习近平总书记在四川视察天府新区时指出："天府新区要突出公园城市特点，把生态价值考虑进去，努力打造新的增长极，建设内陆开放经济高地。""公园城市"的提出兼具"以人民为中心"和"绿色发展"的天然内涵，顺应了高质量发展的必然趋势，② 是对传统城市发展理念的升华，是对城市建设发展要体现绿色发展理念的最新要求，也是对新时代中国城市高质量发展提出的新路径和新模式。③ 习近平总书记提出的公园城市，指明了新时代中国城市如何全面统筹生产、生活、生态空间的发展新方向，标定了城市高质量发展的全新内涵，必将为全世界化解"城市病"贡献出鲜明普世的中国方案、中国经验和"中国范本"。④

1898 年，埃比尼泽·霍华德在其出版的《明日之城：通往真正改革和平之路》一书中，提出了"田园城市"（Garden City）的概念，这是"公园城市"规划的思想起源。从"田园城市"开始，英国"国家公园城市"谢尔菲德、美国"翡翠都市"波士顿、新加坡"花园城市"、澳大利亚"大洋

---

① 刘红梅：《推进城市绿色发展》，《青海日报》2018 年 2 月 26 日。
② 史云贵、刘晓君：《绿色治理：走向公园城市的理性路径》，《四川大学学报》（哲学社会科学版）2019 年第 3 期。
③ 潘家华：《公园城市 城市高质量发展的理论与实践创新》，《成都日报》2019 年 2 月 27 日。
④ 潘家华：《公园城市 城市高质量发展的理论与实践创新》，《成都日报》2019 年 2 月 27 日。

洲花园"堪培拉等，都进行着"公园城市"的实践。2018年3月初，成都明确提出将加快建设美丽宜居公园城市，《成都市城市总体规划（2016～2035）》充分体现"公园城市"新理念，开始了中国"公园城市"的实践，[①] 深圳市的"公园之城"、杭州市的"美丽杭州"等都是中国实践的拓展。

公园城市是在复杂、开放的城市空间生命共同体中，以实现共荣、共治、共兴、共享、共生为城市发展目标，实现经济系统绿色低碳、政治系统多元共治、文化系统繁荣创新、社会系统健康和谐、生态系统山清水秀的城市发展高级形态。[②] 公园城市的核心理念就在于公园城市的人民性、和谐性、生态性、系统性、现代性、高效性、生产性、休闲性和文化传承性。[③④] 公园城市理念，特点在"公"，即公共游憩空间的开放包容性；其载体在"园"，即以生态绿色空间为具体呈现；落脚于"城"，即有机组织城市建设区的发展布局；促进发展为"市"，最终公园城市推动城市经济、社会、文化和人居环境的持续提升。[⑤] 公园城市是"共荣、共治、共兴、共享、共生"多维目标系统集成的城市空间生命共同体，承载着人民对经济政治文化社会生态等全要素、多领域的美好期许。[⑥] 公园城市致力于人与自然和谐一体，生产、生活、生态高度融合，人与城市系统优化和谐。是一种全新的城市形态，是新时代中国城市建设发展的整体升华。

公园城市的首要发展方向就是"生态""绿色"。公园城市建构的实质

---

① 《公园城市如何成为现实？》，《城市开发》2019年第10期。

② 史云贵、刘晓君：《绿色治理：走向公园城市的理性路径》，《四川大学学报》（哲学社会科学版）2019年第3期。

③ 潘家华：《公园城市 城市高质量发展的理论与实践创新》，《成都日报》2019年2月27日。

④ 尚晨光、张雅静：《公园城市：工业文明城市理念的一场革命》，《湖北理工学院学报》（人文社会科学版）2019年第2期。

⑤ 唐由海、王靖雯：《基于"公园城市"理念与方法的宜宾城市中心区城市设计》，《山西建筑》2019年第11期。

⑥ 史云贵、刘晓君：《绿色治理：走向公园城市的理性路径》，《四川大学学报》（哲学社会科学版）2019年第3期。

是城市价值创造、转化和实现的过程。① 公园城市建构是以生态价值创造为核心并渐次展开的，生态价值转化是绿色发展的核心机制，是时代转型的核心动力。② 习近平总书记描绘的成都公园城市蓝图，强调了生态价值的社会实现，把公园的生态价值上升到城市发展的生态动力的高度，成为中国生态文明新时代和高质量发展新阶段的重要战略构想。③ 公园城市追求生态与经济、政治、社会、文化、治理等价值要素的相互融合与协同创新，追求城市价值的最大化与最优化。中国城市化进程中催生的烙有"绿色"标签的田园城市、生态城市、绿色城市、低碳城市、智慧城市等城市发展形态，为公园城市的建构提供了思想精华和模式借鉴，凸显了公园城市的系统性、明确性和科学性。

公园城市将包括绿色发展理念在内的新发展理念贯穿于城市发展的始终，重塑了新时代城市价值的内涵。公园城市以创新作为高质量发展的主引擎，以实现人民美好生活为城市发展的人本逻辑，凸显了城市绿色文化的人文特质和文化价值，高度契合美丽中国战略和绿色价值观。"公园城市"是习近平新时代中国特色社会主义思想引领下的关于城市建设的新理论，是践行生态文明理念的城市形态，既可以满足人民日益增长的美好生活的需要，也能够实现生产方式的绿色化，是未来城市发展的新模式。④ 公园城市建设，致力于体现将生态价值融入城市生产实践中的价值观转变，致力于体现城市规划、建设、管理等方面的思维方式变革，致力于城市生活方式转型，在全社会形成绿色发展理念，对于生态文明建设、绿色发展观的践行以及美丽中国梦的实现都有深刻意义。⑤

① 史云贵、刘晓君：《绿色治理：走向公园城市的理性路径》，《四川大学学报》（哲学社会科学版）2019 年第 3 期。
② 吴承照、吴志强：《公园城市生态价值转化的机制路径》，《成都日报》2019 年 7 月 10 日。
③ 唐柳、周璇：《推进公园城市生态价值转化》，《成都日报》2019 年 7 月 10 日。
④ 尚晨光、张雅静：《公园城市：工业文明城市理念的一场革命》，《湖北理工学院学报》（人文社会科学版）2019 年第 2 期。
⑤ 尚晨光、张雅静：《公园城市：工业文明城市理念的一场革命》，《湖北理工学院学报》（人文社会科学版）2019 年第 2 期。

二 中国生态城市建设的年度综述

2012～2016 年的《中国生态城市建设发展报告》在承继、完善、创新中将环境友好型、资源节约型、循环经济型、景观休闲型、绿色消费型、综合创新型六种生态城市类型的时空定位呈现给国人和社会。历经改进，2017～2018 年的《中国生态城市建设发展报告》在深入调研论证和研讨分析的基础上，将六种类型生态城市凝练为绿色生产型、绿色生活型、健康宜居型、综合创新型和环境友好型五类城市。

本报告承继历年《中国生态城市建设发展报告》的研究思路、遵循原则、评价方法和评价模型，继续遵循"分类评价，分类指导，分类建设，分步实施"的原则，依据"生态城市健康指数（ECHI）评价指标体系（2019）"和"生态城市健康指数（ECHI）评价标准"，收集最新数据，综合排名、评价和分析 2017 年中国 284 个生态城市的健康指数，将生态城市归于很健康、健康、亚健康、不健康、很不健康五种类型。对中国生态城市的总体排名、空间格局，对绿色生产型、绿色生活型、健康宜居型、综合创新型和环境友好型五类生态城市各自的排名及其空间格局，进行了综合评价和分类分析，突出生态城市差异性、成功经验借鉴等内容。

（一）生态城市健康状况综合评价分析

依据"生态城市健康指数（ECHI）评价指标体系（2019）"，我们得出了中国 284 个城市 2017 年生态健康状况的综合排名（如表 1 所示）；并依据"生态城市健康指数（ECHI）评价标准"，将其具体划分为很健康、健康、亚健康、不健康、很不健康五种生态城市类型。

1. 2017年生态城市健康状况综合排名

2017 年中国 284 个生态城市中排名前 100 名的城市成分比较复杂，4 个直辖市（北京市、上海市、天津市、重庆市）全部进入，保持在前 35 名以

表1　2017年中国284个生态城市健康状况综合排名

城市名称	排名	等级	城市名称	排名	等级	城市名称	排名	等级	城市名称	排名	等级
三亚	1	很健康	绍兴	36	健康	十堰	71	健康	雅安	106	健康
厦门	2	很健康	柳州	37	健康	昆明	72	健康	石嘴山	107	健康
珠海	3	很健康	济南	38	健康	鹤岗	73	健康	钦州	108	健康
上海	4	很健康	秦皇岛	39	健康	淮安	74	健康	随州	109	健康
宁波	5	很健康	扬州	40	健康	铜陵	75	健康	丹东	110	健康
深圳	6	很健康	中山	41	健康	大同	76	健康	七台河	111	健康
舟山	7	很健康	沈阳	42	健康	自贡	77	健康	肇庆	112	健康
南昌	8	很健康	大连	43	健康	阜新	78	健康	乌海	113	健康
广州	9	很健康	温州	44	健康	九江	79	健康	铜川	114	健康
海口	10	很健康	莆田	45	健康	淄博	80	健康	牡丹江	115	健康
杭州	11	很健康	克拉玛依	46	健康	日照	81	健康	淮南	116	健康
青岛	12	很健康	贵阳	47	健康	东营	82	健康	安康	117	健康
南宁	13	很健康	长沙	48	健康	蚌埠	83	健康	石家庄	118	健康
武汉	14	很健康	连云港	49	健康	盘锦	84	健康	漳州	119	健康
北京	15	很健康	汕头	50	健康	泰州	85	健康	衢州	120	健康
黄山	16	健康	绵阳	51	健康	盐城	86	健康	白城	121	健康
拉萨	17	健康	广元	52	健康	张家界	87	健康	宣城	122	健康
南京	18	健康	兰州	53	健康	乌鲁木齐	88	健康	酒泉	123	健康
福州	19	健康	烟台	54	健康	湛江	89	健康	泉州	124	健康
长春	20	健康	鄂州	55	健康	襄阳	90	健康	六安	125	健康
威海	21	健康	芜湖	56	健康	辽源	91	健康	湘潭	126	健康
镇江	22	健康	东莞	57	健康	遂宁	92	健康	张掖	127	健康
天津	23	健康	台州	58	健康	眉山	93	健康	常德	128	健康
惠州	24	健康	无锡	59	健康	桂林	94	健康	阳泉	129	健康
江门	25	健康	株洲	60	健康	龙岩	95	健康	丽水	130	健康
景德镇	26	健康	湖州	61	健康	泸州	96	健康	鄂尔多斯	131	健康
西安	27	健康	太原	62	健康	赣州	97	健康	金昌	132	健康
哈尔滨	28	健康	佛山	63	健康	包头	98	健康	鹤壁	133	健康
成都	29	健康	双鸭山	64	健康	南充	99	健康	鸡西	134	健康
常州	30	健康	佳木斯	65	健康	呼和浩特	100	健康	新余	135	健康
合肥	31	健康	防城港	66	健康	嘉峪关	101	健康	攀枝花	136	健康
重庆	32	健康	抚州	67	健康	宜昌	102	健康	梧州	137	健康
苏州	33	健康	郑州	68	健康	金华	103	健康	鞍山	138	健康
南通	34	健康	西宁	69	健康	宝鸡	104	健康	大庆	139	健康
北海	35	健康	嘉兴	70	健康	马鞍山	105	健康	安庆	140	健康

城市名称	排名	等级	城市名称	排名	等级	城市名称	排名	等级	城市名称	排名	等级
通化	141	健康	池州	177	健康	荆门	213	亚健康	信阳	249	亚健康
齐齐哈尔	142	健康	资阳	178	健康	清远	214	亚健康	通辽	250	亚健康
韶关	143	健康	乐山	179	健康	赤峰	215	亚健康	临沧	251	亚健康
漯河	144	健康	潍坊	180	健康	许昌	216	亚健康	娄底	252	亚健康
潮州	145	健康	宿迁	181	健康	黄冈	217	亚健康	榆林	253	亚健康
玉林	146	健康	开封	182	健康	来宾	218	亚健康	沧州	254	亚健康
巴中	147	健康	南平	183	健康	内江	219	亚健康	朝阳	255	亚健康
天水	148	健康	荆州	184	健康	绥化	220	亚健康	黑河	256	亚健康
巴彦淖尔	149	健康	孝感	185	健康	武威	221	亚健康	遵义	257	亚健康
白银	150	健康	萍乡	186	健康	宜春	222	亚健康	滨州	258	亚健康
锦州	151	健康	辽阳	187	健康	贺州	223	亚健康	德州	259	亚健康
永州	152	健康	抚顺	188	健康	茂名	224	亚健康	三门峡	260	亚健康
四平	153	健康	咸阳	189	健康	衡阳	225	亚健康	亳州	261	亚健康
滁州	154	健康	济宁	190	健康	崇左	226	亚健康	达州	262	亚健康
黄石	155	健康	濮阳	191	健康	汉中	227	亚健康	阜阳	263	亚健康
河源	156	健康	咸宁	192	健康	朔州	228	亚健康	百色	264	亚健康
淮北	157	健康	平凉	193	健康	承德	229	亚健康	平顶山	265	亚健康
岳阳	158	健康	揭阳	194	健康	保山	230	亚健康	贵港	266	亚健康
鹰潭	159	健康	洛阳	195	健康	南阳	231	亚健康	保定	267	亚健康
营口	160	健康	汕尾	196	健康	宿州	232	亚健康	晋城	268	亚健康
本溪	161	健康	呼伦贝尔	197	健康	中卫	233	亚健康	定西	269	亚健康
伊春	162	健康	白山	198	亚健康	庆阳	234	亚健康	云浮	270	亚健康
吴忠	163	健康	新乡	199	亚健康	唐山	235	亚健康	忻州	271	亚健康
廊坊	164	健康	商洛	200	亚健康	固原	236	亚健康	周口	272	亚健康
宜宾	165	健康	乌兰察布	201	亚健康	郴州	237	亚健康	陇南	273	亚健康
吉林	166	健康	宁德	202	亚健康	驻马店	238	亚健康	邯郸	274	亚健康
延安	167	健康	玉溪	203	亚健康	莱芜	239	亚健康	曲靖	275	亚健康
银川	168	健康	松原	204	亚健康	上饶	240	亚健康	菏泽	276	不健康
临沂	169	健康	德阳	205	亚健康	怀化	241	亚健康	渭南	277	不健康
三明	170	健康	阳江	206	亚健康	六盘水	242	亚健康	吕梁	278	不健康
梅州	171	健康	广安	207	亚健康	晋中	243	亚健康	长治	279	不健康
徐州	172	健康	丽江	208	亚健康	铁岭	244	亚健康	昭通	280	不健康
吉安	173	健康	张家口	209	亚健康	邵阳	245	亚健康	邢台	281	不健康
泰安	174	健康	衡水	210	亚健康	焦作	246	亚健康	安阳	282	不健康
枣庄	175	健康	益阳	211	亚健康	商丘	247	亚健康	聊城	283	不健康
安顺	176	健康	葫芦岛	212	亚健康	河池	248	亚健康	运城	284	不健康

内，有下滑倾向。5个计划单列市中，厦门市稳居第2位，宁波市排名第5位，比上年前进了25位，深圳市排名第6位，比上年前进了9位，青岛市排名第12位，比上年前进了14位，只有大连市有所下滑，从32位下降到43位。西部的资源型城市克拉玛依市依托其在生态社会方面的优势继续排在生态城市健康排名的前100名，排名第46位；西部省会城市进步明显，除了银川市跌出前100名外，其他全部进入前100名，兰州市从第101位跃居第53位，拉萨市从第44位跃居第17位，说明西部生态城市建设的成效显著。

就城市健康等级而言，全国284个城市中很健康的城市由17个减少为15个，排名依次为三亚市、厦门市、珠海市、上海市、宁波市、深圳市、舟山市、南昌市、广州市、海口市、杭州市、青岛市、南宁市、武汉市、北京市，占评价总数的5.3%，比上年减少了0.7个百分点，惠州市、天津市、威海市、黄山市、福州市、江门市、合肥市滑出了很健康城市序列；排名第16～197之间的182个城市的健康等级为健康，占64.1%，比上年减少了3.2个百分点；排名第198～275之间的78个城市的健康等级为亚健康，占27.5%，比上年增加了5个百分点；排名第276～284之间的9个城市的健康等级为不健康，只占3.2%，比上年减少了1个百分点；很不健康的城市消失为0。这些数据表明，2017年，很健康、健康和不健康的城市数目有一定程度的减少，亚健康的城市数目增加明显，表明了生态城市建设成效还不够稳定，有反复现象，进一步说明中国生态文明、生态城市建设的艰巨性、复杂性和长期性。

比较分析2010～2017年8年间生态城市健康指数排名前10位的城市及其发展水平的动态变化（如表2所示），可以看出：8年间进入前10名的城市变化较大，一些原来在前10名之内的城市逐渐被后来者代替，表明各个城市对生态城市建设的重视程度加强了，各个城市之间的竞争也越来越激烈了。例如，深圳市前3年均排名第一，2013年、2014年、2015年、2016年跌出前10名之外，2017年再进前10，排名第6位；同样，前3年排名都在前10名以内的上海市、北京市、南京市和杭州市，在2013

年、2014 年、2015 年、2016 年的排名均跌出前 10 名之外。珠海市、厦门市的排名一直保持在前十名之内，表明两个城市的排名呈现相对平稳性，广州市在 2016 年跌出前 10 名之外。2017 年，上海市、广州市再进前 10，排名第 4、第 9 位，充分展示了其竞争实力。从健康指数看，总体来说，指数的值呈提高态势，说明生态环境、生态经济和生态社会建设越来越得到重视，并取得了良好的效果。

表 2　2010～2017 年排名前十的城市及其健康指数评价结果动态变化

排名	2010 年		2011 年		2012 年		2013 年	
	城市	健康指数	城市	健康指数	城市	健康指数	城市	健康指数
1	深圳	0.8849	深圳	0.8958	深圳	0.9054	珠海	0.8923
2	广州	0.8779	广州	0.8773	广州	0.9037	三亚	0.8755
3	上海	0.8671	上海	0.8697	上海	0.8705	厦门	0.8708
4	北京	0.8638	北京	0.8650	南京	0.8481	新余	0.8657
5	南京	0.8589	南京	0.8614	大连	0.8462	舟山	0.8615
6	珠海	0.8513	珠海	0.8569	无锡	0.8460	沈阳	0.8600
7	杭州	0.8484	厦门	0.8538	珠海	0.8457	福州	0.8521
8	厦门	0.8468	杭州	0.8528	厦门	0.8409	大连	0.8503
9	大连	0.8393	东莞	0.8399	杭州	0.8405	海口	0.8502
10	济南	0.8369	沈阳	0.8395	北京	0.8404	广州	0.8447

排名	2014 年		2015 年		2016 年		2017 年	
	城市	健康指数	城市	健康指数	城市	健康指数	城市	健康指数
1	珠海	0.9015	珠海	0.9073	三亚	0.9236	三亚	0.905
2	厦门	0.8889	厦门	0.9041	珠海	0.9032	厦门	0.9023
3	三亚	0.8883	舟山	0.9030	厦门	0.8868	珠海	0.891
4	威海	0.8816	三亚	0.8923	南昌	0.8767	上海	0.8795
5	惠州	0.8783	天津	0.8805	南宁	0.8755	宁波	0.8782
6	舟山	0.8734	惠州	0.8734	舟山	0.8745	深圳	0.8773
7	青岛	0.8684	广州	0.8704	惠州	0.872	舟山	0.8772
8	广州	0.8655	福州	0.8669	海口	0.8675	南昌	0.8758
9	长春	0.8609	南宁	0.8653	天津	0.8672	广州	0.87
10	铜陵	0.8606	威海	0.8621	威海	0.8658	海口	0.8698

2. 2017年生态城市健康状况指标特点分析

2017年全国284个城市中健康指数排名前10位的城市分别为三亚市、厦门市、珠海市、上海市、宁波市、深圳市、舟山市、南昌市、广州市、海口市。其中，三亚市综合排名第1，连续两年保持第1位，但是，生态环境排名跌出前10、生态经济排名从第1掉至第5，生态社会排名从第3跃升至第1；厦门市综合排名第2，比上一年下降1位，生态环境排名第4，比上一年上升2位，生态经济排名第6，比上一年上升3位，生态社会排名第8，比上一年上升23位；珠海市综合排名第3，比上一年下降1位，生态环境排名第18，比上一年上升1位，生态经济排名第1，比上一年上升2位，生态社会排名第33，比上一年下降29位；上海市综合排名第4，比上一年上升14位，生态环境排名第20，比上一年上升10位，生态经济排名第2，比上一年上升2位，生态社会排名第30，比上一年跃升56位；宁波市综合排名第5，比上一年上升25位，生态环境排名第10，比上一年上升7位，生态经济排名第18，比上一年下降3位；生态社会排名第18，比上一年跃升135位；深圳市综合排名第6，比上一年上升9位，生态环境排名第8，比上一年上升3位，生态经济排名第3，比上一年上升16位，生态社会排名第62，比上一年上升8位；舟山市综合排名第7，比上一年下降1位，生态环境排名第3，比上一年上升1位，生态经济排名第11，比上一年上升19位，生态社会排名第45，比上一年下降7位；南昌市综合排名第8，比上一年下降4位，生态环境排名第7，比上一年上升2位，生态经济排名第30，比上一年上升9位，生态社会排名稳定在第13位；广州市综合排名第9，比上一年上升2位，生态环境排名第21，比上一年上升5位，生态经济排名第21，比上一年上升23位，生态社会排名第3，比上一年上升2位；海口市综合排名第10，比上一年下降2位，生态环境稳定排名第1，生态经济排名第74，比上一年下降42位，生态社会排名第10，比上一年上升46位。

以上城市能够站在前10的高位，与这些城市奉行生态文明建设新理念、着力解决城市病、探索内涵式城市发展新模式的生动实践不无关系。虽然以上生态城市健康状况指标良好，且整体排名靠前，但是，指标得分不均衡，

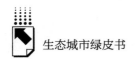

存在明显的"短板"指标，分项带动整体的倾向明显，各城市生态环境、经济、社会建设不平衡，需要统筹兼顾，在巩固突出优势时，需要进一步提升综合水平。

3. 2017年生态城市健康状况不同指数评析

分析2017年全国284个生态城市的健康状况可以看出，生态健康状况良好的城市，总会采取包括加强环境绿化、保护水资源、保持生物多样性、对垃圾进行无害化处理、做好城市污水处理以及加强生态意识教育、普及法律法规、增加城市维护建设资金等方式，通过生态环境、生态经济以及生态社会建设，加强生态城市的建设，在284个城市中争得前10的席位。

从不同指数排名看，东莞市、嘉峪关市、克拉玛依市、深圳市、乌鲁木齐市、厦门市、北京市、乌海市、拉萨市、珠海市等10城市，采取扩大城市建成区绿化覆盖率的有效措施，使其在全国284个城市中位居前10；丽江市、厦门市、龙岩市、玉溪市、梅州市、三明市、南平市、拉萨市、三亚市、昆明市等10城市，大力实施"蓝天工程"，加强大气污染治理，确保空气质量优良天数位居前10；牡丹江市、镇江市、金昌市、福州市、青岛市、呼和浩特市、淄博市、马鞍山市、江门市、长沙市等10城市的节水措施成效明显，力保其位居前10；深圳市、北京市、随州市、长沙市、海口市、上海市、三亚市、青岛市、西安市、厦门市等10城市控制二氧化硫排放量绩效显著，位居前10；三亚市、汕尾市、张家界市、安顺市、潮州市、枣庄市、渭南市、珠海市、辽源市、徐州市等10城市一般工业固体废物综合利用率位居前10，其中前6个城市利用率达到100%；珠海市、深圳市、中山市、厦门市、苏州市、肇庆市、东莞市、延安市、莆田市、内江市等10城市的信息化基础设施建设走在前面；城市维护建设资金支出占城市GDP比重排名前10的城市是湛江市、淄博市、陇南市、临沂市、西宁市、乌鲁木齐市、厦门市、武汉市、张家界市、兰州市；科教支出占GDP的比重排名前10的城市是固原市、定西市、昭通市、陇南市、平凉市、天水市、拉萨市、河池市、巴中市、丽江市。

中国在生态城市建设方面取得的系列成绩，源于党中央、国务院对生态文明建设的高度重视和国家战略定位，离不开举国上下不懈推进的生态文明建设实践。近几年来，中国以生态文明建设为导向，把绿色发展理念融入城市规划布局、自然环境改善、基础设施提升以及生活方式转变等方面，把发展观、执政观、自然观内在统一，融入执政理念、发展理念中，生态文明建设的认识高度、实践深度、推进力度前所未有，极大地推动了生态城市建设的进程。

（二）生态城市建设分类评价分析

延续历年绿皮书编写的基本理念和指导思想，遵循共性与特性相结合的原则，在生态城市建设评价中，除了进行整体评价外，结合不同类型生态城市的建设特点，考虑建设侧重度、建设难度和建设综合度等因素，我们对五类不同类型的生态城市采用核心指标与扩展指标相结合的方式，进行了分类评价和分析。

1. 环境友好型城市建设评价结果

本报告依据环境友好型城市建设评价指标体系，分别对 14 项核心指标和 5 项特色指标进行计算，得出了 2017 年环境友好型城市综合指数排名前 100 名（如表 3 所示），并对前 100 名城市进行了评价与分析。

（1）2017 年环境友好型城市指标得分分析

在环境友好型城市综合指数得分上，排在前 10 名的城市分别是上海市、厦门市、南昌市、珠海市、三亚市、杭州市、宁波市、舟山市、黄山市和北京市。上海市通过"清洁空气行动计划""水污染防治行动计划""长三角环境保护协作""排污许可及总量控制"等一系列政策制度安排和实施，实现城市自然—生态—经济—社会和谐，位居第 1；厦门市通过深化生态文明体制改革，健全环境治理体系等举措，逐步实现经济发展与生态环境良性互动，位居第 2；南昌市秉持"生态立市"和"绿色发展"的理念，在不断获得国家卫生城市、国家园林城市、中国优秀旅游城市、中国人居环境奖等荣誉中迅速崛起，稳获第 3；珠海市汇聚多元优势，凸显最宜居城市功能，在环境友好型城市综合评价中排第 4；三亚市聚集宜人的气候、清新的

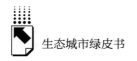

表3 2017年环境友好型城市综合指数排名前100名

城市	排名	城市	排名	城市	排名	城市	排名
上 海	1	合 肥	26	泰 州	51	遂 宁	76
厦 门	2	武 汉	27	阜 新	52	牡丹江	77
南 昌	3	南 通	28	鹤 岗	53	株 洲	78
珠 海	4	长 春	29	桂 林	54	齐齐哈尔	79
三 亚	5	绵 阳	30	沈 阳	55	铜 陵	80
杭 州	6	常 州	31	大 连	56	眉 山	81
宁 波	7	哈尔滨	32	济 南	57	玉 林	82
舟 山	8	温 州	33	无 锡	58	张家界	83
黄 山	9	西 安	34	湖 州	59	湛 江	84
北 京	10	连云港	35	佳木斯	60	白 银	85
广 州	11	广 元	36	丹 东	61	丽 水	86
镇 江	12	莆 田	37	贵 阳	62	鹰 潭	87
深 圳	13	绍 兴	38	自 贡	63	钦 州	88
景德镇	14	苏 州	39	芜 湖	64	佛 山	89
南 宁	15	双鸭山	40	淮 安	65	柳 州	90
海 口	16	惠 州	41	汕 头	66	呼和浩特	91
拉 萨	17	兰 州	42	嘉 兴	67	六 安	92
天 津	18	北 海	43	长 沙	68	南 充	93
南 京	19	秦皇岛	44	赣 州	69	漳 州	94
福 州	20	抚 州	45	蚌 埠	70	包 头	95
青 岛	21	台 州	46	雅 安	71	随 州	96
江 门	22	威 海	47	郑 州	72	防城港	97
成 都	23	中 山	48	烟 台	73	东 莞	98
扬 州	24	九 江	49	西 宁	74	锦 州	99
重 庆	25	太 原	50	盐 城	75	大 同	100

空气质量，突出生态保护，大力发展特色旅游，排名第5；被誉为"人间天堂"的杭州市、世界第四大港口城市宁波市、被誉为"千岛之城"的舟山市、"中国最具魅力城市"黄山市、首都北京市依托各自优势在前10位分获各自的席位。排名前10的城市虽然整体排名靠前，但是在指标体系得分中还是表现出一些"短板"指标，如它们在私人汽车数量控制、二氧化硫的排放和单位耕地面积化肥施用量等指标方面还有很多工作要做。

就进入评价的 284 个城市而言，需要重点聚焦的突出环境问题有：①控制二氧化硫减排。金昌市、嘉峪关市、石嘴山市、阜新市、六盘水市、阳泉市、乌海市、攀枝花市、渭南市、吴忠市、中卫市、曲靖市、吕梁市、西宁市、运城市、伊春市、七台河市、通辽市、内江市、忻州市、滨州市、朝阳市、淮南市、平凉市、巴彦淖尔市、铜川市、云浮市、黑河市、定西市和乌兰察布市。②控制城市民用汽车数量。东莞市、深圳市、佛山市、厦门市、中山市、苏州市、乌鲁木齐市、珠海市、海口市、昆明市、克拉玛依市、北京市、玉溪市、三亚市、银川市、拉萨市、乌海市、太原市、金华市、宁波市、无锡市、南京市、临沧市、鄂尔多斯市、郑州市、长沙市、嘉兴市、绍兴市、东营市和青岛市。③控制单位耕地面积化肥施用量。三亚市、福州市、石嘴山市、海口市、漳州市、鄂州市、银川市、渭南市、咸阳市、汕头市、商丘市、襄阳市、广州市、平顶山市、新乡市、安阳市、泉州市、东莞市、西安市、焦作市、宜昌市、濮阳市、周口市、漯河市、黄冈市、吉林市、通化市、烟台市、深圳市和宝鸡市。④提高清洁能源使用率。榆林市、白山市、松原市、徐州市、酒泉市、朔州市、襄阳市、柳州市、梧州市、茂名市、通化市、崇左市、内江市、长治市、宜昌市、平凉市、资阳市、威海市、莱芜市、娄底市、枣庄市、七台河市、岳阳市、咸宁市、佳木斯市、湘潭市、吕梁市、达州市、鄂州市和永州市。⑤提高第三产业比重。咸阳市、北海市、绥化市、吴忠市、克拉玛依市、滁州市、宝鸡市、防城港市、漯河市、玉溪市、咸宁市、资阳市、攀枝花市、唐山市、云浮市、铜陵市、东营市、揭阳市、大庆市、鹤壁市、石嘴山市、泸州市、金昌市、鄂州市、榆林市、十堰市、崇左市、淮北市、莱芜市和南平市。

（2）2017 年环境友好型城市的空间格局分析

2017 年各地区进入环境友好型城市 100 强的城市中，华东地区 41 个，中南地区 25 个，东北地区 12 个，西南地区 11 个，华北地区 7 个，西北地区 4 个；各地区进入前 50 名的城市中，华东地区 25 个，中南地区 11 个，西南地区 5 个，华北地区 4 个，东北地区 3 个，西北地区 2 个。其中，华东地区进入前 100 的城市最多，前 10 的有 7 座，前 50 的有 25 座，其余的都均匀分布在第 50～100 名之间；中南地区有 2 座城市进入前 10 名，6 座城市进入前 20 名，其余城市的排名均分布在第 20～100 名之间；东北地区都排在第 29～100 名之间；西南地区排名前 100 的 11 个城市中排名前 50 的有 5 个；华北地区进入百强城市的排名中北京市位列第 10 名，天津市排在第 18 名，其余城市均排在第 44～100 名之间；西北地区只有西安市、兰州市排在前 50 名，而白银市和乌鲁木齐市都排在第 70～90 名之间。

整体而言，环境友好型城市建设呈现出东密西疏态势，华东地区依然引领前行，中南地区缓慢增长，华北和西南地区波动较小，东北地区比较稳定，西北地区波动较大。和历年评价基本一致的是，环境友好型城市主要集中在华东、中南地区，两地区进入总评价的城市占 55.3%，两地区进入百强的城市占百强城市的 66.0%，在各地区进入百强城市数量占本区参与评价城市总数的比例上，只有华东地区占比过半，达到 52.6%，其余降序排列依次为西南地区占 35.5%，东北地区占 35.3%，中南地区占 31.6%，华北地区占 21.9%，西北地区占 13.3%。

2. 绿色生产型城市建设评价结果

本报告依据绿色生产型城市建设评价指标体系，分别对 14 项核心指标和 5 项特色指标进行计算，得出了 284 座城市 2017 年绿色生产型城市综合指数排名前 100 名（如表 4 所示），并进行了评价与分析。

（1）2017 年绿色生产型城市指标得分分析

由表 4 可知，2017 年中国绿色生产型城市综合指数得分排名在前 10 的城市分别是厦门市、珠海市、三亚市、上海市、宁波市、南昌市、深圳市、海口市、广州市和北京市。这些城市通过绿化建设、节能减排、增加投入等措施，提高"清洁能源使用率"、工业固体废物综合利用率，降低单位 GDP 用水量变化量、单位 GDP 能耗和二氧化硫排放量，大大促进了生态城市建设，站在了绿色生产型城市的前 10 位。

综合指数排名第 1 位的厦门市特色指数（第 25 位）落后于健康指数（第 2 位），需要在绿色生产的实施过程中提高固体废物的综合利用率，严格控制二氧化硫的排放量；排名第 2 位的珠海市健康指数和特色指数均排名

表4　2017年绿色生产型城市综合指数排名前100名

城　市	排名	城　市	排名	城　市	排名	城　市	排名
厦　门	1	合　肥	26	大　连	51	九　江	76
珠　海	2	常　州	27	湖　州	52	鹤　岗	77
三　亚	3	南　通	28	佛　山	53	太　原	78
上　海	4	成　都	29	抚　州	54	桂　林	79
宁　波	5	扬　州	30	嘉　兴	55	克拉玛依	80
南　昌	6	苏　州	31	烟　台	56	鄂　州	81
深　圳	7	北　海	32	沈　阳	57	张家界	82
海　口	8	重　庆	33	郑　州	58	盐　城	83
广　州	9	温　州	34	蚌　埠	59	钦　州	84
北　京	10	中　山	35	长　沙	60	柳　州	85
杭　州	11	绍　兴	36	阜　新	61	石家庄	86
黄　山	12	西　安	37	铜　陵	62	十　堰	87
舟　山	13	汕　头	38	贵　阳	63	漳　州	88
福　州	14	秦皇岛	39	兰　州	64	湛　江	89
青　岛	15	威　海	40	泰　州	65	遂　宁	90
武　汉	16	莆　田	41	东　营	66	辽　源	91
长　春	17	连云港	42	淮　安	67	雅　安	92
镇　江	18	广　元	43	株　洲	68	六　安	93
南　宁	19	绵　阳	44	双鸭山	69	淮　南	94
天　津	20	东　莞	45	眉　山	70	佳木斯	95
南　京	21	哈尔滨	46	西　宁	71	丽　水	96
惠　州	22	台　州	47	金　华	72	泸　州	97
江　门	23	芜　湖	48	自　贡	73	宣　城	98
拉　萨	24	济　南	49	防城港	74	龙　岩	99
景德镇	25	无　锡	50	赣　州	75	淄　博	100

第3位，需要在开展绿色生产实践过程中重点控制单位GDP二氧化硫排放量；排名第3位的三亚市特色指数（第100位）显著落后于健康指数（第1位），需要严格控制单位GDP二氧化硫的排放量，采取措施降低单位GDP的用水量；排名第4位的上海市特色指数（第9位）稍落后于健康指数（第4位），说明上海市生态城市建设和绿色生产实践方面取得较好的成绩，但仍需严格控制二氧化硫的排放量；排名第5位的宁波市在生态城市建设和

绿色生产实践开展过程中应注重环境质量，控制二氧化硫的排放量；排名第6位的南昌市特色指数（第10位）稍落后于健康指数（第8位），需要在绿色生产实践实施过程中严格控制二氧化硫排放量，提高固体废物的综合利用率。排名第7位的深圳市的绿色生产实践有待加强，应注重控制二氧化硫排放量并提高一般工业固体废物的综合利用率；排在第8位的海口市生态城市建设和绿色生产实践总体较好且较为均衡，今后应严格控制二氧化硫排放量，提高一般工业固体废物综合利用率；排在第9位的广州市特色指数（第18位）较落后于健康指数（第9位），今后的主要任务是降低二氧化硫排放量，提高主要清洁能源的综合使用率；排在第10位的北京市特色指数（第1位）排名高于健康指数（第15位），在绿色生产实践方面取得了较好成绩，值得全国各城市借鉴，今后应重点控制二氧化硫排放量，提高一般工业固体废物综合利用率。

特色指标层面，排在后10位的城市值得向排在前10位的城市学习借鉴。例如：主要清洁能源使用率较高、排在前10位的是北京市、滨州市、嘉峪关市、丹东市、西宁市、三亚市、东莞市、乌兰察布市、锦州市和潮州市，使用率较低、排在后10位的是榆林市、白山市、松原市、徐州市、酒泉市、朔州市、襄阳市、柳州市、梧州市和茂名市；单位GDP用水变化量降低较多、排在前10位的是本溪市、嘉峪关市、拉萨市、白银市、七台河市、锦州市、石家庄市、贵港市、莆田市和盘锦市，单位GDP用水效率较低、排在后10位的是乌海市、三亚市、西安市、赤峰市、平顶山市、河池市、运城市、通辽市、泸州市和大同市；单位GDP二氧化硫排放降低量较多、排在前10位的是忻州市、嘉峪关市、晋城市、滨州市、曲靖市、广安市、张家界市、宜宾市、吕梁市和临沧市；单位GDP二氧化硫排放量降低较少、排在后10位的是金昌市、六盘水市、通辽市、亳州市、黑河市、阜阳市、定西市、信阳市、池州市和武威市；单位GDP综合能耗较低、排在前10位的是北京市、黄山市、合肥市、吉安市、宿迁市、南昌市、南通市、三亚市、扬州市和鹰潭市，单位GDP综合能耗较高、排在后10位的是嘉峪关市、中卫市、石嘴山市、赤峰市、乌海市、莱芜市、乌鲁木齐市、运城市、吴忠市和本溪市；等等。

（2）2017年绿色生产型城市空间格局分析

2017年参与绿色生产型城市评价的284座城市中，中南地区有79座，华东地区有78座，分别占到参评总数的27.82%和27.46%，是六个区域中参评数量最多的两个区域。但是进入前100名城市中，华东地区有47座，占到其参评总数的60.26%，中南地区只有25座，仅占到其参评总数的31.65%。说明华东地区因地处东南沿海，地理位置优越，绿色生产水平在全国具有明显优势。东北地区、华北地区、西南地区和西北地区参评城市数量总体较少且比较平均，分别为34座、32座、31座和30座。但是进入前100名的城市中，西南地区、东北地区、华北地区和西北地区分别有10座、9座、5座和4座，分别占到所属区域参评城市数量的33.33%、26.47%、15.63%和13.33%。华北地区和西北地区在绿色生产型城市建设方面弱势明显，今后应在农业、工业和服务业等多个领域全面推行绿色生产，节能减排。

动态而言，2015～2017年三年间，珠海市、厦门市和三亚市始终保持在前3名，深圳市、广州市、福州市排名保持稳定；排名前100的绿色生产型城市数量相对稳定，华北地区三年间没有变化，均为5座；华东地区由2015年是44座增加至47座；西南地区三年间增加了1座；中南地区和西北地区的城市数量2016～2017年保持不变，均为25座和4座；东北地区城市数量有所增减，三年间分别为12座、13座和9座。

3. 绿色生活型城市建设评价结果

本报告依据绿色生活型城市建设评价指标体系和评价模型，分别对14项核心指标和5项特色指标进行计算，得出了284座城市2017年绿色生产型城市综合指数排名前100名（如表5所示），并进行了评价与分析。

（1）2017年绿色生活型城市指标得分分析

由表5可知，2017年中国绿色生活型城市综合指数得分排名在前10的城市分别是三亚市、厦门市、上海市、深圳市、武汉市、南昌市、宁波市、杭州市、海口市、广州市。这些城市依托14项核心指标所得的生态城市健康指数和5项特色指标所得的绿色生活型城市特色指数结果综合排名位居前10位，凸显了其在绿色生活型城市建设方面的综合实力，可供其他城市学习、借鉴和效仿。就重点反映绿色生活水平的特色指标而言，各城市的侧重点不同，其对绿色生活型城市的贡献度也就有差异，形成了不同特色指标意义上的前10位城市。茂名市、贵阳市、曲靖市、潍坊市、潮州市、玉林市、钦州市、莆田市、临沂市、昭通市等城市通过加大政府教育投入践行绿色生活方式；厦门市、武汉市、北京市、乌鲁木齐市、南京市、呼和浩特市、惠州市、克拉玛依市、乌海市、镇江市等城市通过加大人均公共设施建设投资保障绿色生活环境；人行道面积比例位居前10的城市为河源市、庆阳市、达州市、巴中市、拉萨市、巴彦淖尔市、宝鸡市、葫芦岛市、十堰市、益阳市；单位城市道路面积公共汽（电）车营运车辆数位居前10的城市为深圳市、北京市、中山市、佛山市、商丘市、三亚市、梅州市、汕尾市、宁波市、长沙市；道路清扫保洁面积覆盖率位居前10的城市是铜陵市、郴州市、曲靖市、昆明市、淄博市、遵义市、朝阳市、北海市、白城市、衡阳市。

（2）2017年绿色生活型城市空间格局分析

将2017年进入前100名的绿色生活型城市按照行政区划进行区域布局分类，并与284个参评城市的行政区划布局进行比较分析，得出以下结论：2017年，各地区进入绿色生活型城市建设百强的数量，华东地区38个，占其评价城市总数的48.7%；中南地区25个，占其评价城市总数的31.6%；西南地区11个，占其评价城市总数的35.5%；华北地区9个，占其评价城市总数的28.1%；西北地区9个，占其评价城市总数的30%；东北地区8个，占其评价城市总数的23.5%。华东地区、中南地区无论是进入百强城市在参与评价城市中所占比例，还是百强城市占全国的比例，都依旧较为领先；华北地区、东北地区、西南地区、西北地区进入百强城市数目相近。

比较2013～2017年各地区进入前50名的城市数量，华东地区从2013年的13个在增加到2014年的23个后，连续4年保持第一；中南地区位居第二，但在11～14之间波动；西南地区在3～5之间波动；华北地区基本

表5 2016年绿色生活型城市综合指数排名前100名

城市	排名	城市	排名	城市	排名	城市	排名
三 亚	1	重 庆	26	江 门	51	昆 明	76
厦 门	2	镇 江	27	中 山	52	包 头	77
上 海	3	济 南	28	湛 江	53	自 贡	78
深 圳	4	南 京	29	绵 阳	54	马 鞍 山	79
武 汉	5	莆 田	30	克拉玛依	55	石 家 庄	80
南 昌	6	合 肥	31	南 通	56	鞍 山	81
宁 波	7	绍 兴	32	太 原	57	汕 头	82
杭 州	8	兰 州	33	十 堰	58	雅 安	83
海 口	9	沈 阳	34	北 海	59	东 莞	84
广 州	10	温 州	35	景 德 镇	60	嘉 峪 关	85
南 宁	11	长 沙	36	防 城 港	61	东 营	86
珠 海	12	黄 山	37	株 洲	62	无 锡	87
青 岛	13	鄂 州	38	乌鲁木齐	63	常 德	88
北 京	14	扬 州	39	佛 山	64	赣 州	89
福 州	15	西 宁	40	张 家 界	65	宝 鸡	90
拉 萨	16	大 连	41	淄 博	66	铜 川	91
天 津	17	常 州	42	泸 州	67	龙 岩	92
威 海	18	柳 州	43	呼和浩特	68	鹤 岗	93
惠 州	19	广 元	44	嘉 兴	69	烟 台	94
成 都	20	铜 陵	45	眉 山	70	双 鸭 山	95
舟 山	21	苏 州	46	日 照	71	宜 昌	96
长 春	22	抚 州	47	大 同	72	银 川	97
西 安	23	郑 州	48	蚌 埠	73	阳 泉	98
哈 尔 滨	24	秦 皇 岛	49	芜 湖	74	佳 木 斯	99
贵 阳	25	湖 州	50	连 云 港	75	台 州	100

稳定在3个左右；东北地区从2013年的8个下降为2015年的4个，3年维持不变；西北地区从2013年的10个下降为2014年之后的2~3个，位居末尾。总体而言，各地区发展不平衡态势明显，华东地区、中南地区继续保持优势，华北、东北、西南和西北地区应该因地制宜，通过发展特色产业等措施带动区域生态经济协同发展。

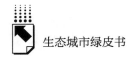

4. 健康宜居型城市建设评价结果

本报告依据健康宜居型城市建设评价指标体系，从核心指标针对的 286 个城市中选择 150 个生态化进程发展良好的城市，分别对 14 项核心指标和 5 项特色指标进行计算，得出了 2017 年健康宜居型城市综合指数排名前 100 名（如表 6 所示），并进行评价与分析。

（1）2017 年健康宜居型城市指标得分分析

由表 6 可知，2017 年中国健康宜居型城市综合指数得分排名在前 10 的城市分别是珠海市、厦门市、武汉市、舟山市、南京市、海口市、杭州市、三亚市、广州市和成都市。

综合指数排名第 1 位的珠海市健康指数和特色指数均处于第 3 位，说明珠海市生态城市和健康宜居城市的建设效果良好，凸显了"生态之城、健康之城和宜居之城"的综合优势；排名第 2 位的厦门市特色指数（第 11 位）落后于健康指数（第 2 位），说明厦门市生态城市建设成效显著，而健康宜居型城市建设稍有滞后，今后应增加居住用地面积和公园绿地面积，改善医疗条件；排名第 3 位的武汉市健康指数（第 14 位）落后于特色指数（第 6 位），今后应通过增加城市绿地面积、居住用地面积和公园数量来加强生态城市建设；排名第 4 位的舟山市健康指数（第 7 位）和特色指数（第 8 位）非常接近，其生态城市的建设和健康宜居型城市建设协调推进、均衡发展，位居全国前列；排名第 5 位的南京市，健康指数（第 17 位）的排名落后于特色指数（第 5 位），今后应注重增加医院、卫生院数量和居住用地面积；排名第 6 位的海口市、第 7 位的杭州市，生态城市和健康宜居型城市建设非常均衡，今后的重点是在增加居住用地面积，优化公园绿地的分布格局；排名第 8 位的三亚市健康宜居型城市建设的重点是增加居住用地面积和医院、卫生院的数量；排在第 9 位的广州市的主要任务是优化用地结构，增加居住用地面积，适当增加医院、卫生院的数量；排名第 10 位的成都市健康指数（第 28 位）落后于特色指数（第 4 位），重点是优化用地结构，提高居住用地和公园绿地的比例。

表6 2017年健康宜居型城市综合指数排名前100名

城市	排名	城市	排名	城市	排名	城市	排名
珠 海	1	拉 萨	26	兰 州	51	漳 州	76
厦 门	2	无 锡	27	克拉玛依	52	东 营	77
武 汉	3	大 连	28	南 通	53	大 同	78
舟 山	4	惠 州	29	郑 州	54	大 庆	79
南 京	5	长 沙	30	江 门	55	桂 林	80
海 口	6	湖 州	31	长 春	56	马 鞍 山	81
杭 州	7	南 宁	32	株 洲	57	本 溪	82
三 亚	8	西 安	33	佛 山	58	连 云 港	83
广 州	9	太 原	34	丽 江	59	绵 阳	84
成 都	10	乌鲁木齐	35	西 宁	60	宜 宾	85
东 莞	11	嘉 兴	36	丽 水	61	泉 州	86
南 昌	12	济 南	37	烟 台	62	扬 州	87
上 海	13	秦 皇 岛	38	石 家 庄	63	牡 丹 江	88
深 圳	14	金 华	39	重 庆	64	湘 潭	89
北 京	15	镇 江	40	鄂尔多斯	65	湛 江	90
宁 波	16	威 海	41	台 州	66	洛 阳	91
福 州	17	绍 兴	42	呼和浩特	67	安 庆	92
昆 明	18	淄 博	43	芜 湖	68	营 口	93
贵 阳	19	柳 州	44	哈 尔 滨	69	肇 庆	94
青 岛	20	宜 昌	45	锦 州	70	承 德	95
苏 州	21	常 州	46	衢 州	71	日 照	96
合 肥	22	沈 阳	47	蚌 埠	72	廊 坊	97
中 山	23	温 州	48	九 江	73	延 安	98
景 德 镇	24	北 海	49	包 头	74	泰 州	99
天 津	25	银 川	50	鞍 山	75	汕 头	100

　　五项特色指标中，"万人拥有文化、体育、娱乐业从业人员数"排在前10名的城市是北京市、拉萨市、深圳市、成都市、乌鲁木齐市、海口市、呼和浩特市、上海市、广州市、厦门市；"万人拥有医院、卫生院数"排在前10位的是海口市、郴州市、成都市、乌鲁木齐市、鄂尔多斯市、昆明市、营口市、拉萨市、青岛市、北京市；"公园绿地500米半径服务率"排在前10位的是湖州市、昆明市、三亚市、杭州市、南京市、衢州市、福州市、宜宾市、丽江市、东莞市；"人均居住用地面积"排在前10位的是东莞市、鄂尔多斯市、克拉玛依市、拉萨市、呼和浩特市、乌鲁木齐市、大庆市、惠州市、珠海市、银川市；"人体舒适度指数"排在前10位的是海口市、深圳

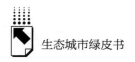

市、北海市、中山市、湛江市、汕头市、珠海市、江门市、东莞市、惠州市。

（2）2017年健康宜居型城市空间格局分析

2017年，参与健康宜居型城市评价的150座城市中，参评数量最多的是华东地区（54座），占到总参评城市数量的36%，其次是中南地区（43座），占总参评城市数量的28.67%。两区域是中国城市化水平最高、城市分布最集中的区域，参评城市数量占到总参评城市数量的64.67%。在排名前100的城市中，华东地区有40座，占其参评总数的74.07%，中南地区有24座，占其参评总数的55.81%。华东地区凭借其地理位置、经济条件、城市规划优势，处于国内领先水平。华北地区和东北地区分别有16座和15座城市参与健康宜居型城市建设评价，在排名前100的城市中，华北地区有11座，占其参评总量的68.75%，东北地区有10座，占其参评总量的66.67%，两区域比较接近。参评城市数量最少的是西南地区和西北地区，西南地区参评城市12座，进入前100名的有8座，占其参评总量的66.67%，西北地区参评城市10座，进入前100名的有7座，占其参评总量的70%。两个区域深居内陆，健康宜居型城市建设相对滞后。

较之2016年，进入2017年中国健康宜居型城市前100名的城市分布有所变化。华北地区城市数量有所增加，由原来的8座增加到11座，新增加的城市是包头市、承德市和廊坊市；华东地区由42座下降到40座，淮安市、淮南市、新余市和赣州市退出前100，日照市和漳州市新进入前100；中南地区增加了2座，襄阳市退出前100名，湛江市、肇庆市和洛阳市新进入前100；西南地区总量没有变化，但是宜宾市代替了雅安市进入前100；西北地区由8座下降为7座，宝鸡市退出；东北地区由12座下降为10座，抚顺市、丹东市和吉林市退出，营口市新进入。

5. 综合创新型城市建设评价结果

根据构建的包括14个核心指标和5个扩展指标的综合创新型生态城市指标体系，本报告从生态环境、生态经济、生态社会以及创新能力、创新绩效五个主题出发，对中国284个城市的相关指标进行测算，得出了2017年综合创新型城市综合指数排名前100名（如表7所示），并进行评价与分析。

由表 7 可知, 在 2017 年综合创新型生态城市前 100 名中, 北京市、深圳市、上海市、广州市、珠海市、厦门市、苏州市、杭州市、武汉市、南京市排名前 10 位, 主要涉及北京、上海等直辖市, 广州、武汉、杭州、南京等省会城市, 深圳、珠海、厦门等沿海开放型城市。其中, 排位靠前的北京 (55.33)、深圳 (52.74) 等城市得分较高, 是排位靠后的固原 (20.32)、黄山 (20.28) 等城市的 2 倍多。排位较为靠前的城市主要分布在东部沿海地区, 西部地区城市的数量较少, 地域差异明显。

表 7 2017 年综合创新型城市综合指数排名前 100 名

城市	排名	城市	排名	城市	排名	城市	排名
北 京	1	兰 州	26	怀 化	51	东 营	76
深 圳	2	临 沧	27	嘉 兴	52	大 连	77
上 海	3	定 西	28	河 源	53	乌 海	78
广 州	4	济 南	29	延 安	54	赣 州	79
珠 海	5	庆 阳	30	福 州	55	徐 州	80
厦 门	6	镇 江	31	汕 头	56	榆 林	81
苏 州	7	呼和浩特	32	金 华	57	拉 萨	82
杭 州	8	湛 江	33	扬 州	58	泰 州	83
武 汉	9	天 津	34	肇 庆	59	太 原	84
南 京	10	嘉 峪 关	35	抚 州	60	鹰 潭	85
成 都	11	温 州	36	泉 州	61	常 德	86
东 莞	12	长 春	37	烟 台	62	陇 南	87
佛 山	13	天 水	38	辽 源	63	大 庆	88
郑 州	14	周 口	39	石 家 庄	64	武 威	89
合 肥	15	无 锡	40	洛 阳	65	六 安	90
三 亚	16	湖 州	41	莆 田	66	绍 兴	91
青 岛	17	昭 通	42	宜 春	67	廊 坊	92
常 州	18	鄂尔多斯	43	重 庆	68	郴 州	93
中 山	19	保 山	44	曲 靖	69	沈 阳	94
西 安	20	茂 名	45	漳 州	70	丽 水	95
南 昌	21	克拉玛依	46	威 海	71	邢 台	96
长 沙	22	商 丘	47	惠 州	72	大 同	97
宁 波	23	乌鲁木齐	48	娄 底	73	丽 江	98
海 口	24	哈 尔 滨	49	北 海	74	固 原	99
南 通	25	南 宁	50	舟 山	75	黄 山	100

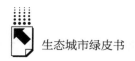
较之 2016 年，2017 年综合创新型生态城市排名总体较为稳定，但也有个别城市的波动较为明显。例如：佛山市凭借其在空气质量优良率、垃圾处理率、孵化器数量等指标上的优势，从第 27 位跃升为第 13 位；昭通市凭借其在研发经费比重、公众对城市生态环境满意率等指标上的优势，排名从第 79 位跃升为第 42 位；天津市受制于河湖水质、环境满意率、孵化器数量等指标上的靠后排位，从第 15 位掉至第 54 位，退步明显。

按生态环境、生态经济、生态社会、创新能力和创新绩效五个主题进行聚类分析，可将 284 个综合创新型生态城市划分为综合创新型、生态经济型和生态社会型共三类。其中，综合创新型城市 14 个，这类城市综合实力特别突出，尤其在创新基础和创新绩效两大主题上在全国处于领先地位，但生态环境保护与市民获得感方面提升空间不小；生态经济型城市 103 个，这类城市在生态经济领域比较突出，领先于第三类城市，但在创新能力上落后第一类城市较多；生态社会型城市 167 个，这类城市在生态社会领域相对较好，领先于第二类城市；但在创新能力上，位于三个类别城市的最后。

三　中国生态城市建设的靶向路径

中国特色的生态城市建设，必须以习近平新时代中国特色社会主义思想和生态文明思想为指导，聚焦五大发展理念，特别是绿色发展理念，以公园城市建设为契机，秉承 2012～2018 年《生态城市绿皮书：中国生态城市建设发展报告》之生态城市建设理念和发展思路，持续建设环境友好型、绿色生产型、绿色生活型、健康宜居型和综合创新型五类生态城市，明确中国生态城市建设方向，找准推进中国生态城市建设的路径。

（一）领悟习近平绿色发展思想真谛，谋求生态城市科学发展

习近平绿色发展思想以马克思主义生态思想为理论基础，扎根于中国优秀传统文化，孕育于新中国绿色发展的实践探索，成为引领全球生态环境治理和绿色发展，向着你中有我、我中有你、包容合作共赢的方向前进的重要

理念。习近平绿色发展思想所包含的"以人民为中心"的生态价值论,"山水林田湖草是生命共同体"的生态本体论,人与自然和谐共生与"人类命运共同体"一体两面的生态世界观,人人参与、人人受益的生态道德观,亦此亦彼、相互成全的生态思维和方法以及"绿水青山就是金山银山"的实践论,[①]都是中国生态城市建设在生态哲学层面的世界观、方法论指导和重要实践遵从。蕴含着科学发展、综合发展、协调发展、平衡发展、全面发展、整体发展、节约发展、低碳发展、清洁发展、循环发展、安全发展等多种意义。

习近平绿色发展思想基于实践,指导实践,创新于实践。习近平坚持在实践中践行创新、协调、绿色、开放、共享的发展理念,形成了协同推进绿色发展、现代化建设的"五位一体"生态思维,即整体思维、创新思维、战略思维、底线思维和共享思维,为绿色转型、绿色发展和生态文明建设奠定了方法论基础。习近平高度重视绿色发展的战略性和实践性,阐明了绿色发展的总体定位、系统课题、经济选择、生活方式、经济政策、绩效评估和国际合作等具体实践主题。

习近平绿色发展新理念,回答了什么是可持续的、科学的、符合现在时代需要的发展,以及如何发展的问题,代表着新时代中国生态城市建设的科学性、时代性发展观。以习近平绿色发展思想武装头脑,用绿色发展观引领中国生态城市可持续发展进程,新时代的生态城市建设,要以问题为导向,以解决损害人民群众健康的突出城市生态环境问题为重点,注重城市生态系统修复,加快构建生态文明体系,把习近平绿色发展思想转化为一个个明确具体的工作目标、指标和标准,走出一条生产发展、生活富裕、生态良好的城市生态文明发展之路。

(二)绿色治理助推公园城市建设步伐,促进生态城市高质量发展

建构公园城市实质上是走一条生产发展、生活富裕、生态良好的文明发

---

① 曹顺仙、周以杰:《习近平绿色发展思想的生态哲学诠释》,《南京林业大学学报》(人文社会科学版)2019 年第 3 期。

展之路，是习近平绿色发展价值观念的落地生根。① 绿色治理与公园城市建构的多元耦合机理铸就了公园城市建构的绿色治理之路。实现经济、政治、社会、文化、生态各个子系统整体性迈向绿色化，是绿色治理的靶向目标，旨在对原有不平衡不充分的经济生态、政治生态、社会生态、文化生态进行"绿色化改良"，高度契合了公园城市的绿色价值标准和城市价值最大化目标。②

1. 形成广义的绿色治理思维。在经济、政治、社会、生态、文化等多维层面，绿色都具有广义上相应的积极意涵，契合了公园城市"全要素"、多层次的绿色价值创造。③ 广义的绿色意涵将绿色治理理念合乎逻辑地拓展到经济、政治、社会、生态、文化等各个领域，以发挥其系统整体功能，提供价值指引。广义绿色治理要求公园城市的多元治理主体要实现思维革命，充分认识到"绿色"的广义多元价值，推动城市各功能要素的良性发展，实现政治生态、社会生态和自然生态的交融和谐。

2. 完善广义绿色治理体系。绿色治理体系是由"主体—客体—环境—行为—质量"等要素构成的绿色治理共同体，其实施过程凝练为经济、政治、社会、文化、生态等系统协调的广义绿色治理，具体化为治理主体"可开源"、治理过程"可持续"、治理手段"可多元"、治理客体"可共生"、治理结果"可分享"。④ 需要绿色治理多元主体守好生态和发展两条底线，以绿色价值观来引导和规范自身行为，合理使用绿色政策制度和先进科技手段，推进三次产业的全面绿色发展，并在共建共治共享的城市绿色治理活动中提升公园城市的综合竞争力，实现公园城市价值最大化的目标。

---

① 史云贵、刘晓君：《绿色治理：走向公园城市的理性路径》，《四川大学学报》（哲学社会科学版）2019 年第 3 期。

② 史云贵、刘晓君：《绿色治理：走向公园城市的理性路径》，《四川大学学报》（哲学社会科学版）2019 年第 3 期。

③ 史云贵、刘晓君：《绿色治理：走向公园城市的理性路径》，《四川大学学报》（哲学社会科学版）2019 年第 3 期。

④ 杨达、刘梦瑶：《构建广义绿色治理体系的贵州样板》，《中国社会科学报》2019 年 8 月 8 日。

3. 健全绿色治理机制谱系。① 健全的绿色治理机制谱系是推动绿色治理理念落地生根、绿色治理体系良性运转的重要保障，它包括绿色规划、领导、组织、服务、协调、控制、反馈、安全和保障等多元机制，各机制间相互衔接，相互补充，良性互动，协同运转，合力推动绿色治理机制的健康运行，确保绿色治理质量的全面提升。绿色治理机制谱系的协调运转同步提升了公园城市的绿色价值和城市价值，大大提升了公园城市价值转换的效率。

4. 营造绿色治理文化氛围。文化是公园城市的精神支柱，公园城市是社会发展、文化发展、经济发展和生态发展同步共进的和谐城市，是生态、文态、心态和形态融为一体的高效集约城市。② 公园城市通过构建多元文化场景和特色文化载体，在城市历史传承与嬗变中留下了绿色文化的鲜明烙印，体现了以美育人、以文化人的人文价值。③ 绿色发展离不开绿色文化的浸润与支撑，城市绿色治理更需要精神文化支撑。④ 在推进绿色发展过程中，需要弘扬中华文明，应延续城镇历史文脉，积极培育绿色文化，构建体现特色公园城市自然禀赋、生活情趣、人文精神的公园城市文化，构建绿色制度文化，培育新型文化业态，让绿色观念融入主流价值观，形成引领绿色文化发展的新动力，使绿色治理文化内化为人们的思想，外显为个体的绿色行动，提升绿色治理多元主体的文化素养，激发人民群众的"绿色"价值追求。

5. 健全绿色治理质量标准体系。绿色治理是实现全面"绿色化"的动态过程，需要达到某一目标预期，⑤ 绿色治理质量标准是测度绿色治理目标实现程度以及人民对美好生活需要程度的重要标尺。公园城市价值创造和绿

---

① 史云贵、刘晓君：《绿色治理：走向公园城市的理性路径》，《四川大学学报》（哲学社会科学版）2019 年第 3 期。

② 李晓江、吴承照、王红扬、钟舸、李炜民、成玉宁、杨潇、刘彦平、王旭：《公园城市，城市建设的新模式》，《城市规划》2019 年第 3 期。

③ 范锐平：《加快建设美丽宜居公园城市》，《人民日报》2018 年 10 月 11 日。

④ 史云贵、刘晓君：《绿色治理：走向公园城市的理性路径》，《四川大学学报》（哲学社会科学版）2019 年第 3 期。

⑤ 史云贵、刘晓君：《绿色治理：走向公园城市的理性路径》，《四川大学学报》（哲学社会科学版）2019 年第 3 期。

色治理要求目标的耦合，要求治理活动必须同时满足绿色价值要求和人民对美好生活的需求。为此，需要制定公园城市标准，健全绿色治理质量标准体系。标准是品牌话语的一个制高点，结合国内、国际不同城市的特点，制定有关公园城市的国内标准乃至国际标准，是完全有可能的。①

（三）建立健全城市建设质量标准体系，支撑生态城市高质量发展

为了全面落实新发展理念，促进城市绿色发展，保障城市安全运行，建设和谐宜居城市，2018年12月6日，住房城乡建设部在广西南宁举办了"推动城市高质量发展系列标准发布"活动，公开发布了《海绵城市建设评价标准》《绿色建筑评价标准》《装配式混凝土建筑技术标准》《装配式钢结构建筑技术标准》《装配式木结构建筑技术标准》《城市综合防灾规划标准》《城市排水工程规划规范》《城镇内涝防治技术规范》《城市居住区规划设计标准》《城市综合交通体系规划标准》10项标准。② 至此，在住房和城乡建设领域，已发布356项工程建设国家标准，765项城乡规划、房屋建筑、市政工程行业的工程建设行业标准，同时，各省（自治区、直辖市）也已发布工程建设地方标准4468项，③ 形成了具有中国特色的工程建设标准体系，奠定了中国生态城市高质量发展的质量标准，实现了中国生态城市建设的制度化、规范化和标准化，为生态城市高质量发展提供了测评依据。

（四）因地制宜，凸显生态城市地域特色，助推五类生态城市高质量发展

生态城市建设强调城市的政治、经济、文化功能和自然、生态、环境功能的有机融合，最大限度地保留城市原有的自然风貌和人文景观，彰显城市

---

① 李晓江、吴承照、王红扬、钟舸、李炜民、成玉宁、杨潇、刘彦平、王旭：《公园城市，城市建设的新模式》，《城市规划》2019年第3期。
② 《〈海绵城市建设评价标准〉等推动城市高质量发展系列标准发布》，《中国建材报》2018年12月10日。
③ 《〈海绵城市建设评价标准〉等推动城市高质量发展系列标准发布》，《中国建材报》2018年12月10日。

的独有魅力。中国城市的区域差异性与不平衡性决定了生态城市发展模式的多样性。持续建设环境友好型、绿色生产型、绿色生活型、健康宜居型和综合创新型五类城市，打造特色鲜明的绿色生态城市，是建设生态城市的客观要求和现实选择。

1. "五线谱"标准规划建设环境友好型城市

应坚持城市"五线谱"标准，采取刚性与弹性有机结合的方法，规划建设环境友好型城市。城市"五线谱"使城市规划成为有机整体，红线为经脉、绿线为衣装、蓝线为血液、黄线为器官、紫线为内在修养。应以红线为基调，理清交通与人、区域、市场、环境、城市发展间错综复杂的关系，融入以人为本、四化同步、优化布局、生态文明、文化传承等理念，打造低碳、环保、智能、便捷的城市交通系统；以绿线为基调，合理增加各类城市绿地，塑造高质量城市环境，改善市民生活质量，促进城市生态平衡；以蓝线为基调，坚持生态优先、安全为重、因地制宜的原则，建成低影响开发雨水系统、传统雨水管渠系统和超标雨水径流系统三大雨水系统，推进新老城区的海绵城市建设；以紫线为基调，挖掘文化、传承文化，提倡现代城市环保文化建设，继续推进城市生态环境治理体系和治理能力现代化；以黄线为基调，灵活运用循环经济原理和"4R"原则，化解难题，最大限度地发挥基础设施在城市发展中的价值效益，实现经济发展与环境保护的良性循环。同时，应创新技术手段，缩小"数字鸿沟"，推广"智慧城市 + PPP"模式，加速智慧城市建设。

2. 绿色产业助推绿色生产型城市建设

实现三大产业的绿色生产，是加快绿色生产型城市建设步伐的有效途径。可通过加大对绿色农业的政策支持力度、强化农业绿色发展的科技研发与投入、培育绿色新型农业经营主体、建立完善农业绿色发展的监测评价体系等措施，实现绿色农业生产；通过加强组织领导、充分发挥市场调节的决定性作用、全面落实财税政策、强化舆论媒体宣传引导等措施，实现绿色工业生产；通过创新融资方式保障资金支持、扩大绿色服务业用地、提升服务业科技含量等措施，实现绿色服务业生产。

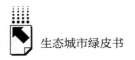
3. 全社会行动，建设绿色生活型城市

绿色生活型城市建设，需要全社会共同参与，多措并举，协同推进。社会公众践行绿色生活方式，是贯彻绿色发展理念的具体体现，绿色生活方式倡导人与自然和谐共处，树立全新的生存观和幸福观，倡导绿色消费，追求人的全面发展，让绿色生活成为公众的自觉选择；政府应进一步加强环境制度建设，提高环境管制强度，因地制宜地采取有差异化的管制措施，保障地方绿色发展水平的提高；应以绿色家庭、绿色学校、绿色社区建设为平台，通过多种途径宣传引导公众自觉选择可持续的消费模式；倡导绿色消费，抵制过度消费，以绿色消费倒逼绿色生产；加大绿色低碳工业技术、低碳能源技术、绿色建筑技术、绿色交通技术、低碳农业技术等绿色发展技术投入，创新驱动经济绿色可持续发展。

4. 软硬件并举，打造健康宜居型城市

规划、建设、管理等部门应全面推进，合理实施生态立市战略；生产领域依托产业结构升级和产业生态化提升城市的健康宜居水准；应打造低碳、环保、绿色、健康、循环的居民小区样板，在发展、推广中建设健康宜居型生态城市；增强低碳环保意识，牢固树立健康消费理念，减少乃至杜绝对难分解消费品的使用；开设"健康、低耗、低排、资源循环、环境友好"教育课堂与生产生活实践，从新生劳动力的培养抓起，养成正确的思想意识和行为习惯。

5. 突出优势，力保综合创新型城市升级

应根据综合创新型、生态经济型和生态社会型城市的发展水平、优势特色和改进空间，确立每类城市的建设路径。综合创新型城市要以绿色技术创新为突破口，广泛吸纳社会力量参与绿色创新，形成政府、企业和社会多元主体合理推进的绿色创新投入格局，推动城市绿色发展和高质量发展；生态经济型城市应重在搭建城市创新平台，完善城市创新系统，可以通过建立技术交易平台，促进技术创新成果交易，推动先进适用技术与资本、产业对接，促进成果转化和产业化应用；生态社会型城市应重点发挥城市地方特色优势，注意突出本土的特色优势，特别是特色产业优势，通过吸引创新型人才提升自身创新能力。

整体评价报告

General Evaluation Report

G.2
中国生态城市健康指数评价报告

赵廷刚　温大伟　谢建民　张志斌　刘涛*

摘　要： 生态城市建设已经进入城市群高质量发展阶段，城市群内部的生态城市协同建设成为新的发展目标。目前，这一领域的理论研究与建设实践都取得了一定进展。针对城市连片高质量发展问题，本报告提出了"法于人体"的健康指数评价方法，提供了可资借鉴的科学评价依据。进入"很健康""健康"序列范围的城市便可被认定为已经进入了高质量发展阶段。依此原理，本研究对2017年284个中国生态城市的健康指数进行统计并给出了综合评价排名，同时对环境友好、绿色生产、绿色生活、健康宜居和综合创新型城市等五类特色发展的城市排出百强，给出了各城市下年度建设侧重度、建

---

* 赵廷刚，男，汉族，教授，应用数学博士后，主要从事计算数学与应用数学的教学与研究工作。

设难度和建设综合度等指导参数，指导生态城市建设朝着正确健康方向发展。

关键词： 生态城市　健康指数　中国

一　中国生态城市健康指数评价模型与指标体系

本报告沿用《中国生态城市建设发展报告（2012）》建立的动态评价模型，为此，下面回顾该模型的理论结果。

（一）生态城市健康指数评价模型

1. 生态城市的主要特征

通常理解的生态城市具有五个主要特征：和谐性、高效性、持续性、均衡性和区域性。

和谐性是生态城市概念的核心内容，主要是体现人与自然、人与人、人工环境与自然环境、经济社会发展与自然保护之间的和谐，目的是寻求建立一种良性循环的发展新秩序。

生态城市将改变现代城市"高能耗""非循环"的运行机制，转而提高资源利用效率，物尽其用，地尽其利，人尽其才，物质、能量都能得到多层分级利用，形成循环经济。

生态城市以可持续发展思想为指导，公平地满足当代人与后代人在发展和环境方面的需要，保证其发展的健康、持续和稳定。

生态城市是一个复合系统，是由相互依赖的经济、社会、自然、生态等子系统组成，各子系统在"生态城市"这个大系统整体协调下均衡发展。

生态城市是在一定区域空间内人类活动和自然生态利用完美结合的产物，具有很强的区域性。生态城市同时强调与周边城市保持较强的关联度和融合关系，形成共存体，并积极参与国际经贸技术合作。

2. 生态城市建设的量化标准

人类活动的结果在许多方面都是可以量化的，而这些量化的指标也能够真实地反映人类的某些活动是否利于人类社会的健康良性发展。也就是说，要规范人类行为使其始终有利于人类社会的健康良性发展，首先要建立人类社会的健康良性发展标准，而这些标准的许多方面可以量化成一系列的指标体系。

生态城市建设的评价指标包含方方面面的硬性指标。具体如下：

能量的流动，包括能量的输入、能量的传递与散失等；

营养关系，包括食物链，食物网与营养级等；

生态金字塔，包括能量金字塔、生物量金字塔、生物数量金字塔等；

物质循环，包括气体型循环、水循环、沉积型循环、碳循环、硫循环、磷循环等；

有害物质与信息循环，包括生物富集、有害物理信息、有害化学信息、有害行为信息等；

生态价值，包括生物多样性、直接价值、间接价值等；

稳定性，包括生态平衡、生态自我调节等；

人类理念与行为，包括生态产业、生态文化、生态消费、生态管理等。

生态城市建设的效果最终是通过人类理念与行为来实现的，所以生态建设的量化标准是一个动态概念，它是随时间不断提高的，而不是不变的，但在一定时期内不能定得过高，也不能定得太低。例如城市环境系统建设的量化标准包括环境约束、环境质量、环境保护三大量化标准。

环境约束指标主要包括：大气污染物排放量（SO_2/颗粒物/CO_2）、机动车污染物排放总量、水污染物排放量（以 COD 计）、固体废物排放量（生活垃圾、工业固体废物、危险废物）、农用化肥使用程度、土地开发强度、有机/绿色农产品比重等。

环境质量指标主要包括：空气质量指数优良率/空气质量指数达到一级天数的比例、地表水功能区达标率/集中式饮用水水源地水质达标率、陆地水域面积占有率、噪声达标区覆盖率、土壤污染物含量/表层土中的重金属

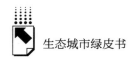

含量、绿化率/森林覆盖率、物种多样性指数、居民环境满意度等。

环境保护指标主要包括：清洁能源使用比重、污水集中处理率、工业污水排放稳定达标率/规模化畜禽养殖场污水排放达标率、生活垃圾无害化处理率、规模化畜禽养殖场粪便综合利用率、秸秆综合利用率、工业用水重复率、环保投入占 GDP 比重、ISO14001 认证企业比例等。

当然，城市环境系统建设量化标准有国际标准，也有国家标准，但我们认为这些标准只是一个城市环境系统建设的最终奋斗标准，有些可以作为某时期内的建设量化标准，有些则不能。比如就每天城市机动车污染物排放总量而言，这一量化标准如何确定就是一个值得商榷的问题。在这里我们来讨论这样一个问题：2017 年底中国每个城市每天机动车污染物排放总量的达标标准应是多少呢？唯一科学的办法是按如下步骤来确定。

第一步：统计出中国每个城市在 2016 年底的每天机动车污染物排放总量；

第二步：计算出上述统计量的最大值 max 和最小值 min；

第三步：按如下算式确立 2017 年底中国每个城市每天机动车污染物排放总量的达标标准：

$$bzl = \lambda max + (1 - \lambda) min$$

其中 $0 \leqslant \lambda \leqslant 1$。

显然 2017 年底中国每个城市每天机动车污染物排放总量的达标标准是介于 min 和 max 之间的。这是因为 min 应是 2017 年底中国每个城市每天机动车污染物排放总量的最理想的达标标准，但在现阶段若把 min 作为达标标准，到 2017 年底很可能多数城市机动车污染物排放总量都超出了 min，所以 2017 年底中国每个城市每天机动车污染物排放总量的达标标准是介于 min 和 max 之间的。故如何确立 λ 是关键。我们认为所选择的 λ 应能使 2016 年底的每天机动车污染物排放总量小于 bzl 的城市数不低于总城市数的 1/3，也就是说所确立的建设标准能够保证有 1/3 以上的城市能够达标。

第四步：2014 年底中国每个城市每天机动车污染物排放总量的达标标准指标为：

$$bz = \frac{\dfrac{1}{bzl} - \dfrac{1}{max} + 1}{\dfrac{1}{min} - \dfrac{1}{max} + 1}$$

所以生态城市建设量化标准是一个动态变化的量，是依据上一年的建设效果和建设标准，来确定下一年的建设标准，并依据本年度的建设标准，来评价本年度每个城市的建设效果。

一般地，设 X 是由中国区域内全体城市组成的集合。对于任意给定的时刻 t，对于任意的城市 $C \in X$，C 在时刻 t 的生态城市建设指标是一个 $m \times n$ 阶矩阵，即：

$$C(t) = (c_{ij}(t))_{m \times n} = \begin{pmatrix} c_{11}(t) & c_{12}(t) & \cdots & c_{1n}(t) \\ c_{21}(t) & c_{22}(t) & \cdots & c_{2n}(t) \\ \vdots & \vdots & \vdots & \vdots \\ c_{m1}(t) & c_{m2}(t) & \cdots & c_{mn}(t) \end{pmatrix}$$

并且满足：

$$0 \leqslant c_{ij}(t) \leqslant 1.$$

设 $X \subseteq X$ 是 X 中某类城市组成的集合，令

$$x_{ij}(t)_1 = \min\{c_{ij}(t) \mid C \in X\} \quad i = 1, 2, \cdots, m; j = 1, 2\cdots, n$$
$$x_{ij}(t)_2 = \max\{c_{ij}(t) \mid C \in X\} \quad i = 1, 2, \cdots, m; j = 1, 2\cdots, n$$

称

$$X(t)_1 = (x_{ij}(t)_1)_{m \times n} = \begin{pmatrix} x_{11}(t)_1 & x_{12}(t)_1 & \cdots & x_{1n}(t)_1 \\ x_{21}(t)_1 & x_{22}(t)_1 & \cdots & x_{2n}(t)_1 \\ \vdots & \vdots & \vdots & \vdots \\ x_{m1}(t)_1 & x_{m2}(t)_1 & \cdots & x_{mn}(t)_1 \end{pmatrix}$$

是 X 在时刻 t 的最低发展现状；称

$$X(t)_2 = (x_{ij}(t)_2)_{m \times n} = \begin{pmatrix} x_{11}(t)_2 & x_{12}(t)_2 & \cdots & x_{1n}(t)_2 \\ x_{21}(t)_2 & x_{22}(t)_2 & \cdots & x_{2n}(t)_2 \\ \vdots & \vdots & \vdots & \vdots \\ x_{m1}(t)_2 & x_{m2}(t)_2 & \cdots & x_{mn}(t)_2 \end{pmatrix}$$

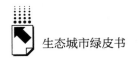

X 在时刻 t 的最高发展现状；特别当 $X = \mathbf{X}$ 时，称

$$X_1(t), X_2(t)$$

分别为中国生态城市建设在时刻 t 的最低发展现状和最高发展现状。

设 $X \subseteq \mathbf{X}$ 是 $\mathbf{X}$ 中某类城市组成的集合，$X_1(t)$，$X_2(t)$ 分别为 X 在时刻 t 的最低发展现状和最高发展现状，X 在时刻 $t+1$ 的建设标准 $B(t+1)$ 满足

$$B(t+1) = \lambda_1(t) X_1(t) + \lambda_2(t) X_2(t)$$

其中

$$\lambda_1(t) + \lambda_2(t) = 1$$
$$0 \leqslant \lambda_1(t) \leqslant 1$$
$$0 \leqslant \lambda_2(t) \leqslant 1$$

制定中国生态城市建设评价标准必须要分析中国生态城市建设现状，依据中国生态城市建设在时刻 t 的最低发展现状和最高发展现状，来制定在时刻 $t+1$ 的发展标准。即在制定标准时首先通过统计调查，确定城市在时刻 t 的最低发展现状和最高发展现状：

$$X_1(t), X_2(t)$$

然后依据 $X_1(t)$，$X_2(t)$，选择适宜的 $\lambda_1(t)$，$\lambda_2(t)$，确立 X 在时刻 $t+1$ 的建设标准 $B(t+1)$，一般地，$B(t+1)$ 满足条件：

P_1) $b_{ij}(t) \leqslant b_{ij}(t+1)$　　$i = 1, 2, \cdots, m$；$j = 1, 2, \cdots, n$；且 $b_{ij}(t)$ 必须均达到国家最低规范标准。

P_2) 集 $\{C \in X \mid c_{ij}(t) \geqslant b_{ij}(t+1), i = 1, 2, \cdots, m; j = 1, 2, \cdots, n\}$ 的个数不低于集 $\mathbf{X}$ 的个数的 1/3；

P_3) 在条件 P_1)，P_2) 成立的条件下，$\lambda_1(t)$，$\lambda_2(t)$ 是优化问题：

$$\begin{cases} \min \| \lambda_1(t) \sum_{C \in X} (C(t) - X(t)_1) + \lambda_2(t) \sum_{C \in X} (X(t)_2 - C(t)) \| \\ s.t \quad \lambda_1(t) + \lambda_2(t) = 1 \\ \qquad 0 \leqslant \lambda_1(t) \leqslant 1 \\ \qquad 0 \leqslant \lambda_2(t) \leqslant 1 \end{cases} \tag{1.1}$$

的解。

也就是说，生态城市建设标准的制定，一定要符合客观实际，量力而为，不能急于求成。所制定的标准一定要有示范达标城市，这些示范达标城市的数目不能低于城市总数的 1/3，不能高出城市总数的 1/2。

由于模型（1.1）提供的标准并没有考虑每个城市的具体特点，所以当这个标准出来以后，还必须根据具体城市的实际情况，参照这个标准来制定符合每个城市发展特点的建设标准。建设标准的制定要充分兼顾每个城市的具体发展特点，绝不能用统一的指标去衡量每个城市，否则就失去了生态城市建设的意义。

3. 生态城市建设的基本概念

设 $R^{m \times n}$ 是全体 $m \times n$ 阶矩阵组成的集合，$\forall A \in R^{m \times n}$ 定义范数：

$$\| A \| = \sup\{ \| Ax \| \mid \| x \| = 1, x \in R^n \}$$

则在上述范数下 $R^{m \times n}$ 是一个 $Banach$ 空间。

记：

$$P = \{ A \in R^{m \times n} \mid 0 \leq a_{ij} \leq 1, i = 1, 2, \cdots, m; j = 1, 2, \cdots, n \}$$

则 P 是 $R^{m \times n}$ 中含有内点的凸闭集，并且满足下面两个条件：

P_4）$A \in P$，$\lambda \geq 0 \Rightarrow \lambda A \in P$；

P_5）$A \in P$，$-A \in P \Rightarrow A = \theta$，这里 θ 表 $R^{m \times n}$ 中的零元素。

在 P 中引入半序：如果 $B - A \in P$，则 $A \leq B$（A，$B \in P$）；若 $A \leq B$，$A \neq B$，则记 $A < B$。

（1）生态城市建设的可持续发展

设 X 是由中国区域内全体城市组成的集合。$C \in X$ 是某个城市，则 C 在时刻 t 的生态城市建设指标是一个 $m \times n$ 阶矩阵：

$$C(t) = (c_{ij}(t))_{m \times n} = \begin{pmatrix} c_{11}(t) & c_{12}(t) & \cdots & c_{1n}(t) \\ c_{21}(t) & c_{22}(t) & \cdots & c_{2n}(t) \\ \vdots & \vdots & \vdots & \vdots \\ c_{m1}(t) & c_{m2}(t) & \cdots & c_{mn}(t) \end{pmatrix}$$

对于任意给定的时刻 t，如果

$$C(t) < C(t+1)$$

则称生态城市建设是可持续发展的。即可持续发展的是指：生态城市建设随着时间的推移，一年比一年好，各项指标也许不能完全达到建设标准要求，但不能时好时坏。

（2）生态城市建设的良性健康发展

设 T_i 分别表示第 T_i 年（$i=0, 1, 2, \cdots s$），$B(T_i)$ 表示生态城市建设规划中第 T_i 年达到的建设标准（$i=0, 1, 2, \cdots s$）。如果

$$B(T_i) \leqslant C(T_i) < B(T_{i+1}) \leqslant C(T_{i+1}) \quad i = 0,1,2,\cdots,s-1$$

则称城市 C 的生态建设从 T_0 年到 T_s 年是良性健康发展的。

（3）生态城市建设分类

设 X 是由中国区域内全体城市组成的集合。设 T_i 分别表示第 T_i 年（$i=0, 1, 2, \cdots s$），记：

$$\mathrm{X}[T_0,T_s]_1 = \{C \in \mathrm{X} \,|\, 城市\ C\ 的生态城市建设从\ T_0\ 年到\ T_s\ 年是良性健康发展的\}$$
$$\mathrm{X}[T_0,T_s]_2 = \{C \in \mathrm{X} - \mathrm{X}[T_0,T_1]_1 \,|\, 城市\ C\ 的生态城市建设是可持续发展的\}$$
$$\mathrm{X}[T_0,T_s]_3 = \mathrm{X} - \mathrm{X}[T_0,T_s]_1 - \mathrm{X}[T_0,T_s]_2$$

即中国生态城市建设分为三类，第一类是良性健康发展的；第二类不是良性健康发展的但是是可持续发展的；第三类既不是良性健康发展的，也不是可持续发展的。

（4）中国生态城市建设经历的初级、中级、高级三个阶段

中国生态城市建设经历初级、中级和高级三个发展阶段。从现在起到未来的某个年份 T_{s_1}，中国生态城市建设处于初级阶段，这阶段的基本特征是：对任意的 $s < s_1$，满足：

$$\mathrm{X}[T_0,T_s]_i \neq \phi \qquad i = 1,2,3$$

即在初级发展阶段三类生态城市均存在。

从年份 T_{s_1} 起到 T_{s_2}，中国生态城市建设处于中级阶段，这阶段的基本特

征是：对任意的 $s_1 \leqslant s < s_2$，满足：

$$\mathrm{X}[T_0, T_s]_1 \neq \phi, \mathrm{X}[T_0, T_s]_2 \neq \phi, \mathrm{X}[T_0, T_s]_3 = \phi$$

即在生态城市建设的中级发展阶段：上述第一类和第二类城市都存在，第三类城市不存在。

从年份 T_{s2} 起中国生态城市建设处于高级阶段，这阶段的基本特征是：对任意的 $s \geqslant s_2$，满足

$$\mathrm{X}[T_0, T_s]_1 \neq \phi, \mathrm{X}[T_0, T_s]_2 = \phi, \mathrm{X}[T_0, T_s]_3 = \phi$$

即生态城市建设的高级阶段是：所有城市是第一类城市。

使每个城市的生态建设都良性健康发展是生态城市建设的根本宗旨。所以当每个城市的建设标准确立后，就要科学合理地制定建设规划和实施方案，建立一套完备的信息反馈机制和建设效果评价机制，使生态建设的资金和人力投入与建设效果一致。

4. 社会对生态城市建设的评价体系

当城市生态建设处于初级或中级阶段时，政府要加强对城市生态建设的引领、指导和监督，使其又好又快地走上良性健康发展的轨道。而当城市生态建设走上了良性健康发展的轨道时，即使这个城市的生态建设已经非常完备了，也还需另外一个指标来检验，即城市全体市民满意度。

（1）社会满意度指标

设 X 是由中国区域内全体城市组成的集合。$C \in \mathrm{X}$ 是某个城市，用 Y 表示生活在这个城市年满 18 岁的全体公民组成的集合，Y 中的公民称为市民。对于市民来说，由于其知识面、社会阅历、认知结构等原因，他们对城市生态建设认知程度不尽相同，但他们的确对其居住环境、出行环境、饮食环境、文化娱乐环境等有一个客观的整体认识。

假设每一个公民评价某一个城市的生态建设时，都用下列三种答案之一：

（A）满意 （B）不尽满意 （C）不满意

亦即在任何时刻 t，Y 中的全体市民都分为如下三类：

$$Y_1(t) = \{y \in Y \mid y \text{ 在 } t \text{ 时刻对其居住城市的生态建设满意}\}$$
$$Y_2(t) = \{y \in Y \mid y \text{ 在 } t \text{ 时刻对其居住城市的生态建设不尽满意}\}$$
$$Y_3(t) = \{y \in Y \mid y \text{ 在 } t \text{ 时刻对其居住城市的生态建设不满意}\}$$

则

$$Y_1(t) \cap Y_2(t) = \phi; Y_2(t) \cap Y_3(t) = \phi; Y_3(t) \cap Y_1(t) = \phi$$

且

$$Y = Y_1(t) \cup Y_2(t) \cup Y_3(t)。$$

用 $\alpha_i(t)$ 表示 $Y_i(t)$ 中的元素个数，令

$$\gamma_i(t) = \frac{\alpha_i(t)}{\sum\limits_{j=1}^{3} \alpha_j(t)} \qquad (i = 1,2,3)$$

分别称 $\gamma_1(t)$，$\gamma_2(t)$，$\gamma_3(t)$ 为城市 C 在 t 时刻生态城市建设的社会满意度指标、社会不尽满意度指标和社会不满意度指标。

（2）完备的生态城市建设

称城市 C 的生态建设是完备的是指存在时刻 t_0，使对于任意的 $t > t_0$ 下列条件同时成立：

P_6）C 在 t_0 时刻到 t 时刻其生态城市建设是良性健康发展的；

P_7）γ_1 在闭区间 $[t_0, t]$ 上单调递增；

P_8）γ_2 在闭区间 $[t_0, t]$ 上单调递减；

P_9）γ_3 在闭区间 $[t_0, t]$ 上单调递减。

否则，称为不完备的。

当一个城市的生态建设从某个时刻起，不仅已步入良性健康发展的轨道，而且对其满意的人越来越多，对其不尽满意和不满意的人越来越少时，这个城市的生态建设就是完备的。

如果中国所有城市的生态建设都是完备的，就称中国城市生态建设是完备的。

（3）生态建设发展均衡度

除了考虑中国城市生态建设是完备的之外，还要看城市之间生态建设发展是否均衡。

设 $X_1(t)$，$X_2(t)$ 分别为中国生态城市建设在时刻 t 的最低发展现状和最高发展现状，令：

$$\beta(t) = \| X_1(t) - X_2(t) \| 。$$

如果存在时刻 t_0，从 t_0 时刻起，中国生态城市建设是完备的，而且 $\beta(t)$ 是单调递减的，则称中国生态建设是协调有序发展的。中国生态建设是协调有序发展的，其基本特征为：①中国每个城市的生态建设的各项指标值随时间变化是递增的，并且都达到了建设标准；②人们对中国每个城市的生态建设的满意度越来越高；③中国每个城市的生态建设的差异越来越小。

（二）生态城市健康指数考核指标体系

生态城市是依照生态文明理念，按照生态学原则建立的经济、社会、自然协调发展的新型城市，是高效利用环境资源，实现以人为本的可持续发展的新型城市，是中国城市化发展的必由之路。对于辐射、带动、提升和推动生态文明建设，促进文明范式转型，加快国家经济、政治、社会、文化和生态文明协调发展，提高人民生活水平，全面建设小康社会具有重大战略意义。中国生态城市建设经历了十多年的发展历程，虽然取得了举世瞩目的成绩，生态城市建设已经进入城市群阶段，城市群内部的生态城市协同建设成为新的研究课题，目前这一领域的理论研究与建设实践也都取得了很大进展，但每个城市生态建设的诸方面不平衡，相差很大。因此让每个城市在生活垃圾无害化处理、工业废水排放处理、工业固态废物综合应用、空气质量指数、河湖水质、城市绿化、节能降耗等方面都能完全达标，依然是生态城市建设的基本任务和要求。推行绿色发展、循环发展、低碳发展，全面实行可持续发展的任务还十分艰巨。

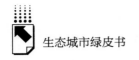

经过深入分析与讨论，本报告以《中国生态城市建设发展报告（2018）》中的主要思路、评价方法和评价模型为基础，并按照生态城市建设要"分类评价，分类指导，分类建设，分步实施"的原则，依据"生态城市健康指数（ECHI）评价指标体系（2019）"（见表1）和收集的最新数据，对中国284个城市2017年生态建设效果进行了评价。并通过引入建设侧重度、建设难度、建设综合度等概念，试图对中国生态城市建设进行动态指导。

表1 生态城市健康指数（ECHI）评价指标体系（2019）

一级指标	二级指标	指标权重	序号	三级指标	三级指标相对二级指标的权重
生态城市健康指数	生态环境	0.40	1	森林覆盖率［建成区人均绿地面积(平方米/人)］	0.29
			2	空气质量优良天数(天)	0.26
			3	河湖水质［人均用水量(吨/人)］	0.10
			4	单位 GDP 工业二氧化硫排放量(千克/万元)	0.2
			5	生活垃圾无害化处理率(%)	0.15
	生态经济	0.35	6	单位 GDP 综合能耗(吨标准煤/万元)	0.3
			7	一般工业固体废物综合利用率(%)	0.2
			8	R&D 经费占 GDP 比重［科学技术支出和教育支出占 GDP 比重(%)］	0.2
			9	信息化基础设施［互联网宽带接入用户数(万户)/全市年末总人口(万人)］	0.2
	生态社会	0.25	10	人均 GDP(元/人)	0.1
			11	人口密度(人口数/平方米)	0.1
			12	生态环保知识、法规普及率，基础设施完好率［水利、环境和公共设施管理业全市从业人员数(万人)/城市年末总人口(万人)］	0.3
			13	公众对城市生态环境满意率［民用车辆数(辆)/城市道路长度(千米)］	0.3
			14	政府投入与建设效果［城市维护建设资金支出(万元)/城市 GDP(万元)］	0.3

注：当年发生重大污染事故的城市在当年评价结果中扣除 5% ~7% 。

我们依照"法于人体"理论对生态城市进行了健康评价。按照综合评价结果分为很健康、健康、亚健康、不健康、很不健康五类（分类标准见表2）。

表2　生态城市健康指数（ECHI）评价标准

类型	很健康	健康	亚健康	不健康	很不健康
指标范围	≥85	<85, ≥65	<65, ≥55	<55, ≥45	<45

二　中国生态城市健康指数考核排名

生态城市建设进入高质量发展阶段。怎样才能达到高质量发展？我们依照"法于人体"理论建构的健康指数评价提供了可资借鉴的科学依据。进入"很健康""健康"序列范围的城市便可被认为已经进入高质量发展阶段。

建设生态城市，实质上就是要建设以资源环境承载力为基础、以自然规律为准则、以可持续发展为目标的环境友好、绿色生产、绿色生活、健康宜居和综合创新型城市。

依据"生态城市健康指数（ECHI）评价指标体系（2019）"和"生态城市健康指数（ECHI）评价标准"，我们对中国284个生态城市2017年的健康指数进行了综合排名，排名结果见表5。

（一）生态城市健康指数综合排名（2017年）

2017年生态城市健康状况的评价指标体系与2016年是一致的。表3给出了2017年和2016年全国284个城市健康状况的分布状况。

从表4中可以看出，2017年评价出的健康城市数目比2016年的有所减少。为了做更进一步的比较，我们给出了不同指数的前十名城市，并将2016年的情况与2017年的情况对照列出（见表4）。我们还给出了2017年全国284个城市14个指标的最大值、最小值和平均值（见表6）以及

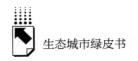

2016 年全国 284 个城市 14 个指标的最大值、最小值和平均值（见表 5），以供参考。

表 3　2017 年与 2016 年 284 个城市健康状况的分布状况比较

健康状况类型	城市数目		所占比例(%)	
	2016 年	2017 年	2016 年	2017 年
很 健 康	17	15	6.0	5.3
健 　 康	191	182	67.3	64.1
亚 健 康	64	78	22.5	27.5
不 健 康	12	9	4.2	3.2
很不健康	0	0	0.0	0.0

表 4　2016 年与 2017 年 284 个城市不同指数排名前十位

项目	2016 年	2017 年
健康指数	三亚、珠海、厦门、南昌、南宁、舟山、惠州、海口、天津、威海	三亚、厦门、珠海、上海、宁波、深圳、舟山、南昌、广州、海口
生态环境指数	海口、惠州、三亚、舟山、南宁、厦门、黄山、中山、南昌、青岛	海口、拉萨、舟山、厦门、南宁、威海、南昌、深圳、青岛、宁波
生态经济指数	三亚、北京、珠海、上海、天津、丽水、芜湖、惠州、厦门、中山	珠海、上海、深圳、北京、三亚、厦门、丽水、温州、中山、廊坊
生态社会指数	乌海、伊春、三亚、珠海、广州、武汉、柳州、鸡西、金昌、天津	三亚、乌海、广州、兰州、鹤岗、克拉玛依、武汉、厦门、太原、海口
森林覆盖率	东莞、嘉峪关、克拉玛依、深圳、乌鲁木齐、北京、厦门、乌海、珠海、拉萨	东莞、嘉峪关、克拉玛依、深圳、乌鲁木齐、厦门、北京、乌海、拉萨、珠海
空气质量优良天数	攀枝花、丽江、玉溪、防城港、南平、三亚、昆明、厦门、海口、福州、龙岩、三明、黑河（有并列的）	丽江、厦门、龙岩、玉溪、梅州、三明、南平、拉萨、三亚、昆明
人均用水量	牡丹江、镇江、淄博、七台河、济南、江门、金昌、呼和浩特、东营、西安	牡丹江、镇江、金昌、福州、青岛、呼和浩特、淄博、马鞍山、江门、长沙
单位 GDP 工业二氧化硫排放量	深圳、北京、三亚、海口、长沙、西安、随州、广州、厦门、拉萨	深圳、北京、随州、长沙、海口、上海、三亚、青岛、西安、厦门

续表

项目	2016 年	2017 年
生活垃圾无害化处理率	黄山、吉安、三亚、合肥、鹰潭、南通、扬州、宿迁、台州、杭州、海口、深圳、抚州、温州、上饶、亳州、蚌埠、珠海、赣州、上海、佛山、芜湖、金华、成都、中山、郑州、丽水、东莞、景德镇、江门、宁波、常德、滁州、六安、长沙、玉林、桂林、开封、镇江、资阳、宿州、河池、绥化、黑河、安庆、辽源、无锡、泰州、自贡、烟台、青岛、舟山、钦州、肇庆、许昌、阳江、宣城、淮安、绵阳、河源、张家界、威海、常州、湖州、九江、南京、大连、苏州、嘉兴、牡丹江、连云港、信阳、遂宁、南充、宜春、衡阳、东营、盐城、益阳、廊坊、商丘、荆州、漯河、惠州、绍兴、武汉、济宁、济南、广安、怀化、佳木斯、湛江、株洲、永州、泰安、阜阳、石家庄、郴州、天水、岳阳、北海、眉山、新乡、宜宾、德州、淮北、茂名、呼伦贝尔、潍坊、铜陵、定西、临沂、泸州、淮南、沧州、秦皇岛、梅州、十堰、池州、聊城、盘锦、荆门、菏泽、朝阳、平顶山、襄阳、湘潭、萍乡、来宾、内江、云浮、新余、防城港、鹤壁、太原、呼和浩特、孝感、锦州、咸宁、邢台、枣庄、玉溪、宜昌、梧州、阜新、安阳、韶关、固原、大庆、鄂州、衢州、平凉、黄石、淄博、邯郸、酒泉、铁岭、抚顺、贺州、鞍山、张掖、忻州、唐山、马鞍山、滨州、巴彦淖尔、晋城、柳州、娄底、阳泉、徐州、金昌、日照、晋中、通辽、辽阳、丹东、攀枝花、吕梁、贵港、百色、朔州、运城、吴忠、莱芜、赤峰、中卫、嘉峪关	东莞、嘉峪关、深圳、厦门、珠海、南京、百色、莱芜、呼和浩特、银川、大庆、中山、太原、本溪、三亚、七台河、威海、新余、金昌、东营、昆明、海口、惠州、青岛、杭州、盘锦、鄂尔多斯、常州、无锡、攀枝花、沈阳、淄博、景德镇、济南、南昌营口、苏州、武汉、抚顺、合肥、舟山、辽阳、上海、成都、柳州、宁波、镇江、郑州、葫芦岛、烟台、湖州、江门、鞍山、黄山、绍兴、马鞍山、长沙、秦皇岛、淮北、阳泉、芜湖、张掖、鄂州、宜昌、酒泉、日照、连云港、佛山、北海、南宁、吴忠、阜新、大同、扬州、嘉兴、株洲、滨州、枣庄、防城港、鹤壁、辽源、淮安、丹东、唐山、南通、石家庄、湘潭、淮南、肇庆、泸州、朔州、十堰、泰安、襄阳、洛阳、白银、巴彦淖尔、焦作、黄石、徐州、萍乡、九江、衢州、绵阳、温州、锦州、济宁、德州、泰州、蚌埠、台州、抚州、阳江、通化、漯河、晋城、赤峰、牡丹江、金华、池州、咸宁、荆门、德阳、潍坊、呼伦贝尔、宣城、赣州、晋中、通辽、鹰潭、随州、钦州、安庆、滁州、盐城、开封、岳阳、遂宁、松原、临沂、铁岭、清远、乐山、许昌、桂林、新乡、南充、邯郸、张家界、梧州、四平、常德、保定、益阳、平凉、廊坊、宜宾、宿迁、衡水、郴州、聊城、衡阳、内江、贺州、玉溪、来宾、巴中、丽水、菏泽、邢台、资阳、濮阳、广安、天水、宜春、湛江、六安、安阳、平顶山、荆州、茂名、上饶、保山、吉安、黑河、怀化、崇左、朝阳、梅州、贵港、河源、信阳、阜阳、忻州、娄底、云浮、玉林、孝感、沧州、曲靖、驻马店、吕梁、亳州、河池、商丘、定西、绥化、陇南(共 208 个城市并列第一,均为 100%)
单位 GDP 综合能耗	北京、黄山、吉安、南昌、三亚、合肥、鹰潭、南通、扬州、宿迁	北京、黄山、合肥、吉安、宿迁、南昌、南通、三亚、扬州、鹰潭

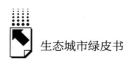

项目	2016 年	2017 年
一般工业固体废物综合利用率	三亚、中山、绥化、辽源、张家界、漯河、枣庄、渭南、汕尾、庆阳（前 7 并列第一，均为 100%）	三亚、汕尾、张家界、安顺、潮州、枣庄（共 6 个城市并列第一，均为 100%）、渭南、珠海、辽源、徐州
R&D 经费占 GDP 比重	固原、定西、陇南、昭通、平凉、天水、河池、巴中、拉萨、丽江	固原、定西、昭通、陇南、平凉、天水、拉萨、河池、巴中、丽江
信息化基础设施	深圳、克拉玛依、天津、中山、东莞、珠海、厦门、莆田、苏州、杭州	珠海、深圳、中山、厦门、苏州、肇庆、东莞、延安、莆田、内江
人均 GDP	鄂尔多斯、深圳、东营、苏州、广州、无锡、克拉玛依、包头、珠海、南京	南充、东莞、拉萨、中山、东营、深圳、大庆、珠海、包头、烟台
人口密度	宝鸡、石家庄、开封、永州、漳州、萍乡、吕梁、漯河、新乡、定西	吕梁、石家庄、漯河、克拉玛依、漳州、永州、宝鸡、新乡、临沧、广州
生态环保知识、法规普及率，基础设施完好率	三亚、嘉峪关、呼和浩特、珠海、北京、乌海、鄂尔多斯、盘锦、厦门、鸡西	三亚、嘉峪关、海口、北京、呼和浩特、珠海、鄂尔多斯、兰州、厦门、乌海
公众对城市生态环境满意率	伊春、七台河、自贡、牡丹江、乌海、石嘴山、鄂州、嘉峪关、本溪、攀枝花	伊春、七台河、自贡、乌海、石嘴山、嘉峪关、本溪、鄂州、辽阳、莱芜
政府投入与建设效果	合肥、厦门、西安、南宁、珠海、北京、西宁、乌海、东莞、上饶	湛江、淄博、陇南、临沂、西宁、乌鲁木齐、厦门、武汉、张家界、兰州

全国 284 个生态城市的健康指数考核排名见表 7。

（二）生态环境、生态经济、生态社会考核排名

2017 年中国 284 个城市生态环境、生态经济、生态社会健康指数考核排名结果见表 8。

表5 2016年284个城市健康指数14个三级指标最大值、最小值和平均值

城市	森林覆盖率[建成区人均绿地面积(平方米/人)]	空气质量优良天数(天)	河湖水质[人均用水量(吨/人)]	单位GDP工业二氧化硫排放量(千克/万元)	生活垃圾无害化处理率(%)	单位GDP综合能耗(吨标准煤/万元)	一般工业固体废物综合利用率(%)	R&D经费占GDP比重[科学技术支出和教育支出占GDP比重(%)]	信息化基础设施[互联网宽带接入用户数(万户)/全市年底总人口(万人)]	人均GDP(元/人)	人口密度(人口数/平方千米)	生态环保知识、法规普及率,基础设施完善率[水利环境和公共设施管理业全市从业人员数(万人)/城市年底总人口(万人)]	公众对城市生态环境满意率[民用车辆数(辆)/城市道路长度(千米)]	政府投入与建设成效[城市维护建设资金支出/城市GDP(万元)]
最大值	205.9801	366	720.9865	19.55819	100	3.996025	100	15.0828	1.641558	215488	14073	0.012452	6553.782	0.137638
最小值	0.472222	127	1.810069	0.024363	33.75	0.2835	5.2	1.330233	0.042693	11892	450	0.000261	72.30363	0.000154
平均值	15.00588	283.1021	43.13599	1.759052	96.9637	0.847978	79.3631	3.916797	0.237575	54169.47	3632.349	0.002213	893.2207	0.012353

表6 2017年284个城市健康指数14个三级指标最大值、最小值和平均值

城市	森林覆盖率[建成区人均绿地面积(平方米/人)]	空气质量优良天数(天)	河湖水质[人均用水量(吨/人)]	单位GDP工业二氧化硫排放量(千克/万元)	生活垃圾无害化处理率(%)	单位GDP综合能耗(吨标准煤/万元)	一般工业固体废物综合利用率(%)	R&D经费占GDP比重[科学技术支出和教育支出占GDP比重(%)]	信息化基础设施[互联网宽带接入用户数(万户)/全市年底总人口(万人)]	人均GDP(元/人)	人口密度(人口数/平方千米)	生态环保知识、法规普及率,基础设施完善率[水利环境和公共设施管理业全市从业人员数(万人)/城市年底总人口(万人)]	公众对城市生态环境满意率[民用车辆数(辆)/城市道路长度(千米)]	政府投入与建设成效[城市维护建设资金支出/城市GDP(万元)]
最大值	198.9763	365	703.9063	16.42293	100	6.024	100	14.75182	1.184874	6421762	11602	0.012731	7194.4	0.46807760
最小值	0.512195	146	2.236934	0.005923	41.75	0.264	1.81	1.333954	0.04878	17890	450	0.000269	78.42498	$2.6121E-05$
平均值	15.70515	279.0915	42.44541	1.256224	98.29489	0.819254	77.38141	3.843209	0.275149	94383.4	3662.563	0.002207	1006.877	0.02040962

表7　2017年中国284个生态城市健康指数考核排名

城市名称	健康指数	排名	等级	森林覆盖率指数		空气质量优良天数指数		河湖水质指数		单位GDP工业二氧化硫排放量指数		生活垃圾无害化处理率指数		单位GDP综合能耗指数		一般工业固体废物综合利用率指数	
				数值	排名	数值	排名	数值	排名	数值	排名	数值	排名	数值	排名	数值	排名
三亚	0.905	1	很健康	0.8816	24	0.9923	8	0.5959	175	0.8835	7	1	1	0.9499	8	1	1
厦门	0.9023	2	很健康	0.9011	6	0.9954	2	0.7382	135	0.8789	10	1	1	0.9167	36	0.9476	107
珠海	0.891	3	很健康	0.8967	10	0.9401	65	0.5023	197	0.8698	27	1	1	0.9279	22	0.9996	8
上海	0.8795	4	很健康	0.8737	58	0.8516	162	0.6932	153	0.8842	6	1	1	0.9227	29	0.965	72
宁波	0.8782	5	很健康	0.8719	62	0.917	95	0.9186	60	0.8682	56	1	1	0.9057	46	0.974	59
深圳	0.8773	6	很健康	0.9167	4	0.9662	32	0.4092	234	1	1	1	1	0.9395	14	0.8431	192
舟山	0.8772	7	很健康	0.874	56	0.9539	47	0.971	13	0.871	23	1	1	0.8935	72	0.9708	66
南昌	0.8758	8	很健康	0.8753	49	0.9078	109	0.9608	21	0.8684	52	1	1	0.9554	6	0.9502	105
广州	0.87	9	很健康	0.8946	11	0.894	126	0.5736	181	0.8764	11	0.965	253	0.9239	28	0.9739	61
海口	0.8698	10	很健康	0.8782	34	0.9785	20	0.8906	90	0.8873	5	1	1	0.9386	16	0.9343	130
杭州	0.8655	11	很健康	0.8774	37	0.8303	173	0.9092	71	0.8689	33	1	1	0.942	13	0.865	178
青岛	0.8639	12	很健康	0.8776	36	0.8771	145	0.9838	5	0.8823	8	1	1	0.8936	71	0.9526	100
南宁	0.8604	13	很健康	0.8453	95	0.9585	39	0.9694	14	0.8691	30	1	1	0.8713	124	0.8961	156
武汉	0.86	14	很健康	0.8749	52	0.7398	201	0.8558	114	0.8728	15	1	1	0.8711	125	0.9827	44
北京	0.858	15	很健康	0.9009	7	0.6069	224	0.884	97	0.9241	2	0.9988	219	1	1	0.8364	195
黄山	0.8476	16	健康	0.8698	74	0.9892	12	0.8851	95	0.6003	97	1	1	0.9665	2	0.9615	80
拉萨	0.8471	17	健康	0.8976	9	0.9923	8	0.8906	89	0.8711	21	0.9592	256	0.877	107	0.6645	235
南京	0.8433	18	健康	0.8909	13	0.7824	191	0.7376	136	0.8712	19	1	1	0.8805	97	0.944	115
福州	0.8414	19	健康	0.8691	81	0.9754	22	0.9854	4	0.5689	106	0.9999	209	0.9117	40	0.9846	41
长春	0.8399	20	健康	0.8749	53	0.8569	158	0.9582	22	0.8688	37	0.9476	264	0.921	30	0.9785	48
威海	0.8309	21	健康	0.8807	28	0.9293	75	0.9249	55	0.8685	49	1	1	0.8827	93	0.8804	169

续表

城市名称	健康指数	排名	等级	森林覆盖率指数		空气质量优良天数指数		河湖水质指数		单位GDP工业二氧化硫排放量指数		生活垃圾无害化处理率指数		单位GDP综合能耗指数		一般工业固体废物综合利用率指数	
				数值	排名	数值	排名	数值	排名	数值	排名	数值	排名	数值	排名	数值	排名
镇江	0.8268	22	健康	0.8719	63	0.6175	223	0.9895	2	0.8688	38	1	1	0.9032	51	0.9838	42
天津	0.8255	23	健康	0.8813	25	0.4739	245	0.94	43	0.8687	43	0.9443	267	0.9176	33	0.9934	19
惠州	0.8205	24	健康	0.8777	35	0.9723	26	0.9577	24	0.6849	77	1	1	0.8127	150	0.9797	47
江门	0.8134	25	健康	0.8699	72	0.8755	150	0.9785	9	0.6048	96	1	1	0.9057	47	0.964	74
景德镇	0.8123	26	健康	0.8754	47	0.9539	47	0.9094	70	0.329	191			0.9003	57	0.9428	118
西安	0.8109	27	健康	0.8762	43	0.3994	256	0.9264	53	0.8804	9	0.9998	210	0.9137	38	0.9065	152
哈尔滨	0.8101	28	健康	0.8029	103	0.825	176	0.9312	49	0.8188	65	0.79659	274	0.879	99	0.9265	136
成都	0.8099	29	健康	0.8731	60	0.6388	219	0.9621	19	0.8718	16			0.9275	25	0.8439	191
常州	0.8085	30	健康	0.8764	41	0.7026	208	0.9493	33	0.6236	91	1	1	0.8809	96	0.9977	11
合肥	0.8076	31	健康	0.8744	55	0.5962	227	0.9722	12	0.8713	18	1	1	0.9595	3	0.9081	151
重庆	0.8053	32	健康	0.8681	90	0.8569	158	0.9226	57	0.4299	149	0.9942	225	0.8948	67	0.7988	207
苏州	0.7996	33	健康	0.8751	51	0.7718	194	0.9009	82	0.5627	108	1	1	0.8782	105	0.9615	80
南通	0.7994	34	健康	0.6981	115	0.8037	186	0.9164	64	0.8694	28	1	1	0.9501	7	0.9767	52
北海	0.7972	35	健康	0.8466	94	0.9554	45	0.9255	54	0.5731	104			0.8895	75	0.9932	20
绍兴	0.7967	36	健康	0.8696	76	0.8409	168	0.9305	52	0.7902	67	1	1	0.8704	128	0.9481	106
柳州	0.7957	37	健康	0.872	61	0.917	95	0.8949	85	0.4538	140	1	1	0.4766	248	0.9887	30
济南	0.7947	38	健康	0.8754	48	0.293	271	0.976	11	0.8686	44			0.8862	84	0.9399	122
秦皇岛	0.7938	39	健康	0.8693	79	0.8143	184	0.9048	76	0.3088	200	1	1	0.7658	168	0.9147	146
扬州	0.791	40	健康	0.8318	100	0.6281	221	0.9246	56	0.8688	39	1	1	0.9464	9	0.9825	45
中山	0.7903	41	健康	0.8821	21	0.8802	142	0.9429	39	0.8737	13	1	1	0.9115	41	0.9164	143

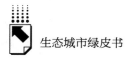
续表

城市名称	健康指数	排名	等级	森林覆盖率指数 数值	排名	空气质量优良天数指数 数值	排名	河湖水质指数 数值	排名	单位GDP工业二氧化硫排放量指数 数值	排名	生活垃圾无害化处理率指数 数值	排名	单位GDP综合能耗指数 数值	排名	一般工业固体废物综合利用率指数 数值	排名
沈阳	0.7886	42	健康	0.876	45	0.7505	197	0.9347	47	0.606	95	1	1	0.7394	172	0.9422	119
大连	0.7869	43	健康	0.8788	31	0.8986	121	0.9494	32	0.5825	100	0.9556	259	0.8792	98	0.9708	66
温州	0.7861	44	健康	0.6089	138	0.9431	62	0.9046	77	0.8688	36	1	1	0.9357	18	0.9868	36
莆田	0.7855	45	健康	0.6304	131	0.9478	54	0.2591	273	0.87	25	0.9857	236	0.9046	49	0.8659	175
克拉玛依	0.7826	46	健康	0.9255	3	0.9339	69	0.383	238	0.3092	199	0.9907	230	0.3772	273	0.9533	95
贵阳	0.7815	47	健康	0.8812	26	0.9723	26	0.9447	37	0.2891	216	0.975	245	0.8726	121	0.4603	264
长沙	0.7809	48	健康	0.8695	78	0.7824	191	0.9785	10	0.889	4	1	1	0.9039	50	0.8974	155
连云港	0.7795	49	健康	0.8514	92	0.8802	142	0.8593	113	0.442	145	1	1	0.877	108	0.9848	38
汕头	0.7786	50	健康	0.871	69	0.9816	18	0.9552	25	0.5658	107	0.9193	271	0.9256	26	0.989	29
绵阳	0.7775	51	健康	0.61	137	0.894	126	0.7646	132	0.6136	93	1	1	0.8986	59	0.9358	126
广元	0.7737	52	健康	0.4762	182	0.9616	37	0.5826	179	0.4963	130	0.9933	226	0.8905	73	0.9875	35
兰州	0.7737	53	健康	0.877	40	0.6015	226	0.9542	26	0.4019	158	0.9995	212	0.4565	256	0.9447	114
烟台	0.7729	54	健康	0.8706	70	0.8894	130	0.884	96	0.7187	72	1	1	0.8968	63	0.7694	213
鄂州	0.7705	55	健康	0.8685	86	0.7877	189	0.9405	42	0.4504	141	1	1	0.6091	212	0.8842	161
芜湖	0.7685	56	健康	0.8688	83	0.7132	207	0.9422	41	0.4398	146	1	1	0.921	31	0.8829	163
东莞	0.7674	57	健康	1	1	0.9032	118	0.2719	270	0.3817	161	1	1	0.9085	44	0.9533	95
台州	0.7663	58	健康	0.5616	148	0.9677	30	0.8802	100	0.8684	54	1	1	0.9388	15	0.9475	108
无锡	0.7651	59	健康	0.8764	42	0.7026	208	0.9456	36	0.572	105	1	1	0.8947	68	0.9475	108
株洲	0.7637	60	健康	0.8067	102	0.8356	171	0.9387	44	0.4201	152	1	1	0.8684	135	0.9615	80
湖州	0.7634	61	健康	0.8702	71	0.7452	198	0.9087	73	0.3743	164	1	1	0.877	109	0.9956	15

续表

城市名称	健康指数	排名	等级	森林覆盖率指数		空气质量优良天数指数		河湖水质指数		单位GDP工业二氧化硫排放量指数		生活垃圾无害化处理率指数		单位GDP综合能耗指数		一般工业固体废物综合利用率指数	
				数值	排名	数值	排名	数值	排名	数值	排名	数值	排名	数值	排名	数值	排名
太原	0.7609	62	健康	0.8821	22	0.3249	266	0.933	48	0.8492	64	1	1	0.6754	192	0.5434	251
佛山	0.7605	63	健康	0.8485	93	0.8863	132	0.9026	79	0.8691	31	1	1	0.9164	37	0.8742	173
双鸭山	0.7589	64	健康	0.8731	59	0.9462	56	0.9212	58	0.2354	252	0.95	263	0.7232	179	0.7483	217
佳木斯	0.7589	65	健康	0.8686	85	0.9355	68	0.866	112	0.5067	127	0.9583	257	0.8689	132	0.6649	234
防城港	0.7588	66	健康	0.7695	106	0.9601	38	0.9648	16	0.2698	223	1	1	0.6557	196	0.9517	102
抚州	0.7585	67	健康	0.5518	149	0.9186	93	0.6189	164	0.4729	135	1	1	0.9324	20	0.9527	99
郑州	0.7583	68	健康	0.8719	64	0.2611	277	0.944	38	0.8681	61	1	1	0.909	43	0.8811	167
西宁	0.7578	69	健康	0.8697	75	0.8986	121	0.9642	17	0.1937	270	0.9542	260	0.4056	267	0.9601	85
嘉兴	0.7573	70	健康	0.81	101	0.7877	189	0.9017	81	0.5392	117	1	1	0.8785	102	0.988	32
十堰	0.7571	71	健康	0.6448	123	0.9216	88	0.9146	65	0.8635	63	1	1	0.7637	169	0.7436	220
昆明	0.7534	72	健康	0.8782	33	0.9923	8	0.9581	23	0.3409	183	1	1	0.7219	180	0.5077	257
鹤岗	0.7531	73	健康	0.8711	68	0.9478	54	0.9186	61	0.2562	235	0.68016	279	0.549	230	0.8141	201
淮安	0.751	74	健康	0.7362	112	0.692	212	0.8925	88	0.5232	120	1	1	0.8852	87	0.9624	77
铜陵	0.7509	75	健康	0.8712	67	0.8356	171	0.9358	46	0.3531	176	0.9738	246	0.8035	155	0.9522	101
大同	0.7498	76	健康	0.837	99	0.9047	117	0.9094	69	0.2685	225	1	1	0.4544	257	0.7632	214
自贡	0.7493	77	健康	0.7497	109	0.6069	224	0.7063	149	0.8689	35	0.965	253	0.8884	77	0.9331	131
阜新	0.7459	78	健康	0.8394	98	0.8832	137	0.9165	63	0.1705	281	1	1	0.8565	139	0.9346	129
九江	0.7451	79	健康	0.6178	135	0.8817	140	0.684	154	0.4558	139	1	1	0.8765	112	0.6471	239
淄博	0.7443	80	健康	0.8755	46	0.5537	234	0.981	7	0.2933	213	1	1	0.574	224	0.9266	135
日照	0.7428	81	健康	0.8532	91	0.8303	173	0.8456	118	0.3685	166	1	1	0.4495	259	0.8137	202

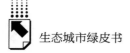

续表

城市名称	排名	健康指数	等级	森林覆盖率指数 数值	排名	空气质量优良天数指数 数值	排名	河湖水质指数 数值	排名	单位GDP工业二氧化硫排放量指数 数值	排名	生活垃圾无害化处理率指数 数值	排名	单位GDP综合能耗指数 数值	排名	一般工业固体废物综合利用率指数 数值	排名
东营	82	0.742	健康	0.8783	32	0.4685	247	0.9631	18	0.4503	142	1	1	0.8766	111	0.9434	117
蚌埠	83	0.741	健康	0.5648	147	0.5856	229	0.9515	29	0.8686	46	1	1	0.9322	21	0.9746	58
盘锦	84	0.7392	健康	0.8773	38	0.8462	166	0.9688	15	0.4764	134	1	1	0.6056	216	0.8833	162
秦州	85	0.7378	健康	0.5739	145	0.692	212	0.7172	146	0.8684	51	1	1	0.8941	70	0.9942	16
盐城	86	0.7376	健康	0.4766	181	0.8802	142	0.5235	193	0.6841	79	1	1	0.8744	116	0.9451	113
张家界	87	0.7373	健康	0.4558	198	0.937	66	0.7061	150	0.6605	87	1	1	0.8837	89	1	1
乌鲁木齐	88	0.7365	健康	0.9112	5	0.6494	218	0.8857	94	0.2959	210	0.9312	269	0.3315	278	0.9632	75
湛江	89	0.7348	健康	0.3705	235	0.9447	61	0.603	170	0.5554	111	1	1	0.7712	164	0.9977	11
襄阳	90	0.7329	健康	0.6433	125	0.8675	156	0.8725	104	0.8691	29	1	1	0.7116	183	0.5318	255
辽源	91	0.7315	健康	0.7439	110	0.8817	140	0.8496	117	0.4139	153	1	1	0.8954	65	0.9992	9
遂宁	92	0.7314	健康	0.4724	186	0.9063	114	0.6137	166	0.8684	53	0.9847	237	0.8866	81	0.9977	11
眉山	93	0.7303	健康	0.4159	217	0.8196	180	0.5279	190	0.3782	162	1	1	0.8693	131	0.974	59
桂林	94	0.7288	健康	0.4651	194	0.9186	93	0.8801	101	0.492	132	1	1	0.9002	58	0.9384	123
龙岩	95	0.7279	健康	0.5182	159	0.9954	2	0.8236	120	0.613	94	0.9975	222	0.8718	123	0.9364	125
泸州	96	0.7271	健康	0.6564	121	0.6813	215	0.7691	131	0.4011	159	1	1	0.8076	153	0.9837	43
赣州	97	0.7253	健康	0.491	170	0.9109	108	0.5435	184	0.3411	182	1	1	0.9192	32	0.8447	190
包头	98	0.7246	健康	0.8836	19	0.8516	162	0.9478	35	0.3399	184	0.9801	240	0.5243	237	0.5978	245
南充	99	0.7235	健康	0.4584	196	0.8848	136	0.5225	194	0.705	75	1	1	0.8866	81	0.7286	224
呼和浩特	100	0.7234	健康	0.8851	17	0.7398	201	0.982	6	0.3651	171	1	1	0.6103	209	0.4856	260
嘉峪关	101	0.723	健康	0.9492	2	0.917	95	0.9512	30	0.1625	283	1	1	0.16	284	0.7323	221

续表

城市名称	排名	健康指数	等级	森林覆盖率指数 数值	排名	空气质量优良天数指数 数值	排名	河湖水质指数 数值	排名	单位GDP工业二氧化硫排放量指数 数值	排名	生活垃圾无害化处理率指数 数值	排名	单位GDP综合能耗指数 数值	排名	一般工业固体废物综合利用率指数 数值	排名
宜昌	102	0.7229	健康	0.8685	87	0.7558	196	0.9175	62	0.5074	126	1	1	0.6155	206	0.3783	276
金华	103	0.7219	健康	0.5184	158	0.8771	145	0.6978	152	0.6691	83	1	1	0.9176	33	0.9782	49
宝鸡	104	0.7213	健康	0.5749	144	0.7026	208	0.7105	148	0.7154	73	0.999	215	0.8845	88	0.6764	232
马鞍山	105	0.7204	健康	0.8695	77	0.6281	221	0.98	8	0.352	177	1	1	0.5065	243	0.9566	89
雅安	106	0.7195	健康	0.5304	154	0.8971	125	0.5383	188	0.5151	123	0.9924	228	0.7954	158	0.7754	211
石嘴山	107	0.7189	健康	0.8929	12	0.7398	201	0.8927	87	0.1702	282	0.9865	235	0.2643	282	0.9848	38
钦州	108	0.7187	健康	0.4826	178	0.9324	71	0.559	183	0.7481	70	1	1	0.8862	83	0.9762	55
随州	109	0.7171	健康	0.4832	176	0.8516	162	0.6523	156	0.8912	3	1	1	0.9125	39	0.8551	184
丹东	110	0.7141	健康	0.7277	113	0.9462	56	0.8872	93	0.3614	174	1	1	0.4319	262	0.9043	153
七台河	111	0.7129	健康	0.8811	27	0.9063	114	0.9526	27	0.2017	267	1	1	0.3875	271	0.8868	159
肇庆	112	0.7122	健康	0.6589	120	0.8675	156	0.9029	78	0.3619	173	1	1	0.8896	74	0.6731	233
乌海	113	0.7118	健康	0.8987	8	0.8196	180	0.7867	128	0.1787	277	0.99	232	0.275	280	0.7743	212
铜川	114	0.7118	健康	0.8716	65	0.66	217	0.7886	126	0.2309	258	0.9278	270	0.5161	239	0.9535	94
牡丹江	115	0.7117	健康	0.5199	157	0.9462	56	0.9991	1	0.5419	116	1	1	0.8777	106	0.6398	240
淮南	116	0.71	健康	0.6597	119	0.5696	233	0.8518	116	0.2244	261	1	1	0.8258	147	0.909	149
安康	117	0.7084	健康	0.3856	225	0.9262	83	0.3373	253	0.8682	57	0.998	221	0.8878	79	0.8326	197
石家庄	118	0.7083	健康	0.6891	117	0.1866	282	0.8812	98	0.5047	128	1	1	0.8665	137	0.9533	95
漳州	119	0.706	健康	0.3888	224	0.9631	35	0.6337	159	0.6971	76	0.997	223	0.9371	17	0.9559	91
衢州	120	0.7053	健康	0.6113	136	0.9262	83	0.8749	103	0.2952	211	1	1	0.5819	223	0.9882	31
白城	121	0.7052	健康	0.444	200	0.957	42	0.4382	224	0.3468	178	0.9561	258	0.8273	146	0.9921	23

续表

城市名称	排名	等级	健康指数	森林覆盖率指数 数值	排名	空气质量优良天数指数 数值	排名	河湖水质指数 数值	排名	单位GDP工业二氧化硫排放量指数 数值	排名	生活垃圾无害化处理率指数 数值	排名	单位GDP综合能耗指数 数值	排名	一般工业固体废物综合利用率指数 数值	排名
宣城	122	健康	0.7043	0.4931	169	0.8832	137	0.4796	206	0.3665	169	1	1	0.8884	77	0.9532	98
酒泉	123	健康	0.7025	0.8683	88	0.9001	120	0.8681	111	0.3315	188	1	1	0.5351	233	0.5143	256
泉州	124	健康	0.702	0.693	116	0.9693	29	0.217	278	0.8686	45	0.9869	234	0.8862	85	0.9547	92
六安	125	健康	0.7015	0.3687	236	0.894	126	0.4536	217	0.8689	34	1	1	0.9091	42	0.9901	27
湘潭	126	健康	0.7014	0.6753	118	0.8196	180	0.9484	34	0.2902	215	1	1	0.6932	189	0.9776	50
张掖	127	健康	0.701	0.8687	84	0.9293	75	0.7424	133	0.2754	222	1	1	0.5122	241	0.8612	182
常德	128	健康	0.7005	0.4367	203	0.8569	158	0.6478	157	0.8682	55	1	1	0.9051	48	0.9917	24
阳泉	129	健康	0.7004	0.869	82	0.426	252	0.9019	80	0.1743	279	1	1	0.4689	252	0.8166	200
丽水	130	健康	0.7002	0.391	223	0.9631	35	0.6017	171	0.4243	150	1	1	0.9441	11	0.9214	140
鄂尔多斯	131	健康	0.7	0.8771	39	0.9155	103	0.852	115	0.3148	198	1	1	0.7099	184	0.4616	263
金昌	132	健康	0.6984	0.8791	30	0.9339	69	0.9881	3	0.16	284	1	1	0.4475	260	0.2798	282
鹤壁	133	健康	0.6977	0.7628	108	0.3728	262	0.8249	119	0.5801	102	1	1	0.6858	191	0.9936	18
鸡西	134	健康	0.6964	0.8682	89	0.914	104	0.8873	92	0.3072	203	0.81332	273	0.6133	208	0.5026	258
新余	135	健康	0.6959	0.8792	29	0.917	95	0.9612	20	0.2443	242	1	1	0.6418	201	0.8827	164
攀枝花	136	健康	0.6953	0.8761	44	0.9892	12	0.9196	59	0.1811	276	1	1	0.4929	245	0.3462	279
梧州	137	健康	0.6946	0.4494	199	0.9508	51	0.7325	138	0.8685	48	1	1	0.6101	210	0.8039	206
鞍山	138	健康	0.6944	0.8699	73	0.793	188	0.9306	51	0.2373	250	1	1	0.4712	251	0.576	248
大庆	139	健康	0.6938	0.8831	20	0.9309	72	0.9091	72	0.4972	129	1	1	0.5829	221	0.6924	229
安庆	140	健康	0.6937	0.4778	179	0.8143	184	0.6296	160	0.6765	80	1	1	0.889	76	0.9685	69
通化	141	健康	0.6931	0.5353	152	0.957	42	0.7248	142	0.2921	214	1	1	0.5945	220	0.8755	172

续表

城市名称	排名	健康指数	等级	森林覆盖率指数 数值	排名	空气质量优良天数指数 数值	排名	河湖水质指数 数值	排名	单位GDP工业二氧化硫排放量指数 数值	排名	生活垃圾无害化处理率指数 数值	排名	单位GDP综合能耗指数 数值	排名	一般工业固体废物综合利用率指数 数值	排名
齐齐哈尔	142	0.693	健康	0.5987	139	0.937	66	0.592	176	0.3661	170	0.55121	281	0.8731	119	0.8702	174
韶关	143	0.6924	健康	0.7639	107	0.9416	64	0.8812	99	0.3675	167	0.72818	278	0.5608	227	0.8047	205
漯河	144	0.6914	健康	0.5339	153	0.5111	238	0.8996	84	0.8689	32	1	1	0.8758	114	0.935	128
潮州	145	0.6912	健康	0.6307	130	0.9754	22	0.9138	66	0.4681	136	0.67725	280	0.6984	187	1	1
玉林	146	0.6908	健康	0.3048	264	0.9309	72	0.3854	237	0.8687	40	1	1	0.9027	54	0.9674	70
巴中	147	0.6906	健康	0.3927	221	0.9493	52	0.3496	248	0.6295	90	1	1	0.8827	91	0.9125	148
天水	148	0.6894	健康	0.3739	233	0.914	104	0.3688	241	0.4068	156	1	1	0.8171	148	0.9572	88
巴彦淖尔	149	0.6892	健康	0.641	128	0.9124	107	0.4906	202	0.2276	259	1	1	0.485	247	0.4505	266
白银	150	0.6883	健康	0.6413	127	0.914	104	0.4384	223	0.177	278	1	1	0.3989	268	0.8551	184
锦州	151	0.6881	健康	0.5982	140	0.7452	198	0.8999	83	0.3242	195	1	1	0.6309	204	0.9235	138
永州	152	0.6861	健康	0.3063	262	0.9017	119	0.5275	191	0.8685	50	0.9995	212	0.8685	133	0.9904	26
四平	153	0.6859	健康	0.4392	201	0.8516	162	0.4749	207	0.3301	189	1	1	0.8946	69	0.8457	189
滁州	154	0.6849	健康	0.477	180	0.5909	228	0.597	173	0.6487	88	1	1	0.9071	45	0.9545	93
黄石	155	0.6819	健康	0.6279	132	0.8462	166	0.9104	68	0.326	194	1	1	0.5667	226	0.9618	79
河源	156	0.6815	健康	0.3275	254	0.9892	12	0.5908	177	0.8685	47	1	1	0.883	90	0.8641	179
淮北	157	0.6812	健康	0.8692	80	0.4047	254	0.8716	106	0.3061	204	1	1	0.8108	151	0.9589	86
岳阳	158	0.681	健康	0.4752	184	0.9078	109	0.6123	167	0.6236	92	1	1	0.8336	144	0.8551	184
鹰潭	159	0.6804	健康	0.4848	174	0.917	95	0.4542	215	0.546	115	1	1	0.9444	10	0.9315	133
营口	160	0.6798	健康	0.8753	50	0.7718	194	0.9311	50	0.2393	247	1	1	0.4686	253	0.9708	66
本溪	161	0.6796	健康	0.882	23	0.9278	78	0.9426	40	0.2438	243	1	1	0.3595	275	0.5325	254

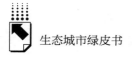

续表

城市名称	健康指数	排名	等级	森林覆盖率指数 数值	排名	空气质量优良天数指数 数值	排名	河湖水质指数 数值	排名	单位GDP工业二氧化硫排放量指数 数值	排名	生活垃圾无害化处理率指数 数值	排名	单位GDP综合能耗指数 数值	排名	一般工业固体废物综合利用率指数 数值	排名
伊春	0.6782	162	健康	0.8854	15	0.9662	32	0.9058	74	0.2017	268	0.34935	282	0.5289	234	0.8782	170
吴忠	0.6779	163	健康	0.8452	96	0.8863	132	0.8056	124	0.1847	274	1	1	0.3421	276	0.7848	210
廊坊	0.675	164	健康	0.4261	208	0.5217	235	0.4343	225	0.6632	85	1	1	0.8787	100	0.9416	121
宜宾	0.6744	165	健康	0.4257	209	0.7824	191	0.4402	221	0.2876	217	1	1	0.8708	126	0.8133	203
吉林	0.674	168	健康	0.8395	97	0.8409	168	0.9496	31	0.3046	205	0.78058	276	0.7172	182	0.4383	269
延安	0.674	167	健康	0.4386	202	0.9201	90	0.4298	228	0.4215	151	0.999	215	0.8871	80	0.6361	241
银川	0.674	166	健康	0.885	18	0.6388	219	0.9522	28	0.4136	155	1	1	0.4108	266	0.4471	267
临沂	0.6729	169	健康	0.4715	188	0.4951	240	0.7845	130	0.3078	202	0.9904	231	0.809	152	0.9365	124
三明	0.6727	170	健康	0.391	222	0.9939	6	0.4998	198	0.4373	147	1	1	0.7935	159	0.9612	83
梅州	0.6723	171	健康	0.3304	251	0.9954	2	0.4536	216	0.2411	245	1	1	0.7632	170	0.9942	16
徐州	0.6721	172	健康	0.6243	133	0.3196	268	0.872	105	0.3699	165	1	1	0.4739	250	0.9984	10
吉安	0.6712	173	健康	0.3429	245	0.8755	150	0.347	250	0.3275	192	1	1	0.9571	4	0.9031	154
泰安	0.6697	174	健康	0.6434	124	0.4366	249	0.5151	195	0.7594	69	1	1	0.8707	127	0.9631	76
枣庄	0.6693	175	健康	0.784	105	0.3994	256	0.7121	147	0.516	121	0.7896	275	0.6444	199	1	1
安顺	0.6673	176	健康	0.5035	164	0.9754	22	0.4941	200	0.2518	237	1	1	0.7924	160	1	1
池州	0.6663	177	健康	0.517	160	0.7345	204	0.704	151	0.3263	193	1	1	0.7346	174	0.9751	57
资阳	0.6655	178	健康	0.3794	229	0.8924	129	0.3262	257	0.5348	118	1	1	0.9279	23	0.993	21
乐山	0.6651	179	健康	0.4672	191	0.7452	198	0.6122	168	0.2405	246	1	1	0.6089	213	0.8861	160
潍坊	0.6635	180	健康	0.5017	167	0.5164	237	0.6468	158	0.5922	98	1	1	0.7893	161	0.9084	150
宿迁	0.6633	181	健康	0.4234	211	0.5856	229	0.5349	189	0.5561	110	1	1	0.9558	5	0.8821	165

续表

城市名称	排名	健康指数	等级	森林覆盖率指数		空气质量优良天数指数		河湖水质指数		单位GDP工业二氧化硫排放量指数		生活垃圾无害化处理率指数		单位GDP综合能耗指数		一般工业固体废物综合利用率指数	
				数值	排名	数值	排名	数值	排名	数值	排名	数值	排名	数值	排名	数值	排名
开封	182	0.6625	健康	0.4754	183	0.3834	259	0.7225	144	0.871	22	1	1	0.9022	55	0.9649	73
南平	183	0.6618	健康	0.3788	230	0.9939	6	0.4726	208	0.6459	89	0.9413	268	0.816	149	0.9926	22
荆州	184	0.6613	健康	0.3453	241	0.8409	168	0.5432	185	0.5868	99	1	1	0.872	122	0.4079	271
孝感	185	0.6612	健康	0.3003	266	0.825	176	0.4575	213	0.5268	119	1	1	0.6484	198	0.7448	219
萍乡	186	0.6587	健康	0.6201	134	0.8771	145	0.7281	139	0.2518	236	1	1	0.6558	195	0.3983	273
辽阳	187	0.658	健康	0.874	57	0.825	176	0.9371	45	0.2622	231	1	1	0.6056	216	0.3071	281
抚顺	188	0.6568	健康	0.8746	54	0.8569	158	0.9105	67	0.2331	253	1	1	0.4578	254	0.3901	274
咸阳	189	0.6568	健康	0.3821	226	0.3781	260	0.8899	91	0.8702	24	0.983	238	0.881	95	0.8263	198
济宁	190	0.6564	健康	0.5942	141	0.5111	238	0.7264	141	0.5471	114	1	1	0.8702	129	0.9732	62
濮阳	191	0.6561	健康	0.378	231	0.3355	265	0.6204	163	0.8746	12	1	1	0.84	143	0.9762	54
咸宁	192	0.6561	健康	0.5095	161	0.8832	137	0.4956	199	0.7309	71	1	1	0.606	215	0.9159	145
平凉	193	0.6559	健康	0.4275	206	0.9431	62	0.319	258	0.225	260	0.9738	246	0.5272	235	0.9457	111
揭阳	194	0.6556	健康	0.5051	162	0.9647	34	0.3799	239	0.8687	41	1	1	0.8757	115	0.752	216
洛阳	195	0.655	健康	0.6429	126	0.2824	272	0.8103	121	0.6674	84	1	1	0.8769	110	0.8242	199
汕尾	196	0.6534	健康	0.2298	279	0.9785	20	0.4223	232	0.8687	42	0.9656	252	0.917	35	1	1
呼伦贝尔	197	0.6503	健康	0.4966	168	0.9892	12	0.4662	210	0.2581	234	1	1	0.7763	162	0.4097	270
白山	198	0.6497	亚健康	0.4856	173	0.9201	90	0.7419	134	0.4363	148	0.945	265	0.4535	258	0.7467	218
新乡	199	0.6457	亚健康	0.4586	195	0.309	269	0.7864	129	0.8681	62	1	1	0.8314	145	0.9454	112
商洛	200	0.6449	亚健康	0.271	274	0.9524	50	0.2636	272	0.4657	137	0.9601	255	0.903	53	0.7168	226
乌兰察布	201	0.6405	亚健康	0.5776	143	0.9063	114	0.3139	260	0.2326	254	0.97	249	0.4346	261	0.5459	250

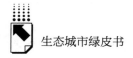

续表

城市名称	健康指数	排名	等级	森林覆盖率指数 数值	排名	空气质量优良天数指数 数值	排名	河湖水质指数 数值	排名	单位GDP工业二氧化硫排放量指数 数值	排名	生活垃圾无害化处理率指数 数值	排名	单位GDP综合能耗指数 数值	排名	一般工业固体废物综合利用率指数 数值	排名
宁德	0.6403	202	亚健康	0.3046	265	0.9739	25	0.2935	265	0.511	124	0.97	249	0.8979	60	0.8429	193
玉溪	0.64	203	亚健康	0.4042	219	0.9954	2	0.5992	172	0.2359	251	1	1	0.6099	211	0.6576	236
松原	0.6398	204	亚健康	0.4718	187	0.8878	131	0.724	143	0.7088	74	1	1	0.6978	188	0.8494	188
德阳	0.6396	205	亚健康	0.5026	166	0.7026	208	0.7203	145	0.4462	144	1	1	0.8827	91	0.7239	225
阳江	0.6395	206	亚健康	0.5395	150	0.9232	87	0.8703	109	0.3201	196	1	1	0.8785	101	0.8955	157
广安	0.6384	208	亚健康	0.3774	232	0.917	95	0.2978	263	0.3453	179	1	1	0.8733	118	0.9183	141
丽江	0.6384	207	亚健康	0.4748	185	1	1	0.7272	140	0.2997	207	0.9985	220	0.7701	165	0.5486	249
张家口	0.6341	209	亚健康	0.4843	175	0.8771	145	0.564	182	0.3629	172	0.9754	244	0.6314	203	0.6858	230
衡水	0.6335	210	亚健康	0.4225	212	0.2717	276	0.4098	233	0.8712	20	1	1	0.7993	157	0.961	84
益阳	0.6322	211	亚健康	0.428	205	0.9078	109	0.4933	201	0.6753	81	1	1	0.8759	113	0.9241	137
葫芦岛	0.6316	212	亚健康	0.8713	66	0.7186	206	0.5968	174	0.2489	240	1	1	0.5534	228	0.8532	187
荆门	0.6313	213	亚健康	0.5031	165	0.8755	150	0.8706	108	0.508	125	1	1	0.7252	177	0.4547	265
清远	0.6308	214	亚健康	0.4672	190	0.917	95	0.81	122	0.3446	180	1	1	0.6591	194	0.9767	52
赤峰	0.6296	215	亚健康	0.5201	156	0.9278	78	0.8712	107	0.2495	239	1	1	0.2679	281	0.4648	261
许昌	0.6282	216	亚健康	0.4669	192	0.4579	248	0.363	243	0.8004	66	1	1	0.9032	52	0.9667	71
黄冈	0.6277	217	亚健康	0.2406	278	0.8196	180	0.2586	274	0.8682	60	0.9915	229	0.8017	156	0.9161	144
来宾	0.6277	218	亚健康	0.3952	220	0.8986	121	0.3687	242	0.3399	185	1	1	0.687	190	0.8811	168
内江	0.6275	219	亚健康	0.416	216	0.8303	173	0.4726	209	0.2086	265	1	1	0.6062	214	0.9879	33
绥化	0.6264	220	亚健康	0.2193	283	0.9278	78	0.3168	259	0.5821	101	1	1	0.897	62	0.9228	139
武威	0.6262	221	亚健康	0.3164	260	0.9078	109	0.5144	196	0.3423	181	0.76515	277	0.6137	207	0.9136	147

续表

城市名称	排名	健康指数	等级	森林覆盖率指数 数值	排名	空气质量优良天数指数 数值	排名	河湖水质指数 数值	排名	单位GDP工业二氧化硫排放量指数 数值	排名	生活垃圾无害化处理率指数 数值	排名	单位GDP综合能耗指数 数值	排名	一般工业固体废物综合利用率指数 数值	排名
宜春	222	0.6253	亚健康	0.3733	234	0.8986	121	0.3723	240	0.2485	241	1	1	0.8727	120	0.9574	87
贺州	223	0.624	亚健康	0.4154	218	0.9293	75	0.4313	227	0.5154	122	1	1	0.5139	240	0.894	158
茂名	224	0.6235	亚健康	0.3447	242	0.9539	47	0.4243	231	0.8682	59	1	1	0.8037	154	0.9719	65
衡阳	225	0.6233	亚健康	0.4206	215	0.8771	145	0.7375	137	0.4939	131	1	1	0.8784	103	0.8614	181
崇左	226	0.623	亚健康	0.3367	248	0.9493	52	0.3297	255	0.6725	82	1	1	0.5212	238	0.5831	246
汉中	227	0.6224	亚健康	0.3134	261	0.825	176	0.3371	254	0.282	218	0.999	215	0.7018	186	0.6136	242
朔州	228	0.622	亚健康	0.6558	122	0.692	212	0.6274	161	0.2501	238	1	1	0.3801	272	0.4991	259
承德	229	0.6218	亚健康	0.7365	111	0.8863	132	0.6158	165	0.2412	244	0.9993	214	0.6176	205	0.4054	272
保山	230	0.6197	亚健康	0.3431	244	0.9892	12	0.2502	276	0.2961	209	1	1	0.6426	200	0.8626	180
南阳	231	0.6189	亚健康	0.3346	249	0.4313	251	0.3554	245	0.87	26	0.9663	251	0.9278	24	0.8651	177
宿州	232	0.6185	亚健康	0.3558	239	0.3621	264	0.2956	264	0.3889	160	0.9996	211	0.9017	56	0.9757	56
中卫	233	0.6182	亚健康	0.5708	146	0.8725	153	0.3501	247	0.1857	273	0.9717	248	0.2461	283	0.4643	262
庆阳	234	0.6179	亚健康	0.264	276	0.9278	78	0.188	281	0.4138	154	0.9763	242	0.8854	86	0.9559	90
唐山	235	0.6173	亚健康	0.7129	114	0.4739	245	0.9058	75	0.2677	227	1	1	0.4855	246	0.8812	166
固原	236	0.6162	亚健康	0.5043	163	0.9462	56	0.3077	261	0.2622	229	0.98	241	0.5525	229	0.8653	176
郴州	237	0.6149	亚健康	0.4219	213	0.917	95	0.4819	205	0.663	86	1	1	0.8472	141	0.8778	171
驻马店	238	0.6112	亚健康	0.2914	270	0.5803	232	0.2749	268	0.8714	17	1	1	0.895	66	0.9436	116
莱芜	239	0.6103	亚健康	0.8852	16	0.41	253	0.8939	86	0.2384	249	1	1	0.3271	279	0.9901	27
上饶	240	0.6079	亚健康	0.3431	243	0.9201	90	0.4283	230	0.3752	163	1	1	0.9254	27	0.248	283
怀化	241	0.607	亚健康	0.339	247	0.9262	83	0.4571	214	0.559	109	1	1	0.8685	134	0.9297	134
六盘水	242	0.6067	亚健康	0.4656	193	0.9585	39	0.4531	218	0.1705	280	0.9512	262	0.5486	231	0.684	231

续表

城市名称	健康指数	排名	等级	森林覆盖率指数		空气质量优良天数指数		河湖水质指数		单位GDP工业二氧化硫排放量指数		生活垃圾无害化处理率指数		单位GDP综合能耗指数		一般工业固体废物综合利用率指数	
				数值	排名	数值	排名	数值	排名	数值	排名	数值	排名	数值	排名	数值	排名
晋中	0.6029	244	亚健康	0.4908	171	0.3781	260	0.4588	211	0.2679	226	1	1	0.4144	264	0.9726	64
铁岭	0.6029	243	亚健康	0.4701	189	0.7345	204	0.4848	204	0.2643	228	1	1	0.5826	222	0.6939	228
邵阳	0.6021	245	亚健康	0.2754	273	0.8709	155	0.4472	219	0.484	133	0.982	239	0.8671	136	0.7988	207
焦作	0.6019	246	亚健康	0.6401	129	0.309	269	0.806	123	0.5548	113	1	1	0.7577	171	0.7909	209
商丘	0.6014	247	亚健康	0.2545	277	0.4951	240	0.2544	275	0.6843	78	1	1	0.8736	117	0.986	37
河池	0.6012	248	亚健康	0.2652	275	0.9554	45	0.4067	235	0.2949	212	1	1	0.8978	61	0.3435	280
信阳	0.6011	249	亚健康	0.3218	256	0.7984	187	0.2483	277	0.5553	112	1	1	0.8783	104	0.9879	34
通辽	0.5983	250	亚健康	0.4871	172	0.9262	83	0.6239	162	0.2037	266	1	1	0.4261	263	0.6103	244
临沧	0.5979	251	亚健康	0.295	268	0.9908	11	0.2662	271	0.5787	103	0.976	243	0.8558	140	0.9419	120
娄底	0.5974	252	亚健康	0.317	259	0.9278	78	0.4428	220	0.3673	168	1	1	0.4761	249	0.9329	132
榆林	0.5968	253	亚健康	0.4272	207	0.8863	132	0.3274	256	0.2594	233	0.945	265	0.7278	176	0.389	275
沧州	0.5949	254	亚健康	0.2991	267	0.4047	254	0.2732	269	0.7628	68	1	1	0.7699	166	0.9958	14
朝阳	0.5948	255	亚健康	0.3345	250	0.8725	153	0.5812	180	0.2214	262	1	1	0.596	219	0.946	110
黑河	0.5948	256	亚健康	0.3419	246	0.9816	18	0.2776	266	0.2312	256	1	1	0.8963	64	0.3604	278
遵义	0.5942	257	亚健康	0.4249	210	0.9677	30	0.4291	229	0.2697	224	0.953	261	0.8696	130	0.7298	222
滨州	0.5931	258	亚健康	0.7924	104	0.3675	263	0.8773	102	0.2207	263	1	1	0.5251	236	0.8597	183
德州	0.5882	259	亚健康	0.5881	142	0.277	275	0.7875	127	0.3299	190	0.9877	233	0.8406	142	0.9504	104
三门峡	0.586	260	亚健康	0.5365	151	0.5217	235	0.5395	186	0.4636	138	1	1	0.7175	181	0.4446	268
亳州	0.5857	261	亚健康	0.2787	272	0.4845	243	0.3409	252	0.298	208	0.9067	272	0.9339	19	0.9848	40
达州	0.5841	262	亚健康	0.3558	238	0.9078	109	0.4336	226	0.3347	187	1	1	0.7673	167	0.9183	141
阜阳	0.5811	263	亚健康	0.3189	257	0.5856	229	0.3452	251	0.3085	201	1	1	0.8661	138	0.9729	63

续表

城市名称	健康指数 数值	健康指数 排名	等级	森林覆盖率指数 数值	森林覆盖率指数 排名	空气质量优良天数指数 数值	空气质量优良天数指数 排名	河湖水质指数 数值	河湖水质指数 排名	单位GDP工业二氧化硫排放量指数 数值	排名	生活垃圾无害化处理率指数 数值	排名	单位GDP综合能耗指数 数值	排名	一般工业固体废物综合利用率指数 数值	排名
百色	0.5736	264	亚健康	0.887	14	0.9462	56	0.3565	244	0.2622	230	1	1	0.3895	270	0.3665	277
平顶山	0.5725	265	亚健康	0.3497	240	0.3994	256	0.8005	125	0.3149	197	1	1	0.7252	178	0.9357	127
贵港	0.5675	266	亚健康	0.3289	252	0.9216	88	0.4863	203	0.4034	157	1	1	0.4115	265	0.9512	103
保定	0.5674	267	亚健康	0.4324	204	0.2398	279	0.394	236	0.8682	58	1	1	0.8826	94	0.5365	253
晋城	0.5658	268	亚健康	0.53	155	0.2824	272	0.6532	155	0.2759	221	1	1	0.4572	255	0.6517	237
定西	0.5655	269	亚健康	0.2241	281	0.9309	72	0.1686	283	0.2316	255	1	1	0.7716	163	0.8398	194
云浮	0.5652	270	亚健康	0.3053	263	0.957	42	0.5386	187	0.2309	257	1	1	0.6668	193	0.8331	196
忻州	0.5629	271	亚健康	0.3184	258	0.4792	244	0.2993	262	0.2123	264	1	1	0.5087	242	0.8063	204
周口	0.5557	272	亚健康	0.2252	280	0.4898	242	0.2003	279	0.8729	14	0.9928	227	0.9422	12	0.9908	25
陇南	0.5527	273	亚健康	0.16	284	0.9585	39	0.16	284	0.4482	143	1	1	0.5695	225	0.16	284
邯郸	0.5524	274	亚健康	0.457	197	0.16	284	0.5236	192	0.2393	248	1	1	0.5474	232	0.9622	78
曲靖	0.551	275	亚健康	0.2914	269	0.9846	17	0.352	246	0.1869	272	1	1	0.5971	218	0.7296	223
菏泽	0.5426	276	不健康	0.3803	227	0.3249	266	0.3478	249	0.3539	175	1	1	0.7293	175	0.9774	51
渭南	0.5363	277	不健康	0.3253	255	0.2824	272	0.4575	212	0.1828	275	0.999	215	0.5055	244	0.9999	7
吕梁	0.5347	278	不健康	0.2826	271	0.6813	215	0.1913	280	0.1905	271	1	1	0.3748	274	0.5421	252
长治	0.5305	279	不健康	0.483	177	0.4366	249	0.8702	110	0.2603	232	0.16	284	0.3953	269	0.5804	247
昭通	0.5219	280	不健康	0.2216	282	0.9723	26	0.1742	282	0.3022	206	0.28007	283	0.7094	185	0.7128	227
邢台	0.5195	281	不健康	0.3795	228	0.176	283	0.2771	267	0.339	186	1	1	0.6314	202	0.9825	45
安阳	0.5143	282	不健康	0.3574	237	0.2026	281	0.608	169	0.2768	220	1	1	0.6511	197	0.6483	238
聊城	0.5122	283	不健康	0.4219	214	0.2345	280	0.583	178	0.2804	219	1	1	0.7378	173	0.7625	215
运城	0.4551	284	不健康	0.3284	253	0.2451	278	0.44	222	0.1961	269	0.9967	224	0.334	277	0.6115	243

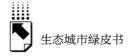

续表

城市名称	排名	等级	健康指数	R&D经费占GDP比重指数 数值	排名	信息化基础设施指数 数值	排名	人均GDP指数 数值	排名	人口密度指数 数值	排名	生态环保知识、法规普及率,基础设施完善率指数 数值	排名	公众对城市生态环境满意率指数 数值	排名	政府投入与建设效果指数 数值	排名
三亚	1	很健康	0.905	0.8736	84	0.9142	22	0.6403	124	0.8559	139	1	1	0.87	89	0.8812	11
厦门	2	很健康	0.9023	0.7361	143	0.9594	4	0.8683	46	0.871	135	0.9244	9	0.8694	91	0.8856	7
珠海	3	很健康	0.891	0.8779	66	1	1	0.8693	8	0.8821	116	0.9305	6	0.8819	30	0.6968	121
上海	4	很健康	0.8795	0.8723	90	0.896	35	0.8687	26	0.9122	82	0.9153	13	0.7911	127	0.8231	92
宁波	5	很健康	0.8782	0.567	202	0.9214	14	0.8692	13	0.8714	134	0.8698	100	0.8762	45	0.8651	85
深圳	6	很健康	0.8773	0.8662	109	0.9825	2	0.8699	6	0.9644	37	0.8781	60	0.8732	68	0.5489	149
舟山	7	很健康	0.8772	0.68	163	0.9059	26	0.8682	51	0.3278	269	0.896	21	0.8918	17	0.8357	88
南昌	8	很健康	0.8758	0.469	231	0.8792	60	0.8681	57	0.9169	76	0.891	25	0.8689	95	0.873	42
广州	9	很健康	0.87	0.5389	211	0.9124	24	0.8692	14	0.9923	10	0.9149	14	0.8862	24	0.8689	73
海口	10	很健康	0.8698	0.4447	238	0.9002	30	0.5645	145	0.7932	150	0.947	3	0.8682	106	0.8766	23
杭州	11	很健康	0.8655	0.6187	184	0.926	12	0.8691	16	0.9056	90	0.8819	49	0.7916	126	0.8706	54
青岛	12	很健康	0.8639	0.5311	212	0.8948	37	0.8689	21	0.5793	214	0.8689	111	0.8709	83	0.8696	63
南宁	13	很健康	0.8604	0.6319	178	0.8731	70	0.7283	95	0.9142	79	0.872	88	0.7344	148	0.88	15
武汉	14	很健康	0.86	0.5852	196	0.9011	29	0.8686	30	0.9766	22	0.8877	32	0.8739	62	0.8841	8
北京	15	很健康	0.858	0.8788	63	0.8859	45	0.8687	24	0.3551	261	0.9387	4	0.7818	132	0.8764	26
黄山	16	健康	0.8476	0.8348	116	0.7259	134	0.5495	151	0.2797	276	0.8701	98	0.8717	77	0.8726	43
拉萨	17	健康	0.8471	0.9398	7	0.5577	199	0.8711	3	0.2643	278	0.8691	106	0.8692	94	0.8809	12
南京	18	健康	0.8433	0.4704	230	0.9254	13	0.869	20	0.461	241	0.9179	12	0.8869	22	0.8775	21
福州	19	健康	0.8414	0.4805	223	0.888	42	0.8683	44	0.6811	180	0.8403	120	0.8702	88	0.7745	105
长春	20	健康	0.8399	0.3597	263	0.7507	125	0.8015	80	0.6459	191	0.8887	30	0.8759	47	0.8683	83

续表

城市名称	健康指数 数值	排名	等级	R&D经费占GDP比重指数 数值	排名	信息化基础设施指数 数值	排名	人均GDP指数 数值	排名	人口密度指数 数值	排名	生态环保知识、法规普及率，基础设施完好率指数 数值	排名	公众对城市生态环境满意率指数 数值	排名	政府投入与建设效果指数 数值	排名
威海	0.8309	21	健康	0.5585	204	0.8819	56	0.8684	37	0.4624	240	0.8875	34	0.8733	65	0.4856	167
镇江	0.8268	22	健康	0.3638	262	0.9014	28	0.8692	11	0.4846	235	0.8761	66	0.8831	28	0.8752	31
天津	0.8255	23	健康	0.6221	181	0.8749	68	0.8685	34	0.884	114	0.8888	29	0.8817	31	0.7237	115
惠州	0.8205	24	健康	0.7611	137	0.9	31	0.8681	66	0.5479	217	0.8685	115	0.6933	158	0.4405	184
江门	0.8134	25	健康	0.6674	168	0.8823	54	0.6929	109	0.6844	177	0.6085	167	0.8779	38	0.6674	126
景德镇	0.8123	26	健康	0.8062	119	0.4701	239	0.7099	101	0.7811	151	0.8282	122	0.897	13	0.8693	67
西安	0.8109	27	健康	0.4604	234	0.8836	48	0.7738	84	0.9712	28	0.8781	59	0.8533	115	0.874	34
哈尔滨	0.8101	28	健康	0.3765	260	0.7378	131	0.7864	82	0.8321	145	0.8888	28	0.8714	78	0.8681	84
成都	0.8099	29	健康	0.4008	253	0.8966	34	0.8682	52	0.9756	23	0.8825	43	0.5337	199	0.876	27
常州	0.8085	30	健康	0.3075	277	0.9169	17	0.8691	18	0.7196	172	0.8502	119	0.8742	59	0.8017	99
合肥	0.8076	31	健康	0.6105	186	0.8785	61	0.8687	27	0.8965	108	0.52	196	0.6671	165	0.8693	69
重庆	0.8053	32	健康	0.7756	131	0.8073	109	0.5268	164	0.6004	207	0.7967	129	0.8685	101	0.8738	35
苏州	0.7996	33	健康	0.4745	229	0.9574	5	0.8691	17	0.6476	190	0.8757	69	0.873	69	0.5232	156
南通	0.7994	34	健康	0.4411	242	0.8832	51	0.8686	32	0.9227	68	0.5661	183	0.8307	117	0.6612	129
北海	0.7972	35	健康	0.5209	216	0.9168	18	0.8688	23	0.1701	283	0.872	89	0.874	61	0.3679	205
绍兴	0.7967	36	健康	0.4775	225	0.8935	39	0.8683	48	0.8744	130	0.8706	94	0.5193	203	0.5032	164
柳州	0.7957	37	健康	0.5505	206	0.8479	94	0.8681	62	0.8992	102	0.8841	40	0.8725	71	0.8711	51
济南	0.7947	38	健康	0.3957	255	0.8954	36	0.8683	45	0.7151	174	0.8691	107	0.8812	33	0.8724	44
秦皇岛	0.7938	39	健康	0.7939	123	0.8748	69	0.5606	147	0.911	83	0.8708	93	0.8689	96	0.7099	119
扬州	0.791	40	健康	0.3704	261	0.8864	44	0.8688	22	0.8528	140	0.7052	140	0.8764	44	0.4834	168

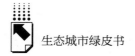

续表

城市名称	健康指数	排名	等级	R&D经费占GDP比重指数		信息化基础设施指数		人均GDP指数		人口密度指数		生态环保知识、法规普及率，基础设施完好率指数		公众对城市生态环境满意率指数		政府投入与建设效果指数	
				数值	排名	数值	排名	数值	排名	数值	排名	数值	排名	数值	排名	数值	排名
中山	0.7903	41	健康	0.6883	161	0.9783	3	0.8703	4	0.874	131	0.6735	148	0.4396	225	0.22	266
沈阳	0.7886	42	健康	0.4119	251	0.8604	89	0.6846	111	0.879	121	0.8946	22	0.8711	80	0.6935	122
大连	0.7869	43	健康	0.2487	282	0.8688	82	0.8684	39	0.7735	153	0.8205	125	0.8756	51	0.4557	175
温州	0.7861	44	健康	0.7921	126	0.8923	40	0.6657	120	0.7185	173	0.3674	243	0.4323	231	0.8696	64
莆田	0.7855	45	健康	0.587	195	0.9368	9	0.752	88	0.8716	133	0.4448	213	0.8771	42	0.8692	70
克拉玛依	0.7826	46	健康	0.7709	133	0.9264	11	0.8691	19	0.9971	4	0.8779	61	0.8912	19	0.8722	45
贵阳	0.7815	47	健康	0.752	141	0.88	58	0.7283	94	0.6847	176	0.8728	82	0.6311	174	0.8705	56
长沙	0.7809	48	健康	0.3369	268	0.7971	114	0.8692	12	0.9446	49	0.6077	169	0.3521	259	0.8702	58
连云港	0.7795	49	健康	0.6874	162	0.8642	87	0.6342	126	0.4633	239	0.774	132	0.8849	26	0.4224	191
汕头	0.7786	50	健康	0.7898	128	0.7437	129	0.3846	216	0.8748	127	0.4099	224	0.8665	109	0.4265	188
绵阳	0.7775	51	健康	0.6972	159	0.8636	88	0.5767	142	0.8413	143	0.5352	189	0.8742	58	0.7747	104
广元	0.7737	52	健康	0.8911	31	0.6577	162	0.2895	251	0.7213	171	0.8716	90	0.8733	66	0.8773	22
兰州	0.7737	53	健康	0.7576	139	0.8895	41	0.7202	96	0.9285	62	0.9261	8	0.8754	52	0.8826	10
烟台	0.7729	54	健康	0.3218	272	0.8716	73	0.8692	10	0.6698	182	0.8361	121	0.7466	146	0.3881	201
鄂州	0.7705	55	健康	0.4473	237	0.8246	101	0.7761	83	0.5361	220	0.8734	78	0.9079	8	0.8684	82
芜湖	0.7685	56	健康	0.873	87	0.749	126	0.8684	38	0.6069	203	0.5825	175	0.8752	55	0.4493	180
东莞	0.7674	57	健康	0.4592	235	0.947	7	0.8735	2	0.7747	152	0.8685	114	0.8752	54	0.1969	275
台州	0.7663	58	健康	0.6602	169	0.8824	53	0.7631	86	0.427	247	0.4669	209	0.8616	111	0.3462	210
无锡	0.7651	59	健康	0.3093	276	0.9158	19	0.8692	15	0.6013	206	0.6992	143	0.8732	67	0.4988	165
株洲	0.7637	60	健康	0.4815	222	0.7214	137	0.8495	70	0.4065	252	0.5089	198	0.8768	43	0.8736	38

续表

城市名称	健康指数	排名	等级	R&D经费占GDP比重指数 数值	排名	信息化基础设施指数 数值	排名	人均GDP指数 数值	排名	人口密度指数 数值	排名	生态环保知识、法规普及率、基础设施完好率指数 数值	排名	公众对城市生态环境满意率指数 数值	排名	政府投入与建设效果指数 数值	排名
湖州	0.7634	61	健康	0.6379	176	0.9143	21	0.7476	89	0.4427	245	0.7622	133	0.6232	176	0.6281	134
太原	0.7609	62	健康	0.5472	207	0.8835	49	0.8121	76	0.9067	87	0.9127	16	0.8693	93	0.8757	29
佛山	0.7605	63	健康	0.3347	270	0.9207	15	0.8686	28	0.73	167	0.8824	45	0.3601	257	0.2281	261
双鸭山	0.7589	64	健康	0.7021	155	0.8698	80	0.2238	272	0.9255	65	0.9137	15	0.8888	20	0.561	145
佳木斯	0.7589	65	健康	0.6436	175	0.9127	23	0.5407	156	0.8791	120	0.8062	127	0.7141	152	0.3539	208
防城港	0.7588	66	健康	0.4282	248	0.7096	145	0.8681	59	0.2859	274	0.8701	97	0.8828	29	0.8717	47
抚州	0.7585	67	健康	0.8841	43	0.5372	204	0.3217	242	0.9664	33	0.6022	170	0.8775	40	0.8784	16
郑州	0.7583	68	健康	0.4324	243	0.8832	50	0.868	68	0.795	149	0.8754	70	0.4266	233	0.8758	28
西宁	0.7578	69	健康	0.8406	115	0.871	77	0.7132	99	0.8954	109	0.877	63	0.573	187	0.8863	5
嘉兴	0.7573	70	健康	0.5762	199	0.8994	32	0.8264	74	0.8756	125	0.8763	65	0.4692	217	0.3433	213
十堰	0.7571	71	健康	0.8052	120	0.7487	127	0.7154	98	0.5133	229	0.6843	146	0.3736	248	0.8344	89
昆明	0.7534	72	健康	0.5681	201	0.8827	52	0.8281	73	0.6535	189	0.8721	87	0.445	222	0.8764	25
鹤岗	0.7531	73	健康	0.8801	59	0.6887	151	0.2068	278	0.9589	42	0.8928	23	0.8999	11	0.8704	57
淮安	0.751	74	健康	0.5785	197	0.8214	102	0.6692	118	0.9677	32	0.8019	128	0.8958	14	0.3049	227
铜陵	0.7509	75	健康	0.5566	205	0.8977	33	0.624	131	0.7373	162	0.2996	268	0.7728	135	0.8705	55
大同	0.7498	76	健康	0.8822	48	0.6664	160	0.4496	191	0.8759	124	0.8846	38	0.8276	120	0.8695	66
自贡	0.7493	77	健康	0.6067	190	0.6928	149	0.5186	169	0.4537	243	0.3946	230	0.9254	3	0.8734	39
阜新	0.7459	78	健康	0.8796	60	0.8482	92	0.211	277	0.5096	230	0.8879	31	0.8694	92	0.2425	256
九江	0.7451	79	健康	0.8709	95	0.5848	188	0.8681	65	0.9387	50	0.5676	182	0.873	70	0.7567	109
淄博	0.7443	80	健康	0.4116	252	0.871	78	0.8684	40	0.7291	168	0.8697	101	0.8704	86	0.9118	2

城市名称	健康指数	排名	等级	R&D经费占GDP比重指数		信息化基础设施指数		人均GDP指数		人口密度指数		生态环保知识、法规普及率，基础设施完好率指数		公众对城市生态环境满意率指数		政府投入与建设效果指数	
				数值	排名	数值	排名	数值	排名	数值	排名	数值	排名	数值	排名	数值	排名
日照	0.7428	81	健康	0.5246	215	0.7791	118	0.8681	64	0.5973	210	0.8793	54	0.8291	118	0.8707	53
东营	0.742	82	健康	0.2029	283	0.8712	74	0.8702	5	0.2224	281	0.8692	104	0.8688	97	0.7631	106
蚌埠	0.741	83	健康	0.8726	89	0.5739	192	0.4252	199	0.771	154	0.543	188	0.6609	167	0.7363	112
盘锦	0.7392	84	健康	0.2673	280	0.8683	85	0.765	85	0.9368	52	0.9182	11	0.8738	63	0.3078	226
秦州	0.7378	85	健康	0.318	274	0.8784	62	0.8686	31	0.6313	198	0.5487	186	0.8708	85	0.5496	148
盐城	0.7376	86	健康	0.6708	167	0.848	93	0.7881	81	0.6653	184	0.5222	194	0.8683	105	0.5634	143
张家界	0.7373	87	健康	0.8693	103	0.6698	157	0.486	179	0.9266	64	0.3707	242	0.5477	193	0.8837	9
乌鲁木齐	0.7365	88	健康	0.6284	179	0.9146	20	0.7339	90	0.5757	215	0.8785	56	0.8748	56	0.8862	6
湛江	0.7348	89	健康	0.7901	127	0.5554	200	0.6937	108	0.9124	81	0.6019	171	0.7043	155	1	1
襄阳	0.7329	90	健康	0.5396	210	0.689	150	0.8092	77	0.8852	112	0.8759	68	0.8687	100	0.3249	219
辽源	0.7315	91	健康	0.4424	241	0.511	213	0.8532	69	0.8597	138	0.869	108	0.7872	130	0.2684	245
遂宁	0.7314	92	健康	0.7743	132	0.5062	218	0.3245	241	0.5234	225	0.2773	272	0.8719	75	0.8687	78
眉山	0.7303	93	健康	0.784	129	0.8143	108	0.4375	195	0.6325	197	0.7145	139	0.8628	110	0.8753	30
桂林	0.7288	94	健康	0.8687	105	0.6341	167	0.4754	184	0.4638	238	0.7544	134	0.6987	156	0.562	144
龙岩	0.7279	95	健康	0.6766	166	0.8388	95	0.868	67	0.6561	188	0.3983	228	0.3387	261	0.7624	107
泸州	0.7271	96	健康	0.8764	73	0.6514	163	0.5282	161	0.9055	93	0.3241	263	0.8775	41	0.8713	49
赣州	0.7253	97	健康	0.9061	15	0.4987	222	0.3819	218	0.9774	20	0.5593	184	0.8702	87	0.8749	32
包头	0.7246	98	健康	0.16	284	0.8173	105	0.8693	9	0.6398	194	0.8902	27	0.8792	36	0.8695	65
南充	0.7235	99	健康	0.8763	74	0.5067	216	1	1	0.8746	129	0.6228	164	0.7581	142	0.5295	155
呼和浩特	0.7234	100	健康	0.2683	279	0.6767	154	0.8681	61	0.9168	77	0.938	5	0.8182	121	0.8809	13

续表

城市名称	排名	健康指数	等级	R&D经费占GDP比重指数 数值	排名	信息化基础设施指数 数值	排名	人均GDP指数 数值	排名	人口密度指数 数值	排名	生态环保知识、法规普及率，基础设施完好率指数 数值	排名	公众对城市生态环境满意率指数 数值	排名	政府投入与建设效果指数 数值	排名
嘉峪关	101	0.723	健康	0.3482	266	0.911	25	0.8681	58	0.5448	218	0.9681	2	0.9123	6	0.8698	61
宜昌	102	0.7229	健康	0.3972	254	0.8292	100	0.8684	42	0.5344	222	0.8696	102	0.8759	48	0.729	114
金华	103	0.7219	健康	0.6926	160	0.9039	27	0.596	138	0.4222	249	0.8752	72	0.3269	264	0.4121	192
宝鸡	104	0.7213	健康	0.6137	185	0.5985	182	0.6788	113	0.9951	7	0.8709	92	0.8688	99	0.4232	190
马鞍山	105	0.7204	健康	0.5246	214	0.7723	120	0.8683	47	0.9336	58	0.5046	201	0.7898	128	0.8686	80
雅安	106	0.7195	健康	0.7071	153	0.8686	84	0.3446	232	0.4172	250	0.6511	153	0.768	137	0.8717	48
石嘴山	107	0.7189	健康	0.477	226	0.8712	75	0.678	114	0.8983	103	0.9105	17	0.9149	5	0.7425	111
钦州	108	0.7187	健康	0.8685	106	0.3803	269	0.423	200	0.3331	267	0.3324	257	0.8761	46	0.8128	95
随州	109	0.7171	健康	0.5716	200	0.5079	214	0.6299	128	0.5703	216	0.6495	156	0.7877	129	0.5309	154
丹东	110	0.7141	健康	0.8512	114	0.806	111	0.2666	259	0.332	268	0.8821	47	0.7946	125	0.5182	158
七台河	111	0.7129	健康	0.777	130	0.7201	138	0.331	240	0.9727	27	0.8752	73	0.9311	2	0.3107	224
肇庆	112	0.7122	健康	0.6083	189	0.9471	6	0.6609	122	0.4562	242	0.4897	204	0.8708	84	0.4599	173
乌海	113	0.7118	健康	0.3194	273	0.8841	47	0.6726	117	0.9055	91	0.9201	10	0.9168	4	0.8779	19
铜川	114	0.7118	健康	0.8975	24	0.7234	135	0.3788	219	0.9203	72	0.6966	144	0.8815	32	0.6307	133
牡丹江	115	0.7117	健康	0.455	236	0.7188	140	0.3383	238	0.9294	61	0.8125	126	0.8805	34	0.3805	203
淮南	116	0.71	健康	0.874	83	0.5528	201	0.3128	245	0.685	175	0.8701	99	0.7124	153	0.8698	62
安康	117	0.7084	健康	0.8983	21	0.4997	221	0.3006	248	0.6431	192	0.3329	256	0.829	119	0.8184	94
石家庄	118	0.7083	健康	0.5598	203	0.8755	64	0.6416	123	0.9989	2	0.8689	112	0.4991	206	0.8685	81
漳州	119	0.706	健康	0.4291	245	0.8682	86	0.8682	53	0.9954	5	0.4337	215	0.5624	189	0.4487	181
衢州	120	0.7053	健康	0.8697	101	0.8753	67	0.667	119	0.5417	219	0.3085	265	0.8684	104	0.5588	146

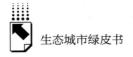

续表

城市名称	健康指数	排名	等级	R&D经费占GDP比重指数 数值	排名	信息化基础设施指数 数值	排名	人均GDP指数 数值	排名	人口密度指数 数值	排名	生态环保知识、法规普及率，基础设施完好率指数 数值	排名	公众对城市生态环境满意率指数 数值	排名	政府投入与建设效果指数 数值	排名
白城	0.7052	121	健康	0.8751	79	0.4987	223	0.3108	246	0.9331	59	0.9015	20	0.493	208	0.8035	98
宣城	0.7043	122	健康	0.8747	80	0.7112	143	0.3389	237	0.7974	148	0.5774	177	0.4656	218	0.8766	24
酒泉	0.7025	123	健康	0.8573	112	0.8823	54	0.367	226	0.4984	232	0.8924	24	0.8548	114	0.2218	264
泉州	0.702	124	健康	0.3559	265	0.8842	46	0.8684	41	0.7426	161	0.2477	277	0.7193	151	0.2037	271
六安	0.7015	125	健康	0.8978	22	0.3798	270	0.2438	266	0.9029	94	0.8783	58	0.3824	245	0.5097	161
湘潭	0.7014	126	健康	0.3818	258	0.7025	147	0.8684	36	0.9657	35	0.7172	138	0.5613	190	0.6554	130
张掖	0.701	127	健康	0.8938	28	0.8702	79	0.2895	250	0.3806	259	0.8876	33	0.6037	184	0.3036	228
常德	0.7005	128	健康	0.4289	247	0.5752	191	0.8682	56	0.8368	144	0.3957	229	0.3633	255	0.8313	90
阳泉	0.7004	129	健康	0.7242	146	0.8753	66	0.525	165	0.8834	115	0.8726	84	0.8953	15	0.7184	116
丽水	0.7002	130	健康	0.8907	32	0.8696	81	0.627	129	0.4104	251	0.6395	158	0.3781	246	0.5502	147
鄂尔多斯	0.7	131	健康	0.2961	278	0.7262	133	0.8684	43	0.7328	166	0.9267	7	0.871	82	0.291	234
金昌	0.6984	132	健康	0.8163	117	0.8754	65	0.6137	132	0.9017	95	0.905	19	0.8781	37	0.3224	221
鹤壁	0.6977	133	健康	0.5048	218	0.6698	157	0.5359	159	0.9071	86	0.8738	77	0.8598	112	0.4778	171
鸡西	0.6964	134	健康	0.794	122	0.4721	238	0.1835	281	0.8967	107	0.9077	18	0.8758	49	0.5463	150
新余	0.6959	135	健康	0.3892	257	0.8534	90	0.8047	78	0.624	200	0.3287	262	0.8852	25	0.3952	200
攀枝花	0.6953	136	健康	0.4322	244	0.88	59	0.8681	60	0.6049	205	0.8721	86	0.8993	12	0.4439	183
梧州	0.6946	137	健康	0.8561	113	0.4466	247	0.7056	103	0.3888	256	0.4026	226	0.8836	27	0.5649	142
鞍山	0.6944	138	健康	0.4247	249	0.7893	116	0.4255	198	0.6651	185	0.884	41	0.7568	143	0.872	46
大庆	0.6938	139	健康	0.2515	281	0.6032	178	0.8695	7	0.9382	51	0.7022	142	0.8915	18	0.2059	270
安庆	0.6937	140	健康	0.8789	62	0.5258	210	0.5702	143	0.678	181	0.4136	222	0.3386	262	0.8201	93

续表

城市名称	排名	健康指数	等级	R&D经费占GDP比重指数		信息化基础设施指数		人均GDP指数		人口密度指数		生态环保知识、法规普及率，基础设施完善率指数		公众对城市生态环境满意率指数		政府投入与建设效果指数	
				数值	排名	数值	排名	数值	排名	数值	排名	数值	排名	数值	排名	数值	排名
通化	141	0.6931	健康	0.8758	78	0.5695	196	0.3934	211	0.9348	57	0.8744	74	0.7624	139	0.4575	174
齐齐哈尔	142	0.693	健康	0.8812	51	0.476	233	0.4396	194	0.9159	78	0.8692	105	0.621	177	0.5658	141
韶关	143	0.6924	健康	0.8732	85	0.9173	16	0.5615	146	0.16	284	0.6427	157	0.872	74	0.2636	246
漯河	144	0.6914	健康	0.4747	228	0.3471	276	0.4755	183	0.9975	3	0.4985	203	0.8688	98	0.69	123
潮州	145	0.6912	健康	0.7601	138	0.7553	124	0.414	202	0.8809	118	0.3887	234	0.8778	39	0.2807	239
玉林	146	0.6908	健康	0.8852	42	0.3833	266	0.3997	205	0.7277	169	0.3901	233	0.7234	150	0.6231	135
巴中	147	0.6906	健康	0.9229	9	0.4899	227	0.1637	283	0.7977	147	0.3311	258	0.6781	161	0.8687	77
天水	148	0.6894	健康	0.9401	6	0.8167	107	0.2736	255	0.7647	155	0.3409	251	0.6427	171	0.8731	41
巴彦淖尔	149	0.6892	健康	0.8684	107	0.6186	171	0.3991	207	0.9633	39	0.8829	42	0.8797	35	0.8712	50
白银	150	0.6883	健康	0.9031	16	0.5917	187	0.493	175	0.9452	48	0.659	152	0.8694	90	0.8708	52
锦州	151	0.6881	健康	0.6242	180	0.7999	113	0.5325	160	0.658	187	0.8713	91	0.8682	107	0.3094	225
永州	152	0.6861	健康	0.878	65	0.3826	267	0.3881	212	0.9953	6	0.3372	253	0.394	243	0.8552	86
四平	153	0.6859	健康	0.7501	142	0.5157	212	0.2519	263	0.9866	16	0.8694	103	0.6757	163	0.6653	127
滁州	154	0.6849	健康	0.8762	75	0.6068	176	0.6776	115	0.5352	221	0.3802	239	0.4744	214	0.8702	59
黄石	155	0.6819	健康	0.5769	198	0.6191	170	0.7328	91	0.9105	84	0.3757	240	0.8876	21	0.5984	138
河源	156	0.6815	健康	0.9012	19	0.5022	220	0.7128	100	0.8999	99	0.3336	255	0.4728	215	0.3752	204
淮北	157	0.6812	健康	0.5987	192	0.7569	123	0.5424	153	0.8999	98	0.2083	280	0.6505	170	0.878	17
岳阳	158	0.681	健康	0.3938	256	0.5646	197	0.8681	63	0.9917	12	0.4897	205	0.5259	200	0.6837	124
鹰潭	159	0.6804	健康	0.6474	173	0.4235	252	0.8682	50	0.8752	126	0.5115	197	0.8093	122	0.217	267
营口	160	0.6798	健康	0.315	275	0.8298	99	0.6765	116	0.4765	237	0.8824	46	0.8753	53	0.2248	262

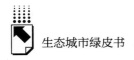

续表

城市名称	健康指数	排名	等级	R&D经费占GDP比重指数 数值	R&D经费占GDP比重指数 排名	信息化基础设施指数 数值	信息化基础设施指数 排名	人均GDP指数 数值	人均GDP指数 排名	人口密度指数 数值	人口密度指数 排名	生态环保知识普及率、基础设施完好率指数 数值	生态环保知识普及率、基础设施完好率指数 排名	公众对城市生态环境满意率指数 数值	公众对城市生态环境满意率指数 排名	政府投入与建设效果指数 数值	政府投入与建设效果指数 排名
本溪	0.6796	161	健康	0.4633	233	0.8712	75	0.4578	189	0.192	282	0.8791	55	0.9104	7	0.5349	152
伊春	0.6782	162	健康	0.6013	191	0.6006	179	0.2	279	0.9352	55	0.8683	116	1	1	0.4001	198
吴忠	0.6779	163	健康	0.8986	20	0.5324	208	0.6972	105	0.9545	43	0.8769	64	0.4038	239	0.6044	137
廊坊	0.675	164	健康	0.7983	121	0.8783	63	0.8373	71	0.5841	213	0.8733	79	0.2962	269	0.4502	179
宜宾	0.6744	165	健康	0.8711	93	0.5935	184	0.5663	144	0.935	56	0.2484	276	0.8685	102	0.8691	71
吉林	0.674	168	健康	0.5464	208	0.6179	173	0.6814	112	0.7485	158	0.8772	62	0.7985	124	0.3234	220
延安	0.674	167	健康	0.8744	81	0.9372	8	0.4288	197	0.9519	46	0.8702	96	0.3686	254	0.2719	242
银川	0.674	166	健康	0.4763	227	0.8803	57	0.7157	97	0.2825	275	0.8904	26	0.5366	196	0.8701	60
临沂	0.6729	169	健康	0.7325	145	0.6184	172	0.6077	134	0.5079	231	0.7807	131	0.6195	178	0.8891	4
三明	0.6727	170	健康	0.5962	194	0.8328	97	0.8685	35	0.3174	271	0.6692	149	0.6592	168	0.2796	240
梅州	0.6723	171	健康	0.9128	11	0.5079	214	0.3965	209	0.3829	258	0.5889	173	0.6806	160	0.8688	75
徐州	0.6721	172	健康	0.6188	183	0.8172	106	0.8682	55	0.8846	113	0.5863	174	0.8744	57	0.7972	101
吉安	0.6712	173	健康	0.8921	30	0.5443	202	0.4183	201	0.6069	203	0.6155	166	0.6184	180	0.7162	118
泰安	0.6697	174	健康	0.3596	264	0.7195	139	0.5424	154	0.52	226	0.3558	246	0.8718	76	0.6652	128
枣庄	0.6693	175	健康	0.429	246	0.7183	141	0.4714	187	0.8449	142	0.6315	160	0.8725	72	0.5161	159
安顺	0.6673	176	健康	0.8973	25	0.3815	268	0.3722	224	0.8794	119	0.5461	187	0.4753	212	0.8779	18
池州	0.6663	177	健康	0.7014	157	0.6832	153	0.4781	181	0.3775	260	0.3289	261	0.7609	141	0.8733	40
资阳	0.6655	178	健康	0.7532	140	0.4017	263	0.4877	177	0.5341	223	0.4261	218	0.8722	73	0.4971	166
乐山	0.6651	179	健康	0.6095	188	0.8338	96	0.5379	158	0.6198	201	0.8686	113	0.8714	79	0.5056	162
潍坊	0.6635	180	健康	0.7088	148	0.7756	119	0.7323	92	0.3404	265	0.8793	53	0.5596	191	0.3453	212

续表

城市名称	健康指数	排名	等级	R&D经费占GDP比重指数		信息化基础设施指数		人均GDP指数		人口密度指数		生态环保知识、法规普及率、基础设施完好率指数		公众对城市生态环境满意率指数		政府投入与建设效果指数	
				数值	排名	数值	排名	数值	排名	数值	排名	数值	排名	数值	排名	数值	排名
宿迁	0.6633	181	健康	0.5974	193	0.7325	132	0.5414	155	0.6398	194	0.5695	180	0.8589	113	0.4012	195
开封	0.6625	182	健康	0.66	170	0.4886	229	0.387	214	0.9904	14	0.3383	252	0.7706	136	0.5971	139
南平	0.6618	183	健康	0.7075	151	0.7918	115	0.6121	133	0.3171	272	0.6289	161	0.3466	260	0.3309	217
荆州	0.6613	184	健康	0.8696	102	0.8688	83	0.475	185	0.8762	123	0.5074	199	0.8741	60	0.2822	238
孝感	0.6612	185	健康	0.8703	98	0.4293	251	0.3097	247	0.9618	40	0.6647	150	0.8735	64	0.7826	103
萍乡	0.6587	186	健康	0.7931	124	0.7112	143	0.5842	140	0.9897	15	0.4002	227	0.736	147	0.7183	117
辽阳	0.658	187	健康	0.5019	219	0.8203	103	0.3948	210	0.3399	266	0.8799	50	0.9036	9	0.2486	254
抚顺	0.6568	188	健康	0.378	259	0.8523	91	0.5166	171	0.6403	193	0.8846	39	0.894	16	0.2964	231
咸阳	0.6568	189	健康	0.6104	187	0.7091	146	0.8686	29	0.5976	209	0.8731	80	0.4693	216	0.27	244
济宁	0.6564	190	健康	0.6218	182	0.6698	156	0.8682	54	0.5282	224	0.4263	217	0.7613	140	0.2521	253
濮阳	0.6561	191	健康	0.7671	135	0.6445	165	0.5521	149	0.9175	75	0.3754	241	0.416	237	0.8742	33
咸宁	0.6561	192	健康	0.7081	150	0.6144	175	0.4912	176	0.7359	165	0.3633	244	0.8867	23	0.2283	260
平凉	0.6559	193	健康	0.9423	5	0.8944	38	0.2196	275	0.3964	254	0.6242	163	0.5463	194	0.8261	91
揭阳	0.6556	194	健康	0.6789	164	0.4835	230	0.4358	196	0.9225	70	0.2224	278	0.7533	144	0.215	268
洛阳	0.655	195	健康	0.5127	217	0.8307	98	0.6949	106	0.9363	53	0.5304	191	0.5244	202	0.4621	172
汕尾	0.6534	196	健康	0.8857	39	0.4727	236	0.3879	213	0.2688	277	0.2581	275	0.7271	149	0.3344	216
呼伦贝尔	0.6503	197	健康	0.8731	86	0.5608	198	0.5405	157	0.4233	248	0.8722	85	0.6192	179	0.5144	160
白山	0.6497	198	亚健康	0.6779	165	0.633	168	0.5984	136	0.325	270	0.8784	57	0.8757	50	0.3211	222
新乡	0.6457	199	亚健康	0.7081	149	0.7712	121	0.6365	125	0.995	8	0.4459	212	0.3733	249	0.4507	178
商洛	0.6449	200	亚健康	0.8802	58	0.3412	277	0.2479	265	0.9733	24	0.5689	181	0.8684	103	0.5035	163

续表

城市名称	排名	健康指数	等级	R&D经费占GDP比重指数		信息化基础设施指数		人均GDP指数		人口密度指数		生态环保知识、法规普及率，基础设施完好率指数		公众对城市生态环境满意率指数		政府投入与建设效果指数	
				数值	排名	数值	排名	数值	排名	数值	排名	数值	排名	数值	排名	数值	排名
乌兰察布	201	0.6405	亚健康	0.8698	100	0.2949	279	0.3414	234	0.936	54	0.8689	110	0.846	116	0.8069	96
宁德	202	0.6403	亚健康	0.702	156	0.8183	104	0.8032	79	0.7477	159	0.3462	248	0.5728	188	0.2328	258
玉溪	203	0.64	亚健康	0.8628	110	0.5358	205	0.8346	72	0.9246	66	0.5576	185	0.2595	275	0.8686	79
松原	204	0.6398	亚健康	0.4127	250	0.4396	248	0.5439	152	0.9731	25	0.8689	109	0.4356	228	0.1799	280
德阳	205	0.6396	亚健康	0.3353	269	0.8868	43	0.632	127	0.8976	105	0.6324	159	0.543	195	0.2946	232
阳江	206	0.6395	亚健康	0.4922	220	0.6393	166	0.5509	150	0.3983	253	0.5976	172	0.4387	226	0.2585	248
广安	208	0.6384	亚健康	0.8829	46	0.4514	244	0.3574	228	0.7443	160	0.3837	237	0.8681	108	0.3377	214
丽江	207	0.6384	亚健康	0.9215	10	0.5923	186	0.52	167	0.9531	44	0.8874	35	0.2694	273	0.1647	283
张家口	209	0.6341	亚健康	0.8853	41	0.7137	142	0.3743	222	0.7623	156	0.8754	71	0.448	221	0.2525	252
衡水	210	0.6335	亚健康	0.8616	111	0.7652	122	0.5277	163	0.4841	236	0.6199	165	0.3727	250	0.534	153
益阳	211	0.6322	亚健康	0.7636	136	0.4384	249	0.4861	178	0.9708	29	0.3933	231	0.398	242	0.1729	281
葫芦岛	212	0.6316	亚健康	0.8761	76	0.6736	155	0.349	229	0.4925	234	0.8682	117	0.2796	271	0.2018	272
荆门	213	0.6313	亚健康	0.4893	221	0.5393	203	0.7535	87	0.6589	186	0.6636	151	0.5593	192	0.4247	189
清远	214	0.6308	亚健康	0.8775	70	0.5943	183	0.4504	190	0.6819	179	0.3425	250	0.4007	241	0.4282	187
赤峰	215	0.6296	亚健康	0.8976	23	0.4494	245	0.3993	206	0.5192	227	0.6934	145	0.7765	134	0.8778	20
许昌	216	0.6282	亚健康	0.4446	240	0.6046	177	0.5279	162	0.8685	136	0.5277	193	0.5258	201	0.4367	186
黄冈	217	0.6277	亚健康	0.8861	37	0.4047	262	0.5215	166	0.9677	31	0.4123	223	0.6762	162	0.1673	282
来宾	218	0.6277	亚健康	0.8787	64	0.4159	256	0.2758	254	0.8969	106	0.2827	271	0.6625	166	0.7872	102
内江	219	0.6275	亚健康	0.6575	172	0.927	10	0.3335	239	0.6833	178	0.19	283	0.6712	164	0.8037	97
绥化	220	0.6264	亚健康	0.8759	77	0.2444	282	0.1957	280	0.9196	73	0.6083	168	0.7821	131	0.1859	279
武威	221	0.6262	亚健康	0.9078	13	0.5836	189	0.2427	267	0.8654	137	0.8825	44	0.4832	211	0.4779	170

续表

城市名称	排名	健康指数	等级	R&D经费占GDP比重指数 数值	排名	信息化基础设施指数 数值	排名	人均GDP指数 数值	排名	人口密度指数 数值	排名	生态环保知识、法规普及率，基础设施完好率指数 数值	排名	公众对城市生态环境满意率指数 数值	排名	政府投入与建设效果指数 数值	排名
宜春	222	0.6253	亚健康	0.8856	40	0.5062	217	0.2404	269	0.9487	47	0.506	200	0.4192	235	0.483	169
贺州	223	0.624	亚健康	0.8947	27	0.4048	261	0.2696	258	0.8767	122	0.3309	259	0.4196	234	0.8736	37
茂名	224	0.6235	亚健康	0.8704	97	0.4159	256	0.5047	172	0.9693	30	0.2959	269	0.2187	279	0.1996	273
衡阳	225	0.6233	亚健康	0.6325	177	0.457	242	0.6939	107	0.918	74	0.4176	219	0.3719	251	0.2536	251
崇左	226	0.623	亚健康	0.869	104	0.4203	254	0.5196	168	0.9005	97	0.3068	266	0.7516	145	0.6978	120
汉中	227	0.6224	亚健康	0.8778	67	0.4741	234	0.3865	215	0.9226	69	0.8208	124	0.5868	185	0.6784	125
朔州	228	0.622	亚健康	0.4791	224	0.5986	181	0.8687	25	0.726	170	0.8799	51	0.8087	123	0.5783	140
承德	229	0.6218	亚健康	0.8727	88	0.6165	174	0.5551	148	0.2631	279	0.6759	147	0.536	198	0.3458	211
保山	230	0.6197	亚健康	0.9016	18	0.4474	246	0.2422	268	0.9832	18	0.6276	162	0.1978	281	0.8803	14
南阳	231	0.6189	亚健康	0.8681	108	0.3906	265	0.3664	227	0.737	163	0.5756	179	0.7813	133	0.1912	278
宿州	232	0.6185	亚健康	0.8795	61	0.4794	232	0.3405	235	0.8982	104	0.868	118	0.6103	182	0.4448	182
中卫	233	0.6182	亚健康	0.8935	29	0.5714	194	0.3835	217	0.8506	141	0.882	48	0.6975	157	0.8009	100
庆阳	234	0.6179	亚健康	0.9078	14	0.5055	219	0.4981	173	0.9065	88	0.415	221	0.369	253	0.4511	177
唐山	235	0.6173	亚健康	0.3429	267	0.807	110	0.8203	75	0.4425	246	0.8225	123	0.5733	186	0.4004	197
固原	236	0.6162	亚健康	1	1	0.401	264	0.2529	262	0.9728	26	0.7393	137	0.6258	175	0.1995	274
郴州	237	0.6149	亚健康	0.7687	134	0.5346	206	0.7323	92	0.343	264	0.4362	214	0.1714	283	0.2244	263
驻马店	238	0.6112	亚健康	0.8809	54	0.3785	271	0.339	236	0.7536	157	0.3366	254	0.4184	236	0.5439	151
莱芜	239	0.6103	亚健康	0.4664	232	0.8731	71	0.5965	137	0.3472	263	0.3029	267	0.9024	10	0.4375	185
上饶	240	0.6079	亚健康	0.8881	34	0.4548	243	0.4718	186	0.9125	80	0.2651	274	0.6542	169	0.6457	132
怀化	241	0.607	亚健康	0.8813	50	0.4628	240	0.517	170	0.8747	128	0.3879	235	0.226	278	0.16	284
六盘水	242	0.6067	亚健康	0.882	49	0.3732	273	0.7076	102	0.3941	255	0.6501	155	0.2967	268	0.8693	68

续表

城市名称	健康指数	排名	等级	R&D经费占GDP比重指数		信息化基础设施指数		人均GDP指数		人口密度指数		生态环保知识、法规普及率，基础设施完善率指数		公众对城市生态环境满意率指数		政府投入与建设效果指数	
				数值	排名	数值	排名	数值	排名	数值	排名	数值	排名	数值	排名	数值	排名
晋中	0.6029	244	亚健康	0.8698	99	0.6857	152	0.3725	223	0.384	257	0.8744	75	0.44	223	0.869	72
铁岭	0.6029	243	亚健康	0.886	38	0.5925	185	0.2721	256	0.599	208	0.8702	95	0.5013	205	0.4114	193
邵阳	0.6021	245	亚健康	0.8827	47	0.2157	283	0.406	204	0.9055	91	0.2218	279	0.412	238	0.7442	110
焦作	0.6019	246	亚健康	0.3228	271	0.7409	130	0.4579	188	0.9921	11	0.5773	178	0.6109	181	0.2603	247
商丘	0.6014	247	亚健康	0.8711	94	0.4574	241	0.2402	270	0.8813	117	0.4638	210	0.3739	247	0.6463	131
河池	0.6012	248	亚健康	0.9241	8	0.4148	258	0.2499	264	0.8283	146	0.4064	225	0.871	81	0.4518	176
信阳	0.6011	249	亚健康	0.8775	69	0.3645	274	0.3783	220	0.6693	183	0.4304	216	0.4897	209	0.254	250
通辽	0.5983	250	亚健康	0.8742	82	0.4726	237	0.3679	225	0.9768	21	0.7514	135	0.5366	197	0.381	202
临沧	0.5979	251	亚健康	0.9094	12	0.3608	275	0.2871	252	0.9938	9	0.3563	245	0.16	284	0.3581	207
娄底	0.5974	252	亚健康	0.7073	152	0.4828	231	0.6875	110	0.909	85	0.3511	247	0.2634	274	0.8738	36
榆林	0.5968	253	亚健康	0.6994	158	0.4949	226	0.8682	49	0.8992	101	0.8858	36	0.4966	207	0.2764	241
沧州	0.5949	254	亚健康	0.7201	147	0.723	136	0.8686	33	0.8903	111	0.4789	206	0.2942	270	0.319	223
朝阳	0.5948	255	亚健康	0.8807	56	0.5752	190	0.2704	257	0.2988	273	0.8729	81	0.44	224	0.2421	257
黑河	0.5948	256	亚健康	0.7923	125	0.4737	235	0.3147	244	0.9905	13	0.8738	76	0.4336	229	0.2883	236
遵义	0.5942	257	亚健康	0.881	53	0.3765	272	0.4844	180	0.5889	212	0.5204	195	0.4328	230	0.1967	276
滨州	0.5931	258	亚健康	0.5398	209	0.8726	72	0.698	104	0.3489	262	0.3303	260	0.7124	154	0.3285	218
德州	0.5882	259	亚健康	0.4447	239	0.6698	157	0.6267	130	0.5183	228	0.4756	207	0.642	172	0.2906	235
三门峡	0.586	260	亚健康	0.6584	171	0.7893	116	0.5882	139	0.9522	45	0.391	232	0.6371	173	0.2973	230
亳州	0.5857	261	亚健康	0.8868	35	0.435	250	0.2282	271	0.9246	67	0.345	249	0.3374	263	0.8489	87
达州	0.5841	262	亚健康	0.8835	45	0.5287	209	0.2593	261	0.9602	41	0.3847	236	0.3196	266	0.271	243
阜阳	0.5811	263	亚健康	0.902	17	0.4167	255	0.2152	276	0.7367	164	0.16	284	0.4034	240	0.8688	76

续表

城市名称	健康指数 数值	排名	等级	R&D经费占GDP比重指数 数值	排名	信息化基础设施指数 数值	排名	人均GDP指数 数值	排名	人口密度指数 数值	排名	生态环保知识、法规普及率，基础设施完好率指数 数值	排名	公众对城市生态环境满意率指数 数值	排名	政府投入与建设效果指数 数值	排名
百色	0.5736	264	亚健康	0.8867	36	0.4115	259	0.6613	121	0.2373	280	0.5334	190	0.4613	220	0.2125	269
平顶山	0.5725	265	亚健康	0.8709	96	0.2888	280	0.4768	182	0.9057	89	0.7421	136	0.3892	244	0.3487	209
贵港	0.5675	266	亚健康	0.881	52	0.4968	224	0.262	260	0.4503	244	0.2028	281	0.7654	138	0.3	229
保定	0.5674	267	亚健康	0.8774	71	0.7483	128	0.4102	203	0.9635	38	0.2957	270	0.3717	252	0.1943	277
晋城	0.5658	268	亚健康	0.6441	174	0.8	112	0.4962	174	0.893	110	0.8794	52	0.3624	256	0.5232	157
定西	0.5655	269	亚健康	0.9934	2	0.4203	253	0.16	284	0.984	17	0.5286	192	0.2544	276	0.3958	199
云浮	0.5652	270	亚健康	0.8805	57	0.5704	195	0.5781	141	0.6369	196	0.2719	273	0.3535	258	0.2305	259
忻州	0.5629	271	亚健康	0.8892	33	0.5253	211	0.2216	273	0.4981	233	0.8728	83	0.4753	213	0.7595	108
周口	0.5557	272	亚健康	0.872	91	0.3331	278	0.3	249	0.927	63	0.1992	282	0.2775	272	0.2557	249
陇南	0.5527	273	亚健康	0.9643	4	0.16	284	0.1725	282	0.9312	60	0.7047	141	0.4279	232	0.9104	3
邯郸	0.5524	274	亚健康	0.8766	72	0.5728	193	0.3442	233	0.9013	96	0.6509	154	0.6864	159	0.2864	237
曲靖	0.551	275	亚健康	0.8947	26	0.4096	260	0.6067	135	0.9206	71	0.416	220	0.2392	277	0.3636	206
菏泽	0.5426	276	不健康	0.8096	118	0.4893	228	0.3475	231	0.5962	211	0.4743	208	0.6072	183	0.2448	255
渭南	0.5363	277	不健康	0.8808	55	0.4968	224	0.3758	221	0.6094	202	0.876	67	0.4362	227	0.401	196
吕梁	0.5347	278	不健康	0.8837	44	0.534	207	0.2199	274	0.9994	1	0.7947	130	0.3259	265	0.732	113
长治	0.5305	279	不健康	0.7339	144	0.6274	169	0.4452	192	0.8729	132	0.885	37	0.4893	210	0.6118	136
昭通	0.5219	280	不健康	0.9681	3	0.255	281	0.2771	253	0.982	19	0.3181	264	0.1851	282	0.8689	74
邢台	0.5195	281	不健康	0.8714	92	0.6448	164	0.3476	230	0.8993	100	0.5775	176	0.3086	267	0.2215	265
安阳	0.5143	282	不健康	0.7022	154	0.659	161	0.4446	193	0.9658	34	0.3835	238	0.5015	204	0.402	194
聊城	0.5122	283	不健康	0.525	213	0.5988	180	0.397	208	0.6288	199	0.4565	211	0.4616	219	0.3347	215
运城	0.4551	284	不健康	0.8777	68	0.6964	148	0.3182	243	0.9657	35	0.499	202	0.2088	280	0.293	233

表8 2017年中国284个城市生态环境、生态经济、生态社会健康指数考核排名

城市	生态环境			生态经济			生态社会		
	健康指数	排名	等级	健康指数	排名	等级	健康指数	排名	等级
北京	0.8421	31	健康	0.9071	4	很健康	0.8146	47	健康
天津	0.7882	64	健康	0.8602	13	很健康	0.8367	37	健康
石家庄	0.5874	236	亚健康	0.8018	62	健康	0.7708	68	健康
唐山	0.6241	205	亚健康	0.6339	237	亚健康	0.5831	191	亚健康
秦皇岛	0.7661	83	健康	0.8025	61	健康	0.826	41	健康
邯郸	0.4243	279	很不健康	0.681	200	健康	0.5773	193	亚健康
邢台	0.4013	282	很不健康	0.7239	161	健康	0.4222	266	很不健康
保定	0.5508	261	亚健康	0.7382	145	健康	0.3548	279	很不健康
张家口	0.6438	186	亚健康	0.6838	195	健康	0.549	212	不健康
承德	0.7037	144	健康	0.6197	247	亚健康	0.4936	243	不健康
沧州	0.5218	265	不健康	0.8056	56	健康	0.4167	270	很不健康
廊坊	0.5853	242	亚健康	0.871	10	很健康	0.5443	218	不健康
衡水	0.5584	258	亚健康	0.8101	51	健康	0.5064	239	不健康
太原	0.7534	98	健康	0.6787	202	健康	0.888	9	很健康
大同	0.7726	78	健康	0.6436	227	亚健康	0.8621	20	很健康
阳泉	0.6378	190	亚健康	0.6764	205	健康	0.8342	38	健康
长治	0.4167	281	很不健康	0.5515	271	亚健康	0.6831	116	健康
晋城	0.4976	269	不健康	0.6059	253	亚健康	0.6188	169	亚健康
朔州	0.6329	196	亚健康	0.5163	278	不健康	0.7527	76	健康
晋中	0.4901	271	不健康	0.6672	212	健康	0.6934	111	健康
运城	0.3917	284	很不健康	0.5691	264	亚健康	0.3968	274	很不健康
忻州	0.4393	277	很不健康	0.6189	248	亚健康	0.6821	117	健康
吕梁	0.4663	272	不健康	0.5264	277	不健康	0.6557	136	健康
呼和浩特	0.7703	80	健康	0.556	269	亚健康	0.8828	12	很健康
包头	0.7874	66	健康	0.5592	266	亚健康	0.8556	25	很健康
乌海	0.7366	113	健康	0.5453	273	不健康	0.905	2	很健康
赤峰	0.6791	164	健康	0.4826	283	不健康	0.7562	71	健康
通辽	0.6352	192	亚健康	0.556	268	亚健康	0.5984	178	亚健康
鄂尔多斯	0.7905	59	健康	0.5966	256	亚健康	0.6999	109	健康
呼伦贝尔	0.6495	183	亚健康	0.6557	219	健康	0.6441	152	亚健康
巴彦淖尔	0.6677	171	健康	0.5729	262	亚健康	0.8865	11	很健康
乌兰察布	0.6266	202	亚健康	0.5066	281	不健康	0.8502	29	很健康
沈阳	0.8138	47	健康	0.7332	149	健康	0.8257	42	健康
大连	0.8433	30	健康	0.7683	101	健康	0.7229	90	健康
鞍山	0.749	101	健康	0.5419	274	不健康	0.8204	44	健康
抚顺	0.7641	87	健康	0.5131	280	不健康	0.6866	115	健康
本溪	0.79	60	健康	0.527	276	不健康	0.7166	98	健康
丹东	0.768	82	健康	0.6685	211	健康	0.6917	112	健康
锦州	0.672	169	健康	0.712	170	健康	0.6805	119	健康
营口	0.7455	103	健康	0.6314	238	亚健康	0.6424	156	亚健康

续表

城市	生态环境			生态经济			生态社会		
	健康指数	排名	等级	健康指数	排名	等级	健康指数	排名	等级
阜新	0.7488	102	健康	0.8105	50	健康	0.6509	146	健康
辽阳	0.7641	86	健康	0.547	272	不健康	0.6436	153	亚健康
盘锦	0.8166	46	健康	0.662	215	健康	0.7236	88	健康
铁岭	0.5786	246	亚健康	0.6365	233	亚健康	0.5948	181	亚健康
朝阳	0.5762	250	亚健康	0.6862	193	健康	0.4964	242	不健康
葫芦岛	0.699	147	健康	0.6815	199	健康	0.4542	255	不健康
长春	0.8882	15	很健康	0.7742	95	健康	0.8545	26	很健康
吉林	0.7351	115	健康	0.6038	255	亚健康	0.6746	123	健康
四平	0.6123	216	亚健康	0.7159	167	健康	0.7618	70	健康
辽源	0.7627	89	健康	0.7445	135	健康	0.6633	126	健康
通化	0.685	158	健康	0.6819	197	健康	0.7218	92	健康
白山	0.6833	160	健康	0.6074	252	亚健康	0.6551	141	健康
松原	0.7318	120	健康	0.6041	254	亚健康	0.5426	220	不健康
白城	0.6342	193	亚健康	0.7524	122	健康	0.7527	75	健康
哈尔滨	0.8237	42	健康	0.7505	127	健康	0.8717	17	很健康
齐齐哈尔	0.6324	197	亚健康	0.7513	125	健康	0.7084	104	健康
鸡西	0.7616	91	健康	0.5561	267	亚健康	0.7886	61	健康
鹤岗	0.7441	104	健康	0.662	214	健康	0.8948	5	很健康
双鸭山	0.7809	67	健康	0.7034	178	健康	0.8016	54	健康
大庆	0.8385	34	健康	0.5713	263	亚健康	0.6337	161	亚健康
伊春	0.6913	155	健康	0.5947	257	亚健康	0.774	66	健康
佳木斯	0.8268	39	健康	0.759	112	健康	0.6502	147	健康
七台河	0.7768	73	健康	0.6261	241	亚健康	0.7324	85	健康
牡丹江	0.7551	96	健康	0.6599	217	健康	0.715	99	健康
黑河	0.5784	248	亚健康	0.6257	242	亚健康	0.5778	192	亚健康
绥化	0.6029	224	亚健康	0.6973	185	健康	0.5648	204	亚健康
上海	0.8709	20	很健康	0.9103	2	很健康	0.8501	30	很健康
南京	0.8598	25	很健康	0.819	43	健康	0.8508	28	很健康
无锡	0.7958	55	健康	0.7898	78	健康	0.6815	118	健康
徐州	0.5753	252	亚健康	0.7159	168	健康	0.7658	69	健康
常州	0.8065	51	健康	0.7956	73	健康	0.8298	40	健康
苏州	0.8071	49	健康	0.829	35	健康	0.7464	78	健康
南通	0.8269	38	健康	0.8321	31	健康	0.7097	102	健康
连云港	0.8001	53	健康	0.8338	29	健康	0.6707	124	健康
淮安	0.7373	111	健康	0.8049	57	健康	0.6975	110	健康
盐城	0.7062	140	健康	0.8339	28	健康	0.6527	143	健康
扬州	0.8207	45	健康	0.8187	44	健康	0.7048	107	健康
镇江	0.8361	35	健康	0.8077	53	健康	0.8388	35	健康

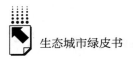

续表

城市	生态环境			生态经济			生态社会		
	健康指数	排名	等级	健康指数	排名	等级	健康指数	排名	等级
泰州	0.7417	106	健康	0.7932	76	健康	0.6538	142	健康
宿迁	0.5897	233	亚健康	0.7833	90	健康	0.6128	171	亚健康
杭州	0.885	16	很健康	0.8515	17	很健康	0.8538	27	很健康
宁波	0.9068	10	很健康	0.8511	18	很健康	0.8704	18	很健康
温州	0.836	36	健康	0.8815	8	很健康	0.5726	199	亚健康
嘉兴	0.7877	65	健康	0.8389	26	健康	0.5942	183	亚健康
湖州	0.7618	90	健康	0.8474	22	健康	0.6483	149	亚健康
绍兴	0.8719	19	很健康	0.8118	49	健康	0.6554	139	健康
金华	0.732	119	健康	0.8498	19	健康	0.5265	231	不健康
衢州	0.7146	129	健康	0.7879	83	健康	0.5749	198	亚健康
舟山	0.9228	3	很健康	0.8662	11	很健康	0.8198	45	健康
台州	0.8261	41	健康	0.856	15	很健康	0.5451	217	不健康
丽水	0.6588	174	健康	0.8823	7	很健康	0.5114	237	不健康
合肥	0.8301	37	健康	0.8541	16	很健康	0.7066	105	健康
芜湖	0.7696	81	健康	0.8641	12	很健康	0.6328	164	亚健康
蚌埠	0.7349	117	健康	0.8064	54	健康	0.6592	130	健康
淮南	0.6195	208	亚健康	0.7462	134	健康	0.8042	52	健康
马鞍山	0.7339	118	健康	0.6895	190	健康	0.7422	80	健康
淮北	0.6557	177	健康	0.7604	110	健康	0.611	172	亚健康
铜陵	0.7802	68	健康	0.7847	89	健康	0.6566	135	健康
安庆	0.6985	148	健康	0.7984	68	健康	0.5395	221	不健康
黄山	0.868	22	很健康	0.8493	20	健康	0.8123	50	健康
滁州	0.6314	200	亚健康	0.8274	36	健康	0.571	200	亚健康
阜阳	0.491	270	不健康	0.7396	143	健康	0.5033	241	不健康
宿州	0.4546	273	不健康	0.7715	97	健康	0.6667	125	健康
六安	0.7085	138	健康	0.7507	126	健康	0.6214	166	亚健康
亳州	0.4505	274	不健康	0.7643	106	健康	0.5519	209	不健康
池州	0.6266	203	亚健康	0.7401	141	健康	0.6267	165	亚健康
宣城	0.6439	185	亚健康	0.8082	52	健康	0.6556	137	健康
福州	0.868	23	很健康	0.831	33	健康	0.8136	49	健康
厦门	0.9197	4	很健康	0.8905	6	很健康	0.8909	8	很健康
莆田	0.777	72	健康	0.8245	38	健康	0.7445	79	健康
三明	0.6578	176	健康	0.803	60	健康	0.5141	236	不健康
泉州	0.7964	54	健康	0.7917	77	健康	0.4255	263	很不健康
漳州	0.7155	128	健康	0.8186	45	健康	0.533	228	不健康
南平	0.6859	157	健康	0.8044	58	健康	0.4236	264	很不健康
龙岩	0.7637	88	健康	0.8387	27	健康	0.5154	234	不健康
宁德	0.6186	209	亚健康	0.8223	39	健康	0.4203	267	很不健康

续表

城市	生态环境			生态经济			生态社会		
	健康指数	排名	等级	健康指数	排名	等级	健康指数	排名	等级
南昌	0.9096	7	很健康	0.8331	30	健康	0.8816	13	很健康
景德镇	0.8086	48	健康	0.7849	87	健康	0.8565	24	很健康
萍乡	0.681	162	健康	0.6357	235	亚健康	0.6553	140	健康
九江	0.718	127	健康	0.7703	99	健康	0.7531	74	健康
新余	0.7884	63	健康	0.6981	184	健康	0.5451	216	不健康
鹰潭	0.6836	159	健康	0.7706	98	健康	0.5489	213	不健康
赣州	0.6518	181	健康	0.7638	107	健康	0.7891	60	健康
吉安	0.5773	249	亚健康	0.7969	72	健康	0.6457	151	亚健康
宜春	0.5788	245	亚健康	0.7557	116	健康	0.5173	232	不健康
抚州	0.7053	142	健康	0.7867	85	健康	0.8041	53	健康
上饶	0.6066	221	亚健康	0.643	228	亚健康	0.5608	205	亚健康
济南	0.7514	99	健康	0.7989	65	健康	0.8583	23	很健康
青岛	0.9074	9	很健康	0.8307	34	健康	0.8408	34	健康
淄博	0.7046	143	健康	0.7009	181	健康	0.8685	19	很健康
枣庄	0.6556	178	健康	0.6699	209	健康	0.6905	113	健康
东营	0.7129	132	健康	0.7535	119	健康	0.7726	67	健康
烟台	0.8658	24	很健康	0.7485	130	健康	0.6582	132	健康
潍坊	0.6129	215	亚健康	0.7886	81	健康	0.5693	201	亚健康
济宁	0.6373	191	亚健康	0.8008	64	健康	0.4847	247	不健康
泰安	0.6535	179	健康	0.7239	162	健康	0.6198	167	亚健康
威海	0.9132	6	很健康	0.8158	46	健康	0.7202	93	健康
日照	0.7716	79	健康	0.6451	224	亚健康	0.8334	39	健康
莱芜	0.6504	182	健康	0.6237	243	亚健康	0.5275	230	不健康
临沂	0.5555	259	亚健康	0.761	109	健康	0.7376	82	健康
德州	0.5373	263	不健康	0.7278	156	健康	0.4743	250	不健康
聊城	0.4477	276	很不健康	0.6383	232	亚健康	0.4387	260	很不健康
滨州	0.6072	220	亚健康	0.6818	198	健康	0.4462	258	很不健康
菏泽	0.4503	275	不健康	0.7088	172	健康	0.4575	254	不健康
郑州	0.7388	108	健康	0.7988	66	健康	0.7329	84	健康
开封	0.634	194	亚健康	0.732	151	健康	0.6109	173	亚健康
洛阳	0.6244	204	亚健康	0.7661	103	健康	0.5487	214	不健康
平顶山	0.4983	268	不健康	0.6843	194	健康	0.5346	224	不健康
安阳	0.4225	280	很不健康	0.6417	230	亚健康	0.4827	248	不健康
鹤壁	0.6666	172	健康	0.693	187	健康	0.7541	73	健康
新乡	0.6156	211	亚健康	0.798	69	健康	0.4805	249	不健康
焦作	0.6075	219	亚健康	0.644	226	亚健康	0.5338	226	不健康
濮阳	0.5838	243	亚健康	0.7848	88	健康	0.5914	187	亚健康
许昌	0.6008	227	亚健康	0.7269	159	健康	0.5339	225	不健康

城市	生态环境			生态经济			生态社会		
	健康指数	排名	等级	健康指数	排名	等级	健康指数	排名	等级
漯河	0.7015	145	健康	0.6617	216	健康	0.7169	97	健康
三门峡	0.5861	240	亚健康	0.6526	220	健康	0.4928	244	不健康
南阳	0.5637	255	亚健康	0.7397	142	健康	0.5382	222	不健康
商丘	0.5148	267	不健康	0.749	129	健康	0.5333	227	不健康
信阳	0.5868	239	亚健康	0.7473	132	健康	0.4192	269	很不健康
周口	0.5362	264	不健康	0.7518	123	健康	0.3124	282	很不健康
驻马店	0.5871	238	亚健康	0.743	139	健康	0.465	252	不健康
武汉	0.8562	26	很健康	0.842	24	健康	0.8914	7	很健康
黄石	0.7084	139	健康	0.6749	207	健康	0.6496	148	亚健康
十堰	0.8408	32	健康	0.7601	111	健康	0.619	168	亚健康
宜昌	0.7916	56	健康	0.5924	258	亚健康	0.7958	57	健康
襄阳	0.8232	43	健康	0.6465	223	亚健康	0.7094	103	健康
鄂州	0.7908	58	健康	0.6915	188	健康	0.8485	32	健康
荆门	0.7122	133	健康	0.5896	260	亚健康	0.5602	207	亚健康
孝感	0.6027	225	亚健康	0.6344	236	亚健康	0.7924	58	健康
荆州	0.6404	188	亚健康	0.7383	144	健康	0.5867	189	亚健康
黄冈	0.6311	201	亚健康	0.7341	148	健康	0.4735	251	不健康
咸宁	0.7232	123	健康	0.6786	203	健康	0.5171	233	不健康
随州	0.755	97	健康	0.7237	163	健康	0.6474	150	亚健康
长沙	0.8812	17	很健康	0.7644	105	健康	0.6435	154	亚健康
株洲	0.7791	69	健康	0.7784	94	健康	0.7184	94	健康
湘潭	0.7118	134	健康	0.7072	176	健康	0.6767	122	健康
衡阳	0.6725	168	健康	0.7231	164	健康	0.4048	271	很不健康
邵阳	0.5951	231	亚健康	0.6802	201	健康	0.504	240	不健康
岳阳	0.7098	136	健康	0.6996	182	健康	0.6089	176	亚健康
常德	0.7379	110	健康	0.7575	114	健康	0.5608	206	亚健康
张家界	0.7285	122	健康	0.8215	40	健康	0.6333	163	亚健康
益阳	0.6946	151	健康	0.7366	146	健康	0.3864	276	很不健康
郴州	0.6916	154	健康	0.7636	108	健康	0.2839	284	很不健康
永州	0.6996	146	健康	0.7496	128	健康	0.5755	195	亚健康
怀化	0.6466	184	亚健康	0.767	102	健康	0.3196	281	很不健康
娄底	0.6009	226	亚健康	0.6362	234	亚健康	0.5374	223	不健康
广州	0.8693	21	很健康	0.8491	21	健康	0.9002	3	很健康
韶关	0.7372	112	健康	0.7434	136	健康	0.5495	211	不健康
深圳	0.908	8	很健康	0.9072	3	很健康	0.7865	62	健康
珠海	0.8787	18	很健康	0.9408	1	很健康	0.841	33	健康
汕头	0.8544	27	很健康	0.8206	41	健康	0.5984	179	亚健康
佛山	0.8906	13	很健康	0.7877	84	健康	0.5142	235	不健康

续表

城市	生态环境			生态经济			生态社会		
	健康指数	排名	等级	健康指数	排名	等级	健康指数	排名	等级
江门	0.8487	29	健康	0.8437	23	健康	0.7146	100	健康
湛江	0.6744	166	健康	0.7694	100	健康	0.7831	64	健康
茂名	0.714	130	健康	0.7432	138	健康	0.3112	283	很不健康
肇庆	0.7293	121	健康	0.7787	93	健康	0.5917	186	亚健康
惠州	0.8901	14	很健康	0.8588	14	很健康	0.6555	138	健康
梅州	0.5982	228	亚健康	0.7516	124	健康	0.6798	120	健康
汕尾	0.6819	161	健康	0.7856	86	健康	0.4228	265	很不健康
河源	0.735	116	健康	0.7897	79	健康	0.4445	259	很不健康
阳江	0.6975	149	健康	0.724	160	健康	0.4283	261	很不健康
清远	0.6738	167	健康	0.7325	150	健康	0.4196	268	很不健康
东莞	0.7784	71	健康	0.8318	32	健康	0.6596	129	健康
中山	0.9037	11	很健康	0.8771	9	很健康	0.4873	246	不健康
潮州	0.7231	124	健康	0.754	118	健康	0.5522	208	亚健康
揭阳	0.7551	95	健康	0.6891	192	健康	0.4495	257	很不健康
云浮	0.5874	237	亚健康	0.7147	169	健康	0.3205	280	很不健康
南宁	0.9151	5	很健康	0.8144	48	健康	0.8373	36	健康
柳州	0.8216	44	健康	0.7072	175	健康	0.8782	16	很健康
桂林	0.7101	135	健康	0.8058	55	健康	0.6509	145	健康
梧州	0.7745	75	健康	0.6749	206	健康	0.5942	182	亚健康
北海	0.8511	28	很健康	0.8399	25	健康	0.6512	144	健康
防城港	0.7732	76	健康	0.7014	180	健康	0.816	46	健康
钦州	0.7379	109	健康	0.7532	120	健康	0.6397	158	亚健康
贵港	0.6143	213	亚健康	0.6155	250	亚健康	0.4255	262	很不健康
玉林	0.6927	153	健康	0.758	113	健康	0.5938	184	亚健康
百色	0.7413	107	健康	0.5159	279	不健康	0.3859	277	很不健康
贺州	0.6583	175	健康	0.6198	246	亚健康	0.5749	196	亚健康
河池	0.575	253	亚健康	0.6308	239	亚健康	0.6016	177	亚健康
来宾	0.6031	223	亚健康	0.6688	210	健康	0.6094	175	亚健康
崇左	0.6619	173	健康	0.5828	261	亚健康	0.6169	170	亚健康
海口	0.9256	1	很健康	0.7939	74	健康	0.8869	10	很健康
三亚	0.9	12	很健康	0.9065	5	很健康	0.911	1	很健康
重庆	0.8019	52	健康	0.7975	70	健康	0.8217	43	健康
成都	0.8398	33	健康	0.7934	75	健康	0.7852	63	健康
自贡	0.7643	84	健康	0.7649	104	健康	0.7034	108	健康
攀枝花	0.7894	61	健康	0.5663	265	亚健康	0.7251	87	健康
泸州	0.6746	165	健康	0.7974	71	健康	0.7124	101	健康
德阳	0.6397	189	亚健康	0.7172	166	健康	0.5307	229	不健康
绵阳	0.7585	93	健康	0.8266	37	健康	0.7394	81	健康

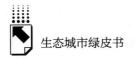
城市	生态环境			生态经济			生态社会		
	健康指数	排名	等级	健康指数	排名	等级	健康指数	排名	等级
广元	0.6946	150	健康	0.8034	59	健康	0.8588	22	很健康
遂宁	0.7577	94	健康	0.754	117	健康	0.6577	134	健康
内江	0.5755	251	亚健康	0.7297	154	健康	0.5678	202	亚健康
乐山	0.5886	235	亚健康	0.7023	179	健康	0.7356	83	健康
南充	0.7062	141	健康	0.7883	82	健康	0.6606	128	健康
眉山	0.6098	218	亚健康	0.819	42	健康	0.799	56	健康
宜宾	0.5784	247	亚健康	0.7734	96	健康	0.6893	114	健康
广安	0.5967	229	亚健康	0.7482	131	健康	0.5513	210	亚健康
达州	0.5855	241	亚健康	0.7222	165	健康	0.3886	275	很不健康
雅安	0.6928	152	健康	0.7433	137	健康	0.729	86	健康
巴中	0.6715	170	健康	0.7462	133	健康	0.6431	155	亚健康
资阳	0.6317	199	亚健康	0.7567	115	健康	0.592	185	亚健康
贵阳	0.8069	50	健康	0.753	121	健康	0.7808	65	健康
六盘水	0.6063	222	亚健康	0.6232	244	亚健康	0.5843	190	亚健康
遵义	0.6146	212	亚健康	0.7068	177	健康	0.4038	272	很不健康
安顺	0.6178	210	亚健康	0.7307	152	健康	0.6577	133	健康
昆明	0.8267	40	健康	0.6911	189	健康	0.7234	89	健康
曲靖	0.5631	256	亚健康	0.6466	222	亚健康	0.3977	273	很不健康
玉溪	0.6331	195	亚健康	0.6777	204	健康	0.5982	180	亚健康
保山	0.5909	232	亚健康	0.6593	218	健康	0.61	174	亚健康
昭通	0.4369	278	很不健康	0.6277	240	亚健康	0.5098	238	不健康
丽江	0.6801	163	健康	0.6955	186	健康	0.4918	245	不健康
临沧	0.6319	198	亚健康	0.7279	155	健康	0.3617	278	很不健康
拉萨	0.9255	2	很健康	0.7826	91	健康	0.8122	51	健康
西安	0.7766	74	健康	0.8016	63	健康	0.8788	15	很健康
铜川	0.6886	156	健康	0.7076	174	健康	0.7546	72	健康
宝鸡	0.7134	131	健康	0.711	171	健康	0.7484	77	健康
咸阳	0.6196	207	亚健康	0.7803	92	健康	0.5435	219	不健康
渭南	0.3999	283	很不健康	0.6647	213	健康	0.5749	197	亚健康
延安	0.6436	187	亚健康	0.7986	67	健康	0.5484	215	不健康
汉中	0.5453	262	不健康	0.6423	229	亚健康	0.718	95	健康
榆林	0.5807	244	亚健康	0.6218	245	亚健康	0.5876	188	亚健康
安康	0.7097	137	健康	0.7425	140	健康	0.6584	131	健康
商洛	0.5897	234	亚健康	0.6833	196	健康	0.6795	121	健康
兰州	0.7365	114	健康	0.7273	158	健康	0.8981	4	很健康
嘉峪关	0.7913	57	健康	0.5331	275	不健康	0.8795	14	很健康
金昌	0.7786	70	健康	0.5899	259	亚健康	0.7218	91	健康
白银	0.6529	180	健康	0.6389	231	亚健康	0.8143	48	健康

续表

城市	生态环境			生态经济			生态社会		
	健康指数	排名	等级	健康指数	排名	等级	健康指数	排名	等级
天水	0.6143	214	亚健康	0.8153	47	健康	0.6335	162	亚健康
武威	0.5624	257	亚健康	0.6894	191	健康	0.6396	159	亚健康
张掖	0.7729	77	健康	0.7076	173	健康	0.5766	194	亚健康
平凉	0.5961	230	亚健康	0.7366	147	健康	0.6386	160	亚健康
酒泉	0.7889	62	健康	0.648	221	亚健康	0.6405	157	亚健康
庆阳	0.5658	254	亚健康	0.7893	80	健康	0.4612	253	不健康
定西	0.5202	266	不健康	0.6982	183	健康	0.4521	256	不健康
陇南	0.5513	260	亚健康	0.4449	284	很不健康	0.706	106	健康
西宁	0.7641	85	健康	0.7273	157	健康	0.7904	59	健康
银川	0.7507	100	健康	0.5555	270	亚健康	0.7174	96	健康
石嘴山	0.7226	125	健康	0.6137	251	亚健康	0.8602	21	很健康
吴忠	0.743	105	健康	0.6155	249	亚健康	0.661	127	健康
固原	0.6225	206	亚健康	0.6443	225	亚健康	0.5667	203	亚健康
中卫	0.6103	217	亚健康	0.498	282	不健康	0.7991	55	健康
乌鲁木齐	0.7205	126	健康	0.6741	208	健康	0.8494	31	健康
克拉玛依	0.76	92	健康	0.7302	153	健康	0.8921	6	很健康

（三）生态环境健康指数考核排名

水资源、土地资源、生物资源以及空气资源的数量与质量总称为生态环境。生态环境影响着人类生存与发展，关系到社会和经济的可持续发展。对城市生态环境状况的分析也应侧重于对上述三方面状况的全面分析。生态环境质量是指生态环境的优劣程度，它以生态学理论为基础，在特定的时间和空间范围内，从生态系统层次上，反映生态环境对人类生存及社会经济持续发展的适宜程度，是根据人类具体要求对生态环境性质及变化状态的结果进行评定。

生态环境质量评价就是根据特定目的，选择具有代表性、可比性、可操作性的评价指标和方法，对生态环境质量优劣程度进行定性或定量的分析和判别。

生态环境质量评价类型主要包括：1. 生态安全评价；2. 生态风险评价；3. 生态系统健康评价；4. 生态系统稳定性评价；5. 生态系统服务功能评

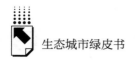

价；6. 生态环境承载力评价。

以下按照如下指标所采集的数据对城市生态环境健康进行了评价，虽然略显单薄，但也在不同程度上反映了城市生态环境的健康状态。

表 9　生态环境评价指标

生态环境	1	森林覆盖率[建成区人均绿地面积(平方米/人)]
	2	空气质量优良天数(天)
	3	河湖水质[人均用水量(吨/人)]
	4	单位GDP工业二氧化硫排放量(千克/万元)
	5	生活垃圾无害化处理率(%)

良好的生态环境是人和社会持续发展的根本基础。2017 年中国 284 个城市生态环境排名前十位的城市分别为：海口市、拉萨市、舟山市、厦门市、南宁市、威海市、南昌市、深圳市、青岛市、宁波市。

前 100 名具体排名情况见表 10。

2017 年中国 284 个城市生态环境排名中有 28 个城市健康等级是很健康，占全部排名城市的 9.86%；有 154 个城市健康等级是健康，占全部排名城市的 54.2%；有 79 个城市健康等级是亚健康，占全部排名城市的 27.8%；有 14 个城市健康等级是不健康，占全部排名城市的 4.9%，有 9 个城市健康等级是很不健康，占全部排名城市的 3.2%。其中很不健康的 9 个城市为：聊城市、忻州市、昭通市、邯郸市、安阳市、长治市、邢台市、渭南市、运城市。

1. 森林覆盖率［建成区人均绿地面积（平方米/人）］

2017 年全国 284 个城市建成区人均绿地面积的平均值为 15.71，最大值为 198.98，最小值为 0.51。相比 2016 年生态城市建设评价时森林覆盖率（%）有所提高。

2. 空气质量优良天数（天）

2015 年中国全年空气质量优良的城市有 2 个，而 2014 年全年空气质量

表 10　2017 年 284 个城市生态环境健康指数排名前 100 名

城市名称	健康指数	排名	等级	森林覆盖率指数	空气质量优良天数指数	河湖水质指数	单位 GDP 工业二氧化硫排放量指数	生活垃圾无害化处理率指数
				排名	排名	排名	排名	排名
海　口	0.9256	1	很健康	34	20	90	5	1
拉　萨	0.9255	2	很健康	9	8	89	21	256
舟　山	0.9228	3	很健康	56	47	13	23	1
厦　门	0.9197	4	很健康	6	2	135	10	1
南　宁	0.9151	5	很健康	95	39	14	30	1
威　海	0.9132	6	很健康	28	75	55	49	1
南　昌	0.9096	7	很健康	49	109	21	52	1
深　圳	0.908	8	很健康	4	32	234	1	1
青　岛	0.9074	9	很健康	36	145	5	8	1
宁　波	0.9068	10	很健康	62	95	60	56	1
中　山	0.9037	11	很健康	21	142	39	13	1
三　亚	0.9	12	很健康	24	8	175	7	1
佛　山	0.8906	13	很健康	93	132	79	31	1
惠　州	0.8901	14	很健康	35	26	24	77	1
长　春	0.8882	15	很健康	53	158	22	37	264
杭　州	0.885	16	很健康	37	173	71	33	1
长　沙	0.8812	17	很健康	78	191	10	4	1
珠　海	0.8787	18	很健康	10	65	197	27	1
绍　兴	0.8719	19	很健康	76	168	52	67	1
上　海	0.8709	20	很健康	58	162	153	6	1
广　州	0.8693	21	很健康	11	126	181	11	253
黄　山	0.868	22	很健康	74	12	95	97	1
福　州	0.868	23	很健康	81	22	4	106	209
烟　台	0.8658	24	很健康	70	130	96	72	1
南　京	0.8598	25	很健康	13	191	136	19	1
武　汉	0.8562	26	很健康	52	201	114	15	1
汕　头	0.8544	27	很健康	69	18	25	107	271
北　海	0.8511	28	很健康	94	45	54	104	1
江　门	0.8487	29	健康	72	150	9	96	1
大　连	0.8433	30	健康	31	121	32	100	259
北　京	0.8421	31	健康	7	224	97	2	219
十　堰	0.8408	32	健康	123	88	65	63	1

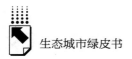
续表

城市名称	健康指数	排名	等级	森林覆盖率指数	空气质量优良天数指数	河湖水质指数	单位GDP工业二氧化硫排放量指数	生活垃圾无害化处理率指数
				排名	排名	排名	排名	排名
成都	0.8398	33	健康	60	219	19	16	1
大庆	0.8385	34	健康	20	72	72	129	1
镇江	0.8361	35	健康	63	223	2	38	1
温州	0.836	36	健康	138	62	77	36	1
合肥	0.8301	37	健康	55	227	12	18	1
南通	0.8269	38	健康	115	186	64	28	1
佳木斯	0.8268	39	健康	85	68	112	127	257
昆明	0.8267	40	健康	33	8	23	183	1
台州	0.8261	41	健康	148	30	100	54	1
哈尔滨	0.8237	42	健康	103	176	49	65	274
襄阳	0.8232	43	健康	125	156	104	29	1
柳州	0.8216	44	健康	61	95	85	140	1
扬州	0.8207	45	健康	100	221	56	39	1
盘锦	0.8166	46	健康	38	166	15	134	1
沈阳	0.8138	47	健康	45	197	47	95	1
景德镇	0.8086	48	健康	47	47	70	191	1
苏州	0.8071	49	健康	51	194	82	108	1
贵阳	0.8069	50	健康	26	26	37	216	245
常州	0.8065	51	健康	41	208	33	91	1
重庆	0.8019	52	健康	90	158	57	149	225
连云港	0.8001	53	健康	92	142	113	145	1
泉州	0.7964	54	健康	116	29	278	45	234
无锡	0.7958	55	健康	42	208	36	105	1
宜昌	0.7916	56	健康	87	196	62	126	1
嘉峪关	0.7913	57	健康	2	95	30	283	1
鄂州	0.7908	58	健康	86	189	42	141	1
鄂尔多斯	0.7905	59	健康	39	103	115	198	1
本溪	0.79	60	健康	23	78	40	243	1
攀枝花	0.7894	61	健康	44	12	59	276	1
酒泉	0.7889	62	健康	88	120	111	188	1
新余	0.7884	63	健康	29	95	20	242	1
天津	0.7882	64	健康	25	245	43	43	267
嘉兴	0.7877	65	健康	101	189	81	117	1
包头	0.7874	66	健康	19	162	35	184	240

续表

城市名称	健康指数	排名	等级	森林覆盖率指数	空气质量优良天数指数	河湖水质指数	单位GDP工业二氧化硫排放量指数	生活垃圾无害化处理率指数
				排名	排名	排名	排名	排名
双鸭山	0.7809	67	健康	59	56	58	252	263
铜 陵	0.7802	68	健康	67	171	46	176	246
株 洲	0.7791	69	健康	102	171	44	152	1
金 昌	0.7786	70	健康	30	69	3	284	1
东 莞	0.7784	71	健康	1	118	270	161	1
莆 田	0.777	72	健康	131	54	273	25	236
七台河	0.7768	73	健康	27	114	27	267	1
西 安	0.7766	74	健康	43	256	53	9	210
梧 州	0.7745	75	健康	199	51	138	48	1
防城港	0.7732	76	健康	106	38	16	223	1
张 掖	0.7729	77	健康	84	75	133	222	1
大 同	0.7726	78	健康	99	117	69	225	1
日 照	0.7716	79	健康	91	173	118	166	1
呼和浩特	0.7703	80	健康	17	201	6	171	1
芜 湖	0.7696	81	健康	83	207	41	146	1
丹 东	0.768	82	健康	113	56	93	174	1
秦皇岛	0.7661	83	健康	79	184	76	200	1
自 贡	0.7643	84	健康	109	224	149	35	253
西 宁	0.7641	85	健康	75	121	17	270	260
辽 阳	0.7641	86	健康	57	176	45	231	1
抚 顺	0.7641	87	健康	54	158	67	253	1
龙 岩	0.7637	88	健康	159	2	120	94	222
辽 源	0.7627	89	健康	110	140	117	153	1
湖 州	0.7618	90	健康	71	198	73	164	1
鸡 西	0.7616	91	健康	89	104	92	203	273
克拉玛依	0.76	92	健康	3	69	238	199	230
绵 阳	0.7585	93	健康	137	126	132	93	1
遂 宁	0.7577	94	健康	186	114	166	53	1
揭 阳	0.7551	95	健康	162	34	239	41	246
牡丹江	0.7551	96	健康	157	56	1	116	1
随 州	0.755	97	健康	176	162	156	3	1
太 原	0.7534	98	健康	22	266	48	64	1
济 南	0.7514	99	健康	48	271	11	44	1
银 川	0.7507	100	健康	18	219	28	155	1

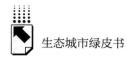

优良的城市数达到 8 个，2016 年全年空气质量优良的城市数达到 2 个，2017 年全年空气质量优良的城市数只有 1 个，这个数字在递减。而近四年空气质量优良天数的平均值分别是：2014 年为 285.04 天，2015 年为 278.17 天，2016 年为 283.10 天，2017 年为 279.09 天，说明治理中国空气污染有些改善。

3. 河湖水质〔人均用水量（吨/人）〕

河湖水质与人类的生活密切相关。但官方统计数据并无此项指标，我们采用人均用水量来替代该指标。该指标为半负向指标，我们将该指标平均值的 1.5 倍作为基准，超过平均值的为负向，不足平均值的为正向。

近四年全国 284 个城市的人均用水量的平均值是：2014 年为 41.65，2015 年为 42.45，2016 年为 43.14，2017 年为 42.45，呈上升趋势。同样，近四年该指标的最小值分别为：2014 年为 1.63，2015 年为 1.68，2016 年为 1.81，2017 年为 2.24。它们也是呈上升趋势的。

4. 单位 GDP 工业二氧化硫排放量（万元/吨）

近三年全国 284 个城市的单位 GDP 工业二氧化硫排放量的平均值是：2015 年为 3.43，2016 年为 1.76，2017 年为 1.26，呈下降趋势。同样，近三年该指标的最小值分别为：2015 年为 0.02，2016 年为 0.02，2017 年为 0.006，有所减少。

5. 生活垃圾无害化处理率（%）

城市生活垃圾是影响城市环境的重要因素之一，生活垃圾的无害化处理已经成为全球关注的环境治理措施。

2015 年全国 284 个城市的生活垃圾无害化处理率的平均值是 96.20%，2014 年全国 284 个城市的生活垃圾无害化处理率的平均值是 91.99%，而 2016 年的平均值则是 96.96%，2017 年的平均值为 98.3%，有明显提高。

（四）生态经济健康指数考核排名

生态经济是指在生态系统承载能力范围内，运用生态经济学原理和系统工程方法改变生产和消费方式，挖掘一切可以利用的资源潜力，发展一些经济发达、生态高效的产业，建设体制合理、社会和谐的文化以及生态健康、景观适宜的环境。生态经济是实现经济腾飞与环境保护、物质文明与精神文明、自然生态与人类生态的高度统一和可持续发展的经济。

2017年在全国284个城市中生态经济健康指数排名前10的城市分别为：珠海市、上海市、深圳市、北京市、三亚市、厦门市、丽水市、温州市、中山市、廊坊市。

前100名具体排名情况见表12，有7个城市连续两年生态经济健康指数排名前10：珠海市、上海市、北京市、三亚市、厦门市、丽水市和中山市。

表11 生态经济评价指标

生态经济	1	单位 GDP 综合能耗(吨标准煤/万元)
	2	一般工业固体废物综合利用率(%)
	3	R&D 经费占 GDP 比重[科学技术支出和教育支出占 GDP 比重(%)]
	4	信息化基础设施[互联网宽带接入用户数(万户)/全市年末总人口(百人)]
	5	人均 GDP(元/人)

2017年中国284个城市生态经济排名中有18个城市健康等级是很健康，占全部排名城市的6.3%；有202个城市健康等级是健康，占全部排名城市的71.1%；有51个城市健康等级是亚健康，占全部排名城市的18%；有12个城市健康等级是不健康，占全部排名城市的4.2%；有1个很不健康的是陇南市。这12个健康等级不健康的城市分别为：辽阳市、乌海市、鞍山市、嘉峪关市、本溪市、吕梁市、朔州市、百色市、抚顺市、乌兰察布市、中卫市、赤峰市。

1. 单位 GDP 综合能耗（吨标准煤/万元）

单位 GDP 能耗是负向指标。2014年全国284个城市的单位 GDP 综合能耗的平均值是0.99，2015年的平均值是0.91，2016年的平均值0.85，2017年的平均值0.82，整体呈下降趋势。从中可以看出，西部发展中城市的单位 GDP 综合能耗要远高于东部沿海发达城市。

表12　2017年284个城市生态经济健康指数排名前100名

城市名称	健康指数	排名	等级	单位GDP综合能耗指数	一般工业固体废物综合利用率指数	R&D经费占GDP比重指数	信息化基础设施指数	人均GDP指数
				排名	排名	排名	排名	排名
珠　　海	0.9408	1	很健康	22	8	66	1	8
上　　海	0.9103	2	很健康	29	72	90	35	26
深　　圳	0.9072	3	很健康	14	192	109	2	6
北　　京	0.9071	4	很健康	1	195	63	45	24
三　　亚	0.9065	5	很健康	8	1	84	22	124
厦　　门	0.8905	6	很健康	36	107	143	4	46
丽　　水	0.8823	7	很健康	11	140	32	81	129
温　　州	0.8815	8	很健康	18	36	126	40	120
中　　山	0.8771	9	很健康	41	143	161	3	4
廊　　坊	0.871	10	很健康	100	121	121	63	71
舟　　山	0.8662	11	很健康	72	66	163	26	51
芜　　湖	0.8641	12	很健康	31	163	87	126	38
天　　津	0.8602	13	很健康	33	19	181	68	34
惠　　州	0.8588	14	很健康	150	47	137	31	66
台　　州	0.856	15	很健康	15	108	169	53	86
合　　肥	0.8541	16	很健康	3	151	186	61	27
杭　　州	0.8515	17	很健康	13	178	184	12	16
宁　　波	0.8511	18	很健康	46	59	202	14	13
金　　华	0.8498	19	健康	33	49	160	27	138
黄　　山	0.8493	20	健康	2	80	116	134	151
广　　州	0.8491	21	健康	28	61	211	24	14
湖　　州	0.8474	22	健康	109	15	176	21	89
江　　门	0.8437	23	健康	47	74	168	54	109
武　　汉	0.842	24	健康	125	44	196	29	30
北　　海	0.8399	25	健康	75	20	216	18	23
嘉　　兴	0.8389	26	健康	102	32	199	32	74
龙　　岩	0.8387	27	健康	123	125	166	95	67
盐　　城	0.8339	28	健康	116	113	167	93	81
连　云　港	0.8338	29	健康	108	38	162	87	126
南　　昌	0.8331	30	健康	6	105	231	60	57
南　　通	0.8321	31	健康	7	52	242	51	32
东　　莞	0.8318	32	健康	44	95	235	7	2

续表

城市名称	健康指数	排名	等级	单位GDP综合能耗指数	一般工业固体废物综合利用率指数	R&D经费占GDP比重指数	信息化基础设施指数	人均GDP指数
				排名	排名	排名	排名	排名
福　州	0.831	33	健康	40	41	223	42	44
青　岛	0.8307	34	健康	71	100	212	37	21
苏　州	0.829	35	健康	105	80	229	5	17
滁　州	0.8274	36	健康	45	93	75	176	115
绵　阳	0.8266	37	健康	59	126	159	88	142
莆　田	0.8245	38	健康	49	175	195	9	88
宁　德	0.8223	39	健康	60	193	156	104	79
张家界	0.8215	40	健康	89	1	103	157	179
汕　头	0.8206	41	健康	26	29	128	129	216
眉　山	0.819	42	健康	131	59	129	108	195
南　京	0.819	43	健康	97	115	230	13	20
扬　州	0.8187	44	健康	9	45	261	44	22
漳　州	0.8186	45	健康	17	91	245	86	53
威　海	0.8158	46	健康	93	169	204	56	37
天　水	0.8153	47	健康	148	88	6	107	255
南　宁	0.8144	48	健康	124	156	178	70	95
绍　兴	0.8118	49	健康	128	106	225	39	48
阜　新	0.8105	50	健康	139	129	60	92	277
衡　水	0.8101	51	健康	157	84	111	122	163
宣　城	0.8082	52	健康	77	98	80	143	237
镇　江	0.8077	53	健康	51	42	262	28	11
蚌　埠	0.8064	54	健康	21	58	89	192	199
桂　林	0.8058	55	健康	58	123	105	167	184
沧　州	0.8056	56	健康	166	14	147	136	33
淮　安	0.8049	57	健康	87	77	197	102	118
南　平	0.8044	58	健康	149	22	151	115	133
广　元	0.8034	59	健康	73	35	31	162	251
三　明	0.803	60	健康	159	83	194	97	35
秦皇岛	0.8025	61	健康	168	146	123	69	147
石家庄	0.8018	62	健康	137	95	203	64	123
西　安	0.8016	63	健康	38	152	234	48	84
济　宁	0.8008	64	健康	129	62	182	156	54
济　南	0.7989	65	健康	84	122	255	36	45
郑　州	0.7988	66	健康	43	167	243	50	68

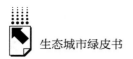

续表

城市名称	健康指数	排名	等级	单位GDP综合能耗指数	一般工业固体废物综合利用率指数	R&D经费占GDP比重指数	信息化基础设施指数	人均GDP指数
				排名	排名	排名	排名	排名
延 安	0.7986	67	健康	80	241	81	8	197
安 庆	0.7984	68	健康	76	69	62	210	143
新 乡	0.798	69	健康	145	112	149	121	125
重 庆	0.7975	70	健康	67	207	131	109	164
泸 州	0.7974	71	健康	153	43	73	163	161
吉 安	0.7969	72	健康	4	154	30	202	201
常 州	0.7956	73	健康	96	11	277	17	18
海 口	0.7939	74	健康	16	130	238	30	145
成 都	0.7934	75	健康	25	191	253	34	52
泰 州	0.7932	76	健康	70	16	274	62	31
泉 州	0.7917	77	健康	85	92	265	46	41
无 锡	0.7898	78	健康	68	108	276	19	15
河 源	0.7897	79	健康	90	179	19	220	100
庆 阳	0.7893	80	健康	86	90	14	219	173
潍 坊	0.7886	81	健康	161	150	148	119	92
南 充	0.7883	82	健康	81	224	74	216	1
衢 州	0.7879	83	健康	223	31	101	67	119
佛 山	0.7877	84	健康	37	173	270	15	28
抚 州	0.7867	85	健康	20	99	43	204	242
汕 尾	0.7856	86	健康	35	1	39	236	213
景 德 镇	0.7849	87	健康	57	118	119	239	101
濮 阳	0.7848	88	健康	143	54	135	165	149
铜 陵	0.7847	89	健康	155	101	205	33	131
宿 迁	0.7833	90	健康	5	165	193	132	155
拉 萨	0.7826	91	健康	107	235	7	199	3
咸 阳	0.7803	92	健康	95	198	187	146	29
肇 庆	0.7787	93	健康	74	233	189	6	122
株 洲	0.7784	94	健康	135	80	222	137	70
长 春	0.7742	95	健康	30	48	263	125	80
宜 宾	0.7734	96	健康	126	203	93	184	144
宿 州	0.7715	97	健康	56	56	61	232	235
鹰 潭	0.7706	98	健康	10	133	173	252	50
九 江	0.7703	99	健康	112	239	95	188	65
湛 江	0.7694	100	健康	164	11	127	200	108

2. 一般工业固体废物综合利用率(%)

2014 年全国 284 个城市的一般工业固体废物综合利用率的平均值是 82.67，2015 年的平均值是 83.52，2016 年的平均值是 79.36，2017 年的平均值是 77.4，整体呈缓慢下降趋势，不乐观。

3. R&D 经费占 GDP 比重〔科学技术支出和教育支出占 GDP 比重（%）〕

2017 年全国 284 个城市的 R&D 经费占 GDP 比重平均值为 3.84，最大值为 14.75，最小值为 1.33，2016 年全国 284 个城市的 R&D 经费占 GDP 比重平均值为 3.92，最大值为 15.08，最小值为 1.33，2017 年有所降低。

4. 信息化基础设施〔互联网宽带接入用户数（万户）/全市年末总人口（万人）〕

2015 年该项指标的平均值为 0.2，2016 年的平均值为 0.24，2017 年的平均值为 0.28，整体呈增长趋势。

5. 人均 GDP（万元/人）

2015 年全国 284 个城市人均 GDP 的平均值是 51526.95，2014 年的平均值是 49830.31，2016 年的平均值是 54169.47，2017 年的平均值 94383.4，整体呈上升趋势。这与中国经济增长相一致。

（五）生态社会健康指数考核排名

生态社会是人与人、人与自然和谐共生的健康可持续社会，确保一代比一代活得更有保障、更加健康、更加有尊严。在这个意义上生态社会的评价体系（见表 13）十分复杂。

表 13　生态社会评价指标

生态社会	1	人口密度(人口数/平方千米)
	2	生态环保知识、法规普及率,基础设施完好率〔水利、环境和公共设施管理业全市从业人员数（万人）/城市年底总人口（万人）〕
	3	公众对城市生态环境满意率〔民用车辆数(辆)/城市道路长度(千米)〕
	4	政府投入与建设效果〔城市维护建设资金支出(万元)/城市 GDP(万元)〕

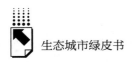
2017 年在全国 284 个城市中生态社会健康指数排名前 10 的城市分别为：三亚市、乌海市、广州市、兰州市、鹤岗市、克拉玛依市、武汉市、厦门市、太原市、海口市。

前 100 名具体排名情况见表 14。

表 14　2017 年 284 个城市生态社会健康指数排名前 100 名

城市名称	健康指数	排名	等级	人口密度指数	生态环保知识、法规普及率，基础设施完好率指数	公众对城市生态环境满意率指数	政府投入与建设效果指数
				排名	排名	排名	排名
三　　亚	0.911	1	很健康	139	1	89	11
乌　　海	0.905	2	很健康	91	10	4	19
广　　州	0.9002	3	很健康	10	14	24	73
兰　　州	0.8981	4	很健康	62	8	52	10
鹤　　岗	0.8948	5	很健康	42	23	11	57
克拉玛依	0.8921	6	很健康	4	61	19	45
武　　汉	0.8914	7	很健康	22	32	62	8
厦　　门	0.8909	8	很健康	135	9	91	7
太　　原	0.888	9	很健康	87	16	93	29
海　　口	0.8869	10	很健康	150	3	106	23
巴彦淖尔	0.8865	11	很健康	39	42	35	50
呼和浩特	0.8828	12	很健康	77	5	121	13
南　　昌	0.8816	13	很健康	76	25	95	42
嘉　峪　关	0.8795	14	很健康	218	2	6	61
西　　安	0.8788	15	很健康	28	59	115	34
柳　　州	0.8782	16	很健康	102	40	71	51
哈　尔　滨	0.8717	17	很健康	145	28	78	84
宁　　波	0.8704	18	很健康	134	100	45	85
淄　　博	0.8685	19	很健康	168	101	86	2
大　　同	0.8621	20	很健康	124	38	120	66
石　嘴　山	0.8602	21	很健康	103	17	5	111
广　　元	0.8588	22	很健康	171	90	66	22
济　　南	0.8583	23	很健康	174	107	33	44
景　德　镇	0.8565	24	很健康	151	122	13	67
包　　头	0.8556	25	很健康	194	27	36	65
长　　春	0.8545	26	很健康	191	30	47	83

续表

城市名称	健康指数	排名	等级	人口密度指数	生态环保知识、法规普及率,基础设施完好率指数	公众对城市生态环境满意率指数	政府投入与建设效果指数
				排名	排名	排名	排名
杭　　州	0.8538	27	很健康	90	49	126	54
南　　京	0.8508	28	很健康	241	12	22	21
乌兰察布	0.8502	29	很健康	54	110	116	96
上　　海	0.8501	30	很健康	82	13	127	92
乌鲁木齐	0.8494	31	健康	215	56	56	6
鄂　　州	0.8485	32	健康	220	78	8	82
珠　　海	0.841	33	健康	116	6	30	121
青　　岛	0.8408	34	健康	214	111	83	63
镇　　江	0.8388	35	健康	235	66	28	31
南　　宁	0.8373	36	健康	79	88	148	15
天　　津	0.8367	37	健康	114	29	31	115
阳　　泉	0.8342	38	健康	115	84	15	116
日　　照	0.8334	39	健康	210	54	118	53
常　　州	0.8298	40	健康	172	119	59	99
秦 皇 岛	0.826	41	健康	83	93	96	119
沈　　阳	0.8257	42	健康	121	22	80	122
重　　庆	0.8217	43	健康	207	129	101	35
鞍　　山	0.8204	44	健康	185	41	143	46
舟　　山	0.8198	45	健康	269	21	17	88
防 城 港	0.816	46	健康	274	97	29	47
北　　京	0.8146	47	健康	261	4	132	26
白　　银	0.8143	48	健康	48	152	90	52
福　　州	0.8136	49	健康	180	120	88	105
黄　　山	0.8123	50	健康	276	98	77	43
拉　　萨	0.8122	51	健康	278	106	94	12
淮　　南	0.8042	52	健康	175	99	153	62
抚　　州	0.8041	53	健康	33	170	40	16
双 鸭 山	0.8016	54	健康	65	15	20	145
中　　卫	0.7991	55	健康	141	48	157	100
眉　　山	0.799	56	健康	197	139	110	30
宜　　昌	0.7958	57	健康	222	102	48	114
孝　　感	0.7924	58	健康	40	150	64	103
西　　宁	0.7904	59	健康	109	63	187	5
赣　　州	0.7891	60	健康	20	184	87	32
鸡　　西	0.7886	61	健康	107	18	49	150
深　　圳	0.7865	62	健康	37	60	68	149

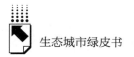

城市名称	健康指数	排名	等级	人口密度指数	生态环保知识、法规普及率,基础设施完好率指数	公众对城市生态环境满意率指数	政府投入与建设效果指数
				排名	排名	排名	排名
成 都	0.7852	63	健康	23	43	199	27
湛 江	0.7831	64	健康	81	171	155	1
贵 阳	0.7808	65	健康	176	82	174	56
伊 春	0.774	66	健康	55	116	1	198
东 营	0.7726	67	健康	281	104	97	106
石 家 庄	0.7708	68	健康	2	112	206	81
徐 州	0.7658	69	健康	113	174	57	101
四 平	0.7618	70	健康	16	103	163	127
赤 峰	0.7562	71	健康	227	145	134	20
铜 川	0.7546	72	健康	72	144	32	133
鹤 壁	0.7541	73	健康	86	77	112	171
九 江	0.7531	74	健康	50	182	70	109
白 城	0.7527	75	健康	59	20	208	98
朔 州	0.7527	76	健康	170	51	123	140
宝 鸡	0.7484	77	健康	7	92	99	190
苏 州	0.7464	78	健康	190	69	69	156
莆 田	0.7445	79	健康	133	213	42	70
马 鞍 山	0.7422	80	健康	58	201	128	80
绵 阳	0.7394	81	健康	143	189	58	104
临 沂	0.7376	82	健康	231	131	178	4
乐 山	0.7356	83	健康	201	113	79	162
郑 州	0.7329	84	健康	149	70	233	28
七 台 河	0.7324	85	健康	27	73	2	224
雅 安	0.729	86	健康	250	153	137	48
攀 枝 花	0.7251	87	健康	205	86	12	183
盘 锦	0.7236	88	健康	52	11	63	226
昆 明	0.7234	89	健康	189	87	222	25
大 连	0.7229	90	健康	153	125	51	175
金 昌	0.7218	91	健康	95	19	37	221
通 化	0.7218	92	健康	57	74	139	174
威 海	0.7202	93	健康	240	34	65	167
株 洲	0.7184	94	健康	252	198	43	38
汉 中	0.718	95	健康	69	124	185	125
银 川	0.7174	96	健康	275	26	196	60
漯 河	0.7169	97	健康	3	203	98	123
本 溪	0.7166	98	健康	282	55	7	152

城市名称	健康指数	排名	等级	人口密度指数	生态环保知识、法规普及率,基础设施完好率指数	公众对城市生态环境满意率指数	政府投入与建设效果指数
				排名	排名	排名	排名
牡丹江	0.715	99	健康	61	126	34	203
江 门	0.7146	100	健康	177	167	38	126

2017 年中国 284 个城市生态社会排名中有 30 个城市健康等级是很健康,占全部排名城市的 10.6%;有 117 个城市健康等级是健康,占全部排名城市的 41.2%;有 63 个城市健康等级是亚健康,占全部排名城市的 22.2%;有 46 个城市健康等级是不健康,占全部排名城市的 16.2%,有 28 个城市健康等级是很不健康,占全部排名城市的 9.9%。其中很不健康的 28 个城市为:揭阳市、滨州市、河源市、聊城市、阳江市、贵港市、泉州市、南平市、汕尾市、邢台市、宁德市、清远市、信阳市、沧州市、衡阳市、遵义市、曲靖市、运城市、达州市、益阳市、百色市、临沧市、保定市、云浮市、怀化市、周口市、茂名市、郴州市。

1. 人口密度(人口数/平方千米)

人口密度是半负向指标(实际处理时以平均值的 1.5 倍作为基准,越远离基准越差)。2016 年全国 284 个城市人口密度的平均值是 3632.349,最大值是 14073,最小值是 450;2017 年全国 284 个城市的人口密度的平均值是 3662.563,最大值是 11602,最小值是 450。

2. 生态环境知识、法规普及率,基础设施完好率[水利、环境和公共设施管理业全市从业人员数(万人)/城市年底总人口(万人)]

该指标与 2015 年的数值相比几乎一样。

3. 公众对城市生态环境满意率[民用车辆数(辆)/城市道路长度(千米)]

该指标为负指标,它表示城市的交通拥堵情况。2015 年全国 284 个城市该指标的平均值是 790.28,2014 年的平均值是 716.98,而 2016 年的平均值是 893.22,2017 年的平均值是 1006.88。这个数字的增加说明城市拥堵状况进一步加剧。随着城市的迅速扩张,道路设施建设不能满足城市车辆需

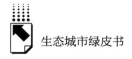

求，寻求有效解决道路拥堵问题的措施和方法，是生态社会问题的重中之重。

4. 政府投入与建设效果［城市维护建设资金支出（万元）/城市 GDP（万元）］

该指标与 2016 年的数值相比有明显提高。

三　中国生态城市健康指数评价指导

（一）建设侧重度、建设难度、建设综合度的计算原理

生态城市健康指数复合指标建设侧重度、建设难度、建设综合度虽然都是辅助决策参数，但定量时必须客观、合理、科学。

设 $A_i(t)$ 是城市 A 在第 t 年关于第 i 个指标的排序名次，称

$$\lambda A_i(t+1) = \frac{A_i(t)}{\sum\limits_{j=1}^{n} A_j(t)} \quad i = 1, 2, \cdots, N$$

为城市 A 在第 $t+1$ 年关于第 i 个指标的建设侧重度，这里 N 是城市个数，n 是指标个数。

如果 $\lambda A_i(t+1) > \lambda A_j(t+1)$，则表明在第 $t+1$ 年第 i 个指标建设应优先于第 j 个指标。这是因为在第 t 年，第 i 个指标在全国的排名比第 j 个指标靠后，所以在第 $t+1$ 年，第 i 个指标应优先于第 j 个指标建设，这样可以缩小与全国的差距，使生态建设与全国同步发展。

用 $\max_i(t)$，$\min_i(t)$ 分别表示第 i 个指标在第 t 年的最大值和最小值，$\alpha A_i(t)$ 为城市 A 在第 t 年关于第 i 个指标的值，令

$$\mu A_i(t) = \begin{cases} \dfrac{\max_i(t) + 1}{\alpha A_i(t) + 1} & \text{指标 } i \text{ 为正向} \\[3mm] \dfrac{\alpha A_i(t) + 1}{\min_i(t) + 1} & \text{指标 } i \text{ 为负向} \end{cases}$$

称

$$\gamma A_i(t+1) = \frac{\mu A_i(t)}{\sum\limits_{j=1}^{n} \mu A_i(t)}$$

为城市 A 在第 $t+1$ 年指标 i 的建设难度（$i=1, 2, \cdots, N$）。

如果 $\gamma A_i(t+1) > \gamma A_j(t+1)$，则表明在第 t 年第 i 个指标比第 j 个指标偏离全国最好值更远，所以在第 $t+1$ 年，第 i 个指标应优先于第 j 个指标建设。称

$$\nu A_i(t+1) = \frac{\lambda A_i(t)\mu A_i(t)}{\sum\limits_{j=1}^{n} \lambda A_j(t)\mu A_j(t)}$$

为城市 A 在第 $t+1$ 年指标 i 的建设综合度（$i=1, 2, \cdots, N$）。

如果 $\nu A_i(t+1) > \nu A_j(t+1)$，则表明在第 $t+1$ 年，第 i 个指标理论上应优先于第 j 个指标建设。

（二）生态城市年度建设侧重度

建设侧重度的含义是：城市的某项指标建设侧重度越大，排名越靠前，就意味着下一个年度该城市越应侧重这项指标的建设。表15中同时列出了2017年全国284个生态城市健康指数14个指标建设侧重度的排序。

从表15中可以看出，2017年北京市14个指标建设侧重度排在前4位的是：人口密度，空气质量优良天数，生活垃圾无害化处理率，一般工业固体废物综合利用率。

（三）生态城市年度建设难度

建设难度的含义是：城市的某项指标建设难度越大，排名越靠前，就意味着该项指标比其他指标距离全国最好值越远，下一个年度该城市这项指标的建设难度越大。我们计算了2017年全国284个生态城市健康指数的14个指标的建设难度，并将结果列于表16中。从表16中可以看出，2017年北京市14个指标建设难度排在前4位的是：单位GDP综合能耗，单位GDP工

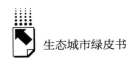
业二氧化硫排放量，人口密度，公众对城市生态环境满意率。

其他城市的情况也可以从表 16 中获知。

（四）生态城市年度建设综合度

城市健康指数各三级指标的建设综合度同时考虑了建设侧重度和建设难度，反映的是由本年建设现状决定的下年度各建设项目的投入力度，综合度大表明在下年度建设投入力度应该大，反之应该小。我们计算了 2017 年全国 284 个生态城市健康指数的 14 个指标的建设综合度，并将结果列于表 17 中。

（五）结论与建议

2017 年中国城市生态健康评价延续了 2016 年的工作。从总体上看，2017 年在全国 284 个城市生态建设健康评价中，有 15 个城市的健康等级是很健康，占评价总数的 5.3%。2017 年健康等级为很健康的城市为：三亚市、厦门市、珠海市、上海市、宁波市、深圳市、舟山市、南昌市、广州市、海口市、杭州市、青岛市、南宁市、武汉市、北京市。

2016 年在全国 284 个城市生态建设健康评价中，有 17 个城市的健康等级是很健康，占评价总数的 6%。2016 年健康等级为很健康的城市为：三亚市、珠海市、厦门市、南昌市、南宁市、舟山市、惠州市、海口市、天津市、威海市、广州市、黄山市、福州市、江门市、深圳市、合肥市、武汉市。

2015 年在全国 284 个城市生态建设健康评价中，有 16 个城市的健康等级是很健康，占评价总数的 5.6%。2015 年健康等级为很健康的城市为：珠海市、厦门市、舟山市、三亚市、天津市、惠州市、广州市、福州市、南宁市、威海市、北海市、黄山市、深圳市、青岛市、镇江市、拉萨市。

对于所调查的 284 个城市的生态建设，我们给出的建设侧重度、建设难度以及建设综合度为决策者提供了有力的数据支持，指明了方向。

总之，生态文明建设是社会文明发展的必经阶段，生态城市建设是生态文明建设的主战场。我们通过建立模型对中国生态城市的生态健康指数进行定量评价分析，为政府的决策提供了理论支撑。

表15 2017年284个城市生态健康指数14个指标的建设侧重度

城市名称	森林覆盖率		空气质量优良天数		河湖水质		单位GDP工业二氧化硫排放量		生活垃圾无害化处理率		单位GDP综合能耗		一般工业固体废物综合利用率	
	数值	排名	数值	排名	数值	排名	数值	排名	数值	排名	数值	排名	数值	排名
北京	0.0054	11	0.1723	2	0.0746	6	0.0015	13	0.1685	3	0.0008	14	0.15	4
天津	0.02	13	0.1965	2	0.0345	7	0.0345	7	0.2141	1	0.0265	10	0.0152	14
石家庄	0.071	7	0.171	1	0.0594	9	0.0776	5	0.0006	14	0.0831	4	0.0576	10
唐山	0.05	10	0.1076	4	0.0329	12	0.0996	5	0.0004	14	0.108	2	0.0729	8
秦皇岛	0.0499	11	0.1162	2	0.048	12	0.1263	1	0.0006	14	0.1061	3	0.0922	5
邯郸	0.0829	6	0.1195	1	0.0808	8	0.1044	2	0.0004	14	0.0976	5	0.0328	12
邢台	0.091	6	0.1129	1	0.1065	2	0.0742	8	0.0004	14	0.0806	7	0.018	13
保定	0.0863	7	0.118	1	0.0998	6	0.0245	12	0.0004	14	0.0398	10	0.107	4
张家口	0.0713	8	0.059	11	0.0741	7	0.07	9	0.0993	2	0.0827	6	0.0936	3
承德	0.0429	13	0.051	12	0.0638	9	0.0943	3	0.0827	4	0.0792	6	0.1051	2
沧州	0.1233	3	0.1173	4	0.1242	2	0.0314	11	0.0005	14	0.0767	7	0.0065	13
廊坊	0.1056	5	0.1193	2	0.1142	3	0.0431	10	0.0005	14	0.0508	9	0.0614	7
衡水	0.0971	5	0.1264	1	0.1067	4	0.0092	13	0.0005	14	0.0719	8	0.0385	12
太原	0.0157	12	0.1899	1	0.0343	10	0.0457	8	0.0007	14	0.137	4	0.1792	2
大同	0.0573	9	0.0677	8	0.0399	10	0.1301	2	0.0006	14	0.1486	1	0.1238	3
阳泉	0.0443	10	0.136	2	0.0432	11	0.1506	1	0.0005	14	0.136	2	0.1079	4
长治	0.0684	8	0.0962	3	0.0425	13	0.0896	5	0.1097	1	0.1039	2	0.0954	4
晋城	0.0665	9	0.1167	1	0.0665	9	0.0948	5	0.0004	14	0.1094	3	0.1017	4
朔州	0.056	11	0.0973	5	0.0739	8	0.1092	3	0.0005	14	0.1248	1	0.1189	2
晋中	0.0744	8	0.1131	2	0.0918	7	0.0983	4	0.0004	14	0.1149	1	0.0279	13

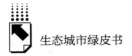

续表

城市名称	森林覆盖率 数值	排名	空气质量优良天数 数值	排名	河湖水质 数值	排名	单位GDP工业二氧化硫排放量 数值	排名	生活垃圾无害化处理率 数值	排名	单位GDP综合能耗 数值	排名	一般工业固体废物综合利用率 数值	排名
运 城	0.085	5	0.0934	2	0.0746	10	0.0904	4	0.0753	9	0.0931	3	0.0817	6
忻 州	0.0981	4	0.0928	5	0.0997	3	0.1004	2	0.0004	14	0.0921	6	0.0776	10
吕 梁	0.1043	4	0.0828	8	0.1078	1	0.1043	4	0.0004	13	0.1055	2	0.097	7
呼和浩特	0.0108	10	0.1276	4	0.0038	12	0.1086	5	0.0006	14	0.1327	3	0.1651	2
包 头	0.0103	13	0.0879	7	0.019	11	0.0999	6	0.1303	3	0.1287	4	0.133	2
乌 海	0.0043	13	0.0958	6	0.0682	7	0.1475	2	0.1235	4	0.1491	1	0.1129	5
赤 峰	0.0735	7	0.0367	11	0.0504	10	0.1126	4	0.0005	14	0.1324	1	0.1229	2
通 辽	0.0751	8	0.0362	11	0.0707	9	0.1162	1	0.0004	14	0.1148	2	0.1066	3
鄂尔多斯	0.0211	12	0.0558	9	0.0623	8	0.1073	4	0.0005	14	0.0997	5	0.1425	2
呼伦贝尔	0.0774	7	0.0055	13	0.0968	4	0.1078	3	0.0005	14	0.0747	8	0.1244	1
巴彦淖尔	0.0688	7	0.0575	8	0.1085	5	0.1392	2	0.0005	14	0.1327	3	0.1429	1
乌兰察布	0.0567	8	0.0452	10	0.1032	3	0.1008	4	0.0988	6	0.1036	2	0.0992	5
沈 阳	0.0306	12	0.1338	2	0.0319	11	0.0645	8	0.0007	14	0.1168	3	0.0808	6
大 连	0.0192	14	0.075	6	0.0198	13	0.062	7	0.1605	2	0.0607	8	0.0409	10
鞍 山	0.0358	10	0.0922	6	0.025	11	0.1225	2	0.0005	14	0.123	1	0.1216	4
抚 顺	0.0262	11	0.0767	8	0.0325	10	0.1228	4	0.0005	14	0.1232	3	0.1329	1
本 溪	0.0121	12	0.0409	8	0.021	11	0.1274	4	0.0005	14	0.1442	2	0.1332	3
丹 东	0.0584	9	0.029	12	0.0481	11	0.09	4	0.0005	14	0.1355	2	0.0791	6
锦 州	0.0692	8	0.0979	3	0.041	13	0.0964	4	0.0005	14	0.1009	2	0.0682	9
营 口	0.0257	11	0.0995	6	0.0257	11	0.1267	4	0.0005	14	0.1298	3	0.0339	9

续表

城市名称	森林覆盖率 数值	排名	空气质量优良天数 数值	排名	河湖水质 数值	排名	单位GDP工业二氧化硫排放量 数值	排名	生活垃圾无害化处理率 数值	排名	单位GDP综合能耗 数值	排名	一般工业固体废物综合利用率 数值	排名
阜新	0.052	8	0.0726	6	0.0334	11	0.149	1	0.0005	14	0.0737	5	0.0684	7
辽阳	0.0269	10	0.0831	8	0.0212	12	0.1091	4	0.0005	14	0.102	6	0.1327	1
盘锦	0.0248	11	0.1082	4	0.0098	12	0.0874	6	0.0007	14	0.1408	3	0.1056	5
铁岭	0.077	10	0.0831	7	0.0831	7	0.0928	2	0.0004	14	0.0904	4	0.0928	2
朝阳	0.0995	5	0.0609	10	0.0716	9	0.1043	2	0.0004	14	0.0871	7	0.0438	11
葫芦岛	0.0269	13	0.0839	7	0.0708	9	0.0977	3	0.0004	14	0.0928	6	0.0761	8
长春	0.037	8	0.1104	4	0.0154	14	0.0259	11	0.1845	1	0.021	12	0.0335	9
吉林	0.0425	12	0.0735	8	0.0136	14	0.0897	5	0.1208	1	0.0796	6	0.1177	2
四平	0.0983	4	0.0793	8	0.1013	3	0.0925	5	0.0005	14	0.0338	12	0.0925	5
辽源	0.0633	9	0.0805	5	0.0673	8	0.088	4	0.0006	14	0.0374	12	0.0052	13
通化	0.0812	7	0.0224	13	0.0759	8	0.1143	2	0.0005	14	0.1175	1	0.0919	6
白山	0.0735	6	0.0382	12	0.0569	11	0.0629	9	0.1126	2	0.1096	3	0.0926	5
松原	0.0848	7	0.0594	10	0.0649	9	0.0336	12	0.0005	14	0.0853	5	0.0853	5
白城	0.0998	6	0.021	12	0.1118	3	0.0888	7	0.1287	1	0.0729	8	0.0115	13
哈尔滨	0.0602	7	0.1029	3	0.0287	13	0.038	12	0.1602	1	0.0579	8	0.0795	5
齐齐哈尔	0.0661	9	0.0314	13	0.0837	5	0.0808	7	0.1336	1	0.0566	10	0.0827	6
鸡西	0.0406	12	0.0474	10	0.042	11	0.0926	6	0.1245	2	0.0949	5	0.1177	3
鹤岗	0.0389	7	0.0309	11	0.0349	8	0.1344	3	0.1595	1	0.1315	4	0.1149	5
双鸭山	0.0321	10	0.0305	12	0.0316	11	0.1373	3	0.1432	2	0.0975	5	0.1182	4
大庆	0.0118	11	0.0426	8	0.0426	8	0.0763	7	0.0006	14	0.1307	4	0.1354	3

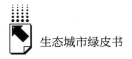

续表

城市名称	森林覆盖率		空气质量优良天数		河湖水质		单位GDP工业二氧化硫排放量		生活垃圾无害化处理率		单位GDP综合能耗		一般工业固体废物综合利用率	
	数值	排名	数值	排名	数值	排名	数值	排名	数值	排名	数值	排名	数值	排名
伊春	0.0072	13	0.0153	12	0.0353	10	0.128	3	0.1347	1	0.1117	4	0.0812	8
佳木斯	0.043	12	0.0344	13	0.0567	11	0.0643	8	0.1301	1	0.0668	7	0.1184	2
七台河	0.0159	10	0.0671	8	0.0159	10	0.1571	2	0.0006	14	0.1594	1	0.0935	5
牡丹江	0.0915	5	0.0327	11	0.0006	13	0.0676	8	0.0006	13	0.0618	9	0.1399	1
黑河	0.1076	4	0.0079	12	0.1163	2	0.1119	3	0.0004	14	0.028	11	0.1216	1
绥化	0.1279	1	0.0352	10	0.117	5	0.0456	9	0.0005	14	0.028	13	0.0628	7
上海	0.0613	8	0.1712	1	0.1617	2	0.0063	13	0.0011	14	0.0307	10	0.0761	7
南京	0.0115	11	0.1689	3	0.1202	4	0.0168	10	0.0009	14	0.0858	6	0.1017	5
无锡	0.0288	10	0.1426	2	0.0247	11	0.072	7	0.0007	14	0.0466	8	0.074	6
徐州	0.0773	6	0.1557	1	0.061	9	0.0959	5	0.0006	14	0.1453	2	0.0058	13
常州	0.033	9	0.1675	2	0.0266	10	0.0733	7	0.0008	14	0.0773	6	0.0089	13
苏州	0.0376	11	0.1431	2	0.0605	7	0.0796	5	0.0007	14	0.0774	6	0.059	8
南通	0.0902	6	0.1459	2	0.0502	8	0.022	12	0.0008	14	0.0055	13	0.0408	9
连云港	0.0574	10	0.0886	5	0.0705	8	0.0905	4	0.0006	14	0.0674	9	0.0237	12
淮安	0.0739	7	0.1399	2	0.0581	9	0.0792	5	0.0007	14	0.0574	10	0.0508	11
盐城	0.101	4	0.0792	7	0.1077	2	0.0441	13	0.0006	14	0.0647	8	0.0631	9
扬州	0.0775	6	0.1713	2	0.0434	7	0.0302	11	0.0008	14	0.007	13	0.0349	8
镇江	0.0583	5	0.2063	3	0.0019	13	0.0352	8	0.0009	14	0.0472	6	0.0389	7
泰州	0.0892	7	0.1305	2	0.0898	6	0.0314	11	0.0006	14	0.0431	9	0.0098	13
宿迁	0.1018	2	0.1105	1	0.0912	6	0.0531	12	0.0005	14	0.0024	13	0.0796	8

续表

城市名称	森林覆盖率		空气质量优良天数		河湖水质		单位 GDP 工业二氧化硫排放量		生活垃圾无害化处理率		单位 GDP 综合能耗		一般工业固体废物综合利用率	
	数值	排名	数值	排名	数值	排名	数值	排名	数值	排名	数值	排名	数值	排名
杭州	0.0357	9	0.1668	3	0.0685	6	0.0318	10	0.001	14	0.0125	12	0.1716	2
宁波	0.0638	6	0.0977	4	0.0617	7	0.0576	9	0.001	14	0.0473	10	0.0607	8
温州	0.1011	4	0.0454	9	0.0564	7	0.0264	11	0.0007	14	0.0132	13	0.0264	11
嘉兴	0.0652	8	0.1221	4	0.0523	9	0.0756	6	0.0006	14	0.0659	7	0.0207	12
湖州	0.0442	11	0.1234	2	0.0455	10	0.1022	5	0.0006	14	0.0679	8	0.0093	13
绍兴	0.0506	9	0.1119	3	0.0346	11	0.0446	10	0.0007	14	0.0853	6	0.0706	7
金华	0.0917	5	0.0842	7	0.0882	6	0.0482	9	0.0006	14	0.0192	12	0.0284	11
衢州	0.0752	6	0.0459	11	0.0569	9	0.1166	4	0.0006	14	0.1233	2	0.0171	13
舟山	0.0613	6	0.0515	8	0.0142	13	0.0252	10	0.0011	14	0.0789	4	0.0723	5
台州	0.096	5	0.0195	12	0.0649	8	0.035	10	0.0006	14	0.0097	13	0.0701	7
丽水	0.1256	3	0.0197	11	0.0963	4	0.0845	6	0.0006	14	0.0062	13	0.0789	8
合肥	0.043	9	0.1775	1	0.0094	12	0.0141	11	0.0008	14	0.0023	13	0.1181	5
芜湖	0.054	9	0.1348	1	0.0267	11	0.0951	6	0.0007	14	0.0202	13	0.1061	5
蚌埠	0.0901	7	0.1403	1	0.0178	12	0.0282	11	0.0006	14	0.0129	13	0.0355	10
淮南	0.0582	9	0.114	3	0.0568	10	0.1277	1	0.0005	14	0.0719	8	0.0729	7
马鞍山	0.0463	10	0.1328	2	0.0048	13	0.1064	5	0.0006	14	0.146	1	0.0535	8
淮北	0.0418	12	0.1326	2	0.0554	9	0.1065	3	0.0005	14	0.0789	7	0.0449	11
铜陵	0.0343	11	0.0876	5	0.0236	13	0.0902	4	0.1261	2	0.0794	7	0.0518	10
安庆	0.0931	6	0.0957	4	0.0832	7	0.0416	10	0.0005	14	0.0395	11	0.0359	12
黄山	0.0589	10	0.0096	12	0.0756	7	0.0772	6	0.0008	14	0.0016	13	0.0637	8

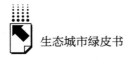

续表

城市名称	森林覆盖率		空气质量优良天数		河湖水质		单位GDP工业二氧化硫排放量		生活垃圾无害化处理率		单位GDP综合能耗		一般工业固体废物综合利用率	
	数值	排名	数值	排名	数值	排名	数值	排名	数值	排名	数值	排名	数值	排名
滁州	0.0944	5	0.1196	2	0.0907	7	0.0461	10	0.0005	14	0.0236	13	0.0488	9
阜阳	0.1048	3	0.0934	7	0.1024	5	0.082	8	0.0004	14	0.0563	10	0.0257	12
宿州	0.1011	3	0.1117	1	0.1117	1	0.0677	9	0.0893	6	0.0237	13	0.0237	13
六安	0.1312	4	0.07	7	0.1206	5	0.0189	11	0.0006	14	0.0233	10	0.015	12
亳州	0.1205	1	0.1077	7	0.1117	4	0.0922	8	0.0004	14	0.0084	13	0.0177	11
池州	0.075	7	0.0956	3	0.0708	10	0.0905	4	0.0005	14	0.0816	6	0.0267	12
宣城	0.0897	5	0.0727	9	0.1093	3	0.0897	5	0.0005	14	0.0409	12	0.052	10
福州	0.0621	8	0.0169	13	0.0031	14	0.0812	5	0.1602	2	0.0307	12	0.0314	11
厦门	0.0082	11	0.0027	13	0.1844	2	0.0137	8	0.0014	14	0.0492	7	0.1462	4
莆田	0.0774	7	0.0319	10	0.1613	1	0.0148	13	0.1394	2	0.0289	11	0.1034	5
三明	0.1009	4	0.0027	14	0.09	5	0.0668	10	0.105	3	0.0723	8	0.0377	12
泉州	0.0555	8	0.0139	14	0.133	1	0.0215	12	0.1119	5	0.0407	10	0.044	9
漳州	0.1245	2	0.0195	12	0.0884	7	0.0422	10	0.124	3	0.0094	13	0.0506	8
南平	0.1008	4	0.0026	14	0.0912	6	0.039	12	0.1175	2	0.0653	9	0.0096	13
龙岩	0.0812	6	0.001	14	0.0613	9	0.048	12	0.1134	3	0.0629	8	0.0639	7
宁德	0.1117	1	0.0105	14	0.1117	1	0.0523	10	0.1049	4	0.0253	13	0.0813	6
南昌	0.0527	9	0.1173	2	0.0226	12	0.056	8	0.0011	14	0.0065	13	0.113	3
景德镇	0.035	11	0.035	11	0.0521	8	0.1422	2	0.0007	14	0.0424	10	0.0879	6
萍乡	0.0658	10	0.0712	6	0.0683	9	0.1159	2	0.0005	14	0.0958	4	0.1341	1
九江	0.0804	7	0.0834	5	0.0917	4	0.0828	6	0.0006	14	0.0667	8	0.1423	1

续表

城市名称	森林覆盖率		空气质量优良天数		河湖水质		单位GDP工业二氧化硫排放量		生活垃圾无害化处理率		单位GDP综合能耗		一般工业固体废物综合利用率	
	数值	排名	数值	排名	数值	排名	数值	排名	数值	排名	数值	排名	数值	排名
新余	0.0156	11	0.051	8	0.0107	13	0.1298	3	0.0005	14	0.1078	4	0.088	7
鹰潭	0.0902	5	0.0492	11	0.1114	3	0.0596	10	0.0005	14	0.0052	13	0.0689	7
赣州	0.1033	7	0.0657	8	0.1119	4	0.1106	6	0.0006	14	0.0195	10	0.1155	3
吉安	0.1169	2	0.0716	10	0.1193	1	0.0916	6	0.0005	14	0.0019	13	0.0735	9
宜春	0.1054	5	0.0545	9	0.1081	3	0.1085	2	0.0005	14	0.054	10	0.0392	11
抚州	0.1057	5	0.066	8	0.1164	4	0.0958	6	0.0007	14	0.0142	12	0.0703	7
上饶	0.1128	3	0.0418	10	0.1067	5	0.0756	8	0.0005	14	0.0125	13	0.1313	1
济南	0.0376	7	0.2125	1	0.0086	13	0.0345	9	0.0008	14	0.0659	6	0.0957	4
青岛	0.0325	10	0.131	3	0.0045	13	0.0072	12	0.0009	14	0.0641	7	0.0903	5
淄博	0.029	10	0.1474	2	0.0044	12	0.1342	4	0.0006	14	0.1411	3	0.0851	6
枣庄	0.0542	11	0.1322	1	0.0759	7	0.0625	10	0.0005	13	0.1027	3	0.0005	13
东营	0.0198	11	0.1527	3	0.0111	12	0.0878	4	0.0006	14	0.0686	6	0.0723	5
烟台	0.0424	11	0.0788	6	0.0582	8	0.0436	10	0.0006	14	0.0382	12	0.1291	2
潍坊	0.0814	5	0.1155	2	0.077	7	0.0478	11	0.0005	14	0.0785	6	0.0731	8
济宁	0.0687	7	0.116	2	0.0687	7	0.0556	11	0.0005	14	0.0629	10	0.0302	12
泰安	0.0598	10	0.1201	2	0.094	5	0.0333	13	0.0005	14	0.0612	9	0.0366	11
威海	0.022	13	0.0589	6	0.0432	9	0.0385	10	0.0005	14	0.0731	5	0.1328	3
日照	0.0494	10	0.0939	5	0.0641	7	0.0901	6	0.0008	14	0.1406	1	0.1097	4
莱芜	0.0077	12	0.1219	4	0.0414	9	0.1199	5	0.0005	14	0.1344	1	0.013	11
临沂	0.0925	4	0.1181	1	0.064	11	0.0994	3	0.0005	14	0.0748	7	0.061	12

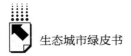

续表

城市名称	森林覆盖率		空气质量优良天数		河湖水质		单位GDP工业二氧化硫排放量		生活垃圾无害化处理率		单位GDP综合能耗		一般工业固体废物综合利用率	
	数值	排名	数值	排名	数值	排名	数值	排名	数值	排名	数值	排名	数值	排名
德州	0.0605	9	0.1171	1	0.0541	12	0.0809	6	0.0004	14	0.0605	9	0.0443	13
聊城	0.0785	6	0.1028	1	0.0653	12	0.0804	2	0.0004	14	0.0635	13	0.0789	4
滨州	0.0428	10	0.1082	1	0.042	12	0.1082	1	0.0004	14	0.0971	5	0.0753	8
菏泽	0.0881	6	0.1032	1	0.0966	3	0.0679	10	0.0004	14	0.0679	10	0.0198	13
郑州	0.0429	8	0.1857	1	0.0255	12	0.0409	9	0.0007	14	0.0288	11	0.1119	4
开封	0.0968	5	0.137	1	0.0762	7	0.0116	12	0.0005	14	0.0291	11	0.0386	10
洛阳	0.0645	7	0.1393	1	0.062	8	0.043	12	0.0005	14	0.0564	9	0.1019	4
平顶山	0.1017	4	0.1085	2	0.053	11	0.0835	6	0.0004	14	0.0754	8	0.0538	10
安阳	0.094	4	0.1115	1	0.067	10	0.0873	5	0.0004	14	0.0781	7	0.0944	2
鹤壁	0.0606	9	0.1471	1	0.0668	7	0.0573	10	0.0006	14	0.1072	3	0.0101	13
新乡	0.0997	4	0.1376	1	0.066	8	0.0317	12	0.0005	14	0.0742	7	0.0573	11
焦作	0.0581	10	0.1211	2	0.0554	11	0.0509	12	0.0005	14	0.077	8	0.0941	4
濮阳	0.1213	4	0.1392	1	0.0856	6	0.0063	13	0.0005	14	0.0751	8	0.0284	11
许昌	0.0886	6	0.1144	1	0.1121	2	0.0304	12	0.0005	14	0.024	13	0.0327	11
漯河	0.0821	6	0.1277	2	0.0451	11	0.0172	12	0.0005	14	0.0612	9	0.0687	7
三门峡	0.0604	10	0.0941	2	0.0745	6	0.0552	12	0.0933	3	0.0725	7	0.1073	1
南阳	0.0967	5	0.0974	3	0.0951	6	0.0101	13	0.0974	3	0.0093	14	0.0687	9
商丘	0.1186	1	0.1028	6	0.1178	2	0.0334	12	0.0004	14	0.0501	9	0.0158	13
信阳	0.107	3	0.0782	8	0.1158	1	0.0468	10	0.0004	14	0.0435	11	0.0142	13
周口	0.1092	2	0.0944	8	0.1089	3	0.0055	13	0.0886	9	0.0047	14	0.0098	12

续表

城市名称	森林覆盖率		空气质量优良天数		河湖水质		单位GDP工业二氧化硫排放量		生活垃圾无害化处理率		单位GDP综合能耗		一般工业固体废物综合利用率	
	数值	排名	数值	排名	数值	排名	数值	排名	数值	排名	数值	排名	数值	排名
驻马店	0.1159	2	0.0996	7	0.1151	3	0.0073	13	0.0004	14	0.0283	11	0.0498	10
武汉	0.0559	6	0.2159	1	0.1224	4	0.0161	12	0.0011	14	0.1343	3	0.0473	7
黄石	0.073	8	0.0918	6	0.0376	12	0.1073	4	0.0006	14	0.125	2	0.0437	11
十堰	0.0689	7	0.0493	11	0.0364	12	0.0353	13	0.0006	14	0.0946	4	0.1232	3
宜昌	0.0474	10	0.1068	5	0.0338	11	0.0686	6	0.0005	14	0.1122	4	0.1503	1
襄阳	0.0699	7	0.0872	5	0.0581	9	0.0162	13	0.0006	14	0.1023	4	0.1425	1
鄂州	0.0524	8	0.1152	4	0.0256	12	0.0859	6	0.0006	14	0.1292	3	0.0981	5
荆门	0.0743	8	0.0676	10	0.0486	12	0.0563	11	0.0005	14	0.0797	7	0.1194	1
孝感	0.124	1	0.0821	7	0.0993	5	0.0555	9	0.0005	14	0.0923	6	0.1021	4
荆州	0.116	2	0.0809	7	0.0891	5	0.0477	11	0.0922	5	0.0587	9	0.1305	1
黄冈	0.1119	2	0.0725	7	0.1103	3	0.0242	12	0.0005	14	0.0628	10	0.058	11
咸宁	0.0759	8	0.0646	11	0.0938	4	0.0335	12	0.0005	14	0.1013	3	0.0683	10
随州	0.0918	5	0.0845	6	0.0813	7	0.0016	13	0.0005	14	0.0203	12	0.0959	4
长沙	0.055	7	0.1347	3	0.0071	12	0.0028	13	0.0007	14	0.0353	9	0.1093	5
株洲	0.062	8	0.104	4	0.0267	11	0.0924	5	0.0006	14	0.0821	7	0.0486	9
湘潭	0.0686	9	0.1046	5	0.0198	13	0.1249	2	0.0004	14	0.1098	4	0.0291	10
衡阳	0.0962	5	0.0649	8	0.0613	9	0.0586	10	0.0914	4	0.0461	12	0.081	6
邵阳	0.1044	3	0.0593	9	0.0838	6	0.0509	11	0.0005	14	0.052	10	0.0792	7
岳阳	0.0949	5	0.0562	10	0.0862	7	0.0475	11	0.0005	14	0.0743	8	0.0949	5
常德	0.1093	4	0.085	6	0.0845	7	0.0296	11	0.0005	14	0.0258	12	0.0129	13

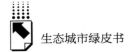

续表

城市名称	森林覆盖率		空气质量优良天数		河湖水质		单位GDP工业二氧化硫排放量		生活垃圾无害化处理率		单位GDP综合能耗		一般工业固体废物综合利用率	
	数值	排名	数值	排名	数值	排名	数值	排名	数值	排名	数值	排名	数值	排名
张家界	0.1287	2	0.0429	10	0.0975	6	0.0565	9	0.0006	13	0.0578	8	0.0006	13
益阳	0.0935	5	0.0497	11	0.0917	6	0.0369	12	0.0005	14	0.0515	10	0.0625	8
郴州	0.0899	5	0.0401	11	0.0866	7	0.0363	13	0.0004	14	0.0595	9	0.0722	8
永州	0.1233	2	0.056	9	0.0899	7	0.0235	12	0.0998	5	0.0626	8	0.0122	13
怀化	0.1071	3	0.036	12	0.0928	6	0.0472	11	0.0004	14	0.0581	8	0.0581	8
娄底	0.1155	2	0.0348	12	0.0981	6	0.0749	7	0.0004	14	0.1111	3	0.0589	9
广州	0.0106	12	0.121	4	0.1739	3	0.0106	12	0.243	1	0.0269	7	0.0586	6
韶关	0.0497	9	0.0297	13	0.0459	10	0.0775	6	0.129	2	0.1053	4	0.0951	5
深圳	0.0044	11	0.0352	8	0.2574	1	0.0011	13	0.0011	13	0.0154	9	0.2112	2
珠海	0.0147	9	0.0959	5	0.2906	1	0.0398	7	0.0015	13	0.0324	8	0.0118	10
汕头	0.0414	10	0.0108	14	0.015	13	0.0642	9	0.1627	1	0.0156	12	0.0174	11
佛山	0.0585	7	0.0831	6	0.0497	8	0.0195	11	0.0006	14	0.0233	10	0.1089	4
江门	0.0559	9	0.1165	4	0.007	13	0.0745	7	0.0008	14	0.0365	11	0.0575	8
湛江	0.1472	1	0.0382	11	0.1065	4	0.0695	8	0.0006	13	0.1028	5	0.0069	12
茂名	0.1113	5	0.0216	12	0.1062	6	0.0271	11	0.0005	14	0.0708	8	0.0299	10
肇庆	0.0647	9	0.0841	7	0.042	11	0.0933	5	0.0005	14	0.0399	12	0.1256	2
惠州	0.0276	10	0.0205	12	0.0189	13	0.0607	7	0.0008	14	0.1183	4	0.0371	9
梅州	0.1254	2	0.001	13	0.1079	4	0.1224	3	0.0005	14	0.085	8	0.008	11
汕尾	0.1231	1	0.0088	13	0.1024	6	0.0185	10	0.1112	4	0.0154	12	0.0004	14
河源	0.1357	2	0.0064	13	0.0946	7	0.0251	11	0.0005	14	0.0481	10	0.0956	6

续表

城市名称	森林覆盖率		空气质量优良天数		河湖水质		单位GDP工业二氧化硫排放量		生活垃圾无害化处理率		单位GDP综合能耗		一般工业固体废物综合利用率	
	数值	排名	数值	排名	数值	排名	数值	排名	数值	排名	数值	排名	数值	排名
阳江	0.0671	9	0.0389	13	0.0487	11	0.0877	5	0.0004	14	0.0452	12	0.0702	8
清远	0.089	4	0.0445	11	0.0572	10	0.0843	8	0.0005	14	0.0909	3	0.0244	13
东莞	0.0007	13	0.0772	6	0.1766	2	0.1053	4	0.0007	13	0.0288	10	0.0621	8
中山	0.0157	10	0.1061	6	0.0291	9	0.0097	11	0.0007	14	0.0306	8	0.1069	5
潮州	0.0678	8	0.0115	13	0.0344	11	0.071	7	0.1461	1	0.0976	5	0.0005	14
揭阳	0.0674	9	0.0141	14	0.0995	4	0.0171	13	0.1024	3	0.0479	11	0.0899	6
云浮	0.1044	2	0.0167	13	0.0743	10	0.1021	5	0.0004	14	0.0766	9	0.0778	6
南宁	0.0839	5	0.0345	10	0.0124	13	0.0265	11	0.0009	14	0.1095	4	0.1378	2
柳州	0.0474	10	0.0739	5	0.0661	7	0.1089	3	0.0008	14	0.1928	1	0.0233	13
桂林	0.106	2	0.0508	12	0.0552	11	0.0721	8	0.0005	14	0.0317	13	0.0672	9
梧州	0.1012	6	0.0259	11	0.0702	8	0.0244	12	0.0005	14	0.1068	4	0.1047	5
北海	0.073	5	0.0349	10	0.0419	9	0.0807	4	0.0008	14	0.0582	7	0.0155	12
防城港	0.067	6	0.024	11	0.0101	13	0.141	3	0.0006	14	0.124	4	0.0645	7
钦州	0.0946	6	0.0377	10	0.0973	5	0.0372	11	0.0005	14	0.0441	9	0.0292	12
贵港	0.1009	4	0.0352	12	0.0813	8	0.0629	9	0.0004	14	0.1061	2	0.0412	11
玉林	0.1362	2	0.0372	9	0.1223	3	0.0206	13	0.0005	14	0.0279	11	0.0361	10
百色	0.0057	13	0.0227	11	0.0989	6	0.0932	7	0.0004	14	0.1094	3	0.1123	2
贺州	0.0974	7	0.0335	11	0.1014	6	0.0545	9	0.0004	14	0.1072	4	0.0706	8
河池	0.1213	2	0.0199	12	0.1037	5	0.0935	7	0.0004	14	0.0269	11	0.1235	1
来宾	0.0938	5	0.0516	10	0.1032	4	0.0789	7	0.0004	14	0.081	6	0.0716	8
崇左	0.109	4	0.0228	13	0.112	2	0.036	12	0.0004	14	0.1046	6	0.1081	5

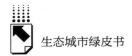
续表

城市名称	森林覆盖率		空气质量优良天数		河湖水质		单位GDP工业二氧化硫排放量		生活垃圾无害化处理率		单位GDP综合能耗		一般工业固体废物综合利用率	
	数值	排名	数值	排名	数值	排名	数值	排名	数值	排名	数值	排名	数值	排名
海口	0.0343	7	0.0202	10	0.0908	6	0.005	12	0.001	14	0.0161	11	0.1312	4
三亚	0.0346	6	0.0115	9	0.2522	1	0.0101	11	0.0014	12	0.0115	9	0.0014	12
重庆	0.0492	11	0.0864	5	0.0312	13	0.0815	6	0.123	1	0.0366	12	0.1132	2
成都	0.0516	5	0.1885	2	0.0164	12	0.0138	13	0.0009	14	0.0215	10	0.1644	4
自贡	0.0545	10	0.1119	4	0.0745	7	0.0175	13	0.1264	1	0.0385	11	0.0655	9
攀枝花	0.0249	11	0.0068	12	0.0334	9	0.1564	2	0.0006	14	0.1388	3	0.1581	1
泸州	0.0726	8	0.1291	2	0.0786	7	0.0954	5	0.0006	14	0.0918	6	0.0258	12
德阳	0.0787	6	0.0986	4	0.0687	8	0.0682	9	0.0005	14	0.0431	12	0.1066	3
绵阳	0.088	5	0.0809	7	0.0848	6	0.0597	10	0.0006	14	0.0379	12	0.0809	7
广元	0.11	3	0.0224	11	0.1082	4	0.0785	7	0.1366	2	0.0441	9	0.0211	12
遂宁	0.1004	5	0.0615	8	0.0896	6	0.0286	12	0.0005	14	0.0437	9	0.0059	13
内江	0.0958	4	0.0768	8	0.0927	6	0.1176	2	0.0004	14	0.0949	5	0.0146	12
乐山	0.0879	5	0.0911	4	0.0773	7	0.1132	1	0.0005	14	0.098	2	0.0736	9
南充	0.1096	3	0.0761	8	0.1085	4	0.0419	11	0.0006	13	0.0453	10	0.1253	1
眉山	0.1041	2	0.0864	6	0.0912	5	0.0777	7	0.1137	1	0.0629	9	0.0283	13
宜宾	0.0998	4	0.0912	6	0.1055	2	0.1036	3	0.0005	14	0.0602	9	0.0969	5
广安	0.1024	4	0.0419	12	0.1161	1	0.079	7	0.0004	14	0.0521	10	0.0622	9
达州	0.0901	5	0.0413	12	0.0856	7	0.0708	9	0.103	1	0.0632	10	0.0534	11
雅安	0.0686	7	0.0557	11	0.0838	5	0.0548	12	0.1016	3	0.0704	6	0.094	4
巴中	0.1098	5	0.0258	12	0.1232	3	0.0447	10	0.0005	14	0.0452	9	0.0735	7
资阳	0.1124	3	0.0633	9	0.1261	2	0.0579	10	0.0005	14	0.0113	12	0.0103	13

续表

城市名称	森林覆盖率		空气质量优良天数		河湖水质		单位GDP工业二氧化硫排放量		生活垃圾无害化处理率		单位GDP综合能耗		一般工业固体废物综合利用率	
	数值	排名	数值	排名	数值	排名	数值	排名	数值	排名	数值	排名	数值	排名
贵阳	0.0152	13	0.0152	13	0.0216	12	0.1259	3	0.1428	2	0.0705	7	0.1538	1
六盘水	0.0736	9	0.0149	14	0.0831	8	0.1067	1	0.0998	4	0.088	6	0.088	6
遵义	0.0771	9	0.011	14	0.0841	5	0.0822	6	0.0958	3	0.0477	12	0.0815	7
安顺	0.0777	8	0.0104	12	0.0947	6	0.1122	3	0.1302	1	0.0758	9	0.0005	14
昆明	0.0215	10	0.0052	13	0.015	12	0.1193	5	0.0007	14	0.1173	6	0.1675	1
曲靖	0.1102	3	0.007	13	0.1008	5	0.1114	2	0.0004	14	0.0893	8	0.0914	6
玉溪	0.1051	4	0.001	13	0.0825	8	0.1204	2	0.0005	14	0.1012	5	0.1132	3
保山	0.1146	5	0.0056	13	0.1296	2	0.0982	6	0.0005	14	0.0939	7	0.0845	8
昭通	0.1057	2	0.0097	12	0.1057	2	0.0772	9	0.1061	1	0.0694	10	0.0851	8
丽江	0.0855	7	0.0005	14	0.0647	10	0.0956	5	0.1016	4	0.0762	9	0.115	3
临沧	0.1098	4	0.0045	13	0.1111	3	0.0422	11	0.0996	7	0.0574	9	0.0492	10
拉萨	0.0063	11	0.0056	12	0.0625	8	0.0147	9	0.1798	2	0.0751	5	0.165	3
西安	0.0315	10	0.1878	1	0.0389	8	0.0066	14	0.1541	3	0.0279	11	0.1115	4
铜川	0.0321	12	0.107	5	0.0621	9	0.1272	2	0.1331	1	0.1179	3	0.0464	10
宝鸡	0.0729	8	0.1053	3	0.0749	7	0.0369	13	0.1088	2	0.0445	12	0.1174	1
咸阳	0.1008	4	0.1159	1	0.0406	11	0.0107	14	0.1061	3	0.0424	10	0.0883	7
渭南	0.0954	3	0.1018	2	0.0793	9	0.1029	1	0.0805	8	0.0913	4	0.0026	14
延安	0.0948	6	0.0422	10	0.107	4	0.0709	8	0.1009	5	0.0375	12	0.1131	3
汉中	0.1015	1	0.0685	10	0.0988	2	0.0848	5	0.0836	6	0.0723	8	0.0941	3
榆林	0.0808	7	0.0515	11	0.0999	3	0.0909	5	0.1034	2	0.0687	9	0.1073	1
安康	0.0993	4	0.0366	11	0.1117	2	0.0252	13	0.0975	5	0.0349	12	0.0869	7

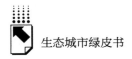
续表

城市名称	森林覆盖率		空气质量优良天数		河湖水质		单位GDP工业二氧化硫排放量		生活垃圾无害化处理率		单位GDP综合能耗		一般工业固体废物综合利用率	
	数值	排名	数值	排名	数值	排名	数值	排名	数值	排名	数值	排名	数值	排名
商洛	0.1172	2	0.0214	13	0.1163	3	0.0586	9	0.1091	5	0.0227	12	0.0967	6
兰州	0.0278	11	0.1569	2	0.0181	12	0.1097	4	0.1472	3	0.1778	1	0.0792	6
嘉峪关	0.0013	12	0.0612	6	0.0193	9	0.1823	2	0.0006	14	0.183	1	0.1424	4
金昌	0.0186	11	0.0427	8	0.0019	13	0.1759	1	0.0006	14	0.161	3	0.1746	2
白银	0.0667	8	0.0546	9	0.1171	3	0.1459	1	0.0005	14	0.1407	2	0.0966	5
天水	0.1191	4	0.0531	10	0.1231	3	0.0797	6	0.0005	14	0.0756	8	0.045	11
武威	0.108	3	0.0453	12	0.0814	6	0.0752	8	0.115	1	0.086	5	0.061	10
张掖	0.042	9	0.0375	11	0.0665	8	0.1111	5	0.0005	14	0.1206	3	0.091	7
平凉	0.0957	6	0.0288	11	0.1198	3	0.1208	2	0.0005	14	0.1092	5	0.0516	9
酒泉	0.0435	11	0.0593	7	0.0549	10	0.0929	6	0.0005	14	0.1152	3	0.1265	2
庆阳	0.1173	2	0.0332	13	0.1195	1	0.0655	9	0.1029	4	0.0366	12	0.0383	10
定西	0.1137	3	0.0291	11	0.1145	2	0.1032	5	0.0004	14	0.0659	10	0.0785	8
陇南	0.1253	1	0.0172	11	0.1253	1	0.0631	8	0.0004	14	0.0993	7	0.1253	1
西宁	0.0429	11	0.0691	5	0.0097	13	0.1543	1	0.1486	3	0.1526	2	0.0486	9
银川	0.0095	13	0.1158	5	0.0148	11	0.0819	7	0.0005	14	0.1406	3	0.1411	2
石嘴山	0.0067	13	0.1124	5	0.0487	9	0.1577	1	0.1314	3	0.1577	1	0.0213	11
吴忠	0.0498	10	0.0684	7	0.0643	8	0.142	2	0.0005	14	0.1431	1	0.1089	4
固原	0.0654	10	0.0225	12	0.1047	4	0.0918	6	0.0966	5	0.0918	6	0.0706	8
中卫	0.0584	10	0.0612	9	0.0989	5	0.1093	2	0.0993	4	0.1133	1	0.1049	3
乌鲁木齐	0.0028	14	0.1231	3	0.0531	7	0.1186	5	0.1519	2	0.157	1	0.0423	9
克拉玛依	0.0021	14	0.0493	7	0.1701	2	0.1422	4	0.1644	3	0.1951	1	0.0679	6

续表

城市名称	R&D经费占GDP比重		信息化基础设施		人均GDP		人口密度		生态环保知识、法规普及率，基础设施完好率		公众对城市生态环境满意率		政府投入与建设效果	
	数值	排名	数值	排名	数值	排名	数值	排名	数值	排名	数值	排名	数值	排名
北京	0.0485	7	0.0346	8	0.0185	10	0.2008	1	0.0031	12	0.1015	5	0.02	9
天津	0.1451	3	0.0545	6	0.0273	9	0.0914	5	0.0233	12	0.0249	11	0.0922	4
石家庄	0.1231	3	0.0388	12	0.0746	6	0.0012	13	0.0679	8	0.1249	2	0.0491	11
唐山	0.1172	1	0.0483	11	0.0329	12	0.108	2	0.054	9	0.0817	7	0.0865	6
秦皇岛	0.0777	6	0.0436	13	0.0928	4	0.0524	10	0.0587	9	0.0606	8	0.0751	7
邯郸	0.0303	13	0.0812	7	0.0981	4	0.0404	11	0.0648	10	0.0669	9	0.0997	3
邢台	0.0367	12	0.0654	10	0.0918	5	0.0399	11	0.0702	9	0.1065	2	0.1057	4
保定	0.03	11	0.0541	9	0.0859	8	0.0161	13	0.1142	3	0.1066	5	0.1172	2
张家口	0.0167	14	0.0578	12	0.0904	4	0.0635	10	0.0289	13	0.09	5	0.1026	1
承德	0.034	14	0.0672	8	0.0572	10	0.1078	1	0.0568	11	0.0765	7	0.0815	5
沧州	0.0679	8	0.0628	9	0.0152	12	0.0513	10	0.0952	6	0.1247	1	0.103	5
廊坊	0.0614	7	0.032	13	0.036	12	0.1081	4	0.0401	11	0.1365	1	0.0909	6
衡水	0.0508	11	0.0559	10	0.0747	7	0.1081	3	0.0756	6	0.1145	2	0.0701	9
太原	0.1478	3	0.035	9	0.0542	7	0.0621	6	0.0114	13	0.0664	5	0.0207	11
大同	0.0278	12	0.0925	5	0.1105	4	0.0717	6	0.022	13	0.0694	7	0.0382	11
阳泉	0.0788	6	0.0356	12	0.089	5	0.0621	8	0.0453	9	0.0081	13	0.0626	7
长治	0.0556	10	0.0653	9	0.0742	7	0.051	12	0.0143	14	0.0811	6	0.0526	11
晋城	0.0746	6	0.048	11	0.0746	6	0.0472	12	0.0223	13	0.1098	2	0.0674	8
朔州	0.1028	4	0.0831	6	0.0115	13	0.078	7	0.0234	12	0.0564	10	0.0642	9

续表

城市名称	R&D经费占GDP比重		信息化基础设施		人均GDP		人口密度		生态环保知识、法规普及率，基础设施完好率		公众对城市生态环境满意率		政府投入与建设效果	
	数值	排名	数值	排名	数值	排名	数值	排名	数值	排名	数值	排名	数值	排名
晋中	0.0431	10	0.0661	9	0.097	5	0.1118	3	0.0326	11	0.097	5	0.0313	12
运城	0.0229	13	0.0497	12	0.0817	6	0.0118	14	0.0679	11	0.0941	1	0.0783	8
忻州	0.0126	13	0.0803	9	0.1038	1	0.0886	7	0.0316	12	0.081	8	0.0411	11
吕梁	0.0169	12	0.0797	9	0.1055	2	0.0004	13	0.05	10	0.102	6	0.0435	11
呼和浩特	0.1771	1	0.0978	6	0.0387	9	0.0489	8	0.0032	13	0.0768	7	0.0083	11
包头	0.1542	1	0.057	8	0.0049	14	0.1053	5	0.0147	12	0.0195	10	0.0353	9
乌海	0.1454	3	0.025	10	0.0623	8	0.0485	9	0.0053	12	0.0021	14	0.0101	11
赤峰	0.0108	12	0.1154	3	0.097	6	0.1069	5	0.0683	8	0.0631	9	0.0094	13
通辽	0.0358	12	0.1035	4	0.0983	5	0.0092	13	0.059	10	0.086	7	0.0882	6
鄂尔多斯	0.1506	1	0.072	7	0.0233	11	0.0899	6	0.0038	13	0.0444	10	0.1268	3
呼伦贝尔	0.0396	11	0.0912	5	0.0724	10	0.1143	2	0.0392	12	0.0825	6	0.0737	9
巴彦淖尔	0.0575	8	0.0919	6	0.1112	4	0.021	12	0.0226	11	0.0188	13	0.0269	10
乌兰察布	0.0397	12	0.1107	1	0.0929	7	0.0214	14	0.0437	11	0.046	9	0.0381	13
沈阳	0.1705	1	0.0605	9	0.0754	7	0.0822	5	0.0149	13	0.0543	10	0.0829	4
大连	0.1747	1	0.0508	9	0.0242	12	0.0948	4	0.0774	5	0.0316	11	0.1084	3
鞍山	0.1221	3	0.0569	9	0.0971	5	0.0907	7	0.0201	13	0.0701	8	0.0225	12
抚顺	0.1257	2	0.0442	9	0.083	7	0.0936	6	0.0189	12	0.0078	13	0.1121	5
本溪	0.1222	5	0.0393	9	0.0991	6	0.1479	1	0.0288	10	0.0037	13	0.0797	7
丹东	0.0589	8	0.0574	10	0.1339	3	0.1386	1	0.0243	13	0.0646	7	0.0817	5

续表

城市名称	R&D经费占GDP比重		信息化基础设施		人均GDP		人口密度		生态环保知识、法规普及率，基础设施完好率		公众对城市生态环境满意率		政府投入与建设效果	
	数值	排名	数值	排名	数值	排名	数值	排名	数值	排名	数值	排名	数值	排名
锦州	0.089	6	0.0559	10	0.0791	7	0.0925	5	0.045	12	0.0529	11	0.1113	1
营口	0.1411	1	0.0508	8	0.0595	7	0.1216	5	0.0236	13	0.0272	10	0.1344	2
阜新	0.0318	12	0.0488	9	0.1469	2	0.122	4	0.0164	13	0.0488	9	0.1357	3
辽阳	0.1034	5	0.0486	9	0.0992	7	0.1256	2	0.0236	11	0.0042	13	0.1199	3
盘锦	0.1825	1	0.0554	7	0.0554	7	0.0339	10	0.0072	13	0.0411	9	0.1473	2
铁岭	0.0155	13	0.0753	11	0.1042	1	0.0847	5	0.0387	12	0.0835	6	0.0786	9
朝阳	0.0223	13	0.0756	8	0.1023	3	0.1086	1	0.0322	12	0.0891	6	0.1023	3
葫芦岛	0.0309	12	0.0631	10	0.0932	5	0.0953	4	0.0476	11	0.1103	2	0.1107	1
长春	0.1838	2	0.0874	5	0.0559	7	0.1335	3	0.021	12	0.0328	10	0.058	6
吉林	0.091	4	0.0757	7	0.049	11	0.0691	9	0.0271	13	0.0543	10	0.0963	3
四平	0.0695	9	0.1037	2	0.1287	1	0.0078	13	0.0504	11	0.0797	7	0.0621	10
辽源	0.1386	2	0.1225	3	0.0397	11	0.0794	6	0.0621	10	0.0748	7	0.1409	1
通化	0.0417	10	0.1047	4	0.1127	3	0.0304	12	0.0395	11	0.0743	9	0.0929	5
白山	0.0701	8	0.0714	7	0.0578	10	0.1147	1	0.0242	13	0.0212	14	0.0943	4
松原	0.1134	2	0.1125	3	0.069	8	0.0113	13	0.0495	11	0.1034	4	0.127	1
白城	0.0394	10	0.1113	4	0.1228	2	0.0294	11	0.01	14	0.1038	5	0.0489	9
哈尔滨	0.152	2	0.0766	6	0.048	10	0.0848	4	0.0164	14	0.0456	11	0.0491	9
齐齐哈尔	0.0242	14	0.1107	2	0.0922	3	0.0371	12	0.0499	11	0.0841	4	0.067	8
鸡西	0.0557	8	0.1086	4	0.1282	1	0.0488	9	0.0082	14	0.0224	13	0.0684	7

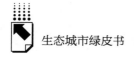

生态城市绿皮书

続表

城市名称	R&D经费占GDP比重 数值	排名	信息化基础设施 数值	排名	人均GDP 数值	排名	人口密度 数值	排名	生态环保知识、法规普及率，基础设施完好率 数值	排名	公众对城市生态环境满意率 数值	排名	政府投入与建设效果 数值	排名
鹤岗	0.0337	9	0.0863	6	0.1589	2	0.024	12	0.0132	13	0.0063	14	0.0326	10
双鸭山	0.0844	6	0.0436	8	0.1481	1	0.0354	9	0.0082	14	0.0109	13	0.079	7
大庆	0.1662	1	0.1053	5	0.0041	13	0.0302	10	0.084	6	0.0106	12	0.1597	2
伊春	0.0912	6	0.0855	7	0.1332	2	0.0263	11	0.0554	9	0.0005	14	0.0946	5
佳木斯	0.0886	4	0.0116	14	0.0789	5	0.0607	10	0.0643	8	0.0769	6	0.1053	3
七台河	0.0765	7	0.0812	6	0.1412	3	0.0159	10	0.0429	9	0.0012	13	0.1318	4
牡丹江	0.1376	3	0.0816	6	0.1388	2	0.0356	10	0.0735	7	0.0198	12	0.1184	4
黑河	0.0547	9	0.1028	7	0.1067	5	0.0057	13	0.0332	10	0.1001	8	0.1032	6
绥化	0.0348	11	0.1274	2	0.1265	3	0.033	12	0.0759	6	0.0592	8	0.1261	4
上海	0.0951	5	0.037	9	0.0275	11	0.0867	6	0.0137	12	0.1342	3	0.0973	4
南京	0.2034	2	0.0115	11	0.0177	9	0.2131	1	0.0106	13	0.0195	7	0.0186	8
无锡	0.1892	1	0.013	12	0.0103	13	0.1412	3	0.098	5	0.0459	9	0.1131	4
徐州	0.1063	3	0.0616	8	0.032	12	0.0657	7	0.1011	4	0.0331	11	0.0587	10
常州	0.223	1	0.0137	12	0.0145	11	0.1385	3	0.0958	4	0.0475	8	0.0797	5
苏州	0.1689	1	0.0037	13	0.0125	12	0.1401	3	0.0509	9	0.0509	9	0.115	4
南通	0.1898	1	0.04	10	0.0251	11	0.0533	7	0.1435	3	0.0918	5	0.1012	4
连云港	0.1011	3	0.0543	11	0.0787	7	0.1492	1	0.0824	6	0.0162	13	0.1192	2
淮安	0.13	3	0.0673	8	0.0779	6	0.0211	12	0.0845	4	0.0092	13	0.1498	1
盐城	0.0932	5	0.0519	11	0.0452	12	0.1027	3	0.1083	1	0.0586	10	0.0798	6

续表

城市名称	R&D经费占GDP比重		信息化基础设施		人均GDP		人口密度		生态环保知识、法规普及率，基础设施完好率		公众对城市生态环境满意率		政府投入与建设效果	
	数值	排名	数值	排名	数值	排名	数值	排名	数值	排名	数值	排名	数值	排名
扬州	0.2023	1	0.0341	9	0.0171	12	0.1085	4	0.1085	4	0.0341	9	0.1302	3
镇江	0.2424	1	0.0259	10	0.0102	12	0.2174	2	0.0611	4	0.0259	10	0.0287	9
泰州	0.1686	1	0.0382	10	0.0191	12	0.1218	3	0.1145	4	0.0523	8	0.0911	5
宿迁	0.0931	5	0.0637	10	0.0748	9	0.0936	4	0.0869	7	0.0545	11	0.0941	3
杭州	0.1774	1	0.0116	13	0.0154	11	0.0868	5	0.0473	8	0.1215	4	0.0521	7
宁波	0.2078	1	0.0144	12	0.0134	13	0.1379	2	0.1029	3	0.0463	11	0.0874	5
温州	0.0923	5	0.0293	10	0.0879	6	0.1267	3	0.178	1	0.1692	2	0.0469	8
嘉兴	0.1286	3	0.0207	12	0.0478	10	0.0807	5	0.042	11	0.1402	1	0.1376	2
湖州	0.1097	3	0.0131	12	0.0555	9	0.1526	1	0.0829	7	0.1097	3	0.0835	6
绍兴	0.1499	1	0.026	13	0.032	12	0.0866	5	0.0626	8	0.1352	2	0.1093	4
金华	0.0929	4	0.0157	13	0.0801	8	0.1445	2	0.0418	10	0.1532	1	0.1114	3
衢州	0.0558	10	0.037	12	0.0658	7	0.1211	3	0.1465	1	0.0575	8	0.0807	5
舟山	0.1785	2	0.0285	9	0.0559	7	0.2946	1	0.023	11	0.0186	12	0.0964	3
台州	0.1097	4	0.0344	11	0.0558	9	0.1603	1	0.1356	3	0.072	6	0.1363	2
丽水	0.018	12	0.0456	10	0.0727	9	0.1414	1	0.089	5	0.1386	2	0.0828	7
合肥	0.1454	3	0.0477	8	0.0211	10	0.0844	6	0.1532	2	0.129	4	0.0539	7
芜湖	0.0566	8	0.082	7	0.0247	12	0.1322	2	0.1139	4	0.0358	10	0.1172	3
蚌埠	0.0545	9	0.1176	3	0.1219	2	0.0944	6	0.1152	4	0.1023	5	0.0686	8
淮南	0.0406	12	0.0983	4	0.1199	2	0.0856	5	0.0484	11	0.0749	6	0.0303	13

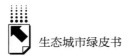

续表

城市名称	R&D经费占GDP比重		信息化基础设施		人均GDP		人口密度		生态环保知识、法规普及率,基础设施完好率		公众对城市生态环境满意率		政府投入与建设效果	
	数值	排名	数值	排名	数值	排名	数值	排名	数值	排名	数值	排名	数值	排名
马鞍山	0.1286	3	0.0721	7	0.0282	12	0.0349	11	0.1208	4	0.0769	6	0.0481	9
淮北	0.1003	4	0.0642	8	0.0799	6	0.0512	10	0.1462	1	0.0888	5	0.0089	13
铜陵	0.1051	3	0.0169	14	0.0671	9	0.083	6	0.1374	1	0.0692	8	0.0282	12
安庆	0.0323	13	0.1093	3	0.0744	8	0.0942	5	0.1155	2	0.1363	1	0.0484	9
黄山	0.0924	4	0.1067	3	0.1202	2	0.2197	1	0.078	5	0.0613	9	0.0342	11
滁州	0.0393	11	0.0923	6	0.0603	8	0.1159	3	0.1253	1	0.1122	4	0.0309	12
阜阳	0.0069	13	0.104	4	0.1126	2	0.0669	9	0.1158	1	0.0979	6	0.031	11
宿州	0.0258	12	0.0981	5	0.0994	4	0.044	11	0.0499	10	0.077	7	0.077	7
六安	0.0122	13	0.1501	1	0.1479	2	0.0523	8	0.0322	9	0.1362	3	0.0895	6
亳州	0.0155	12	0.1108	5	0.1201	2	0.0297	10	0.1103	6	0.1165	3	0.0385	9
池州	0.0736	8	0.0717	9	0.0849	5	0.1219	2	0.1224	1	0.0661	11	0.0188	13
宣城	0.0425	11	0.0759	8	0.1258	1	0.0786	7	0.0939	4	0.1157	2	0.0127	13
福州	0.1709	1	0.0322	10	0.0337	9	0.1379	3	0.092	4	0.0674	7	0.0805	6
厦门	0.1954	1	0.0055	12	0.0628	6	0.1844	2	0.0123	9	0.1243	5	0.0096	10
莆田	0.1152	4	0.0053	14	0.052	8	0.0786	6	0.1258	3	0.0248	12	0.0413	9
三明	0.0882	6	0.0441	11	0.0159	13	0.1232	1	0.0677	9	0.0764	7	0.1091	2
泉州	0.1267	4	0.022	11	0.0196	13	0.077	6	0.1325	2	0.0722	7	0.1296	3
漳州	0.1362	1	0.0478	9	0.0295	11	0.0028	14	0.1195	4	0.1051	5	0.1006	6
南平	0.0662	8	0.0504	11	0.0583	10	0.1192	1	0.0706	7	0.114	3	0.0951	5

续表

城市名称	R&D 经费占 GDP 比重		信息化基础设施		人均 GDP		人口密度		生态环保知识、法规普及率，基础设施完好率		公众对城市生态环境满意率		政府投入与建设效果	
	数值	排名	数值	排名	数值	排名	数值	排名	数值	排名	数值	排名	数值	排名
龙岩	0.0848	5	0.0485	11	0.0342	13	0.0961	4	0.1165	2	0.1334	1	0.0547	10
宁德	0.0657	9	0.0438	11	0.0333	12	0.067	8	0.1045	5	0.0792	7	0.1087	3
南昌	0.2487	1	0.0646	6	0.0614	7	0.0818	5	0.0269	11	0.1023	4	0.0452	10
景德镇	0.0886	5	0.178	1	0.0752	7	0.1124	3	0.0908	4	0.0097	13	0.0499	9
萍乡	0.0609	11	0.0702	7	0.0688	8	0.0074	13	0.1115	3	0.0722	5	0.0575	12
九江	0.0566	10	0.112	2	0.0387	12	0.0298	13	0.1084	3	0.0417	11	0.0649	9
新余	0.1379	2	0.0483	9	0.0418	10	0.1073	5	0.1406	1	0.0134	12	0.1073	5
鹰潭	0.0896	6	0.1306	2	0.0259	12	0.0653	8	0.1021	4	0.0632	9	0.1383	1
赣州	0.0091	13	0.135	1	0.1325	2	0.0122	12	0.1119	4	0.0529	9	0.0195	10
吉安	0.0143	12	0.0964	4	0.0959	5	0.0969	3	0.0792	8	0.0859	7	0.0563	11
宜春	0.018	13	0.0977	6	0.1211	1	0.0212	12	0.09	7	0.1058	4	0.0761	8
抚州	0.0305	9	0.1448	2	0.1718	1	0.0234	11	0.1207	3	0.0284	10	0.0114	13
上饶	0.0158	12	0.1128	3	0.0863	6	0.0371	11	0.1271	2	0.0784	7	0.0613	9
济南	0.2	2	0.0282	11	0.0353	8	0.1365	3	0.0839	5	0.0259	12	0.0345	9
青岛	0.1915	2	0.0334	9	0.019	11	0.1933	1	0.1003	4	0.075	6	0.0569	8
淄博	0.1588	1	0.0491	9	0.0252	11	0.1059	5	0.0636	7	0.0542	8	0.0013	13
枣庄	0.127	2	0.0728	9	0.0965	4	0.0733	8	0.0826	5	0.0372	12	0.0821	6
东营	0.1749	1	0.0457	10	0.0031	13	0.1737	2	0.0643	8	0.06	9	0.0655	7
烟台	0.1648	1	0.0442	9	0.0061	13	0.1103	4	0.0733	7	0.0885	5	0.1218	3

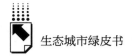

续表

城市名称	R&D经费占GDP比重		信息化基础设施		人均GDP		人口密度		生态环保知识、法规普及率,基础设施完好率		公众对城市生态环境满意率		政府投入与建设效果	
	数值	排名	数值	排名	数值	排名	数值	排名	数值	排名	数值	排名	数值	排名
潍坊	0.0721	9	0.058	10	0.0448	12	0.1291	1	0.0258	13	0.0931	4	0.1033	3
济宁	0.0887	5	0.076	6	0.0263	13	0.1092	3	0.1058	4	0.0682	9	0.1233	1
泰安	0.1273	1	0.067	7	0.0743	6	0.109	4	0.1186	3	0.0366	11	0.0617	8
威海	0.1603	2	0.044	8	0.0291	11	0.1885	1	0.0267	12	0.0511	7	0.1312	4
日照	0.1167	2	0.0641	7	0.0347	11	0.114	3	0.0293	12	0.0641	7	0.0288	13
莱芜	0.1118	6	0.0342	10	0.066	8	0.1267	3	0.1286	2	0.0048	13	0.0891	7
临沂	0.0714	8	0.0846	6	0.0659	9	0.1137	2	0.0645	10	0.0876	5	0.002	13
德州	0.1017	2	0.0668	8	0.0553	11	0.0971	4	0.0881	5	0.0732	7	0.1	3
聊城	0.0782	7	0.0661	11	0.0763	9	0.073	10	0.0774	8	0.0804	2	0.0789	4
滨州	0.086	7	0.0296	13	0.0428	10	0.1078	3	0.107	4	0.0633	9	0.0897	6
菏泽	0.0458	12	0.0884	5	0.0896	4	0.0818	7	0.0807	8	0.071	9	0.0989	2
郑州	0.1629	2	0.0335	10	0.0456	7	0.0999	5	0.0469	6	0.1562	3	0.0188	13
开封	0.0899	6	0.1211	3	0.1132	4	0.0074	13	0.1333	2	0.0719	9	0.0735	8
洛阳	0.1112	2	0.0502	11	0.0543	10	0.0272	13	0.0978	5	0.1035	3	0.0881	6
平顶山	0.0407	12	0.1186	1	0.0771	7	0.0377	13	0.0576	9	0.1034	3	0.0886	5
安阳	0.0611	12	0.0639	11	0.0766	9	0.0135	13	0.0944	2	0.0809	6	0.077	8
鹤壁	0.1224	2	0.0882	6	0.0893	5	0.0483	11	0.0432	12	0.0629	8	0.096	4
新乡	0.0762	6	0.0619	10	0.0639	9	0.0041	13	0.1084	3	0.1274	2	0.091	5
焦作	0.122	1	0.0585	9	0.0846	5	0.005	13	0.0801	7	0.0815	6	0.1112	3

续表

城市名称	R&D经费占GDP比重		信息化基础设施		人均GDP		人口密度		生态环保知识,法规普及率,基础设施完好率		公众对城市生态环境满意率		政府投入与建设效果	
	数值	排名	数值	排名	数值	排名	数值	排名	数值	排名	数值	排名	数值	排名
濮阳	0.0709	9	0.0867	5	0.0783	7	0.0394	10	0.1266	2	0.1245	3	0.0173	12
许昌	0.1107	3	0.0816	8	0.0747	9	0.0627	10	0.089	5	0.0927	4	0.0858	7
漯河	0.1223	3	0.1481	1	0.0982	5	0.0016	13	0.1089	4	0.0526	10	0.066	8
三门峡	0.0685	9	0.0464	13	0.0556	11	0.018	14	0.0929	4	0.0693	8	0.0921	5
南阳	0.0419	12	0.1029	2	0.0881	7	0.0633	10	0.0695	8	0.0516	11	0.1079	1
商丘	0.0403	11	0.1032	5	0.1156	3	0.0501	9	0.0899	7	0.1058	4	0.0561	8
信阳	0.0288	12	0.1145	2	0.092	5	0.0765	9	0.0903	6	0.0874	7	0.1045	4
周口	0.0355	10	0.1085	4	0.0972	6	0.0246	11	0.11	1	0.1061	5	0.0972	6
驻马店	0.0232	12	0.1164	1	0.1013	5	0.0674	8	0.1091	4	0.1013	5	0.0648	9
武汉	0.2105	2	0.0311	10	0.0322	9	0.0236	11	0.0344	8	0.0666	5	0.0086	13
黄石	0.1095	3	0.094	5	0.0503	9	0.0465	10	0.1327	1	0.0116	13	0.0763	7
十堰	0.0672	8	0.0711	6	0.0549	9	0.1282	2	0.0817	5	0.1389	1	0.0498	10
宜昌	0.1383	2	0.0545	9	0.0229	13	0.1209	3	0.0556	8	0.0261	12	0.0621	7
襄阳	0.1174	3	0.0838	6	0.043	11	0.0626	8	0.038	12	0.0559	10	0.1224	2
鄂州	0.1444	1	0.0615	7	0.0506	9	0.1341	2	0.0475	11	0.0049	13	0.05	10
荆门	0.0995	2	0.0914	3	0.0392	13	0.0838	6	0.068	9	0.0865	4	0.0851	5
孝感	0.0457	11	0.117	2	0.1152	3	0.0186	13	0.0699	8	0.0298	12	0.048	10
荆州	0.0491	10	0.04	12	0.0891	5	0.0592	8	0.0958	4	0.0289	13	0.1146	3
黄冈	0.0149	13	0.1055	4	0.0668	8	0.0125	14	0.0898	6	0.0652	9	0.1135	1

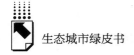

续表

城市名称	R&D 经费占 GDP 比重 数值	排名	信息化基础设施 数值	排名	人均 GDP 数值	排名	人口密度 数值	排名	生态环保知识、法规普及率，基础设施完好率 数值	排名	公众对城市生态环境满意率 数值	排名	政府投入与建设效果 数值	排名
咸宁	0.0707	9	0.0825	6	0.0829	5	0.0778	7	0.115	2	0.0108	13	0.1225	1
随州	0.1043	3	0.1116	2	0.0667	11	0.1126	1	0.0813	7	0.0673	10	0.0803	9
长沙	0.189	1	0.0804	6	0.0085	11	0.0346	10	0.1192	4	0.1827	2	0.0409	8
株洲	0.135	2	0.0833	6	0.0426	10	0.1532	1	0.1204	3	0.0261	12	0.0231	13
湘潭	0.1499	1	0.0854	6	0.0209	11	0.0203	12	0.0802	7	0.1104	3	0.0755	8
衡阳	0.0792	7	0.1083	3	0.0479	11	0.0331	13	0.098	4	0.1124	1	0.1124	1
邵阳	0.018	14	0.1083	1	0.078	8	0.0348	13	0.1067	2	0.091	5	0.0421	12
岳阳	0.1321	1	0.1017	4	0.0325	12	0.0062	13	0.1058	2	0.1032	3	0.064	9
常德	0.1329	2	0.1028	5	0.0301	10	0.0775	8	0.1233	3	0.1372	1	0.0484	9
张家界	0.0669	7	0.102	5	0.1163	4	0.0416	11	0.1572	1	0.1254	3	0.0058	12
益阳	0.062	9	0.1135	2	0.0812	7	0.0132	13	0.1053	4	0.1104	3	0.1281	1
郴州	0.0566	10	0.087	6	0.0389	12	0.1115	2	0.0904	4	0.1195	1	0.1111	3
永州	0.0306	11	0.1256	1	0.0998	5	0.0028	14	0.1191	3	0.1144	4	0.0405	10
怀化	0.0217	13	0.104	4	0.0737	7	0.0555	10	0.1019	5	0.1205	2	0.1231	1
娄底	0.0678	8	0.103	5	0.0491	10	0.0379	11	0.1102	4	0.1222	1	0.0161	13
广州	0.2027	2	0.0231	8	0.0134	10	0.0096	14	0.0134	10	0.0231	8	0.0701	5
韶关	0.0394	11	0.0074	14	0.0677	8	0.1318	1	0.0729	7	0.0343	12	0.1142	3
深圳	0.1199	4	0.0022	12	0.0066	10	0.0407	7	0.066	6	0.0748	5	0.1639	3
珠海	0.0973	4	0.0015	13	0.0118	10	0.1711	3	0.0088	12	0.0442	6	0.1785	2

续表

城市名称	R&D经费占GDP比重		信息化基础设施		人均GDP		人口密度		生态环保知识,法规普及率,基础设施完好率		公众对城市生态环境满意率		政府投入与建设效果	
	数值	排名	数值	排名	数值	排名	数值	排名	数值	排名	数值	排名	数值	排名
汕头	0.0768	6	0.0774	5	0.1297	3	0.0762	7	0.1345	2	0.0654	8	0.1128	4
佛山	0.1699	1	0.0094	13	0.0176	12	0.1051	5	0.0283	9	0.1617	3	0.1643	2
江门	0.1304	2	0.0419	10	0.0846	6	0.1374	1	0.1297	3	0.0295	12	0.0978	5
湛江	0.0796	7	0.1253	2	0.0677	9	0.0508	10	0.1071	3	0.0971	6	0.0006	13
茂名	0.0446	9	0.1177	4	0.0791	7	0.0138	13	0.1237	3	0.1283	1	0.1255	2
肇庆	0.1019	4	0.0032	13	0.0658	8	0.1305	1	0.11	3	0.0453	10	0.0933	5
惠州	0.108	5	0.0244	11	0.0521	8	0.1711	1	0.0907	6	0.1246	3	0.1451	2
梅州	0.0055	12	0.1069	5	0.1044	6	0.1289	1	0.0865	7	0.08	9	0.0375	10
汕尾	0.0172	11	0.1041	5	0.094	8	0.1222	2	0.1214	3	0.0658	9	0.0953	7
河源	0.0101	12	0.1175	3	0.0534	8	0.0529	9	0.1362	1	0.1149	4	0.109	5
阳江	0.0984	4	0.0742	7	0.0671	9	0.1131	1	0.0769	6	0.1011	3	0.1109	2
清远	0.0328	12	0.0858	7	0.089	4	0.0839	9	0.1172	1	0.1129	2	0.0876	6
东莞	0.1537	3	0.0046	11	0.0013	12	0.0994	5	0.0746	7	0.0353	9	0.1799	1
中山	0.1203	3	0.0022	13	0.003	12	0.0979	7	0.1106	4	0.1682	2	0.1988	1
潮州	0.072	6	0.0647	9	0.1054	4	0.0616	10	0.1221	3	0.0204	12	0.1247	2
揭阳	0.0682	8	0.0957	5	0.0816	7	0.0291	12	0.1157	1	0.0599	10	0.1115	2
云浮	0.0226	12	0.0774	8	0.056	11	0.0778	6	0.1084	1	0.1025	4	0.1029	3
南宁	0.1572	1	0.0618	9	0.0839	5	0.0698	8	0.0777	7	0.1307	3	0.0133	12
柳州	0.1602	2	0.0731	6	0.0482	9	0.0793	4	0.0311	12	0.0552	8	0.0397	11

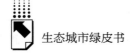

续表

城市名称	R&D经费占GDP比重		信息化基础设施		人均GDP		人口密度		生态环保知识、法规普及率，基础设施完好率		公众对城市生态环境满意率		政府投入与建设效果	
	数值	排名	数值	排名	数值	排名	数值	排名	数值	排名	数值	排名	数值	排名
桂林	0.0574	10	0.0913	4	0.1005	3	0.1301	1	0.0732	7	0.0852	5	0.0787	6
梧州	0.0574	9	0.1256	2	0.0524	10	0.1301	1	0.1149	3	0.0137	13	0.0722	7
北海	0.1677	2	0.014	13	0.0179	11	0.2197	1	0.0691	6	0.0474	8	0.1592	3
防城港	0.1569	2	0.0917	5	0.0373	9	0.1733	1	0.0614	8	0.0183	12	0.0297	10
钦州	0.0564	7	0.143	1	0.1063	4	0.1419	2	0.1366	3	0.0245	13	0.0505	8
贵港	0.0208	13	0.0897	7	0.1041	3	0.0977	5	0.1125	1	0.0553	10	0.0917	6
玉林	0.0217	12	0.1373	1	0.1058	5	0.0872	6	0.1202	4	0.0774	7	0.0697	8
百色	0.0146	12	0.105	5	0.049	10	0.1135	1	0.077	9	0.0892	8	0.109	4
贺州	0.0121	13	0.1166	1	0.1152	3	0.0545	9	0.1157	2	0.1045	5	0.0165	12
河池	0.0035	13	0.1138	4	0.1165	3	0.0644	9	0.0993	6	0.0357	10	0.0776	8
来宾	0.0273	10	0.1091	2	0.1083	3	0.0452	11	0.1155	1	0.0708	9	0.0435	12
崇左	0.0457	13	0.1116	3	0.0738	7	0.0426	11	0.1169	1	0.0637	8	0.0527	9
海口	0.2402	1	0.0303	8	0.1463	3	0.1514	2	0.003	13	0.107	5	0.0232	9
三亚	0.121	5	0.0317	7	0.1787	3	0.2003	2	0.0014	12	0.1282	4	0.0159	8
重庆	0.0716	7	0.0596	9	0.0897	4	0.1132	2	0.0705	8	0.0552	10	0.0191	14
成都	0.2177	1	0.0293	8	0.0448	6	0.0198	11	0.037	7	0.1713	3	0.0232	9
自贡	0.095	5	0.0745	7	0.0845	6	0.1214	2	0.1149	3	0.0015	14	0.0195	12
攀枝花	0.1382	4	0.0334	9	0.034	8	0.1161	5	0.0487	7	0.0068	12	0.1037	6
泸州	0.0438	10	0.0978	3	0.0966	4	0.0558	9	0.1579	1	0.0246	13	0.0294	11

续表

城市名称	R&D经费占GDP比重		信息化基础设施		人均GDP		人口密度		生态环保知识、法规普及率、基础设施完好率		公众对城市生态环境满意率		政府投入与建设效果	
	数值	排名	数值	排名	数值	排名	数值	排名	数值	排名	数值	排名	数值	排名
德阳	0.1275	1	0.0204	13	0.0602	10	0.0498	11	0.0754	7	0.0924	5	0.11	2
绵阳	0.1021	2	0.0565	11	0.0912	4	0.0918	3	0.1214	1	0.0373	13	0.0668	9
广元	0.0187	13	0.0979	6	0.1517	1	0.1033	5	0.0544	8	0.0399	10	0.0133	14
遂宁	0.0712	7	0.1176	4	0.1301	2	0.1214	3	0.1468	1	0.0405	11	0.0421	10
内江	0.0763	9	0.0044	13	0.106	3	0.079	7	0.1256	1	0.0728	10	0.043	11
乐山	0.0865	6	0.0442	12	0.0727	10	0.0925	3	0.052	11	0.0363	13	0.0745	8
南充	0.0414	12	0.1208	2	0.0006	13	0.0721	9	0.0917	5	0.0794	7	0.0867	6
眉山	0.0619	10	0.0518	12	0.0936	4	0.0945	3	0.0667	8	0.0528	11	0.0144	14
宜宾	0.0444	11	0.0879	7	0.0688	8	0.0267	13	0.1318	1	0.0487	10	0.0339	12
广安	0.0203	13	0.1077	2	0.1006	5	0.0706	8	0.1046	3	0.0477	11	0.0944	6
达州	0.017	13	0.0791	8	0.0988	3	0.0155	14	0.0894	6	0.1007	2	0.092	4
雅安	0.0682	8	0.0374	13	0.1034	2	0.1114	1	0.0682	8	0.0611	10	0.0214	14
巴中	0.0045	13	0.1128	4	0.1406	1	0.073	8	0.1282	2	0.08	6	0.0383	11
资阳	0.0687	8	0.129	1	0.0868	6	0.1094	4	0.107	5	0.0358	11	0.0815	7
贵阳	0.0822	6	0.0338	10	0.0548	8	0.1026	4	0.0478	9	0.1014	5	0.0326	11
六盘水	0.0187	13	0.104	2	0.0389	11	0.0972	5	0.0591	10	0.1021	3	0.0259	12
遵义	0.0195	13	0.0999	2	0.0661	11	0.0778	8	0.0716	10	0.0844	4	0.1013	1
安顺	0.0118	11	0.1269	2	0.1061	4	0.0563	10	0.0885	7	0.1004	5	0.0085	13
昆明	0.131	3	0.0339	9	0.0476	8	0.1232	4	0.0567	7	0.1447	2	0.0163	11

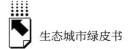

续表

城市名称	R&D经费占GDP比重		信息化基础设施		人均GDP		人口密度		生态环保知识、法规普及率,基础设施完好率		公众对城市生态环境满意率		政府投入与建设效果	
	数值	排名	数值	排名	数值	排名	数值	排名	数值	排名	数值	排名	数值	排名
曲靖	0.0107	12	0.1065	4	0.0553	10	0.0291	11	0.0901	7	0.1135	1	0.0844	9
玉溪	0.0528	9	0.0984	6	0.0345	11	0.0317	12	0.0888	7	0.132	1	0.0379	10
保山	0.0085	10	0.1155	4	0.1259	3	0.0085	10	0.0761	9	0.132	1	0.0066	12
昭通	0.0011	14	0.1054	5	0.0949	7	0.0071	13	0.099	6	0.1057	2	0.0277	11
丽江	0.0046	13	0.0859	6	0.0771	8	0.0203	11	0.0162	12	0.1261	2	0.1307	1
临沧	0.0049	12	0.1127	2	0.1033	5	0.0037	14	0.1004	6	0.1164	1	0.0848	8
拉萨	0.0049	13	0.1397	4	0.0021	14	0.1952	1	0.0744	7	0.066	7	0.0084	10
西安	0.1717	2	0.0352	9	0.0616	6	0.0205	13	0.0433	7	0.0844	5	0.0249	12
铜川	0.0118	14	0.0666	7	0.108	4	0.0355	11	0.071	6	0.0158	13	0.0656	8
宝鸡	0.0936	5	0.0921	6	0.0572	9	0.0035	14	0.0466	11	0.0501	10	0.0962	4
咸阳	0.0834	8	0.0651	9	0.0129	13	0.0932	6	0.0357	12	0.0963	5	0.1088	2
渭南	0.0206	13	0.0838	6	0.0827	7	0.0756	10	0.0251	12	0.085	5	0.0734	11
延安	0.038	11	0.0038	14	0.0924	7	0.0216	13	0.045	9	0.1192	1	0.1136	2
汉中	0.0261	14	0.091	4	0.0836	6	0.0268	13	0.0482	12	0.072	9	0.0486	11
榆林	0.0617	10	0.0882	6	0.0191	13	0.0394	12	0.0141	14	0.0808	7	0.0941	4
安康	0.0093	14	0.0975	5	0.1094	3	0.0847	8	0.113	1	0.0525	9	0.0415	10
商洛	0.0248	11	0.1185	1	0.1133	4	0.0103	14	0.0774	7	0.0441	10	0.0697	8
兰州	0.0965	5	0.0285	10	0.0667	7	0.0431	8	0.0056	14	0.0361	9	0.0069	13
嘉峪关	0.1714	3	0.0161	10	0.0374	8	0.1405	5	0.0013	12	0.0039	11	0.0393	7

续表

城市名称	R&D经费占GDP比重		信息化基础设施		人均GDP		人口密度		生态环保知识、法规普及率，基础设施完好率		公众对城市生态环境满意率		政府投入与建设效果	
	数值	排名	数值	排名	数值	排名	数值	排名	数值	排名	数值	排名	数值	排名
金昌	0.0724	6	0.0402	9	0.0817	5	0.0588	7	0.0118	12	0.0229	10	0.1368	4
白银	0.0084	13	0.0982	4	0.0919	6	0.0252	12	0.0798	7	0.0472	10	0.0273	11
天水	0.0031	13	0.0547	9	0.1303	1	0.0792	7	0.1283	2	0.0874	5	0.021	12
武威	0.0054	14	0.0785	7	0.1109	2	0.0569	11	0.0183	13	0.0876	4	0.0706	9
张掖	0.014	13	0.0395	10	0.1251	2	0.1296	1	0.0165	12	0.092	6	0.1141	4
平凉	0.0023	13	0.0176	12	0.1277	1	0.118	4	0.0757	8	0.0901	7	0.0423	10
酒泉	0.0554	9	0.0267	12	0.1117	5	0.1147	4	0.0119	13	0.0564	8	0.1305	1
庆阳	0.006	14	0.0931	6	0.0736	8	0.0374	11	0.094	5	0.1076	3	0.0753	7
定西	0.0008	13	0.1023	6	0.1149	1	0.0069	12	0.0777	9	0.1117	4	0.0805	7
陇南	0.0018	12	0.1253	1	0.1244	5	0.0265	10	0.0622	9	0.1024	6	0.0013	13
西宁	0.0657	6	0.044	10	0.0566	8	0.0623	7	0.036	12	0.1069	4	0.0029	14
银川	0.12	4	0.0301	10	0.0513	8	0.1453	1	0.0137	12	0.1036	6	0.0317	9
石嘴山	0.1264	4	0.0419	10	0.0638	6	0.0576	8	0.0095	12	0.0028	14	0.0621	7
吴忠	0.0104	13	0.1078	5	0.0544	9	0.0223	12	0.0332	11	0.1239	3	0.071	6
固原	0.0004	14	0.1059	2	0.1051	3	0.0104	13	0.0549	11	0.0702	9	0.1099	1
中卫	0.0116	14	0.0777	7	0.0869	6	0.0564	11	0.0192	13	0.0629	8	0.04	12
乌鲁木齐	0.1011	6	0.0113	12	0.0508	8	0.1214	4	0.0316	10	0.0316	10	0.0034	13
克拉玛依	0.0951	5	0.0079	12	0.0136	10	0.0029	13	0.0436	8	0.0136	10	0.0322	9

注：建设侧重度数值越大的越应该侧重建设，建设侧重度排名靠前的应该优先考虑。

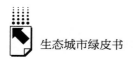
表16 2017年284个城市生态健康指数14个指标的建设难度

城市名称	森林覆盖率		空气质量优良天数		河湖水质		单位GDP工业二氧化硫排放量		生活垃圾无害化处理率		单位GDP综合能耗		一般工业固体废物综合利用率	
	数值	排名	数值	排名	数值	排名	数值	排名	数值	排名	数值	排名	数值	排名
北 京	0.0611	12	0.0723	5	0.0622	7	0.0963	2	0.0581	14	0.1001	1	0.0632	6
天 津	0.0622	10	0.0794	4	0.0609	12	0.0943	3	0.0602	13	0.0967	1	0.0587	14
石 家 庄	0.0699	7	0.0996	1	0.0634	8	0.0766	3	0.0591	14	0.0951	2	0.0605	13
唐 山	0.0684	7	0.0795	4	0.0621	13	0.0641	11	0.0586	14	0.0751	6	0.0623	12
秦 皇 岛	0.0655	9	0.0674	8	0.0648	12	0.069	5	0.0612	14	0.0931	2	0.0639	13
邯 郸	0.0763	5	0.0958	1	0.0736	7	0.0594	11	0.0556	14	0.0741	6	0.0566	13
邢 台	0.0796	5	0.0934	1	0.0868	3	0.0634	9	0.0549	14	0.0772	6	0.0554	13
保 定	0.0731	8	0.0845	3	0.0758	6	0.0843	4	0.0524	14	0.085	2	0.0682	9
张 家 口	0.078	4	0.0617	12	0.0747	5	0.068	9	0.0586	14	0.0814	3	0.0687	8
承 德	0.0654	10	0.0602	13	0.0709	7	0.0607	11	0.0568	14	0.0792	4	0.0808	3
沧 州	0.0851	2	0.0787	6	0.0876	1	0.084	4	0.0553	14	0.0843	3	0.0554	13
廊 坊	0.0807	4	0.0757	7	0.081	3	0.0826	2	0.0576	14	0.0932	1	0.0593	13
衡 水	0.077	6	0.0862	2	0.0784	4	0.0884	1	0.0548	14	0.085	3	0.0559	13
太 原	0.0616	10	0.0876	3	0.0606	13	0.0925	2	0.058	14	0.0838	4	0.0752	5
大 同	0.0674	8	0.065	13	0.0654	12	0.0677	7	0.0619	14	0.0776	3	0.0702	5
阳 泉	0.0651	9	0.0853	2	0.0645	12	0.0616	13	0.0608	14	0.077	4	0.067	8
长 治	0.0767	4	0.0792	2	0.0614	13	0.0618	12	0.0981	1	0.0684	9	0.072	6
晋 城	0.077	4	0.0918	1	0.0719	6	0.0648	12	0.0589	14	0.074	5	0.0713	8
朔 州	0.071	8	0.0695	10	0.0729	6	0.0633	11	0.0588	14	0.0699	9	0.0784	3
晋 中	0.0784	5	0.0848	3	0.0808	4	0.0639	9	0.0584	14	0.0712	7	0.0592	13

续表

城市名称	森林覆盖率		空气质量优良天数		河湖水质		单位GDP工业二氧化硫排放量		生活垃圾无害化处理率		单位GDP综合能耗		一般工业固体废物综合利用率	
	数值	排名	数值	排名	数值	排名	数值	排名	数值	排名	数值	排名	数值	排名
运城	0.0851	4	0.0908	1	0.0792	5	0.0583	13	0.0566	14	0.065	9	0.0701	7
忻州	0.0854	3	0.0761	5	0.0874	2	0.0588	13	0.0563	14	0.0732	7	0.0623	10
吕梁	0.0895	3	0.0683	6	0.0972	1	0.0589	13	0.0574	14	0.068	7	0.0744	5
呼和浩特	0.0634	11	0.0687	7	0.0608	13	0.0703	6	0.0597	14	0.0829	3	0.0804	4
包头	0.0631	11	0.0642	8	0.0615	13	0.0686	6	0.06	14	0.078	3	0.0743	5
乌海	0.0651	11	0.068	8	0.0699	4	0.0628	13	0.0622	14	0.068	7	0.0697	5
赤峰	0.0774	6	0.061	13	0.0634	9	0.0634	10	0.0588	14	0.0643	8	0.0803	5
通辽	0.0791	4	0.0611	12	0.0731	6	0.061	13	0.0588	14	0.0723	8	0.073	7
鄂尔多斯	0.0614	11	0.0601	12	0.0627	9	0.0653	8	0.0576	14	0.0849	4	0.0788	5
呼伦贝尔	0.0756	6	0.0569	13	0.0779	5	0.0614	10	0.0566	14	0.0867	1	0.0803	3
巴彦淖尔	0.0721	7	0.0619	13	0.0801	4	0.0626	12	0.0592	14	0.0758	5	0.0816	3
乌兰察布	0.0728	6	0.0602	13	0.0881	3	0.061	12	0.0583	14	0.071	7	0.0743	5
沈阳	0.0634	10	0.0679	7	0.062	12	0.0823	4	0.0595	14	0.0892	2	0.0612	13
大连	0.0619	10	0.0613	11	0.0602	12	0.0793	5	0.0595	13	0.0942	1	0.059	14
鞍山	0.0642	9	0.0669	8	0.0627	13	0.064	11	0.06	14	0.0761	5	0.0761	4
抚顺	0.0616	10	0.0621	9	0.0609	13	0.0613	11	0.0577	14	0.0725	7	0.083	4
本溪	0.0615	11	0.06	13	0.0601	12	0.0621	8	0.0579	14	0.0678	7	0.0755	5
丹东	0.0681	7	0.0605	13	0.0629	10	0.0691	6	0.0589	14	0.0727	5	0.0618	12
锦州	0.0729	6	0.0667	8	0.0618	12	0.0665	9	0.0582	14	0.0819	3	0.0605	13
营口	0.0622	10	0.0659	7	0.061	12	0.0623	9	0.0584	14	0.0739	5	0.0592	13

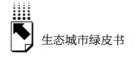

续表

城市名称	森林覆盖率		空气质量优良天数		河湖水质		单位GDP工业二氧化硫排放量		生活垃圾无害化处理率		单位GDP综合能耗		一般工业固体废物综合利用率	
	数值	排名	数值	排名	数值	排名	数值	排名	数值	排名	数值	排名	数值	排名
阜新	0.0628	6	0.0613	9	0.0608	11	0.0583	13	0.0577	14	0.0924	4	0.0597	12
辽阳	0.0594	11	0.061	9	0.058	13	0.0606	10	0.0557	14	0.0771	6	0.0852	4
盘锦	0.0629	10	0.0639	8	0.0605	13	0.0751	5	0.059	14	0.0817	4	0.0627	11
铁岭	0.0778	4	0.0659	10	0.0777	5	0.0623	11	0.0572	14	0.078	3	0.0675	9
朝阳	0.0844	4	0.0602	9	0.0719	6	0.0593	12	0.0563	14	0.0775	5	0.0579	13
葫芦岛	0.0629	12	0.0685	7	0.0744	5	0.0634	10	0.0589	14	0.0788	4	0.0635	9
长春	0.0619	10	0.0625	8	0.0598	12	0.0935	3	0.0596	13	0.0961	1	0.0587	14
吉林	0.0626	11	0.0625	12	0.0596	14	0.0647	9	0.0646	10	0.0852	3	0.08	4
四平	0.0792	4	0.0616	11	0.078	5	0.0654	8	0.057	14	0.0931	1	0.0618	10
辽源	0.0664	7	0.0616	12	0.0632	9	0.0706	6	0.0579	14	0.0946	1	0.0579	13
通化	0.0772	5	0.0606	13	0.0693	7	0.066	8	0.0593	14	0.0815	3	0.0632	11
白山	0.0762	4	0.059	13	0.0656	10	0.0701	7	0.0582	14	0.0709	5	0.0648	11
松原	0.0764	6	0.0596	13	0.0658	9	0.0829	2	0.0562	14	0.0823	3	0.0608	10
白城	0.0813	4	0.06	13	0.0823	3	0.0681	7	0.06	12	0.0925	1	0.0589	14
哈尔滨	0.0645	9	0.0637	10	0.0607	13	0.0911	3	0.0647	8	0.0941	1	0.0603	14
齐齐哈尔	0.0721	8	0.0595	14	0.073	7	0.0679	9	0.0743	5	0.093	1	0.0616	12
鸡西	0.0616	11	0.0602	14	0.0616	12	0.0649	7	0.0635	10	0.0801	3	0.0766	5
鹤岗	0.0644	10	0.0618	14	0.0633	13	0.0652	7	0.0717	4	0.0804	3	0.0664	6
双鸭山	0.0636	9	0.0612	13	0.0625	11	0.0634	10	0.0611	14	0.0885	3	0.0681	6
大庆	0.0608	11	0.0593	13	0.0605	12	0.0739	5	0.0573	14	0.0782	4	0.0677	7

续表

城市名称	森林覆盖率		空气质量优良天数		河湖水质		单位GDP工业二氧化硫排放量		生活垃圾无害化处理率		单位GDP综合能耗		一般工业固体废物综合利用率	
	数值	排名	数值	排名	数值	排名	数值	排名	数值	排名	数值	排名	数值	排名
伊春	0.0606	11	0.0581	14	0.0604	12	0.0591	13	0.0846	3	0.0752	5	0.0608	10
佳木斯	0.0627	11	0.0606	13	0.0634	10	0.0761	4	0.0599	14	0.0944	1	0.0704	7
七台河	0.0642	9	0.0634	11	0.0624	13	0.0626	12	0.0604	14	0.0723	4	0.064	10
牡丹江	0.0738	7	0.0577	12	0.0566	13	0.0746	6	0.0561	14	0.0908	2	0.0684	8
黑河	0.0821	5	0.0556	13	0.087	2	0.0585	11	0.0551	14	0.09	1	0.081	6
绥化	0.0856	3	0.0541	13	0.08	7	0.0712	8	0.0522	14	0.0853	4	0.0543	12
上海	0.0642	10	0.065	7	0.0717	4	0.0977	2	0.0602	14	0.0997	1	0.0612	13
南京	0.0613	10	0.065	7	0.0673	6	0.0935	3	0.058	14	0.094	2	0.0596	13
无锡	0.0613	10	0.0676	8	0.0597	12	0.078	4	0.0575	14	0.094	1	0.0591	13
徐州	0.0733	6	0.0903	2	0.0642	11	0.0703	7	0.0596	14	0.0757	3	0.0596	13
常州	0.0628	10	0.0692	6	0.061	12	0.0825	4	0.0589	14	0.0955	1	0.059	13
苏州	0.0629	9	0.0665	7	0.0626	11	0.0794	4	0.0589	14	0.0954	1	0.0601	13
南通	0.068	7	0.064	8	0.0608	12	0.093	2	0.0577	14	0.0971	1	0.0584	13
连云港	0.0629	10	0.0619	12	0.0632	9	0.0724	5	0.0582	14	0.0942	2	0.0587	13
淮安	0.0667	8	0.0684	7	0.0617	12	0.076	4	0.0579	14	0.0941	2	0.059	13
盐城	0.0765	4	0.0601	12	0.0748	5	0.082	3	0.0565	14	0.0913	1	0.0581	13
扬州	0.0623	9	0.0701	6	0.0598	12	0.0919	3	0.057	14	0.0957	1	0.0575	13
镇江	0.0616	8	0.0713	6	0.0585	12	0.0929	3	0.0577	14	0.0946	1	0.0581	13
泰州	0.0705	8	0.0656	9	0.0652	10	0.0894	3	0.0555	14	0.0906	1	0.0557	13
宿迁	0.0765	4	0.0687	10	0.0716	6	0.073	5	0.0544	14	0.0918	1	0.0579	13

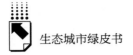

续表

城市名称	森林覆盖率		空气质量优良天数		河湖水质		单位GDP工业二氧化硫排放量		生活垃圾无害化处理率		单位GDP综合能耗		一般工业固体废物综合利用率	
	数值	排名	数值	排名	数值	排名	数值	排名	数值	排名	数值	排名	数值	排名
杭州	0.0638	10	0.0654	6	0.0633	12	0.0965	2	0.0599	14	0.1002	1	0.0642	7
宁波	0.064	9	0.0625	11	0.063	10	0.0964	3	0.0599	14	0.0984	1	0.0607	13
温州	0.0732	4	0.0606	12	0.0624	10	0.0948	2	0.0589	14	0.0982	1	0.0593	13
嘉兴	0.0666	8	0.0674	7	0.0639	11	0.0799	3	0.0602	14	0.0976	1	0.0606	13
湖州	0.064	10	0.0686	7	0.0633	11	0.0709	6	0.0598	14	0.0968	1	0.06	13
绍兴	0.0641	9	0.0651	7	0.0626	12	0.0924	2	0.0599	14	0.0966	1	0.0615	13
金华	0.0763	5	0.0617	11	0.0688	7	0.0833	3	0.0579	14	0.0957	1	0.0585	13
衢州	0.0731	6	0.0612	12	0.0634	9	0.0658	8	0.0589	14	0.0804	4	0.0593	13
舟山	0.0626	8	0.06	12	0.06	11	0.0946	3	0.0587	14	0.0957	1	0.0595	13
台州	0.0711	7	0.0564	13	0.0596	10	0.0894	2	0.0555	14	0.0928	1	0.057	12
丽水	0.0835	3	0.0592	13	0.0732	5	0.0713	7	0.0581	14	0.0974	1	0.0605	12
合肥	0.0627	10	0.0737	5	0.0602	13	0.0949	2	0.0588	14	0.0993	1	0.0616	12
芜湖	0.0626	10	0.0683	7	0.0608	13	0.0726	6	0.0585	14	0.0969	1	0.0621	12
蚌埠	0.0723	6	0.0714	8	0.0585	12	0.0911	2	0.0566	14	0.0942	2	0.0573	13
淮南	0.0709	7	0.075	5	0.0641	8	0.0621	12	0.0589	14	0.0926	1	0.0617	13
马鞍山	0.0654	11	0.0751	5	0.0623	13	0.0713	6	0.0612	14	0.0794	4	0.0625	12
淮北	0.0621	11	0.0827	3	0.0626	10	0.0654	8	0.0581	14	0.0907	2	0.0593	13
铜陵	0.0633	10	0.0645	8	0.0618	12	0.0691	7	0.06	14	0.0921	1	0.0607	13
安庆	0.078	4	0.0635	10	0.0713	8	0.0833	2	0.0576	14	0.0938	1	0.0585	13
黄山	0.0623	9	0.0585	13	0.0623	8	0.0803	4	0.0582	14	0.0987	1	0.0594	12

续表

城市名称	森林覆盖率		空气质量优良天数		河湖水质		单位GDP工业二氧化硫排放量		生活垃圾无害化处理率		单位GDP综合能耗		一般工业固体废物综合利用率	
	数值	排名	数值	排名	数值	排名	数值	排名	数值	排名	数值	排名	数值	排名
滁州	0.0768	5	0.0713	8	0.0717	7	0.0806	3	0.0567	14	0.0933	1	0.058	13
阜阳	0.0826	4	0.0687	7	0.0817	5	0.0615	10	0.0545	14	0.0876	3	0.0552	13
宿州	0.081	4	0.0806	5	0.0855	2	0.0657	9	0.0549	14	0.09	1	0.0556	13
六安	0.0813	4	0.0588	11	0.0773	6	0.0897	2	0.0557	14	0.0916	1	0.0559	13
亳州	0.0864	3	0.0744	7	0.0831	4	0.0618	9	0.0552	14	0.0921	1	0.0556	13
池州	0.0747	6	0.0653	10	0.0671	8	0.0648	11	0.0567	14	0.0847	4	0.0574	13
宣城	0.0784	4	0.0621	12	0.0798	3	0.0689	7	0.0585	14	0.0952	1	0.0599	13
福州	0.0642	9	0.0607	12	0.061	11	0.0811	3	0.06	14	0.0989	1	0.0605	13
厦门	0.0634	9	0.0604	13	0.0699	4	0.0976	2	0.0603	14	0.0996	1	0.0619	11
莆田	0.0688	7	0.0576	13	0.0899	4	0.0904	3	0.0565	14	0.0921	1	0.0601	10
三明	0.0808	4	0.0563	14	0.0756	6	0.0696	8	0.0564	13	0.0868	3	0.0573	12
泉州	0.0632	9	0.0544	13	0.0887	2	0.0862	4	0.0539	14	0.087	3	0.0548	12
漳州	0.082	3	0.058	13	0.0703	8	0.0833	2	0.057	14	0.095	1	0.0582	12
南平	0.0812	4	0.0562	14	0.0767	6	0.0794	5	0.0577	12	0.0876	2	0.0562	13
龙岩	0.0784	4	0.0596	13	0.0658	9	0.0827	3	0.0596	14	0.096	1	0.0614	12
宁德	0.0842	4	0.0557	14	0.0857	3	0.0716	7	0.0558	13	0.0899	1	0.0596	12
南昌	0.0635	8	0.0624	11	0.0613	12	0.0959	3	0.0595	14	0.1003	1	0.061	13
景德镇	0.0643	10	0.0617	13	0.0637	11	0.0691	6	0.0603	14	0.0988	1	0.0621	12
萍乡	0.0722	6	0.0623	12	0.0683	8	0.0631	11	0.0585	14	0.0835	4	0.0836	2
九江	0.0723	6	0.0621	13	0.0701	8	0.0734	5	0.0585	14	0.0946	1	0.071	7

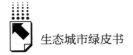
续表

城市名称	森林覆盖率		空气质量优良天数		河湖水质		单位GDP工业二氧化硫排放量		生活垃圾无害化处理率		单位GDP综合能耗		一般工业固体废物综合利用率	
	数值	排名	数值	排名	数值	排名	数值	排名	数值	排名	数值	排名	数值	排名
新余	0.062	10	0.0607	12	0.0599	13	0.0624	9	0.0582	14	0.0824	5	0.0618	11
鹰潭	0.0742	6	0.0574	12	0.0764	5	0.0734	7	0.0551	14	0.0923	1	0.057	13
赣州	0.0769	4	0.06	13	0.0749	6	0.0663	8	0.0573	14	0.0948	1	0.0621	9
吉安	0.0836	3	0.0599	11	0.0841	2	0.0643	10	0.0561	14	0.0947	1	0.059	13
宜春	0.0824	4	0.0596	12	0.0832	3	0.0609	10	0.0566	14	0.0913	1	0.0578	13
抚州	0.074	5	0.0598	12	0.0716	8	0.0729	6	0.0574	14	0.0956	1	0.0588	13
上饶	0.0804	4	0.0563	13	0.0763	6	0.0641	10	0.054	14	0.0897	1	0.0866	2
济南	0.0611	10	0.0886	4	0.0585	13	0.0923	3	0.0573	14	0.0932	1	0.0591	12
青岛	0.0629	10	0.0629	9	0.06	13	0.0957	2	0.059	14	0.0963	3	0.0604	12
淄博	0.0651	10	0.0786	4	0.0622	13	0.068	6	0.061	14	0.0828	3	0.0633	12
枣庄	0.0634	12	0.0808	2	0.0667	9	0.0739	7	0.0566	13	0.0802	3	0.0566	13
东营	0.0602	11	0.077	5	0.0581	13	0.0707	6	0.0565	14	0.0914	1	0.0582	12
烟台	0.0615	11	0.0608	13	0.0616	9	0.0852	4	0.0575	14	0.094	2	0.065	7
潍坊	0.075	6	0.0743	7	0.069	8	0.0773	4	0.0563	14	0.0869	1	0.059	13
济宁	0.0693	8	0.0731	7	0.0646	11	0.0737	6	0.0552	14	0.089	2	0.056	13
泰安	0.0651	10	0.0745	6	0.0712	8	0.0811	3	0.0535	14	0.0863	1	0.0545	13
威海	0.0614	9	0.0598	13	0.0605	12	0.093	3	0.0577	14	0.0937	2	0.0614	8
日照	0.0661	10	0.0669	9	0.0669	8	0.0722	5	0.0612	14	0.0765	4	0.0675	7
莱芜	0.0604	12	0.0807	4	0.0606	11	0.0607	10	0.0569	14	0.0651	8	0.0572	13
临沂	0.0792	4	0.078	5	0.0659	9	0.0657	10	0.0583	14	0.0909	1	0.0602	13

续表

城市名称	森林覆盖率 数值	森林覆盖率 排名	空气质量优良天数 数值	空气质量优良天数 排名	河湖水质 数值	河湖水质 排名	单位GDP工业二氧化硫排放量 数值	单位GDP工业二氧化硫排放量 排名	生活垃圾无害化处理率 数值	生活垃圾无害化处理率 排名	单位GDP综合能耗 数值	单位GDP综合能耗 排名	一般工业固体废物综合利用率 数值	一般工业固体废物综合利用率 排名
德州	0.0691	8	0.0859	2	0.0619	12	0.0629	11	0.0548	14	0.087	1	0.0562	13
聊城	0.0762	5	0.0878	1	0.0691	9	0.0598	13	0.0542	14	0.0812	3	0.0615	12
滨州	0.0631	9	0.0827	5	0.0608	11	0.0595	13	0.0565	14	0.0743	6	0.0608	10
菏泽	0.0774	6	0.0806	2	0.0799	3	0.0623	11	0.0534	14	0.0796	4	0.054	13
郑州	0.0626	8	0.0929	3	0.0608	13	0.0943	2	0.0586	14	0.0964	1	0.0623	11
开封	0.073	7	0.0779	5	0.0631	11	0.0869	2	0.0539	14	0.0883	1	0.0548	13
洛阳	0.0687	8	0.088	2	0.0629	10	0.0811	3	0.0564	14	0.0913	1	0.0619	11
平顶山	0.0842	4	0.0812	5	0.0637	10	0.0644	9	0.0568	14	0.0845	2	0.0587	13
安阳	0.0813	2	0.0917	1	0.0692	8	0.0607	12	0.0551	14	0.0785	5	0.0669	9
鹤壁	0.0649	9	0.0834	2	0.0633	11	0.0779	4	0.0572	14	0.0832	3	0.0574	13
新乡	0.0772	6	0.086	3	0.0636	10	0.0906	1	0.0563	14	0.0888	2	0.0579	13
焦作	0.0671	9	0.0841	2	0.0615	11	0.0738	7	0.055	14	0.0834	3	0.0615	12
濮阳	0.0811	5	0.0837	3	0.0696	7	0.0903	1	0.0559	14	0.0887	2	0.0566	13
许昌	0.0737	7	0.0741	6	0.08	3	0.0838	2	0.054	14	0.0886	1	0.0549	13
漯河	0.0711	9	0.0722	8	0.0579	11	0.0879	2	0.0545	14	0.0882	1	0.0564	13
三门峡	0.0719	8	0.0726	6	0.0724	7	0.0697	9	0.0555	14	0.0817	2	0.0764	5
南阳	0.0772	5	0.072	9	0.0767	6	0.083	3	0.0524	14	0.0856	2	0.0552	12
商丘	0.0859	4	0.0721	8	0.0867	3	0.0783	5	0.0539	14	0.087	1	0.0543	13
信阳	0.0808	4	0.0594	11	0.0863	2	0.0716	8	0.0534	14	0.0864	1	0.0537	13
周口	0.0836	4	0.0688	9	0.0861	1	0.0827	5	0.0514	14	0.0858	2	0.0515	13

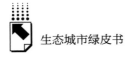

续表

城市名称	森林覆盖率		空气质量优良天数		河湖水质		单位GDP工业二氧化硫排放量		生活垃圾无害化处理率		单位GDP综合能耗		一般工业固体废物综合利用率	
	数值	排名	数值	排名	数值	排名	数值	排名	数值	排名	数值	排名	数值	排名
驻马店	0.082	4	0.067	9	0.0838	3	0.0854	2	0.0529	14	0.0864	1	0.0544	13
武汉	0.0638	9	0.0687	5	0.065	6	0.0965	2	0.0598	14	0.0964	3	0.0603	13
黄石	0.0724	7	0.0638	11	0.0622	12	0.0673	9	0.0589	14	0.0796	3	0.0601	13
十堰	0.0721	4	0.0617	13	0.0625	12	0.0953	1	0.0593	14	0.0902	2	0.068	8
宜昌	0.0622	11	0.0662	8	0.0611	13	0.0755	6	0.0581	14	0.0809	4	0.0843	2
襄阳	0.0689	7	0.0607	12	0.061	11	0.0913	1	0.0567	14	0.0836	4	0.074	5
鄂州	0.0641	10	0.067	7	0.0623	13	0.0749	5	0.0599	14	0.0831	2	0.0636	12
荆门	0.0754	6	0.0604	13	0.0611	12	0.0737	7	0.0567	14	0.0843	1	0.0779	3
孝感	0.0859	2	0.0612	11	0.0773	6	0.0735	7	0.0558	14	0.0793	4	0.064	9
荆州	0.0808	4	0.059	11	0.071	9	0.0743	6	0.0543	14	0.0877	2	0.0772	5
黄冈	0.085	2	0.0579	10	0.0845	4	0.0849	3	0.0529	14	0.0819	5	0.055	13
咸宁	0.0722	8	0.0579	12	0.0735	6	0.0813	3	0.0545	14	0.0755	5	0.0569	13
随州	0.0739	4	0.0592	12	0.067	10	0.0894	2	0.0548	14	0.0904	1	0.0591	13
长沙	0.0638	10	0.0669	6	0.0608	13	0.0971	2	0.0596	14	0.0978	1	0.0628	12
株洲	0.0644	8	0.0634	9	0.0605	12	0.0712	6	0.0582	14	0.0937	2	0.0593	13
湘潭	0.0728	5	0.067	9	0.0632	12	0.0678	8	0.061	14	0.089	1	0.0617	13
衡阳	0.0796	4	0.0603	13	0.0657	10	0.0728	6	0.0566	14	0.0916	1	0.0608	12
邵阳	0.0858	4	0.0585	12	0.0763	6	0.07	7	0.0552	14	0.0881	3	0.0608	10
岳阳	0.0779	4	0.0602	13	0.0719	8	0.0804	3	0.0575	14	0.0908	1	0.062	10
常德	0.0794	5	0.0614	11	0.0698	7	0.0918	2	0.057	14	0.0936	1	0.0573	13

续表

城市名称	森林覆盖率		空气质量优良天数		河湖水质		单位GDP工业二氧化硫排放量		生活垃圾无害化处理率		单位GDP综合能耗		一般工业固体废物综合利用率	
	数值	排名	数值	排名	数值	排名	数值	排名	数值	排名	数值	排名	数值	排名
张家界	0.0798	4	0.06	12	0.0687	8	0.0832	3	0.0581	13	0.0944	1	0.0581	13
益阳	0.077	5	0.0576	12	0.0743	7	0.0794	3	0.055	14	0.0889	2	0.0572	13
郴州	0.0777	5	0.0576	12	0.0752	7	0.0792	4	0.0553	14	0.088	2	0.0589	11
永州	0.0855	3	0.0587	12	0.0737	7	0.0899	2	0.0558	14	0.0899	1	0.0561	13
怀化	0.083	3	0.0577	12	0.0769	5	0.0747	7	0.0555	14	0.0895	2	0.0576	13
娄底	0.0899	1	0.0614	12	0.0828	3	0.0698	7	0.0592	14	0.0754	5	0.0613	13
广州	0.0624	10	0.0624	9	0.0758	5	0.0956	3	0.0602	13	0.098	1	0.0599	14
韶关	0.0642	9	0.0584	14	0.0608	11	0.0668	7	0.0656	8	0.0762	4	0.0628	10
深圳	0.0608	11	0.0592	12	0.0834	4	0.1004	1	0.0582	14	0.0974	2	0.0632	6
珠海	0.0628	9	0.0614	11	0.08	4	0.096	3	0.0595	13	0.099	1	0.0596	12
汕头	0.0613	10	0.0579	13	0.0592	12	0.0774	6	0.0598	11	0.0952	1	0.0577	14
佛山	0.0628	7	0.0616	12	0.0616	11	0.0935	3	0.0581	14	0.0959	1	0.0619	9
江门	0.0631	9	0.0629	10	0.0601	12	0.0816	3	0.059	14	0.0969	1	0.0601	13
湛江	0.0857	3	0.0604	11	0.074	6	0.0788	4	0.0588	13	0.0897	1	0.0588	12
茂名	0.0815	5	0.0561	12	0.0776	6	0.0882	2	0.0548	14	0.0852	3	0.0556	13
肇庆	0.0686	7	0.0609	11	0.0603	12	0.0668	10	0.0569	14	0.0926	1	0.068	9
惠州	0.0639	9	0.0608	12	0.0618	11	0.0871	3	0.06	14	0.0937	1	0.0606	13
梅州	0.0854	3	0.057	13	0.0789	6	0.0608	10	0.0568	14	0.0864	2	0.057	12
汕尾	0.0837	3	0.052	13	0.073	9	0.0829	4	0.0524	12	0.085	2	0.0515	14
河源	0.0838	3	0.0559	13	0.0706	8	0.0896	2	0.0556	14	0.0903	1	0.0597	11

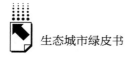

续表

城市名称	森林覆盖率		空气质量优良天数		河湖水质		单位GDP工业二氧化硫排放量		生活垃圾无害化处理率		单位GDP综合能耗		一般工业固体废物综合利用率	
	数值	排名	数值	排名	数值	排名	数值	排名	数值	排名	数值	排名	数值	排名
阳江	0.0735	5	0.0589	13	0.0611	11	0.0644	10	0.0566	14	0.0916	1	0.0597	12
清远	0.0794	5	0.0608	12	0.0649	10	0.0675	9	0.0582	14	0.0833	2	0.0589	13
东莞	0.0571	13	0.06	10	0.0906	4	0.068	6	0.0571	13	0.094	2	0.0585	12
中山	0.0627	10	0.0628	9	0.0613	12	0.0954	3	0.059	14	0.0973	1	0.0616	11
潮州	0.0695	7	0.0574	13	0.0597	12	0.0717	6	0.0676	8	0.083	3	0.0567	14
揭阳	0.0699	9	0.0535	13	0.0769	6	0.0847	4	0.0533	14	0.085	3	0.06	11
云浮	0.0865	3	0.0577	13	0.074	5	0.0599	12	0.0565	14	0.0811	4	0.0616	10
南宁	0.0653	7	0.0616	13	0.0618	12	0.0971	2	0.0603	14	0.0972	1	0.0636	11
柳州	0.0667	9	0.0652	12	0.0665	10	0.0783	4	0.0625	14	0.0795	3	0.0628	13
桂林	0.0784	4	0.0599	12	0.0616	10	0.0739	6	0.0574	14	0.0941	1	0.0593	13
梧州	0.076	7	0.0565	13	0.0641	10	0.0887	2	0.0551	14	0.0764	5	0.0611	11
北海	0.0618	7	0.0584	12	0.0598	10	0.0774	5	0.0571	14	0.093	2	0.0573	13
防城港	0.0674	6	0.0609	13	0.0613	11	0.0653	7	0.0596	14	0.0851	3	0.0611	12
钦州	0.0727	8	0.0558	12	0.0698	9	0.0812	4	0.0539	14	0.0876	1	0.0546	13
贵港	0.0813	5	0.0562	12	0.0733	7	0.0653	10	0.054	14	0.0657	9	0.0554	13
玉林	0.0824	3	0.0557	12	0.0783	5	0.0866	2	0.0537	14	0.0882	1	0.0546	13
百色	0.0591	12	0.0573	13	0.083	3	0.0607	10	0.0558	14	0.0668	9	0.0817	4
贺州	0.0807	4	0.0592	13	0.0806	5	0.0747	6	0.0571	14	0.0746	7	0.0603	11
河池	0.0836	4	0.0541	13	0.0759	6	0.0591	11	0.0529	14	0.0866	1	0.0788	5
来宾	0.0801	5	0.0588	13	0.0824	3	0.0645	8	0.0559	14	0.0812	4	0.0594	12
崇左	0.0823	4	0.0564	13	0.0835	2	0.0793	5	0.055	14	0.0721	8	0.0695	9

续表

城市名称	森林覆盖率		空气质量优良天数		河湖水质		单位GDP工业二氧化硫排放量		生活垃圾无害化处理率		单位GDP综合能耗		一般工业固体废物综合利用率	
	数值	排名	数值	排名	数值	排名	数值	排名	数值	排名	数值	排名	数值	排名
海口	0.0624	9	0.0592	13	0.0625	7	0.0953	2	0.0586	14	0.0979	1	0.0606	11
三亚	0.0633	9	0.0598	11	0.0754	4	0.0968	2	0.0596	12	0.1002	1	0.0596	12
重庆	0.0636	11	0.064	10	0.0624	13	0.0732	5	0.0596	14	0.0971	1	0.0661	8
成都	0.0638	8	0.0729	5	0.0614	13	0.0963	2	0.0597	14	0.0992	1	0.0648	6
自贡	0.0627	11	0.0683	8	0.0649	9	0.0884	3	0.0559	14	0.0894	2	0.0568	13
攀枝花	0.0633	9	0.0597	13	0.0624	11	0.0604	12	0.0593	14	0.0764	6	0.0882	2
泸州	0.0702	7	0.0692	8	0.0663	9	0.0702	6	0.0581	14	0.0906	2	0.0586	13
德阳	0.0752	4	0.0664	9	0.0663	10	0.0704	6	0.0565	14	0.0917	1	0.0655	11
绵阳	0.0722	6	0.0613	12	0.0664	9	0.0808	3	0.0581	14	0.0951	1	0.06	13
广元	0.078	4	0.0587	12	0.0734	6	0.0743	5	0.0578	14	0.0938	1	0.0579	13
遂宁	0.0734	7	0.0623	10	0.0676	9	0.0871	3	0.0541	14	0.0879	5	0.0541	13
内江	0.0805	4	0.0665	9	0.0781	7	0.0594	11	0.057	14	0.079	2	0.0574	13
乐山	0.0791	3	0.0603	12	0.0727	6	0.0621	12	0.0581	14	0.0805	1	0.0616	13
南充	0.078	4	0.0632	11	0.0754	5	0.0836	3	0.0569	13	0.0925	1	0.0658	9
眉山	0.0812	3	0.0633	8	0.0759	5	0.0683	7	0.0579	14	0.0926	1	0.0582	13
宜宾	0.0791	4	0.0563	12	0.079	3	0.0626	9	0.0564	14	0.091	1	0.0622	10
广安	0.0783	6	0.0586	13	0.0839	6	0.0625	10	0.0539	14	0.0871	3	0.0562	13
达州	0.0825	4	0.0596	13	0.0787	5	0.0643	8	0.0586	12	0.0852	1	0.0583	14
雅安	0.0739	6	0.056	13	0.0742	4	0.0739	7	0.0568	14	0.0875	2	0.0637	10
巴中	0.0784	6	0.0566	12	0.0816	4	0.0767	7	0.0546	14	0.0886	1	0.0571	11
资阳	0.0777	4			0.0816	3	0.0709	10	0.0536	14	0.0891		0.0538	13

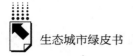
续表

城市名称	森林覆盖率		空气质量优良天数		河湖水质		单位GDP工业二氧化硫排放量		生活垃圾无害化处理率		单位GDP综合能耗		一般工业固体废物综合利用率	
	数值	排名	数值	排名	数值	排名	数值	排名	数值	排名	数值	排名	数值	排名
贵阳	0.0649	11	0.0619	13	0.0633	12	0.0678	7	0.0618	14	0.0985	1	0.0836	3
六盘水	0.0806	4	0.0603	13	0.082	3	0.0596	14	0.0605	12	0.0788	5	0.0701	7
遵义	0.0774	5	0.0561	14	0.0779	4	0.0604	11	0.0565	13	0.0889	2	0.0638	10
安顺	0.0776	5	0.059	13	0.0788	4	0.0629	10	0.0652	9	0.0901	1	0.0583	14
昆明	0.0659	10	0.0621	13	0.0638	12	0.0716	6	0.0619	14	0.0919	1	0.0821	2
曲靖	0.0892	1	0.058	13	0.0859	2	0.0589	12	0.0576	14	0.0793	6	0.0666	8
玉溪	0.0871	1	0.0613	13	0.0772	5	0.0652	12	0.0612	14	0.0849	2	0.0738	6
保山	0.0868	3	0.0586	13	0.0941	1	0.0652	7	0.0583	5	0.0826	4	0.0626	8
昭通	0.0883	2	0.0547	14	0.0927	1	0.0605	9	0.0842	13	0.0795	7	0.063	8
丽江	0.0796	3	0.0587	14	0.0686	7	0.0658	8	0.0588	12	0.0896	2	0.0758	5
临沧	0.0848	4	0.0551	13	0.0875	2	0.0747	8	0.0555	13	0.0878	1	0.0565	11
拉萨	0.0607	11	0.0578	14	0.0614	9	0.0928	3	0.0588	14	0.0931	2	0.0692	6
西安	0.0619	9	0.083	4	0.0608	13	0.0941	2	0.0581	13	0.0958	1	0.0609	12
铜川	0.0643	10	0.0725	5	0.0679	8	0.0638	11	0.0624	14	0.0786	3	0.0616	14
宝鸡	0.0716	5	0.0662	11	0.0665	10	0.0833	3	0.0564	14	0.0915	1	0.0672	8
咸阳	0.0803	5	0.0806	4	0.0593	13	0.0895	2	0.056	14	0.09	1	0.0608	10
渭南	0.0854	2	0.0883	1	0.0784	5	0.0577	12	0.0566	13	0.0735	8	0.0566	14
延安	0.0803	5	0.0601	12	0.0815	3	0.0708	6	0.0578	14	0.0939	1	0.0706	7
汉中	0.0867	1	0.0624	12	0.0859	2	0.0629	9	0.057	14	0.0835	3	0.0706	7
榆林	0.0794	5	0.0601	13	0.0862	2	0.0616	10	0.0583	14	0.0844	3	0.0816	4
安康	0.0772	7	0.0555	13	0.0807	5	0.0861	2	0.0535	14	0.087	1	0.0583	11

续表

城市名称	森林覆盖率		空气质量优良天数		河湖水质		单位GDP工业二氧化硫排放量		生活垃圾无害化处理率		单位GDP综合能耗		一般工业固体废物综合利用率	
	数值	排名	数值	排名	数值	排名	数值	排名	数值	排名	数值	排名	数值	排名
商洛	0.084	5	0.0547	13	0.0853	4	0.0675	9	0.0545	14	0.0876	1	0.0622	10
兰州	0.0666	8	0.078	3	0.0645	12	0.0755	4	0.0625	14	0.0784	2	0.0642	13
嘉峪关	0.0643	10	0.0654	8	0.0648	9	0.0628	12	0.0627	13	0.0627	13	0.0723	4
金昌	0.064	9	0.0622	11	0.0611	12	0.0602	13	0.0602	13	0.0751	4	0.094	2
白银	0.0735	5	0.063	12	0.0846	2	0.0612	13	0.0603	14	0.0727	6	0.065	9
天水	0.0825	5	0.0592	11	0.0835	4	0.0687	7	0.0567	14	0.0888	2	0.0579	13
武威	0.0875	2	0.0603	13	0.0767	5	0.0666	8	0.0652	9	0.0801	3	0.0602	14
张掖	0.0632	9	0.0613	13	0.0684	6	0.065	7	0.0591	14	0.077	5	0.0635	8
平凉	0.0812	4	0.0596	12	0.0887	2	0.0612	9	0.058	14	0.0763	6	0.0596	13
酒泉	0.0619	10	0.0608	13	0.0624	8	0.0664	7	0.0578	14	0.0765	5	0.0764	6
庆阳	0.088	3	0.0577	12	0.0944	1	0.0678	8	0.0563	14	0.0904	2	0.0568	13
定西	0.0903	3	0.0572	12	0.0954	1	0.0587	11	0.0553	14	0.0844	4	0.0601	8
陇南	0.0917	3	0.0543	12	0.0925	1	0.0664	7	0.0532	14	0.072	6	0.0917	2
西宁	0.0697	6	0.0686	10	0.0669	12	0.067	11	0.0667	13	0.0789	2	0.0665	14
银川	0.0631	11	0.0726	5	0.0615	13	0.0725	6	0.0595	14	0.0723	7	0.0822	2
石嘴山	0.0662	10	0.072	4	0.0668	9	0.0632	12	0.0631	14	0.0683	7	0.0631	13
吴忠	0.069	8	0.0675	11	0.0712	7	0.0651	13	0.0637	14	0.0737	5	0.0714	6
固原	0.075	7	0.058	12	0.0871	3	0.0614	9	0.057	13	0.0755	6	0.0605	10
中卫	0.0755	5	0.0633	10	0.0886	1	0.0606	13	0.0602	14	0.0637	9	0.081	4
乌鲁木齐	0.0648	11	0.0751	4	0.0662	8	0.0692	7	0.0641	13	0.0711	6	0.0631	14
克拉玛依	0.0652	10	0.0649	12	0.0916	2	0.0708	5	0.0631	14	0.0745	3	0.0643	13

续表

城市名称	R&D 经费占 GDP 比重		信息化基础设施		人均 GDP		人口密度		生态环保知识、法规普及率,基础设施完好率		公众对城市生态环境满意率		政府投入与建设效果	
	数值	排名	数值	排名	数值	排名	数值	排名	数值	排名	数值	排名	数值	排名
北 京	0.0618	10	0.0616	11	0.0621	8	0.0904	3	0.0599	13	0.0892	4	0.0619	9
天 津	0.0722	5	0.0624	9	0.0626	8	0.0655	7	0.062	11	0.0949	2	0.0679	6
石 家 庄	0.0757	5	0.063	11	0.072	6	0.0623	12	0.0632	10	0.0763	4	0.0632	9
唐 山	0.0873	1	0.0649	8	0.0644	9	0.0857	2	0.0643	10	0.0795	5	0.0837	3
秦 皇 岛	0.0682	6	0.0653	11	0.0784	3	0.0675	7	0.0654	10	0.0986	1	0.0716	4
邯 郸	0.0592	12	0.0707	8	0.0827	3	0.0616	10	0.0673	9	0.0808	4	0.0864	2
邢 台	0.0587	12	0.0668	8	0.0815	4	0.061	11	0.0696	7	0.0619	10	0.0899	2
保 定	0.0558	13	0.0599	11	0.0743	7	0.0563	12	0.0808	5	0.0619	10	0.0877	1
张 家 口	0.0614	13	0.0676	10	0.0842	2	0.0693	7	0.0617	11	0.0723	6	0.0924	1
承 德	0.0606	12	0.0702	8	0.073	6	0.0948	1	0.0678	9	0.0752	5	0.0844	2
沧 州	0.0643	8	0.0642	9	0.0592	12	0.0617	10	0.0748	7	0.0617	11	0.0838	5
廊 坊	0.064	9	0.0613	12	0.0627	10	0.0767	6	0.0615	11	0.0643	8	0.0794	5
衡 水	0.0589	12	0.0621	11	0.0717	7	0.0779	5	0.0676	9	0.0648	10	0.0714	8
太 原	0.075	6	0.0616	11	0.064	8	0.0642	7	0.0607	12	0.0935	1	0.0619	9
大 同	0.0658	10	0.0743	4	0.0854	2	0.0696	6	0.0657	11	0.0976	1	0.0662	9
阳 泉	0.0706	6	0.0649	11	0.0798	3	0.0681	7	0.065	10	0.0994	1	0.0708	5
长 治	0.0656	10	0.0699	8	0.0787	3	0.0641	11	0.0604	14	0.073	5	0.0706	7
晋 城	0.0716	7	0.0654	11	0.0787	2	0.0656	10	0.0627	13	0.0692	9	0.0773	3
朔 州	0.0795	2	0.0735	5	0.0629	12	0.0718	7	0.0625	13	0.0916	1	0.0745	4

续表

城市名称	R&D经费占GDP比重		信息化基础设施		人均GDP		人口密度		生态环保知识、法规普及率，基础设施完好率		公众对城市生态环境满意率		政府投入与建设效果	
	数值	排名	数值	排名	数值	排名	数值	排名	数值	排名	数值	排名	数值	排名
晋中	0.0625	11	0.0693	8	0.0851	2	0.089	1	0.0623	12	0.0725	6	0.0625	10
运城	0.0602	11	0.0666	8	0.0857	3	0.0606	10	0.0754	6	0.0589	12	0.0874	2
忻州	0.0596	12	0.0738	6	0.0922	1	0.0792	4	0.0601	11	0.0716	8	0.064	9
吕梁	0.0609	11	0.0748	4	0.0941	2	0.0605	12	0.064	10	0.0656	9	0.0663	8
呼和浩特	0.0942	1	0.0712	5	0.0639	9	0.0657	8	0.0616	12	0.0936	2	0.0635	10
包头	0.1024	1	0.0654	7	0.0635	9	0.0764	4	0.0628	12	0.0962	2	0.0635	10
乌海	0.0938	2	0.0657	10	0.074	3	0.0685	6	0.0644	12	0.1022	1	0.0659	9
赤峰	0.062	12	0.0812	4	0.0841	2	0.0817	3	0.0695	7	0.0901	1	0.0627	11
通辽	0.0628	10	0.0799	3	0.086	1	0.0627	11	0.0672	9	0.0779	5	0.0852	2
鄂尔多斯	0.0889	3	0.0667	7	0.0616	10	0.0701	6	0.0598	13	0.0929	1	0.0892	2
呼伦贝尔	0.0604	12	0.0725	9	0.0735	8	0.0839	2	0.0605	11	0.079	4	0.0748	7
巴彦淖尔	0.0634	9	0.0731	6	0.0846	2	0.0636	8	0.0629	11	0.0959	1	0.0633	10
乌兰察布	0.0614	11	0.0886	2	0.0856	4	0.0625	9	0.0614	10	0.0913	1	0.0635	8
沈阳	0.0842	3	0.0639	9	0.0706	5	0.0667	8	0.0628	11	0.0959	1	0.0702	6
大连	0.0931	3	0.0622	9	0.0622	8	0.0692	6	0.0639	7	0.094	2	0.0799	4
鞍山	0.0842	2	0.0671	7	0.0842	3	0.076	6	0.0637	12	0.0909	1	0.0641	10
抚顺	0.0837	3	0.0623	8	0.0761	5	0.0742	6	0.0612	12	0.0942	1	0.089	2
本溪	0.0791	4	0.0619	9	0.0794	3	0.1024	1	0.0616	10	0.0953	2	0.0754	6
丹东	0.0636	9	0.0652	8	0.0929	2	0.0932	1	0.0625	11	0.0911	3	0.0775	4

续表

城市名称	R&D经费占GDP比重		信息化基础设施		人均GDP		人口密度		生态环保知识、法规普及率,基础设施完好率		公众对城市生态环境满意率		政府投入与建设效果	
	数值	排名	数值	排名	数值	排名	数值	排名	数值	排名	数值	排名	数值	排名
锦州	0.0717	7	0.0647	10	0.076	4	0.0741	5	0.0622	11	0.0938	1	0.0889	2
营口	0.0887	3	0.0638	8	0.0696	6	0.0834	4	0.062	11	0.0943	2	0.0953	1
阜新	0.0614	8	0.0625	7	0.0953	1	0.0807	5	0.0612	10	0.093	2	0.0929	3
辽阳	0.0742	7	0.0612	8	0.0799	5	0.0877	3	0.0593	12	0.0914	1	0.0892	2
盘锦	0.0931	2	0.0632	9	0.0669	6	0.0642	7	0.0615	12	0.0953	1	0.0902	3
铁岭	0.0606	13	0.0718	8	0.0899	1	0.0754	6	0.0611	12	0.074	7	0.081	2
朝阳	0.0599	11	0.0715	7	0.0887	3	0.0915	1	0.0602	10	0.0699	8	0.0907	2
葫芦岛	0.0628	13	0.0704	6	0.0873	2	0.0832	3	0.063	11	0.0649	8	0.098	1
长春	0.0854	4	0.0663	6	0.0644	7	0.0744	5	0.0615	11	0.0939	2	0.0621	9
吉林	0.0744	5	0.0711	6	0.0684	8	0.0694	7	0.0613	13	0.0892	1	0.087	2
四平	0.0652	9	0.0752	6	0.0911	2	0.0605	13	0.061	12	0.0824	3	0.0685	7
辽源	0.0803	4	0.0767	5	0.0625	10	0.0657	8	0.062	11	0.0892	3	0.0913	2
通化	0.0632	12	0.0755	6	0.0851	2	0.0646	9	0.0632	10	0.09	1	0.0813	4
白山	0.0675	9	0.0693	8	0.0708	6	0.0901	2	0.0603	12	0.0915	1	0.0857	3
松原	0.0796	4	0.0781	5	0.0729	7	0.0601	12	0.0602	11	0.0696	8	0.0953	1
白城	0.0626	10	0.0783	5	0.0896	2	0.064	9	0.0617	11	0.0755	6	0.0651	8
哈尔滨	0.0844	4	0.0669	6	0.0651	7	0.0669	5	0.0615	12	0.0938	2	0.0622	11
齐齐哈尔	0.0613	13	0.0781	4	0.0801	3	0.0634	10	0.0617	11	0.0805	2	0.0736	6
鸡西	0.0642	8	0.0782	4	0.0973	1	0.064	9	0.0604	13	0.0931	2	0.0745	6

续表

城市名称	R&D经费占GDP比重 数值	排名	信息化基础设施 数值	排名	人均GDP 数值	排名	人口密度 数值	排名	生态环保知识、法规普及率,基础设施完好率 数值	排名	公众对城市生态环境满意率 数值	排名	政府投入与建设效果 数值	排名
鹤岗市	0.0641	11	0.0713	5	0.0998	1	0.0648	8	0.0636	12	0.0986	2	0.0644	9
双鸭山	0.07	5	0.0637	8	0.0973	1	0.0652	7	0.0622	12	0.097	2	0.0763	4
大庆	0.0915	3	0.0715	6	0.0613	10	0.0623	9	0.0673	8	0.0934	2	0.095	1
伊春	0.0713	7	0.0713	6	0.0952	2	0.0622	8	0.0611	9	0.0984	1	0.0816	4
佳木斯	0.0713	6	0.0613	12	0.0761	5	0.0658	8	0.0649	9	0.0866	2	0.0866	3
七台河	0.068	6	0.0702	5	0.0908	3	0.0646	7	0.0644	8	0.1006	1	0.0922	2
牡丹江	0.0771	5	0.0653	9	0.0839	3	0.0613	11	0.0619	10	0.091	1	0.0813	4
黑河	0.0615	9	0.0748	7	0.0838	4	0.0584	12	0.0588	10	0.0681	8	0.0855	3
绥化	0.0556	11	0.0839	5	0.0873	2	0.0573	10	0.0649	9	0.0802	6	0.088	1
上海	0.0643	9	0.0635	11	0.0644	8	0.0664	5	0.0628	12	0.0929	3	0.066	6
南京	0.0788	5	0.0602	12	0.062	8	0.0837	4	0.0604	11	0.0943	1	0.0617	9
无锡	0.0879	3	0.0601	11	0.0616	9	0.0758	6	0.0677	7	0.0929	2	0.0768	5
徐州	0.0736	5	0.0655	10	0.0638	12	0.0666	8	0.0751	4	0.0962	1	0.0663	9
常州	0.0901	3	0.0615	11	0.063	9	0.0723	5	0.0637	8	0.0952	2	0.0654	7
苏州	0.08	3	0.0602	12	0.0631	8	0.0755	6	0.0628	10	0.0952	2	0.0774	5
南通	0.0801	4	0.0613	11	0.0618	10	0.0633	9	0.0737	5	0.0911	3	0.0695	6
连云港	0.069	7	0.0624	11	0.0712	6	0.0839	3	0.0656	8	0.0946	1	0.0818	4
淮安	0.0734	5	0.0636	10	0.0694	6	0.0621	11	0.0643	9	0.0946	1	0.0888	3
盐城	0.0676	9	0.0611	11	0.0632	10	0.0715	8	0.0742	6	0.091	2	0.0722	7

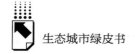

续表

城市名称	R&D经费占GDP比重		信息化基础设施		人均GDP		人口密度		生态环保知识、法规普及率，基础设施完好率		公众对城市生态环境满意率		政府投入与建设效果	
	数值	排名	数值	排名	数值	排名	数值	排名	数值	排名	数值	排名	数值	排名
扬州	0.0832	4	0.0605	11	0.061	10	0.0649	8	0.0669	7	0.0923	2	0.0769	5
镇江	0.0846	4	0.0606	11	0.0617	7	0.0819	5	0.0615	10	0.0936	2	0.0615	9
泰州	0.0842	4	0.0591	12	0.0594	11	0.0718	5	0.0717	6	0.0895	2	0.0716	7
宿迁	0.0682	11	0.0629	12	0.0706	7	0.07	8	0.0694	9	0.0873	2	0.0777	3
杭州	0.074	4	0.0622	13	0.0641	8	0.0663	5	0.0636	11	0.0925	3	0.064	9
宁波	0.0764	4	0.0623	12	0.0641	7	0.0675	5	0.064	8	0.0968	2	0.0642	6
温州	0.0657	8	0.0622	11	0.0707	7	0.0723	6	0.0861	3	0.0727	5	0.063	9
嘉兴	0.0764	4	0.0634	12	0.066	9	0.0677	6	0.0642	10	0.0763	5	0.0897	2
湖州	0.0731	5	0.0625	12	0.0685	8	0.0875	2	0.0679	9	0.0837	3	0.0735	4
绍兴	0.0811	3	0.0633	11	0.0641	8	0.0674	6	0.064	10	0.0784	5	0.0797	4
金华	0.0684	8	0.0608	12	0.0726	6	0.0859	2	0.0618	10	0.0662	9	0.082	4
衢州	0.063	10	0.0629	11	0.0707	7	0.0806	3	0.0901	2	0.0949	1	0.0756	5
舟山	0.0698	5	0.0616	10	0.0628	7	0.0932	4	0.0619	9	0.0957	2	0.0639	6
台州	0.0669	8	0.059	11	0.063	9	0.0821	5	0.0757	6	0.0891	3	0.0825	4
丽水	0.0615	11	0.0622	10	0.0714	6	0.0869	2	0.0709	8	0.069	9	0.075	4
合肥	0.073	6	0.0626	11	0.0629	8	0.0654	7	0.0774	4	0.0845	3	0.0629	9
芜湖	0.0625	11	0.0669	8	0.0626	7	0.0768	4	0.074	5	0.0946	2	0.0807	3
蚌埠	0.0604	11	0.0719	7	0.0794	4	0.0674	9	0.0733	5	0.081	3	0.0652	10
淮南	0.0628	11	0.0758	4	0.0897	2	0.0737	6	0.0629	10	0.0869	3	0.063	9

续表

城市名称	R&D经费占GDP比重		信息化基础设施		人均GDP		人口密度		生态环保知识、法规普及率，基础设施完好率		公众对城市生态环境满意率		政府投入与建设效果	
	数值	排名	数值	排名	数值	排名	数值	排名	数值	排名	数值	排名	数值	排名
马鞍山	0.0802	3	0.069	7	0.0655	9	0.0667	8	0.0813	2	0.0944	1	0.0655	10
淮北	0.0727	6	0.0661	7	0.0753	5	0.0645	9	0.0961	1	0.0826	4	0.0618	12
铜陵	0.0761	4	0.0624	11	0.073	5	0.0719	6	0.0912	2	0.0905	3	0.0633	9
安庆	0.0613	12	0.0755	5	0.0734	6	0.0724	7	0.0815	3	0.0665	9	0.0633	11
黄山	0.0635	7	0.0675	6	0.0751	5	0.0959	2	0.0623	10	0.0939	3	0.0622	11
滁州	0.0605	12	0.0706	9	0.0676	10	0.0779	4	0.0822	2	0.0721	6	0.0607	11
阜阳	0.0573	12	0.0769	6	0.0897	2	0.0662	8	0.0939	1	0.0659	9	0.0583	11
宿州	0.0584	12	0.0742	8	0.0819	3	0.061	10	0.0588	11	0.0762	6	0.076	7
六安	0.0586	12	0.0807	5	0.0895	3	0.0617	9	0.0593	10	0.0663	8	0.0737	7
亳州	0.0585	12	0.077	6	0.0899	2	0.0605	10	0.0821	5	0.0637	8	0.0597	11
池州	0.0666	9	0.0673	7	0.0767	5	0.0868	1	0.0853	3	0.086	2	0.0605	12
宣城	0.0624	10	0.0684	9	0.0874	2	0.0686	8	0.0742	5	0.0739	6	0.0623	11
福州	0.081	4	0.0636	10	0.0642	8	0.0753	5	0.0652	7	0.0967	2	0.0676	6
厦门	0.0694	5	0.0615	12	0.0645	7	0.0679	6	0.0626	10	0.0971	3	0.0639	8
莆田	0.0707	6	0.0579	12	0.0641	8	0.0632	9	0.0777	5	0.0908	2	0.06	11
三明	0.0704	7	0.0613	10	0.0601	11	0.0899	1	0.0673	9	0.0803	5	0.0878	2
泉州	0.0789	7	0.0568	11	0.0573	10	0.0648	8	0.0858	5	0.0793	6	0.0889	1
漳州	0.0796	4	0.0609	9	0.0609	10	0.0602	11	0.0794	5	0.0767	7	0.0786	6
南平	0.0656	9	0.0625	11	0.0694	7	0.0896	1	0.0687	8	0.065	10	0.0841	3

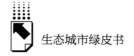

续表

城市名称	R&D经费占GDP比重		信息化基础设施		人均GDP		人口密度		生态环保知识、法规普及率,基础设施完好率		公众对城市生态环境满意率		政府投入与建设效果	
	数值	排名	数值	排名	数值	排名	数值	排名	数值	排名	数值	排名	数值	排名
龙岩	0.071	6	0.0647	10	0.0637	11	0.0758	5	0.0851	2	0.0687	7	0.0675	8
宁德	0.0646	9	0.0604	11	0.0609	10	0.0663	8	0.0816	5	0.0745	6	0.0891	2
南昌	0.081	4	0.0634	9	0.0637	6	0.0655	5	0.063	10	0.0959	2	0.0636	7
景德镇	0.0668	7	0.082	3	0.0705	5	0.0714	4	0.066	8	0.0986	2	0.0645	9
萍乡	0.0652	10	0.0684	7	0.0738	5	0.062	13	0.0835	3	0.0875	1	0.0681	9
九江	0.0625	12	0.0738	4	0.0626	11	0.0636	10	0.0746	3	0.0944	2	0.0666	9
新余	0.0838	3	0.0628	8	0.0645	7	0.0756	6	0.0876	2	0.0946	1	0.0835	4
鹰潭	0.0668	9	0.0774	4	0.0589	11	0.0619	10	0.0729	8	0.0859	3	0.0905	2
赣州	0.0601	12	0.0765	5	0.0829	3	0.0611	11	0.0735	7	0.0924	2	0.0611	10
吉安	0.0594	12	0.0727	7	0.0792	4	0.0737	6	0.0695	8	0.0783	5	0.0654	9
宜春	0.06	11	0.0751	7	0.0912	2	0.0612	9	0.0751	6	0.0692	8	0.0763	5
抚州	0.0609	11	0.0747	4	0.0869	3	0.0616	9	0.0717	7	0.0929	2	0.0611	10
上饶	0.0572	12	0.0743	7	0.0734	8	0.0596	11	0.0854	3	0.077	5	0.0657	9
济南	0.0821	5	0.0605	11	0.0613	7	0.0705	6	0.0613	8	0.0929	2	0.0612	9
青岛	0.0771	5	0.0623	11	0.0631	6	0.0788	4	0.0631	7	0.0952	3	0.0631	8
淄博	0.0865	2	0.0652	9	0.0653	7	0.0744	5	0.0653	8	0.0984	1	0.0638	11
枣庄	0.0792	4	0.0658	10	0.0769	5	0.0647	11	0.0693	8	0.0913	1	0.0746	6
东营	0.094	2	0.0604	10	0.0604	9	0.0975	1	0.0605	8	0.0911	4	0.0641	7
烟台	0.087	2	0.0614	12	0.0615	10	0.0726	6	0.0626	8	0.0866	3	0.0828	5

续表

城市名称	R&D经费占GDP比重		信息化基础设施		人均GDP		人口密度		生态环保知识，法规普及率，基础设施完好率		公众对城市生态环境满意率		政府投入与建设效果	
	数值	排名	数值	排名	数值	排名	数值	排名	数值	排名	数值	排名	数值	排名
潍坊	0.0659	9	0.0634	11	0.065	10	0.0886	1	0.0599	12	0.0757	5	0.0837	3
济宁	0.0681	9	0.0662	10	0.0591	12	0.0762	5	0.0774	4	0.0839	3	0.0882	2
泰安	0.0787	5	0.0622	12	0.0693	9	0.0742	7	0.0789	4	0.0863	1	0.0642	11
威海	0.0741	6	0.0613	10	0.0618	7	0.0832	4	0.0612	11	0.0932	2	0.0777	5
日照	0.0803	3	0.0688	6	0.0655	11	0.0808	2	0.0652	13	0.0965	1	0.0655	12
莱芜	0.0776	6	0.0607	9	0.0713	7	0.0891	2	0.0873	3	0.0933	1	0.0792	5
临沂	0.0673	8	0.072	7	0.0725	6	0.0815	2	0.0655	11	0.0814	3	0.0617	12
德州	0.0759	6	0.0657	10	0.0674	9	0.0762	5	0.0743	7	0.0776	4	0.085	3
聊城	0.071	7	0.0678	11	0.0776	4	0.0702	8	0.0744	6	0.0683	10	0.0812	2
滨州	0.0734	7	0.0604	12	0.0666	8	0.0884	1	0.085	3	0.0835	4	0.0851	2
菏泽	0.059	12	0.0717	9	0.0793	5	0.0706	10	0.0724	8	0.074	7	0.0858	1
郑州	0.0818	4	0.0622	12	0.0627	7	0.0688	6	0.0624	9	0.072	5	0.0624	10
开封	0.0649	10	0.0724	8	0.0777	6	0.0571	12	0.0805	4	0.0822	3	0.0674	9
洛阳	0.0746	5	0.0617	12	0.0666	9	0.0615	13	0.0738	7	0.0742	6	0.0772	4
平顶山	0.0608	12	0.0882	1	0.077	6	0.0629	11	0.0652	8	0.0681	7	0.0843	3
安阳	0.0648	11	0.0665	10	0.0764	6	0.0592	13	0.0797	3	0.0714	7	0.0787	4
鹤壁	0.0761	6	0.0685	8	0.0745	7	0.0633	10	0.0611	12	0.0917	1	0.0774	5
新乡	0.0659	9	0.0635	11	0.0688	7	0.0595	12	0.0778	4	0.0666	8	0.0776	5
焦作	0.0832	4	0.0632	10	0.0755	6	0.0583	13	0.0698	8	0.0764	5	0.0873	1

续表

城市名称	R&D 经费占 GDP 比重		信息化基础设施		人均 GDP		人口密度		生态环保知识、法规普及率,基础设施完好率		公众对城市生态环境满意率		政府投入与建设效果	
	数值	排名	数值	排名	数值	排名	数值	排名	数值	排名	数值	排名	数值	排名
濮阳	0.0633	10	0.068	9	0.072	6	0.0615	11	0.0813	4	0.0682	8	0.0597	12
许昌	0.0748	5	0.0673	11	0.0707	10	0.061	12	0.0707	9	0.0711	8	0.0752	4
漯河	0.074	5	0.081	4	0.0739	6	0.0576	12	0.0728	7	0.0879	3	0.0646	10
三门峡	0.0666	11	0.0617	12	0.0695	10	0.0596	13	0.0794	3	0.0779	4	0.0851	1
南阳	0.0551	13	0.0741	8	0.0754	7	0.0625	11	0.0654	10	0.0791	4	0.0865	1
商丘	0.0576	12	0.074	6	0.0869	2	0.0604	11	0.0736	7	0.0638	10	0.0655	9
信阳	0.0569	12	0.0783	5	0.0775	6	0.0675	10	0.0747	7	0.0686	9	0.0851	3
周口	0.0547	12	0.0769	8	0.0788	7	0.0561	11	0.0855	3	0.0564	10	0.0816	6
驻马店	0.0563	12	0.0768	7	0.079	6	0.0636	11	0.0792	5	0.0647	10	0.0685	8
武汉	0.0754	4	0.0629	12	0.064	7	0.0638	8	0.0633	11	0.0966	1	0.0635	10
黄石	0.0747	4	0.0728	6	0.068	8	0.065	10	0.0856	2	0.0959	1	0.0737	5
十堰	0.0657	10	0.0678	9	0.0692	7	0.0827	3	0.0704	5	0.0702	6	0.0647	11
宜昌	0.0831	3	0.0635	9	0.0622	10	0.0798	5	0.0621	12	0.0939	1	0.0672	7
襄阳	0.0736	6	0.0671	8	0.0626	10	0.0634	9	0.0604	13	0.0913	2	0.0855	3
鄂州	0.0828	3	0.0657	8	0.0675	6	0.0823	4	0.064	11	0.0986	1	0.0641	9
荆门	0.0761	5	0.0736	8	0.0646	11	0.0721	9	0.0681	10	0.0762	4	0.0796	2
孝感	0.0597	13	0.0781	5	0.0853	3	0.06	12	0.0671	8	0.0902	1	0.0626	10
荆州	0.0581	13	0.0581	12	0.0737	7	0.0611	10	0.0721	8	0.0878	1	0.0847	3
黄冈	0.0559	12	0.075	7	0.0693	9	0.0565	11	0.0746	8	0.0762	6	0.0903	1

续表

城市名称	R&D经费占GDP比重		信息化基础设施		人均GDP		人口密度		生态环保知识、法规普及率，基础设施完好率		公众对城市生态环境满意率		政府投入与建设效果	
	数值	排名	数值	排名	数值	排名	数值	排名	数值	排名	数值	排名	数值	排名
咸宁	0.0638	11	0.0675	9	0.0731	7	0.0662	10	0.08	4	0.0887	2	0.0888	1
随州	0.0698	8	0.0727	6	0.0673	9	0.0737	5	0.0665	11	0.0845	3	0.0716	7
长沙	0.0892	3	0.0663	7	0.0638	9	0.0646	8	0.0741	4	0.0695	5	0.0637	11
株洲	0.0785	4	0.0676	7	0.0629	10	0.0872	3	0.0771	5	0.0941	1	0.0621	11
湘潭	0.0883	2	0.0716	6	0.0653	11	0.0654	10	0.071	7	0.0821	3	0.0737	4
衡阳	0.0693	7	0.0776	5	0.0668	9	0.0622	11	0.0798	3	0.0669	8	0.0902	2
邵阳	0.0581	13	0.09	1	0.0778	5	0.0606	11	0.0896	2	0.0666	8	0.0627	9
岳阳	0.0825	2	0.0735	7	0.0615	11	0.0609	12	0.0771	5	0.0756	6	0.0683	9
常德	0.0798	4	0.0724	6	0.061	12	0.0655	9	0.0817	3	0.067	8	0.0623	10
张家界	0.0622	10	0.0696	7	0.0782	5	0.0636	9	0.0848	2	0.0775	6	0.0617	11
益阳	0.0624	10	0.0765	6	0.074	8	0.0588	11	0.0789	4	0.0663	9	0.0938	1
郴州	0.0625	10	0.072	8	0.0638	9	0.0868	3	0.077	6	0.0558	13	0.0903	1
永州	0.0594	10	0.0807	5	0.0804	6	0.059	11	0.0835	4	0.0671	8	0.0602	9
怀化	0.059	10	0.0759	6	0.0732	8	0.0625	9	0.08	4	0.0587	11	0.0958	1
娄底	0.0694	8	0.0799	4	0.0702	6	0.0654	9	0.0877	2	0.0645	10	0.0632	11
广州	0.0768	4	0.0618	11	0.0633	7	0.0626	8	0.0617	12	0.0961	2	0.0633	6
韶关	0.0605	12	0.0591	13	0.0726	5	0.103	1	0.069	6	0.0914	2	0.0897	3
深圳	0.0624	8	0.0588	13	0.0623	9	0.0625	7	0.062	10	0.0941	3	0.0752	5
珠海	0.0634	8	0.0595	13	0.0637	7	0.0667	6	0.0617	10	0.0966	2	0.0702	5

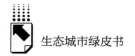

续表

城市名称	R&D经费占GDP比重		信息化基础设施		人均GDP		人口密度		生态环保知识、法规普及率、基础设施完好率		公众对城市生态环境满意率		政府投入与建设效果	
	数值	排名	数值	排名	数值	排名	数值	排名	数值	排名	数值	排名	数值	排名
汕头	0.0641	9	0.0658	7	0.0829	3	0.0645	8	0.0814	4	0.0923	2	0.0804	5
佛山	0.087	4	0.0604	13	0.0621	8	0.0708	5	0.0617	10	0.0681	6	0.0945	2
江门	0.0707	7	0.0627	11	0.0697	8	0.0738	4	0.0733	5	0.0955	2	0.0707	6
湛江	0.0656	9	0.0755	5	0.0694	8	0.0648	10	0.0734	7	0.0863	2	0.0588	13
茂名	0.0586	10	0.0774	7	0.0728	8	0.0587	9	0.0846	4	0.0576	11	0.0914	1
肇庆	0.0707	6	0.0584	13	0.0685	8	0.0824	3	0.0764	5	0.0917	2	0.0779	4
惠州	0.0681	6	0.0631	10	0.0642	7	0.0817	5	0.0642	8	0.0875	2	0.0833	4
梅州	0.0594	11	0.0754	7	0.0814	5	0.0867	1	0.0715	8	0.0823	4	0.0608	9
汕尾	0.0546	11	0.0699	10	0.0741	8	0.0855	1	0.0818	5	0.0766	7	0.0771	6
河源	0.0585	12	0.0741	6	0.065	9	0.0618	10	0.0834	4	0.0706	7	0.0809	5
阳江	0.0759	4	0.069	9	0.073	6	0.0854	3	0.0708	7	0.0702	8	0.0899	2
清远	0.062	11	0.073	6	0.0803	4	0.073	7	0.0868	1	0.0703	8	0.0815	3
东莞	0.0783	5	0.0587	11	0.061	9	0.0679	7	0.0611	8	0.0923	3	0.0954	1
中山	0.0699	6	0.0597	13	0.0631	8	0.0664	7	0.0706	5	0.0733	4	0.0968	2
潮州	0.0644	10	0.0646	9	0.0801	5	0.0635	11	0.0816	4	0.0917	1	0.0885	2
揭阳	0.0626	10	0.0709	8	0.0733	7	0.0577	12	0.086	2	0.0795	5	0.0866	1
云浮	0.06	11	0.0719	7	0.0715	8	0.0727	6	0.0888	2	0.0659	9	0.0918	1
南宁	0.0739	4	0.0644	9	0.0698	5	0.0664	6	0.0644	8	0.0901	3	0.0641	10
柳州	0.0806	2	0.0676	6	0.0669	7	0.0694	5	0.0663	11	0.1009	1	0.0668	8

续表

城市名称	R&D经费占GDP比重		信息化基础设施		人均GDP		人口密度		生态环保知识、法规普及率，基础设施完好率		公众对城市生态环境满意率		政府投入与建设效果	
	数值	排名	数值	排名	数值	排名	数值	排名	数值	排名	数值	排名	数值	排名
桂林	0.0615	11	0.0703	8	0.0779	5	0.0827	3	0.0655	9	0.0841	2	0.0735	7
梧州	0.0593	12	0.0761	6	0.0646	9	0.0836	3	0.0785	4	0.0894	1	0.0704	8
北海	0.0751	6	0.0596	11	0.0611	8	0.1029	1	0.061	9	0.0922	3	0.0835	4
防城港	0.0835	4	0.0698	5	0.0639	8	0.0978	1	0.0638	9	0.0968	2	0.0637	10
钦州	0.0577	11	0.0781	6	0.0758	7	0.0853	3	0.0809	5	0.0872	2	0.0595	10
贵港	0.0574	11	0.0722	8	0.0856	2	0.0785	6	0.0898	1	0.0822	4	0.0831	3
玉林	0.057	11	0.0777	6	0.0768	8	0.0656	10	0.0773	7	0.0799	4	0.0662	9
百色	0.0591	11	0.0791	5	0.0672	8	0.0951	1	0.0728	6	0.0703	7	0.092	2
贺州	0.0603	12	0.0814	3	0.09	1	0.0642	9	0.0859	2	0.0699	8	0.061	10
河池	0.055	12	0.0748	8	0.0847	3	0.061	10	0.0752	7	0.0853	2	0.0729	9
来宾	0.0595	11	0.0789	7	0.0876	1	0.0621	10	0.0871	2	0.0801	6	0.0625	9
崇左	0.0589	12	0.0775	6	0.0724	7	0.061	11	0.0842	1	0.0831	3	0.0648	10
海口	0.0811	4	0.0617	10	0.0749	5	0.0689	6	0.0602	12	0.0943	3	0.0624	8
三亚	0.0636	7	0.0623	10	0.0727	5	0.0677	6	0.0596	12	0.0961	3	0.0634	8
重庆	0.0669	6	0.0658	9	0.0778	4	0.0783	3	0.0661	7	0.0957	2	0.0634	12
成都	0.0852	3	0.063	12	0.0639	7	0.0637	9	0.0634	11	0.0789	4	0.0637	10
自贡	0.0683	7	0.0649	10	0.0723	6	0.0796	4	0.0787	5	0.0911	1	0.0586	12
攀枝花	0.0829	3	0.0631	10	0.0635	7	0.078	5	0.0634	8	0.0972	1	0.0822	4
泸州	0.062	12	0.0704	5	0.0761	4	0.0643	10	0.0878	3	0.0941	1	0.0621	11

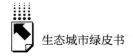

续表

城市名称	R&D经费占GDP比重		信息化基础设施		人均GDP		人口密度		生态环保知识、法规普及率，基础设施完好率		公众对城市生态环境满意率		政府投入与建设效果	
	数值	排名	数值	排名	数值	排名	数值	排名	数值	排名	数值	排名	数值	排名
德阳	0.0846	3	0.0599	13	0.0692	7	0.0628	12	0.0692	8	0.0751	5	0.0873	2
绵阳	0.0685	7	0.0623	11	0.0737	5	0.0665	8	0.0757	4	0.0939	2	0.0655	10
广元	0.0609	11	0.0695	8	0.0893	3	0.0706	7	0.0615	9	0.093	2	0.0613	10
遂宁	0.0609	10	0.0718	8	0.0816	5	0.0749	6	0.0847	4	0.0872	2	0.0579	11
内江	0.0688	8	0.0592	12	0.0855	2	0.0715	7	0.0958	1	0.0822	3	0.0632	9
乐山	0.0721	8	0.0633	10	0.0755	6	0.0756	5	0.0621	11	0.0937	1	0.0771	4
南充	0.0606	11	0.0755	5	0.0569	13	0.064	10	0.0701	8	0.0862	2	0.0744	7
眉山	0.0644	9	0.0634	10	0.08	4	0.0743	6	0.067	8	0.0923	2	0.0613	12
宜宾	0.0603	13	0.0708	7	0.072	6	0.0615	11	0.0904	3	0.0909	2	0.0604	12
广安	0.0573	11	0.0743	8	0.0795	5	0.0652	9	0.078	7	0.0869	2	0.0806	4
达州	0.0594	11	0.0731	7	0.0888	1	0.0602	10	0.0807	5	0.0636	9	0.088	2
雅安	0.0663	9	0.0605	11	0.0841	4	0.0842	3	0.0685	8	0.0862	2	0.0604	12
巴中	0.0568	12	0.0733	8	0.0938	1	0.064	9	0.082	3	0.0789	5	0.0584	10
资阳	0.0611	11	0.0765	5	0.0721	8	0.0737	7	0.0752	6	0.0865	2	0.0716	9
贵阳	0.0697	6	0.0649	10	0.0706	5	0.0764	4	0.0652	9	0.0858	2	0.0653	8
六盘水	0.0628	11	0.086	2	0.0692	8	0.0893	1	0.0716	6	0.066	9	0.0632	10
遵义	0.0586	12	0.0801	3	0.0743	6	0.0732	7	0.0726	8	0.0681	9	0.0922	1
安顺	0.0615	12	0.0844	3	0.085	2	0.0654	8	0.0754	6	0.0742	7	0.0621	11
昆明	0.079	4	0.0658	11	0.0677	7	0.079	3	0.0661	8	0.0771	5	0.066	9

续表

城市名称	R&D经费占GDP比重		信息化基础设施		人均GDP		人口密度		生态环保知识、法规普及率、基础设施完好率		公众对城市生态环境满意率		政府投入与建设效果	
	数值	排名	数值	排名	数值	排名	数值	排名	数值	排名	数值	排名	数值	排名
曲靖	0.0608	11	0.0817	4	0.0717	7	0.0632	9	0.0813	5	0.0615	10	0.0844	3
玉溪	0.0657	10	0.0796	3	0.0667	8	0.067	7	0.0785	4	0.0664	9	0.0655	11
保山	0.0613	11	0.0806	5	0.0939	2	0.062	10	0.0717	6	0.0602	12	0.062	9
昭通	0.0548	13	0.0859	3	0.0844	4	0.0574	11	0.0818	6	0.0551	12	0.0577	10
丽江	0.0611	12	0.0738	6	0.0773	4	0.0634	10	0.0622	11	0.0643	9	0.1009	1
临沧	0.0575	10	0.0807	7	0.0853	3	0.0581	9	0.0809	5	0.0549	14	0.0808	6
拉萨	0.0593	12	0.0739	5	0.0615	8	0.096	1	0.0616	7	0.0927	4	0.0612	10
西安	0.0795	5	0.0617	11	0.0655	6	0.0621	7	0.0618	10	0.0928	3	0.062	8
铜川	0.0634	12	0.0698	7	0.0873	2	0.0661	9	0.0709	6	0.0976	1	0.0738	4
宝鸡	0.0698	7	0.0705	6	0.0671	9	0.0596	13	0.0602	12	0.0908	2	0.0792	4
咸阳	0.0689	8	0.065	9	0.0594	11	0.0733	6	0.0593	12	0.0703	7	0.0874	3
渭南	0.0602	11	0.0756	6	0.0823	3	0.0742	7	0.0603	10	0.0701	9	0.0808	4
延安	0.0616	11	0.0596	13	0.0808	4	0.0624	9	0.0617	10	0.0681	8	0.0908	2
汉中	0.0607	13	0.0773	6	0.0821	4	0.0625	11	0.0626	10	0.0779	5	0.0679	8
榆林	0.0667	8	0.0759	6	0.0607	11	0.063	9	0.0601	12	0.0731	7	0.0888	1
安康	0.0563	12	0.0713	8	0.0822	4	0.0686	9	0.0802	6	0.0843	3	0.0588	10
商洛	0.0568	12	0.0796	6	0.0856	3	0.0571	11	0.0681	8	0.086	2	0.071	7
兰州	0.0711	6	0.0661	10	0.0726	5	0.0683	7	0.0649	11	0.101	1	0.0664	9
嘉峪关	0.0929	2	0.0656	7	0.0671	5	0.0855	3	0.0637	11	0.1033	1	0.067	6

续表

城市名称	R&D经费占GDP比重		信息化基础设施		人均GDP		人口密度		生态环保知识、法规普及率，基础设施完好率		公众对城市生态环境满意率		政府投入与建设效果	
	数值	排名	数值	排名	数值	排名	数值	排名	数值	排名	数值	排名	数值	排名
金昌	0.0662	7	0.0642	8	0.0746	5	0.0667	6	0.0632	10	0.0974	1	0.091	3
白银	0.0634	11	0.0758	4	0.0808	3	0.0654	8	0.0727	7	0.0972	1	0.0645	10
天水	0.0584	12	0.0624	9	0.089	1	0.0677	8	0.0845	3	0.0802	6	0.0605	10
武威	0.0603	12	0.0727	7	0.0926	1	0.0651	10	0.0612	11	0.0736	6	0.0779	4
张掖	0.0624	12	0.0632	10	0.0916	1	0.0903	3	0.0626	11	0.0817	4	0.0907	2
平凉	0.0597	11	0.0612	10	0.095	1	0.0875	3	0.0714	7	0.0773	5	0.0635	8
酒泉	0.0623	9	0.0614	11	0.0846	3	0.0814	4	0.0611	12	0.0924	2	0.0946	1
庆阳	0.0583	11	0.0739	7	0.0742	6	0.0615	10	0.0786	4	0.0656	9	0.0766	5
定西	0.0555	13	0.0778	6	0.0953	2	0.0588	10	0.0723	7	0.0598	9	0.0792	5
陇南	0.0542	13	0.0917	3	0.0907	5	0.0581	10	0.0624	9	0.0655	8	0.0557	11
西宁	0.0708	5	0.0696	7	0.076	3	0.0725	4	0.0694	8	0.0883	1	0.0691	9
银川	0.0806	3	0.0633	10	0.0693	8	0.0978	1	0.0629	12	0.0788	4	0.0636	9
石嘴山	0.0849	2	0.067	8	0.0747	3	0.0696	6	0.0656	11	0.1035	1	0.0719	5
吴忠	0.0671	12	0.0831	1	0.0751	4	0.0687	9	0.0679	10	0.0771	3	0.0794	2
固原	0.0564	14	0.0806	4	0.0901	2	0.0603	11	0.0649	8	0.0791	5	0.0941	1
中卫	0.0626	12	0.0755	6	0.0857	3	0.0676	7	0.063	11	0.0868	2	0.0659	8
乌鲁木齐	0.076	3	0.0647	12	0.0714	5	0.0829	2	0.0659	9	0.1	1	0.0656	10
克拉玛依	0.0709	4	0.0652	11	0.0672	6	0.0663	9	0.0668	8	0.1023	1	0.067	7

注：建设难度数值越大表明建设难度越大，建议难度排名越靠前的越难以取得建设成效。

表17 2017年284个城市生态健康指数14指标的建设综合度

城市名称	森林覆盖率		空气质量优良天数		河湖水质		单位GDP工业二氧化硫排放量		生活垃圾无害化处理率		单位GDP综合能耗		一般工业固体废物综合利用率	
	数值	排名	数值	排名	数值	排名	数值	排名	数值	排名	数值	排名	数值	排名
北京	0.0046	11	0.1734	2	0.0646	6	0.0021	13	0.1363	3	0.0011	14	0.1321	4
天津	0.0178	13	0.2223	1	0.0299	10	0.0463	7	0.1837	2	0.0365	8	0.0127	14
石家庄	0.0642	7	0.2204	1	0.0487	9	0.077	5	0.0005	14	0.1022	4	0.0451	10
唐山	0.0457	10	0.114	3	0.0272	13	0.0851	7	0.0003	14	0.108	4	0.0605	8
秦皇岛	0.0448	11	0.1075	3	0.0427	12	0.1196	2	0.0005	14	0.1355	1	0.0808	6
邯郸	0.0837	5	0.1516	1	0.0787	7	0.082	6	0.0003	14	0.0958	4	0.0246	12
邢台	0.0948	5	0.138	1	0.121	3	0.0616	9	0.0003	14	0.0815	7	0.013	13
保定	0.0842	8	0.1331	2	0.101	4	0.0276	11	0.0003	14	0.0451	9	0.0974	5
张家口	0.0759	7	0.0497	12	0.0756	8	0.0651	9	0.0795	6	0.0919	3	0.0879	5
承德	0.0383	13	0.0419	12	0.0617	9	0.0782	6	0.0641	8	0.0856	4	0.1159	2
沧州	0.1381	2	0.1215	3	0.1432	1	0.0347	11	0.0003	14	0.0851	7	0.0047	13
廊坊	0.1157	4	0.1225	2	0.1256	1	0.0483	10	0.0004	14	0.0642	6	0.0494	9
衡水	0.1016	4	0.148	1	0.1137	3	0.011	13	0.0003	14	0.083	6	0.0292	12
太原	0.0124	12	0.2138	1	0.0267	10	0.0543	6	0.0005	14	0.1477	3	0.1732	2
大同	0.0523	9	0.0596	8	0.0354	10	0.1194	3	0.0005	14	0.1563	1	0.1177	4
阳泉	0.0402	10	0.1619	2	0.0389	11	0.1294	3	0.0005	14	0.1462	2	0.1009	4
长治	0.0713	8	0.1035	3	0.0355	13	0.0753	7	0.1463	1	0.0967	3	0.0934	4
晋城	0.0694	9	0.1452	2	0.0648	10	0.0832	5	0.0003	14	0.1097	2	0.0983	4
朔州	0.0543	11	0.0924	5	0.0736	8	0.0946	4	0.0004	14	0.1193	2	0.1274	1
晋中	0.0772	8	0.127	2	0.0983	5	0.0832	7	0.0003	14	0.1084	4	0.0218	13

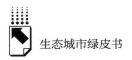

续表

城市名称	森林覆盖率		空气质量优良天数		河湖水质		单位GDP工业二氧化硫排放量		生活垃圾无害化处理率		单位GDP综合能耗		一般工业固体废物综合利用率	
	数值	排名	数值	排名	数值	排名	数值	排名	数值	排名	数值	排名	数值	排名
运城	0.0993	2	0.1164	1	0.0811	6	0.0723	9	0.0585	11	0.0831	5	0.0786	7
忻州	0.1114	3	0.0939	4	0.1158	2	0.0785	8	0.0003	14	0.0896	6	0.0643	10
吕梁	0.1233	3	0.0746	9	0.1383	1	0.0811	7	0.0003	14	0.0947	5	0.0953	4
呼和浩特	0.0087	10	0.1111	4	0.0029	12	0.0968	5	0.0005	14	0.1395	3	0.1683	2
包头	0.0087	13	0.0753	7	0.0156	11	0.0914	6	0.1043	5	0.1339	2	0.1319	3
乌海	0.0039	13	0.0919	6	0.0671	7	0.1307	3	0.1083	5	0.1429	4	0.111	4
赤峰	0.0762	7	0.03	11	0.0428	10	0.0956	6	0.0004	14	0.114	2	0.1323	1
通辽	0.08	8	0.0298	12	0.0696	9	0.0955	6	0.0003	14	0.1119	4	0.1048	4
鄂尔多斯	0.0169	12	0.0436	10	0.0508	9	0.0911	5	0.0004	14	0.1101	7	0.1461	3
呼伦贝尔	0.0779	8	0.0042	13	0.1003	3	0.0881	4	0.0003	14	0.0861	2	0.133	1
巴彦淖尔	0.0673	7	0.0483	9	0.118	5	0.1183	4	0.0004	14	0.1364	2	0.1582	1
乌兰察布	0.0562	9	0.0371	10	0.1239	2	0.0837	6	0.0784	7	0.1001	5	0.1003	4
沈阳	0.0259	12	0.1216	3	0.0265	11	0.0711	7	0.0005	14	0.1394	2	0.0662	9
大连	0.0161	14	0.0624	8	0.0162	13	0.0667	7	0.1296	2	0.0777	5	0.0328	11
鞍山	0.0307	10	0.0825	8	0.021	11	0.1049	5	0.0004	14	0.1252	2	0.1238	3
抚顺	0.0217	11	0.0641	8	0.0267	10	0.1014	5	0.0004	14	0.1203	4	0.1486	1
本溪	0.0098	12	0.0325	8	0.0167	11	0.1048	5	0.0004	14	0.1296	3	0.1333	2
丹东	0.0522	8	0.0229	12	0.0396	11	0.0814	5	0.0004	14	0.129	3	0.0641	7
锦州	0.0687	8	0.0889	4	0.0346	13	0.0872	5	0.0004	14	0.1124	2	0.0562	10
营口	0.021	11	0.0861	6	0.0205	12	0.1038	5	0.0004	14	0.126	4	0.0263	10

续表

城市名称	森林覆盖率		空气质量优良天数		河湖水质		单位GDP工业二氧化硫排放量		生活垃圾无害化处理率		单位GDP综合能耗		一般工业固体废物综合利用率	
	数值	排名	数值	排名	数值	排名	数值	排名	数值	排名	数值	排名	数值	排名
阜新	0.0427	9	0.0583	7	0.0266	11	0.1137	4	0.0004	14	0.0892	5	0.0535	8
辽阳	0.0211	10	0.0669	8	0.0163	12	0.0872	7	0.0003	14	0.1038	5	0.1492	1
盘锦	0.02	11	0.0889	4	0.0076	12	0.0843	6	0.0005	14	0.1478	3	0.085	5
铁岭	0.0808	8	0.0739	10	0.0872	3	0.0781	9	0.0003	14	0.0952	2	0.0846	6
朝阳	0.1107	4	0.0483	10	0.0678	9	0.0815	7	0.0003	14	0.089	5	0.0334	11
葫芦岛	0.0227	13	0.0771	7	0.0707	8	0.0831	6	0.0003	14	0.0982	4	0.0649	9
长春	0.0325	10	0.0979	4	0.013	14	0.0343	9	0.156	2	0.0286	11	0.0279	12
吉林	0.0363	12	0.0629	10	0.0111	14	0.0795	6	0.1068	3	0.0929	4	0.1289	1
四平	0.1054	4	0.066	8	0.1069	2	0.0818	6	0.0004	14	0.0425	11	0.0773	7
辽源	0.056	9	0.066	7	0.0566	8	0.0827	5	0.0004	14	0.0471	11	0.004	13
通化	0.0839	7	0.0182	13	0.0704	9	0.101	5	0.0004	14	0.1282	2	0.0778	8
白山	0.0779	6	0.0313	12	0.0519	11	0.0613	9	0.0911	4	0.1081	3	0.0835	5
松原	0.0863	6	0.0471	10	0.0568	9	0.037	12	0.0003	14	0.0935	5	0.0691	7
白城	0.1075	4	0.0167	12	0.122	2	0.0802	8	0.1024	6	0.0893	7	0.009	13
哈尔滨	0.0544	9	0.0919	3	0.0244	13	0.0485	10	0.1453	2	0.0764	5	0.0672	7
齐齐哈尔	0.0651	10	0.0255	13	0.0835	5	0.075	6	0.1356	1	0.0719	7	0.0697	8
鸡西	0.0339	12	0.0387	10	0.035	11	0.0814	6	0.1071	4	0.1029	5	0.1222	2
鹤岗	0.0337	7	0.0257	11	0.0297	8	0.1179	4	0.1539	2	0.1423	3	0.1027	5
双鸭山	0.028	10	0.0256	12	0.0271	11	0.1192	3	0.1198	2	0.1181	4	0.1103	5
大庆	0.0093	12	0.0326	9	0.0332	8	0.0727	7	0.0004	14	0.1317	3	0.1182	4

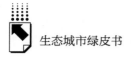

续表

城市名称	森林覆盖率		空气质量优良天数		河湖水质		单位GDP工业二氧化硫排放量		生活垃圾无害化处理率		单位GDP综合能耗		一般工业固体废物综合利用率	
	数值	排名	数值	排名	数值	排名	数值	排名	数值	排名	数值	排名	数值	排名
伊春	0.0059	13	0.012	12	0.0289	10	0.1025	5	0.1544	2	0.1139	3	0.0669	8
佳木斯	0.0371	12	0.0287	13	0.0494	11	0.0673	8	0.1071	3	0.0868	6	0.1147	2
七台河	0.0139	11	0.0579	8	0.0135	12	0.1339	4	0.0005	14	0.1569	3	0.0816	5
牡丹江	0.0905	5	0.0252	11	0.0004	13	0.0676	8	0.0004	14	0.0752	6	0.1282	4
黑河	0.1158	4	0.0057	12	0.1327	1	0.0859	8	0.0003	14	0.0331	10	0.1291	2
绥化	0.141	3	0.0246	12	0.1206	5	0.0419	9	0.0003	14	0.0308	10	0.0439	8
上海	0.0556	8	0.1572	3	0.1638	2	0.0088	13	0.0009	14	0.0432	9	0.0658	7
南京	0.0094	11	0.1468	3	0.1082	4	0.021	8	0.0007	14	0.1077	5	0.0811	6
无锡	0.0233	10	0.1274	3	0.0195	11	0.0742	6	0.0005	14	0.0579	7	0.0579	8
徐州	0.0759	6	0.1882	1	0.0524	9	0.0903	5	0.0005	14	0.1472	2	0.0046	13
常州	0.0269	9	0.1506	2	0.0211	10	0.0785	6	0.0006	14	0.0959	4	0.0068	13
苏州	0.0315	11	0.1269	3	0.0504	8	0.0843	6	0.0006	14	0.0985	5	0.0473	9
南通	0.0851	6	0.1295	3	0.0423	8	0.0283	11	0.0006	14	0.0074	13	0.033	10
连云港	0.0494	10	0.0751	7	0.061	9	0.0896	4	0.0005	14	0.0869	5	0.019	13
淮安	0.0678	8	0.1318	2	0.0493	10	0.0828	4	0.0005	14	0.0743	6	0.0413	11
盐城	0.1065	3	0.0656	9	0.111	1	0.0498	11	0.0004	14	0.0814	6	0.0505	10
扬州	0.0667	6	0.1659	2	0.0359	9	0.0384	8	0.0006	14	0.0092	13	0.0277	11
镇江	0.0467	6	0.1913	3	0.0014	13	0.0425	7	0.0007	14	0.058	4	0.0294	9
泰州	0.0853	6	0.1161	3	0.0795	7	0.038	10	0.0005	14	0.0529	9	0.0074	13
宿迁	0.1098	1	0.107	2	0.092	5	0.0547	12	0.0004	14	0.0031	13	0.0649	10

续表

城市名称	森林覆盖率		空气质量优良天数		河湖水质		单位GDP工业二氧化硫排放量		生活垃圾无害化处理率		单位GDP综合能耗		一般工业固体废物综合利用率	
	数值	排名	数值	排名	数值	排名	数值	排名	数值	排名	数值	排名	数值	排名
杭州	0.032	10	0.1535	4	0.0609	6	0.0432	8	0.0008	14	0.0177	11	0.155	3
宁波	0.0569	9	0.0852	4	0.0542	10	0.0775	6	0.0009	14	0.065	7	0.0514	11
温州	0.1015	4	0.0377	9	0.0483	7	0.0343	10	0.0006	14	0.0178	13	0.0214	12
嘉兴	0.0578	8	0.1095	4	0.0445	9	0.0804	6	0.0005	14	0.0855	5	0.0167	13
湖州	0.0375	11	0.112	3	0.0381	10	0.0959	5	0.0005	14	0.0871	6	0.0074	13
绍兴	0.0436	10	0.0978	5	0.0291	11	0.0554	8	0.0005	14	0.1106	4	0.0583	7
金华	0.0955	4	0.0709	8	0.0829	6	0.0548	9	0.0005	14	0.025	11	0.0227	12
衢州	0.0728	6	0.0372	11	0.0478	9	0.1016	4	0.0004	14	0.1311	2	0.0134	13
舟山	0.0501	6	0.0403	8	0.0112	13	0.0311	9	0.0008	14	0.0985	3	0.0562	5
台州	0.0925	5	0.0149	12	0.0524	8	0.0424	10	0.0005	14	0.0122	13	0.0541	7
丽水	0.1425	2	0.0158	11	0.0957	4	0.0818	7	0.0004	14	0.0082	13	0.0648	9
合肥	0.0376	9	0.182	1	0.0079	12	0.0186	10	0.0006	14	0.0032	13	0.1013	5
芜湖	0.0472	10	0.1284	3	0.0226	12	0.0963	5	0.0005	14	0.0273	11	0.092	6
蚌埠	0.0899	6	0.1383	1	0.0144	13	0.0355	10	0.0005	14	0.0167	12	0.0281	11
淮南	0.0558	9	0.1156	2	0.0492	10	0.1073	3	0.0004	14	0.0901	5	0.0608	8
马鞍山	0.0401	10	0.132	3	0.004	13	0.1003	5	0.0005	14	0.1535	1	0.0443	8
淮北	0.0339	12	0.1431	2	0.0452	9	0.0909	6	0.0004	14	0.0933	5	0.0348	11
铜陵	0.0294	11	0.0764	8	0.0197	13	0.0842	6	0.1022	3	0.0988	4	0.0424	10
安庆	0.1	4	0.0837	6	0.0818	7	0.0477	10	0.0004	14	0.0511	9	0.0289	12
黄山	0.0489	10	0.0075	12	0.0628	8	0.0826	4	0.0006	14	0.0021	13	0.0504	9

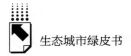

续表

城市名称	森林覆盖率		空气质量优良天数		河湖水质		单位GDP工业二氧化硫排放量		生活垃圾无害化处理率		单位GDP综合能耗		一般工业固体废物综合利用率	
	数值	排名	数值	排名	数值	排名	数值	排名	数值	排名	数值	排名	数值	排名
滁州	0.0989	5	0.1163	3	0.0887	7	0.0507	9	0.0004	14	0.03	12	0.0386	10
阜阳	0.1126	3	0.0835	7	0.1088	4	0.0655	8	0.0003	14	0.0641	9	0.0185	12
宿州	0.1109	3	0.122	2	0.1294	1	0.0603	9	0.0664	8	0.0289	12	0.0178	14
六安	0.1411	3	0.0544	7	0.1232	4	0.0224	11	0.0004	14	0.0283	9	0.0111	12
亳州	0.137	2	0.1054	6	0.1221	3	0.0749	8	0.0003	14	0.0102	13	0.013	11
池州	0.0747	8	0.0833	5	0.0633	11	0.0782	6	0.0004	14	0.0922	3	0.0204	12
宣城	0.0949	4	0.061	9	0.1178	2	0.0835	6	0.0004	14	0.0526	10	0.0421	11
福州	0.0548	8	0.0141	13	0.0026	14	0.0906	4	0.1321	3	0.0417	9	0.0261	12
厦门	0.0071	11	0.0023	13	0.177	2	0.0183	8	0.0011	14	0.0672	6	0.1241	5
莆田	0.075	6	0.0259	12	0.2042	1	0.0188	13	0.1109	4	0.0375	9	0.0875	5
三明	0.1082	3	0.002	14	0.0903	4	0.0617	9	0.0787	8	0.0833	5	0.0287	12
泉州	0.0462	9	0.0099	14	0.1555	1	0.0245	11	0.0795	5	0.0466	8	0.0318	10
漳州	0.1395	2	0.0154	12	0.0849	7	0.0481	8	0.0966	6	0.0123	13	0.0402	9
南平	0.1107	2	0.002	14	0.0946	5	0.0419	12	0.0916	6	0.0774	7	0.0073	13
龙岩	0.0878	5	0.0008	14	0.0556	8	0.0548	9	0.0932	4	0.0832	6	0.0541	10
宁德	0.1275	3	0.008	14	0.1297	2	0.0507	10	0.0793	6	0.0308	12	0.0657	7
南昌	0.0459	9	0.1004	3	0.019	12	0.0736	5	0.0009	14	0.0089	13	0.0946	4
景德镇	0.0316	11	0.0303	12	0.0466	9	0.1379	2	0.0006	14	0.0588	8	0.0765	6
萍乡	0.064	8	0.0598	10	0.0628	9	0.0985	4	0.0004	14	0.1077	3	0.151	1
九江	0.0803	7	0.0716	8	0.0888	4	0.0839	6	0.0005	14	0.0871	5	0.1396	1

续表

城市名称	森林覆盖率		空气质量优良天数		河湖水质		单位GDP工业二氧化硫排放量		生活垃圾无害化处理率		单位GDP综合能耗		一般工业固体废物综合利用率	
	数值	排名	数值	排名	数值	排名	数值	排名	数值	排名	数值	排名	数值	排名
新余	0.0128	12	0.0412	8	0.0086	13	0.1079	6	0.0004	14	0.1183	4	0.0724	7
鹰潭	0.0905	5	0.0383	11	0.1152	3	0.0592	8	0.0004	14	0.0065	13	0.0532	10
赣州	0.108	5	0.0535	9	0.1139	3	0.0997	6	0.0005	14	0.0251	10	0.0976	7
吉安	0.1339	2	0.0587	10	0.1374	1	0.0806	7	0.0004	14	0.0025	13	0.0594	9
宜春	0.1151	3	0.0431	10	0.1192	2	0.0876	7	0.0003	14	0.0654	9	0.03	11
抚州	0.1063	5	0.0536	8	0.1131	4	0.0949	6	0.0006	14	0.0184	12	0.0561	7
上饶	0.1199	3	0.0311	10	0.1076	5	0.064	8	0.0003	14	0.0148	12	0.1502	1
济南	0.0302	9	0.2471	1	0.0066	13	0.0418	7	0.0006	14	0.0805	4	0.0741	5
青岛	0.0279	10	0.1124	3	0.0037	13	0.0094	12	0.0007	14	0.0843	6	0.0745	7
淄博	0.0248	10	0.1524	3	0.0036	12	0.1201	4	0.0005	14	0.1537	2	0.0709	6
枣庄	0.0462	11	0.1437	1	0.068	7	0.0621	10	0.0004	13	0.1108	3	0.0004	13
东营	0.0148	11	0.1466	3	0.0081	12	0.0774	5	0.0004	14	0.0782	4	0.0525	7
烟台	0.035	12	0.0644	6	0.0481	10	0.0499	8	0.0005	14	0.0482	9	0.1126	3
潍坊	0.0815	6	0.1146	3	0.071	7	0.0493	10	0.0004	14	0.091	5	0.0576	9
济宁	0.0636	9	0.1133	2	0.0593	10	0.0547	11	0.0004	14	0.0748	7	0.0226	12
泰安	0.053	10	0.1217	3	0.0912	5	0.0367	12	0.0004	14	0.0719	6	0.0272	13
威海	0.0181	13	0.0472	8	0.035	10	0.0479	7	0.0006	14	0.0916	5	0.109	4
日照	0.0442	10	0.0851	6	0.0581	9	0.0882	5	0.0005	14	0.1458	1	0.1003	4
莱芜	0.0062	12	0.131	3	0.0334	9	0.097	6	0.0004	14	0.1165	4	0.0099	11
临沂	0.0988	3	0.1241	2	0.0568	11	0.088	6	0.0004	14	0.0916	5	0.0495	12

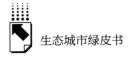

续表

城市名称	森林覆盖率		空气质量优良天数		河湖水质		单位GDP工业二氧化硫排放量		生活垃圾无害化处理率		单位GDP综合能耗		一般工业固体废物综合利用率	
	数值	排名	数值	排名	数值	排名	数值	排名	数值	排名	数值	排名	数值	排名
德州	0.0561	10	0.1351	1	0.045	12	0.0683	8	0.0003	14	0.0707	7	0.0335	13
聊城	0.0819	3	0.1234	1	0.0617	12	0.0658	11	0.0003	14	0.0705	8	0.0664	10
滨州	0.036	11	0.1194	3	0.034	12	0.0859	6	0.0003	14	0.0963	5	0.0611	9
菏泽	0.0907	5	0.1108	2	0.1028	3	0.0564	11	0.0003	14	0.072	9	0.0142	13
郑州	0.0355	10	0.2281	1	0.0205	12	0.051	6	0.0005	14	0.0367	9	0.0922	4
开封	0.0959	5	0.1448	2	0.0652	9	0.0137	12	0.0004	14	0.0349	10	0.0287	11
洛阳	0.06	8	0.1659	1	0.0527	9	0.0472	11	0.0004	14	0.0696	7	0.0853	6
平顶山	0.1139	3	0.1172	2	0.0449	10	0.0715	8	0.0003	14	0.0848	6	0.042	11
安阳	0.1026	2	0.1373	2	0.0623	10	0.0711	9	0.0003	14	0.0824	5	0.0848	4
鹤壁	0.0523	10	0.1628	2	0.0561	9	0.0593	8	0.0004	14	0.1184	3	0.0077	13
新乡	0.1038	4	0.1596	1	0.0566	9	0.0388	12	0.0004	14	0.0889	6	0.0447	11
焦作	0.0516	9	0.1348	1	0.0451	12	0.0497	10	0.0003	14	0.085	4	0.0766	7
濮阳	0.132	3	0.1562	2	0.0799	6	0.0076	13	0.0004	14	0.0893	5	0.0215	11
许昌	0.0897	5	0.1166	2	0.1233	1	0.0351	11	0.0003	14	0.0292	12	0.0248	13
漯河	0.0792	6	0.1251	2	0.0354	11	0.0205	12	0.0004	14	0.0732	7	0.0526	10
三门峡	0.0598	10	0.0939	4	0.0741	7	0.0529	12	0.0713	8	0.0815	5	0.1128	1
南阳	0.1054	3	0.0991	5	0.103	4	0.0118	13	0.0721	7	0.0113	14	0.0536	11
商丘	0.1346	2	0.0978	5	0.1348	1	0.0345	11	0.0003	14	0.0576	8	0.0114	13
信阳	0.1142	4	0.0613	9	0.132	1	0.0443	11	0.0003	14	0.0497	10	0.0101	13
周口	0.1242	3	0.0883	7	0.1275	2	0.0061	13	0.0619	9	0.0055	14	0.0068	12

续表

城市名称	森林覆盖率		空气质量优良天数		河湖水质		单位GDP工业二氧化硫排放量		生活垃圾无害化处理率		单位GDP综合能耗		一般工业固体废物综合利用率	
	数值	排名	数值	排名	数值	排名	数值	排名	数值	排名	数值	排名	数值	排名
驻马店	0.1288	2	0.0904	6	0.1306	1	0.0084	13	0.0003	14	0.0332	11	0.0368	10
武汉	0.0479	6	0.1996	2	0.1071	4	0.0209	11	0.0009	14	0.1742	3	0.0383	7
黄石	0.0725	8	0.0804	6	0.0321	12	0.0991	4	0.0004	14	0.1365	2	0.036	11
十堰	0.0681	6	0.0417	12	0.0312	13	0.0461	10	0.0005	14	0.117	3	0.1149	4
宜昌	0.0392	10	0.094	5	0.0275	12	0.0689	6	0.0004	14	0.1208	4	0.1686	1
襄阳	0.0659	8	0.0724	6	0.0486	10	0.0203	13	0.0004	14	0.117	4	0.1443	1
鄂州	0.0459	9	0.1053	4	0.0218	12	0.0878	5	0.0005	14	0.1465	3	0.0851	6
荆门	0.076	8	0.0554	11	0.0403	12	0.0563	10	0.0003	14	0.0911	5	0.1261	1
孝感	0.1429	1	0.0674	7	0.103	4	0.0547	9	0.0003	14	0.0983	5	0.0877	6
荆州	0.127	3	0.0647	8	0.0858	6	0.048	10	0.0004	14	0.0698	7	0.1365	1
黄冈	0.128	2	0.0565	10	0.1255	3	0.0276	12	0.0657	8	0.0692	6	0.0429	11
咸宁	0.0753	7	0.0514	11	0.0948	4	0.0374	12	0.0004	14	0.1051	3	0.0535	10
随州	0.097	4	0.0715	10	0.0779	8	0.002	13	0.0004	14	0.0263	12	0.0811	7
长沙	0.0483	7	0.124	3	0.0059	12	0.0038	13	0.0006	14	0.0475	8	0.0945	5
株洲	0.0534	8	0.088	5	0.0216	12	0.0879	6	0.0005	14	0.1028	4	0.0385	9
湘潭	0.0659	9	0.0926	5	0.0165	13	0.1119	4	0.0005	14	0.1291	2	0.0237	10
衡阳	0.104	4	0.0531	11	0.0547	10	0.058	8	0.0003	14	0.0573	9	0.0668	7
邵阳	0.121	3	0.0468	11	0.0863	4	0.0481	10	0.0682	7	0.0619	9	0.065	8
岳阳	0.0993	5	0.0455	11	0.0832	7	0.0512	10	0.0004	14	0.0906	6	0.0789	8
常德	0.1189	4	0.0716	7	0.0809	6	0.0373	10	0.0004	14	0.0332	11	0.0101	13

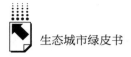
续表

城市名称	森林覆盖率		空气质量优良天数		河湖水质		单位GDP工业二氧化硫排放量		生活垃圾无害化处理率		单位GDP综合能耗		一般工业固体废物综合利用率	
	数值	排名	数值	排名	数值	排名	数值	排名	数值	排名	数值	排名	数值	排名
张家界	0.1348	2	0.0338	11	0.0879	6	0.0617	8	0.0005	13	0.0716	7	0.0005	13
益阳	0.096	5	0.0382	12	0.0908	6	0.0391	11	0.0003	14	0.0611	8	0.0476	10
郴州	0.0947	3	0.0313	13	0.0883	6	0.039	11	0.0003	14	0.071	8	0.0576	9
永州	0.1411	1	0.044	9	0.0888	6	0.0283	11	0.0746	8	0.0754	7	0.0092	13
怀化	0.1181	2	0.0276	12	0.0948	5	0.0469	9	0.0003	14	0.0691	8	0.0444	11
娄底	0.138	1	0.0284	12	0.1079	5	0.0695	7	0.0004	14	0.1112	3	0.0479	9
广州	0.0095	13	0.1093	4	0.1907	3	0.0146	10	0.2116	2	0.0382	7	0.0508	6
韶关	0.0425	9	0.0231	13	0.0372	11	0.0689	6	0.1127	3	0.107	4	0.0796	5
深圳	0.0037	11	0.0286	8	0.2946	1	0.0015	13	0.0009	14	0.0206	9	0.1832	2
珠海	0.0126	9	0.0799	5	0.3155	1	0.0519	7	0.0012	13	0.0436	8	0.0095	11
汕头	0.0348	10	0.0086	14	0.0122	13	0.0681	7	0.1332	3	0.0204	11	0.0138	12
佛山	0.0491	7	0.0683	6	0.0409	8	0.0244	10	0.0005	14	0.0298	9	0.0901	5
江门	0.0493	9	0.1024	4	0.0059	13	0.085	6	0.0006	14	0.0494	8	0.0482	10
湛江	0.1642	1	0.03	11	0.1024	5	0.0712	7	0.0005	13	0.1199	3	0.0053	12
茂名	0.1189	4	0.0159	12	0.1081	5	0.0314	10	0.0003	14	0.0791	7	0.0218	11
肇庆	0.0607	9	0.0701	7	0.0347	12	0.0852	6	0.0004	14	0.0506	11	0.1169	2
惠州	0.0226	10	0.016	12	0.015	13	0.0679	7	0.0006	14	0.1423	3	0.0288	9
梅州	0.138	2	0.0007	13	0.1096	3	0.0959	6	0.0004	14	0.0945	7	0.0059	11
汕尾	0.1376	2	0.0061	13	0.0998	4	0.0205	10	0.0777	8	0.0175	11	0.0003	14
河源	0.1515	1	0.0048	13	0.0889	6	0.03	11	0.0004	14	0.0578	8	0.076	7

续表

城市名称	森林覆盖率		空气质量优良天数		河湖水质		单位GDP工业二氧化硫排放量		生活垃圾无害化处理率		单位GDP综合能耗		一般工业固体废物综合利用率	
	数值	排名	数值	排名	数值	排名	数值	排名	数值	排名	数值	排名	数值	排名
阳江	0.0668	8	0.031	13	0.0403	12	0.0764	5	0.0003	14	0.056	11	0.0568	10
清远	0.0942	6	0.036	11	0.0495	10	0.0759	9	0.0004	14	0.1009	3	0.0191	13
东莞	0.0005	13	0.0591	6	0.2043	2	0.0915	4	0.0005	13	0.0345	10	0.0464	8
中山	0.0132	10	0.0894	5	0.024	9	0.0124	11	0.0006	14	0.04	8	0.0883	6
潮州	0.0632	7	0.0088	13	0.0276	11	0.0683	6	0.1324	3	0.1086	5	0.0004	14
揭阳	0.0649	9	0.0104	14	0.1054	3	0.0199	13	0.0752	6	0.0561	11	0.0744	7
云浮	0.1204	3	0.0128	13	0.0733	9	0.0815	6	0.0003	14	0.0828	5	0.0639	10
南宁	0.074	6	0.0286	11	0.0103	13	0.0347	10	0.0007	14	0.1437	3	0.1182	4
柳州	0.0424	10	0.0645	7	0.0589	8	0.1142	3	0.0007	14	0.2056	1	0.0196	13
桂林	0.1133	2	0.0415	12	0.0464	11	0.0726	7	0.0004	14	0.0406	13	0.0543	9
梧州	0.1054	5	0.0201	12	0.0617	8	0.0297	11	0.0004	14	0.1118	4	0.0876	6
北海	0.056	6	0.0253	10	0.0311	9	0.0775	4	0.0005	14	0.0671	5	0.011	12
防城港	0.0589	6	0.0191	12	0.0081	13	0.12	4	0.0005	14	0.1375	3	0.0514	7
钦州	0.0917	5	0.0281	12	0.0904	6	0.0403	9	0.0004	14	0.0515	7	0.0213	13
贵港	0.1079	3	0.026	12	0.0784	8	0.054	10	0.0003	14	0.0917	6	0.03	11
玉林	0.1497	1	0.0276	10	0.1277	3	0.0238	12	0.0004	14	0.0328	9	0.0263	11
百色	0.0043	13	0.0169	11	0.1064	5	0.0733	8	0.0003	14	0.0948	6	0.1188	3
贺州	0.1025	6	0.0259	11	0.1065	4	0.053	9	0.0003	14	0.1042	5	0.0555	8
河池	0.1346	1	0.0143	12	0.1044	5	0.0733	8	0.0003	14	0.0309	11	0.1291	3
来宾	0.0989	5	0.04	10	0.1119	4	0.067	8	0.0003	14	0.0866	6	0.056	9
崇左	0.119	3	0.0171	13	0.1241	2	0.0379	10	0.0003	14	0.1001	5	0.0997	6

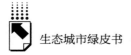
续表

城市名称	森林覆盖率		空气质量优良天数		河湖水质		单位GDP工业二氧化硫排放量		生活垃圾无害化处理率		单位GDP综合能耗		一般工业固体废物综合利用率	
	数值	排名	数值	排名	数值	排名	数值	排名	数值	排名	数值	排名	数值	排名
海口	0.0291	7	0.0163	11	0.0772	6	0.0065	12	0.0008	14	0.0215	9	0.1081	5
三亚	0.0297	6	0.0093	11	0.2574	1	0.0132	10	0.0012	12	0.0156	8	0.0012	12
重庆	0.0443	12	0.0783	6	0.0275	13	0.0845	5	0.1038	3	0.0503	11	0.1058	2
成都	0.0445	5	0.1854	2	0.0136	13	0.0179	11	0.0007	14	0.0288	8	0.1437	4
自贡	0.0495	11	0.1107	3	0.07	7	0.0224	12	0.1022	4	0.0498	10	0.0538	9
攀枝花	0.021	11	0.0054	13	0.0277	10	0.1257	4	0.0004	14	0.1411	3	0.1855	1
泸州	0.0686	8	0.12	2	0.0701	7	0.0901	6	0.0005	14	0.1119	3	0.0203	13
德阳	0.0801	6	0.0886	5	0.0617	9	0.0651	8	0.0004	14	0.0535	11	0.0946	3
绵阳	0.0898	4	0.0702	7	0.0797	6	0.0683	9	0.0005	14	0.051	11	0.0687	8
广元	0.1166	2	0.0178	11	0.1079	3	0.0793	7	0.1072	4	0.0563	8	0.0167	12
遂宁	0.099	5	0.0468	10	0.0813	6	0.0334	11	0.0004	14	0.0516	8	0.0043	13
内江	0.1015	3	0.0629	10	0.0953	5	0.0919	6	0.0003	14	0.0986	4	0.011	12
乐山	0.0966	4	0.0842	6	0.078	8	0.0976	2	0.0004	14	0.1096	1	0.0629	10
南充	0.1167	2	0.0626	9	0.1116	4	0.0478	11	0.0004	13	0.0572	10	0.1125	3
眉山	0.1171	1	0.0756	7	0.0959	4	0.0735	8	0.0912	5	0.0806	6	0.0228	13
宜宾	0.1069	3	0.0781	7	0.1128	2	0.0878	4	0.0004	14	0.0741	8	0.0816	6
广安	0.1072	3	0.0315	12	0.1301	1	0.0661	7	0.0003	14	0.0606	9	0.0468	11
达州	0.1006	3	0.0327	12	0.0911	5	0.0616	10	0.0817	7	0.0729	9	0.0421	11
雅安	0.0698	8	0.0457	12	0.0855	3	0.0557	11	0.0794	6	0.0848	4	0.0824	5
巴中	0.1115	4	0.0187	12	0.1302	3	0.0444	10	0.0004	14	0.0519	9	0.0544	8
资阳	0.1186	3	0.0487	10	0.1396	1	0.0557	9	0.0004	14	0.0136	12	0.0075	13

续表

城市名称	森林覆盖率		空气质量优良天数		河湖水质		单位GDP工业二氧化硫排放量		生活垃圾无害化处理率		单位GDP综合能耗		一般工业固体废物综合利用率	
	数值	排名	数值	排名	数值	排名	数值	排名	数值	排名	数值	排名	数值	排名
贵阳	0.0133	13	0.0127	14	0.0184	12	0.1153	4	0.1192	2	0.0938	6	0.1737	1
六盘水	0.0809	9	0.0122	14	0.093	4	0.0868	6	0.0825	8	0.0947	3	0.0843	7
遵义	0.0818	4	0.0085	14	0.0897	3	0.068	10	0.0741	7	0.0581	12	0.0712	8
安顺	0.08	9	0.0082	12	0.0991	4	0.0938	6	0.1127	3	0.0907	7	0.0004	14
昆明	0.0183	10	0.0042	13	0.0124	12	0.1104	6	0.0005	14	0.1394	3	0.1779	1
曲靖	0.1306	1	0.0054	13	0.1151	3	0.0873	8	0.0003	14	0.0941	6	0.0809	9
玉溪	0.1231	1	0.0008	13	0.0857	8	0.1056	5	0.0004	14	0.1156	3	0.1124	4
保山	0.1277	3	0.0042	13	0.1566	1	0.0821	7	0.0004	14	0.0995	6	0.0679	9
昭通	0.1209	2	0.0069	12	0.1269	1	0.0606	10	0.1158	4	0.0714	8	0.0694	9
丽江	0.0904	5	0.0004	14	0.059	10	0.0836	7	0.0794	8	0.0908	4	0.1159	2
临沧	0.1232	2	0.0033	13	0.1286	1	0.0417	10	0.0732	8	0.0667	9	0.0368	11
拉萨	0.0051	11	0.0043	12	0.0508	8	0.0181	9	0.1397	3	0.0926	5	0.151	2
西安	0.0271	11	0.2161	1	0.0328	9	0.0086	14	0.1241	3	0.037	8	0.0942	5
铜川	0.029	12	0.109	5	0.0593	9	0.1141	4	0.1168	3	0.1302	2	0.0401	10
宝鸡	0.0741	7	0.099	3	0.0707	8	0.0437	12	0.0871	6	0.0579	10	0.1121	1
咸阳	0.1126	3	0.1299	2	0.0335	11	0.0133	13	0.0826	6	0.053	10	0.0747	8
渭南	0.11	2	0.1213	1	0.0839	6	0.0802	8	0.0615	11	0.0905	4	0.002	14
延安	0.1031	5	0.0344	11	0.1181	2	0.0679	8	0.079	7	0.0478	9	0.1081	4
汉中	0.1199	1	0.0582	10	0.1156	2	0.0727	8	0.0649	9	0.0823	6	0.0905	5
榆林	0.0869	5	0.0419	11	0.1166	2	0.0758	9	0.0816	6	0.0785	8	0.1186	1
安康	0.1058	4	0.0281	13	0.1244	2	0.0299	12	0.0721	7	0.0419	10	0.0701	8

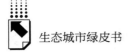

续表

城市名称	森林覆盖率		空气质量优良天数		河湖水质		单位GDP工业二氧化硫排放量		生活垃圾无害化处理率		单位GDP综合能耗		一般工业固体废物综合利用率	
	数值	排名	数值	排名	数值	排名	数值	排名	数值	排名	数值	排名	数值	排名
商洛	0.1331	2	0.0158	13	0.1341	1	0.0534	9	0.0803	6	0.0268	11	0.0813	5
兰州	0.0254	11	0.1683	2	0.016	12	0.1138	4	0.1264	3	0.1916	1	0.0699	6
嘉峪关	0.0011	12	0.0546	6	0.0171	9	0.1564	4	0.0006	14	0.1566	3	0.1407	5
金昌	0.0157	11	0.035	8	0.0015	13	0.1394	4	0.0005	14	0.1592	3	0.2163	1
白银	0.0672	8	0.0472	10	0.1358	2	0.1225	3	0.0004	14	0.1403	1	0.0861	6
天水	0.1263	4	0.0405	10	0.1323	3	0.0705	7	0.0004	14	0.0863	6	0.0335	11
武威	0.1267	2	0.0366	12	0.0837	6	0.0672	9	0.1006	3	0.0923	4	0.0493	11
张掖	0.0344	9	0.0298	11	0.0589	8	0.0934	6	0.0004	14	0.1202	4	0.0748	7
平凉	0.1	5	0.0221	11	0.1368	2	0.0952	6	0.0003	14	0.1072	4	0.0395	9
酒泉	0.0352	11	0.0472	8	0.0448	10	0.0806	6	0.0004	14	0.1151	5	0.1262	2
庆阳	0.1387	2	0.0257	13	0.1516	1	0.0596	9	0.0778	6	0.0444	10	0.0292	12
定西	0.1329	3	0.0216	11	0.1414	2	0.0784	7	0.0003	14	0.0721	9	0.061	10
陇南	0.1402	2	0.0114	11	0.1415	1	0.0511	8	0.0003	14	0.0872	6	0.1402	2
西宁	0.0412	11	0.0654	5	0.009	13	0.1425	2	0.1365	3	0.166	1	0.0445	9
银川	0.0077	13	0.1077	5	0.0117	11	0.0761	7	0.0004	14	0.1303	3	0.1486	2
石嘴山	0.0064	13	0.1159	5	0.0465	9	0.1427	3	0.1187	4	0.1542	1	0.0192	11
吴忠	0.0471	10	0.0634	7	0.0627	8	0.1267	3	0.0005	14	0.1446	1	0.1065	5
固原	0.0647	9	0.0172	12	0.1203	3	0.0744	6	0.0727	8	0.0915	5	0.0564	10
中卫	0.0609	9	0.0535	10	0.1209	1	0.0913	5	0.0824	6	0.0995	4	0.1171	2
乌鲁木齐	0.0025	14	0.1278	4	0.0486	8	0.1135	5	0.1347	3	0.1543	1	0.037	10
克拉玛依	0.0019	14	0.0438	7	0.2132	1	0.1379	4	0.1419	3	0.199	2	0.0597	6

续表

城市名称	R&D经费占GDP比重		信息化基础设施		人均GDP		人口密度		生态环保知识、法规普及率,基础设施完好率		公众对城市生态环境满意率		政府投入与建设效果	
	数值	排名	数值	排名	数值	排名	数值	排名	数值	排名	数值	排名	数值	排名
北京	0.0417	7	0.0297	8	0.016	10	0.2527	1	0.0026	12	0.1261	5	0.0172	9
天津	0.1492	3	0.0485	6	0.0243	11	0.0853	5	0.0205	12	0.0336	9	0.0892	4
石家庄	0.1207	3	0.0316	12	0.0695	6	0.001	13	0.0556	8	0.1234	2	0.0402	11
唐山	0.1364	1	0.0418	11	0.0283	12	0.1234	2	0.0463	9	0.0865	6	0.0965	5
秦皇岛	0.0727	8	0.039	13	0.0998	4	0.0486	10	0.0527	9	0.082	5	0.0738	7
邯郸	0.0238	13	0.076	8	0.1073	3	0.033	11	0.0577	10	0.0715	9	0.1141	2
邢台	0.0282	12	0.0572	10	0.0979	4	0.0318	11	0.064	8	0.0864	6	0.1244	2
保定	0.0224	12	0.0433	10	0.0851	7	0.0121	13	0.1232	3	0.0881	6	0.1372	1
张家口	0.014	14	0.0534	11	0.104	2	0.0601	10	0.0244	13	0.0888	4	0.1296	1
承德	0.0281	14	0.0645	7	0.057	10	0.1395	1	0.0525	11	0.0785	5	0.0939	3
沧州	0.0574	8	0.053	9	0.0119	12	0.0416	10	0.0936	6	0.1012	5	0.1136	4
廊坊	0.0534	8	0.0266	13	0.0307	12	0.1125	5	0.0335	11	0.1192	3	0.0979	6
衡水	0.0407	11	0.0471	10	0.0727	7	0.1143	2	0.0694	8	0.1009	5	0.068	9
太原	0.1425	4	0.0277	9	0.0447	8	0.0512	7	0.0089	13	0.0798	5	0.0165	11
大同	0.0247	12	0.0931	5	0.1278	2	0.0676	7	0.0196	13	0.0917	6	0.0343	11
阳泉	0.0776	6	0.0322	12	0.0991	5	0.059	8	0.0411	9	0.0112	13	0.0618	7
长治	0.0496	11	0.062	9	0.0794	6	0.0444	12	0.0117	14	0.0805	5	0.0504	10
晋城	0.0725	7	0.0426	11	0.0796	6	0.042	12	0.0189	13	0.1029	3	0.0706	8
朔州	0.1117	3	0.0835	6	0.0099	13	0.0766	7	0.02	12	0.0707	9	0.0654	10

续表

城市名称	R&D经费占GDP比重		信息化基础设施		人均GDP		人口密度		生态环保知识、法规普及率、基础设施完好率		公众对城市生态环境满意率		政府投入与建设效果	
	数值	排名	数值	排名	数值	排名	数值	排名	数值	排名	数值	排名	数值	排名
晋中	0.0357	10	0.0607	9	0.1094	3	0.1319	1	0.0269	11	0.0932	6	0.0259	12
运城	0.0189	13	0.0455	12	0.0961	3	0.0098	14	0.0703	10	0.0761	8	0.094	4
忻州	0.0099	13	0.0787	7	0.1272	1	0.0933	5	0.0252	12	0.0771	9	0.0349	11
吕梁	0.0136	12	0.0787	8	0.131	2	0.0003	13	0.0423	10	0.0884	6	0.0381	11
呼和浩特	0.2115	1	0.0883	7	0.0314	9	0.0407	8	0.0025	13	0.0912	6	0.0066	11
包头	0.2106	1	0.0497	8	0.0041	14	0.1073	4	0.0123	12	0.0251	10	0.0299	9
乌海	0.1921	1	0.0232	10	0.065	8	0.0468	9	0.0048	12	0.0031	14	0.0094	11
赤峰	0.009	12	0.1255	2	0.1093	5	0.117	3	0.0636	9	0.0762	8	0.0079	13
通辽	0.0303	11	0.1114	3	0.1138	1	0.0078	13	0.0533	10	0.0903	7	0.1012	5
鄂尔多斯	0.1741	1	0.0625	7	0.0187	11	0.082	6	0.0029	13	0.0537	8	0.1471	2
呼伦贝尔	0.0319	11	0.0881	5	0.0708	10	0.1276	2	0.0315	12	0.0867	6	0.0734	9
巴彦淖尔	0.0494	8	0.0912	6	0.1277	3	0.0181	13	0.0192	12	0.0245	10	0.0231	11
乌兰察布	0.0332	12	0.1337	1	0.1082	3	0.0183	14	0.0365	11	0.0573	8	0.033	13
沈阳	0.1922	1	0.0517	10	0.0712	6	0.0734	5	0.0126	13	0.0697	8	0.0779	4
大连	0.221	1	0.0429	9	0.0204	12	0.089	4	0.0672	6	0.0403	10	0.1176	3
鞍山	0.1375	1	0.051	9	0.1093	4	0.0922	6	0.0171	13	0.0852	7	0.0193	12
抚顺	0.1417	2	0.037	9	0.085	7	0.0935	6	0.0156	12	0.0098	13	0.1343	3
本溪	0.128	4	0.0322	9	0.1043	6	0.2006	1	0.0235	10	0.0046	13	0.0796	7
丹东	0.0491	9	0.049	10	0.1631	2	0.1692	1	0.0199	13	0.0771	6	0.083	4

续表

城市名称	R&D经费占GDP比重		信息化基础设施		人均GDP		人口密度		生态环保知识、法规普及率,基础设施完好率		公众对城市生态环境满意率		政府投入与建设效果	
	数值	排名	数值	排名	数值	排名	数值	排名	数值	排名	数值	排名	数值	排名
锦州	0.0869	6	0.0492	11	0.0818	7	0.0932	3	0.0381	12	0.0675	9	0.1347	1
营口	0.1645	2	0.0426	8	0.0544	7	0.1332	3	0.0192	13	0.0337	9	0.1683	1
阜新	0.0256	12	0.0399	10	0.1834	1	0.1288	3	0.0132	13	0.0594	6	0.1652	2
辽阳	0.1012	6	0.0393	9	0.1045	4	0.1453	2	0.0185	11	0.0051	13	0.1412	3
盘锦	0.2184	1	0.045	9	0.0476	8	0.028	10	0.0057	13	0.0503	7	0.1708	2
铁岭	0.0127	13	0.073	11	0.1265	1	0.0862	4	0.0319	12	0.0834	7	0.086	5
朝阳	0.0176	13	0.0712	8	0.1195	3	0.1309	1	0.0255	12	0.0821	6	0.1222	2
葫芦岛	0.0261	12	0.0596	10	0.1092	2	0.1063	3	0.0403	11	0.0961	5	0.1455	1
长春	0.2226	1	0.0822	5	0.0511	7	0.1408	3	0.0183	13	0.0437	8	0.0511	6
吉林	0.0927	5	0.0737	7	0.0459	11	0.0657	9	0.0228	13	0.0663	8	0.1146	2
四平	0.0612	9	0.1056	3	0.1586	1	0.0064	13	0.0416	12	0.0889	5	0.0576	10
辽源	0.1482	2	0.125	3	0.033	12	0.0694	6	0.0513	10	0.0888	4	0.1714	1
通化	0.0353	10	0.1059	3	0.1284	1	0.0263	12	0.0335	11	0.0895	6	0.1012	4
白山	0.0658	8	0.0688	7	0.0569	10	0.1437	1	0.0203	14	0.027	13	0.1124	2
松原	0.1202	2	0.117	3	0.0669	8	0.0091	13	0.0396	11	0.0958	4	0.1612	1
白城	0.0327	10	0.1155	3	0.1457	1	0.025	11	0.0082	14	0.1039	5	0.0422	9
哈尔滨	0.1799	1	0.0718	6	0.0437	11	0.0795	4	0.0141	14	0.0599	8	0.0428	12
齐齐哈尔	0.0203	14	0.1182	2	0.1009	3	0.0321	12	0.0421	11	0.0926	4	0.0674	9
鸡西	0.0484	8	0.1151	3	0.169	1	0.0423	9	0.0067	14	0.0282	13	0.069	7

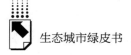

续表

城市名称	R&D经费占GDP比重		信息化基础设施		人均GDP		人口密度		生态环保知识、法规普及率，基础设施完好率		公众对城市生态环境满意率		政府投入与建设效果	
	数值	排名	数值	排名	数值	排名	数值	排名	数值	排名	数值	排名	数值	排名
鹤岗	0.0291	9	0.0829	6	0.2135	1	0.021	12	0.0113	13	0.0083	14	0.0282	10
双鸭山	0.0809	7	0.038	8	0.1975	1	0.0316	9	0.007	14	0.0145	13	0.0825	6
大庆	0.1961	1	0.097	5	0.0033	13	0.0242	10	0.0729	6	0.0128	11	0.1956	2
伊春	0.0881	6	0.0826	7	0.1717	1	0.0221	11	0.0459	9	0.0006	14	0.1045	4
佳木斯	0.0869	5	0.0098	14	0.0826	7	0.055	10	0.0574	9	0.0917	4	0.1254	1
七台河	0.0708	7	0.0777	6	0.1746	1	0.014	10	0.0377	9	0.0016	13	0.1655	2
牡丹江	0.1421	2	0.0714	7	0.1558	1	0.0292	10	0.0609	9	0.0241	12	0.1288	3
黑河	0.0441	9	0.1008	6	0.1173	3	0.0044	13	0.0256	11	0.0894	7	0.1158	5
绥化	0.0249	11	0.1377	4	0.1423	2	0.0244	13	0.0635	6	0.0611	7	0.143	1
上海	0.0864	5	0.0332	10	0.025	11	0.0812	6	0.0122	12	0.1761	1	0.0907	4
南京	0.2143	2	0.0093	12	0.0147	10	0.2384	1	0.0086	13	0.0245	7	0.0153	9
无锡	0.2199	1	0.0103	12	0.0084	13	0.1415	2	0.0878	5	0.0564	9	0.1148	4
徐州	0.1047	3	0.054	8	0.0273	12	0.0586	7	0.1016	4	0.0427	11	0.0521	10
常州	0.2611	1	0.0109	12	0.0119	11	0.13	3	0.0793	5	0.0587	8	0.0677	7
苏州	0.18	1	0.003	13	0.0105	12	0.141	2	0.0426	10	0.0646	7	0.1187	4
南通	0.211	1	0.034	9	0.0215	12	0.0469	7	0.1468	2	0.116	4	0.0975	5
连云港	0.0955	3	0.0464	11	0.0767	6	0.1713	1	0.074	8	0.021	12	0.1335	2
淮安	0.1312	3	0.0589	9	0.0743	7	0.018	12	0.0747	5	0.012	13	0.1829	1
盐城	0.0868	5	0.0437	12	0.0394	13	0.1012	4	0.1107	2	0.0735	8	0.0795	7

续表

城市名称	R&D经费占GDP比重		信息化基础设施		人均GDP		人口密度		生态环保知识、法规普及率,基础设施完好率		公众对城市生态环境满意率		政府投入与建设效果	
	数值	排名	数值	排名	数值	排名	数值	排名	数值	排名	数值	排名	数值	排名
扬州	0.2328	1	0.0285	10	0.0144	12	0.0974	5	0.1004	4	0.0435	7	0.1384	3
镇江	0.2666	1	0.0204	11	0.0082	12	0.2316	2	0.0488	5	0.0315	8	0.0229	10
泰州	0.1926	1	0.0306	11	0.0154	12	0.1186	2	0.1112	4	0.0635	8	0.0885	5
宿迁	0.0895	6	0.0564	11	0.0745	8	0.0924	4	0.085	7	0.0671	9	0.1031	3
杭州	0.1846	1	0.0101	13	0.0139	12	0.0809	5	0.0423	9	0.1581	2	0.0469	7
宁波	0.2216	1	0.0125	12	0.012	13	0.1298	2	0.092	3	0.0626	8	0.0784	5
温州	0.0832	6	0.025	11	0.0852	5	0.1256	3	0.2102	1	0.1687	2	0.0405	8
嘉兴	0.1307	3	0.0174	12	0.0419	10	0.0728	7	0.0359	11	0.1423	2	0.1642	1
湖州	0.1061	4	0.0108	12	0.0503	9	0.1768	1	0.0745	8	0.1216	2	0.0813	7
绍兴	0.1632	1	0.0221	13	0.0275	12	0.0784	6	0.0539	9	0.1425	2	0.1169	3
金华	0.0868	5	0.013	13	0.0794	7	0.1695	1	0.0353	10	0.1386	2	0.1248	3
衢州	0.0466	10	0.0308	12	0.0616	8	0.1292	3	0.1746	1	0.0722	7	0.0808	5
舟山	0.1627	2	0.0229	11	0.0458	7	0.3582	1	0.0186	12	0.0232	10	0.0804	4
台州	0.0994	4	0.0275	11	0.0476	9	0.1782	1	0.1391	3	0.0869	6	0.1523	2
丽水	0.015	12	0.0385	10	0.0705	8	0.1668	1	0.0857	5	0.1299	3	0.0843	6
合肥	0.1478	4	0.0416	8	0.0185	11	0.0769	6	0.165	2	0.1518	3	0.0472	7
芜湖	0.0494	8	0.0765	7	0.0216	13	0.1416	1	0.1175	4	0.0472	9	0.132	2
蚌埠	0.0455	9	0.1168	3	0.1337	2	0.0878	7	0.1166	4	0.1145	5	0.0618	8
淮南	0.0345	12	0.1008	4	0.1453	1	0.0853	7	0.0412	11	0.0879	6	0.0258	13

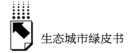

续表

城市名称	R&D经费占GDP比重		信息化基础设施		人均GDP		人口密度		生态环保知识，法规普及率，基础设施完好率		公众对城市生态环境满意率		政府投入与建设效果	
	数值	排名	数值	排名	数值	排名	数值	排名	数值	排名	数值	排名	数值	排名
马鞍山	0.1365	2	0.0659	7	0.0245	12	0.0308	11	0.13	4	0.0961	6	0.0416	9
淮北	0.0951	4	0.0554	8	0.0785	7	0.0431	10	0.1834	1	0.0957	3	0.0072	13
铜陵	0.108	2	0.0143	14	0.0662	9	0.0807	7	0.1691	1	0.0846	5	0.0241	12
安庆	0.0272	13	0.1136	3	0.0752	8	0.0939	5	0.1296	1	0.1248	2	0.0422	11
黄山	0.0781	5	0.0959	3	0.1204	2	0.2809	1	0.0647	7	0.0767	6	0.0284	11
滁州	0.0324	11	0.0889	6	0.0556	8	0.1232	2	0.1405	1	0.1103	4	0.0256	13
阜阳	0.0052	13	0.104	5	0.1312	2	0.0575	10	0.1415	1	0.0839	6	0.0235	11
宿州	0.0204	13	0.0987	5	0.1103	4	0.0364	11	0.0398	10	0.0795	6	0.0793	7
六安	0.0095	13	0.1601	2	0.175	1	0.0426	8	0.0253	10	0.1194	5	0.0872	6
亳州	0.0119	12	0.1122	5	0.1421	1	0.0236	10	0.1192	4	0.0976	7	0.0303	9
池州	0.0654	9	0.0644	10	0.0867	4	0.141	1	0.1391	2	0.0758	7	0.0151	13
宣城	0.0358	12	0.0701	8	0.1485	1	0.0728	7	0.0941	5	0.1155	3	0.0107	13
福州	0.1904	1	0.0281	11	0.0298	10	0.1428	2	0.0824	6	0.0897	5	0.0748	7
厦门	0.1861	1	0.0046	12	0.0556	7	0.1719	3	0.0106	9	0.1657	4	0.0084	10
莆田	0.1147	3	0.0043	14	0.0469	8	0.0699	7	0.1376	2	0.0317	11	0.035	10
三明	0.0824	6	0.0359	11	0.0127	13	0.147	1	0.0605	10	0.0814	7	0.1271	2
泉州	0.1319	4	0.0165	12	0.0148	13	0.0657	7	0.1498	3	0.0755	6	0.1519	2
漳州	0.1483	1	0.0398	10	0.0245	11	0.0023	14	0.1297	3	0.1101	4	0.1081	5
南平	0.0587	9	0.0426	11	0.0547	10	0.1445	1	0.0656	8	0.1002	4	0.1082	3

续表

城市名称	R&D经费占GDP比重 数值	排名	信息化基础设施 数值	排名	人均GDP 数值	排名	人口密度 数值	排名	生态环保知识、法规普及率，基础设施完好率 数值	排名	公众对城市生态环境满意率 数值	排名	政府投入与建设效果 数值	排名
龙岩	0.083	7	0.0433	12	0.0301	13	0.1003	3	0.1367	1	0.1262	2	0.0509	11
宁德	0.0575	9	0.0359	11	0.0275	13	0.0602	8	0.1156	4	0.08	5	0.1314	1
南昌	0.2764	1	0.0561	7	0.0536	8	0.0735	6	0.0232	11	0.1345	2	0.0394	10
景德镇	0.083	5	0.2049	1	0.0744	7	0.1127	3	0.0841	4	0.0134	13	0.0452	10
萍乡	0.0535	11	0.0647	7	0.0684	6	0.0062	13	0.1254	2	0.0851	5	0.0527	12
九江	0.0488	11	0.1141	2	0.0335	12	0.0262	13	0.1117	3	0.0544	10	0.0597	9
新余	0.1539	2	0.0404	9	0.0359	10	0.108	5	0.164	1	0.0169	11	0.1192	3
鹰潭	0.0811	6	0.1367	2	0.0207	12	0.0547	9	0.1007	4	0.0735	7	0.1694	1
赣州	0.0075	13	0.1403	2	0.1494	1	0.0101	12	0.1118	4	0.0664	8	0.0162	11
吉安	0.0116	12	0.096	5	0.104	3	0.0977	4	0.0754	8	0.0921	6	0.0504	11
宜春	0.0143	13	0.0973	4	0.1465	1	0.0172	12	0.0897	6	0.0971	5	0.077	8
抚州	0.0253	10	0.1469	2	0.2026	1	0.0196	11	0.1174	3	0.0358	9	0.0094	13
上饶	0.0119	13	0.1107	4	0.0837	6	0.0292	11	0.1435	2	0.0798	7	0.0531	9
济南	0.2154	2	0.0224	12	0.0284	10	0.1261	3	0.0675	6	0.0315	8	0.0277	11
青岛	0.2015	2	0.0284	9	0.0163	11	0.2079	1	0.0864	5	0.0974	4	0.049	8
淄博	0.1806	1	0.0422	9	0.0217	11	0.1037	5	0.0546	8	0.0701	7	0.0011	13
枣庄	0.1352	2	0.0645	8	0.0998	4	0.0638	9	0.077	6	0.0456	12	0.0824	5
东营	0.205	2	0.0345	10	0.0023	13	0.2113	1	0.0485	9	0.0681	6	0.0524	8
烟台	0.1925	1	0.0365	11	0.005	13	0.1075	4	0.0616	7	0.1028	5	0.1355	2

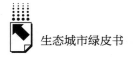

续表

城市名称	R&D经费占GDP比重		信息化基础设施		人均GDP		人口密度		生态环保知识、法规普及率，基础设施完好率		公众对城市生态环境满意率		政府投入与建设效果	
	数值	排名	数值	排名	数值	排名	数值	排名	数值	排名	数值	排名	数值	排名
潍坊	0.0635	8	0.0491	11	0.0389	12	0.1528	1	0.0207	13	0.0941	4	0.1155	2
济宁	0.0807	5	0.0672	8	0.0208	13	0.1112	3	0.1095	4	0.0765	6	0.1454	1
泰安	0.1364	1	0.0568	8	0.0701	7	0.1101	4	0.1274	2	0.0431	11	0.054	9
威海	0.1588	2	0.0361	9	0.024	11	0.21	1	0.0219	12	0.0637	6	0.1364	3
日照	0.127	2	0.0597	8	0.0309	11	0.1249	3	0.0259	12	0.0838	7	0.0255	13
莱芜	0.1155	5	0.0277	10	0.0626	8	0.1503	1	0.1496	2	0.006	13	0.0939	7
临沂	0.0647	8	0.0822	7	0.0644	9	0.1249	1	0.0569	10	0.0961	4	0.0016	13
德州	0.1038	3	0.059	9	0.0501	11	0.0994	4	0.088	5	0.0764	6	0.1143	2
聊城	0.076	6	0.0613	13	0.081	4	0.0701	9	0.0788	5	0.0751	7	0.0877	2
滨州	0.0842	7	0.0239	13	0.038	10	0.1271	1	0.1213	2	0.0706	8	0.1019	4
菏泽	0.036	12	0.0845	6	0.0946	4	0.0769	8	0.0778	7	0.0699	10	0.113	1
郑州	0.1762	2	0.0276	11	0.0378	8	0.0909	5	0.0388	7	0.1488	3	0.0155	13
开封	0.0792	7	0.119	4	0.1193	3	0.0057	13	0.1456	1	0.0803	6	0.0673	8
洛阳	0.1122	2	0.0419	12	0.0489	10	0.0226	13	0.0976	4	0.1038	3	0.092	5
平顶山	0.0329	12	0.1392	1	0.0789	7	0.0315	13	0.05	9	0.0936	5	0.0993	4
安阳	0.0531	12	0.057	11	0.0785	7	0.0107	13	0.1011	3	0.0776	8	0.0813	6
鹤壁	0.1236	2	0.0802	6	0.0883	5	0.0406	11	0.0351	12	0.0766	7	0.0987	4
新乡	0.0678	7	0.0531	10	0.0593	8	0.0033	13	0.1139	3	0.1145	2	0.0953	5
焦作	0.1344	2	0.049	11	0.0846	5	0.0038	13	0.074	8	0.0825	6	0.1286	3

续表

城市名称	R&D经费占GDP比重		信息化基础设施		人均GDP		人口密度		生态环保知识、法规普及率，基础设施完好率		公众对城市生态环境满意率		政府投入与建设效果	
	数值	排名	数值	排名	数值	排名	数值	排名	数值	排名	数值	排名	数值	排名
濮阳	0.0602	9	0.079	7	0.0756	8	0.0325	10	0.138	2	0.1139	4	0.0139	12
许昌	0.1139	3	0.0756	8	0.0727	9	0.0526	10	0.0866	7	0.0906	4	0.0888	6
漯河	0.1228	3	0.1628	1	0.0985	5	0.0013	13	0.1076	4	0.0627	8	0.0578	9
三门峡	0.0627	9	0.0394	13	0.0532	11	0.0148	14	0.1014	3	0.0742	6	0.1078	2
南阳	0.0327	12	0.1076	2	0.0938	6	0.0559	10	0.0642	8	0.0577	9	0.1318	1
商丘	0.0306	12	0.1008	4	0.1327	3	0.04	10	0.0874	7	0.0891	6	0.0485	9
信阳	0.0217	12	0.1184	2	0.0941	5	0.0682	8	0.0891	6	0.0791	7	0.1176	3
周口	0.0264	10	0.1134	4	0.1041	6	0.0187	11	0.1278	1	0.0814	8	0.1078	5
驻马店	0.0177	12	0.1211	3	0.1085	5	0.0581	9	0.117	4	0.0889	7	0.0602	8
武汉	0.2136	1	0.0264	10	0.0277	9	0.0203	12	0.0293	8	0.0865	5	0.0073	13
黄石	0.1123	3	0.0939	5	0.047	9	0.0415	10	0.156	1	0.0153	13	0.0772	7
十堰	0.0605	8	0.0661	7	0.052	9	0.1453	1	0.0789	5	0.1337	2	0.0442	11
宜昌	0.1531	2	0.046	8	0.0189	13	0.1285	3	0.0459	9	0.0327	11	0.0555	7
襄阳	0.1183	3	0.077	5	0.0369	11	0.0543	9	0.0314	12	0.0698	7	0.1433	2
鄂州	0.1631	1	0.0552	7	0.0466	8	0.1505	2	0.0415	11	0.0066	13	0.0437	10
荆门	0.1028	2	0.0913	4	0.0344	13	0.0819	7	0.0629	9	0.0894	6	0.0919	3
孝感	0.0366	11	0.1227	3	0.1318	2	0.015	13	0.063	8	0.0361	12	0.0404	10
荆州	0.0387	11	0.0315	13	0.0889	5	0.049	9	0.0936	4	0.0344	12	0.1316	2
黄冈	0.0112	13	0.1065	4	0.0623	9	0.0095	14	0.0902	5	0.0669	7	0.138	1

续表

城市名称	R&D经费占GDP比重 数值	排名	信息化基础设施 数值	排名	人均GDP 数值	排名	人口密度 数值	排名	生态环保知识、法规普及率，基础设施完好率 数值	排名	公众对城市生态环境满意率 数值	排名	政府投入与建设效果 数值	排名
咸宁	0.062	9	0.0766	6	0.0834	5	0.0708	8	0.1264	2	0.0132	13	0.1495	1
随州	0.1041	3	0.116	2	0.0642	11	0.1186	1	0.0773	9	0.0813	6	0.0822	5
长沙	0.2319	1	0.0734	6	0.0074	11	0.0307	10	0.1216	4	0.1746	2	0.0359	9
株洲	0.1416	2	0.0752	7	0.0358	10	0.1786	1	0.124	3	0.0329	11	0.0192	13
湘潭	0.1748	1	0.0808	6	0.018	11	0.0176	12	0.0752	7	0.1197	3	0.0735	8
衡阳	0.0745	6	0.1141	2	0.0434	12	0.028	13	0.1062	3	0.102	5	0.1376	1
邵阳	0.0141	14	0.1316	1	0.082	5	0.0285	13	0.1291	2	0.0819	6	0.0356	12
岳阳	0.1462	1	0.1002	4	0.0268	12	0.0051	13	0.1095	2	0.1047	3	0.0586	9
常德	0.1454	1	0.102	5	0.0252	12	0.0696	8	0.138	2	0.1261	3	0.0413	9
张家界	0.0546	9	0.0932	5	0.1194	4	0.0347	10	0.175	1	0.1276	3	0.0047	12
益阳	0.0516	9	0.1158	2	0.0801	7	0.0104	13	0.1109	3	0.0976	4	0.1603	1
郴州	0.0479	10	0.0849	7	0.0336	12	0.1311	2	0.0942	4	0.0904	5	0.1358	1
永州	0.0244	12	0.1359	2	0.1075	4	0.0022	14	0.1331	3	0.1028	5	0.0326	10
怀化	0.017	13	0.105	4	0.0717	7	0.0461	10	0.1084	3	0.094	6	0.1567	1
娄底	0.0625	8	0.1093	4	0.0457	10	0.0329	11	0.1283	2	0.1047	6	0.0135	13
广州	0.2253	1	0.0206	9	0.0123	11	0.0087	14	0.012	12	0.0321	8	0.0642	5
韶关	0.0318	12	0.0058	14	0.0655	8	0.1808	1	0.0669	7	0.0418	10	0.1364	2
深圳	0.1027	4	0.0018	12	0.0056	10	0.0349	7	0.0562	6	0.0965	5	0.1692	3
珠海	0.0838	4	0.0012	13	0.0102	10	0.155	3	0.0074	12	0.058	6	0.1701	2

续表

城市名称	R&D经费占GDP比重		信息化基础设施		人均GDP		人口密度		生态环保知识、法规普及率，基础设施完好率		公众对城市生态环境满意率		政府投入与建设效果	
	数值	排名	数值	排名	数值	排名	数值	排名	数值	排名	数值	排名	数值	排名
汕头	0.0675	8	0.0698	6	0.1472	2	0.0674	9	0.1499	1	0.0828	5	0.1244	4
佛山	0.1975	2	0.0076	13	0.0146	12	0.0994	4	0.0233	11	0.1471	3	0.2074	1
江门	0.129	3	0.0367	12	0.0824	7	0.1419	1	0.1329	2	0.0394	11	0.0968	5
湛江	0.0679	8	0.1231	2	0.061	9	0.0428	10	0.1022	6	0.109	4	0.0005	13
茂名	0.0343	9	0.1195	3	0.0755	8	0.0106	13	0.1372	2	0.0969	6	0.1504	1
肇庆	0.0986	5	0.0026	13	0.0617	8	0.1471	1	0.115	3	0.0569	10	0.0995	4
惠州	0.0945	5	0.0198	11	0.0429	8	0.1795	1	0.0747	6	0.14	4	0.1551	2
梅州	0.0042	12	0.1038	5	0.1094	4	0.1439	1	0.0796	9	0.0848	8	0.0293	10
汕尾	0.0125	12	0.0972	6	0.0931	7	0.1396	1	0.1326	3	0.0673	9	0.0982	5
河源	0.0079	12	0.116	4	0.0462	9	0.0435	10	0.1514	2	0.1081	5	0.1175	3
阳江	0.101	3	0.0694	7	0.0663	9	0.1308	2	0.0738	6	0.096	4	0.135	1
清远	0.0271	12	0.0835	7	0.0953	4	0.0816	8	0.1354	1	0.1058	2	0.0952	5
东莞	0.1536	3	0.0034	11	0.001	12	0.0862	5	0.0582	7	0.0416	9	0.2192	1
中山	0.1128	3	0.0018	13	0.0025	12	0.0872	7	0.1046	4	0.1652	2	0.258	1
潮州	0.0622	8	0.056	9	0.1133	4	0.0525	10	0.1336	2	0.025	12	0.148	1
揭阳	0.0589	10	0.0935	4	0.0823	5	0.0232	12	0.1372	1	0.0656	8	0.133	2
云浮	0.0181	12	0.0742	8	0.0534	11	0.0754	7	0.1282	1	0.0899	4	0.1258	2
南宁	0.1567	2	0.0537	9	0.079	5	0.0625	8	0.0675	7	0.1589	1	0.0115	12
柳州	0.173	2	0.0662	6	0.0432	9	0.0738	5	0.0276	12	0.0746	4	0.0355	11

续表

城市名称	R&D经费占GDP比重 数值	排名	信息化基础设施 数值	排名	人均GDP 数值	排名	人口密度 数值	排名	生态环保知识、法规普及率,基础设施完好率 数值	排名	公众对城市生态环境满意率 数值	排名	政府投入与建设效果 数值	排名
桂林	0.0481	10	0.0874	5	0.1067	3	0.1467	1	0.0654	8	0.0977	4	0.0789	6
梧州	0.0467	9	0.131	2	0.0463	10	0.1492	1	0.1237	3	0.0168	13	0.0696	7
北海	0.1561	3	0.0103	13	0.0135	11	0.2803	1	0.0523	8	0.0542	7	0.1647	2
防城港	0.1707	2	0.0834	5	0.031	9	0.2209	1	0.051	8	0.0231	11	0.0247	10
钦州	0.0433	8	0.1488	2	0.1073	4	0.1613	1	0.1473	3	0.0284	11	0.04	10
贵港	0.0157	13	0.0851	7	0.1172	2	0.1009	4	0.1329	1	0.0597	9	0.1002	5
玉林	0.0165	13	0.1423	2	0.1084	5	0.0763	7	0.124	4	0.0825	6	0.0616	8
百色	0.0112	12	0.1076	4	0.0427	10	0.1399	1	0.0726	9	0.0812	7	0.13	2
贺州	0.0095	13	0.1237	3	0.1353	1	0.0456	10	0.1295	2	0.0953	7	0.0131	12
河池	0.0026	13	0.113	4	0.1308	2	0.0522	9	0.0991	6	0.0405	10	0.0751	7
来宾	0.0214	13	0.1134	3	0.1248	2	0.037	11	0.1325	1	0.0746	7	0.0358	12
崇左	0.0357	11	0.1147	4	0.0709	7	0.0345	12	0.1305	1	0.0702	8	0.0453	9
海口	0.2649	1	0.0254	8	0.149	2	0.1418	3	0.0025	13	0.1372	4	0.0197	10
三亚	0.1043	5	0.0267	7	0.1759	3	0.1838	2	0.0012	12	0.1669	4	0.0136	9
重庆	0.0678	8	0.0555	10	0.0988	4	0.1254	1	0.066	9	0.0748	7	0.0172	14
成都	0.2506	1	0.0249	9	0.0386	6	0.017	12	0.0317	7	0.1826	3	0.02	10
自贡	0.0939	5	0.0699	8	0.0884	6	0.14	1	0.131	2	0.002	14	0.0165	13
攀枝花	0.1525	2	0.0281	9	0.0287	8	0.1205	5	0.0411	7	0.0088	12	0.1134	6
泸州	0.0365	10	0.0926	5	0.0989	4	0.0483	9	0.1864	1	0.0311	11	0.0246	12

续表

城市名称	R&D经费占GDP比重		信息化基础设施		人均GDP		人口密度		生态环保知识、法规普及率、基础设施完好率		公众对城市生态环境满意率		政府投入与建设效果	
	数值	排名	数值	排名	数值	排名	数值	排名	数值	排名	数值	排名	数值	排名
德阳	0.1461	1	0.0165	13	0.0564	10	0.0423	12	0.0706	7	0.094	4	0.13	2
绵阳	0.0989	2	0.0499	12	0.0951	3	0.0865	5	0.13	1	0.0495	13	0.0619	10
广元	0.0155	13	0.0924	6	0.1841	1	0.0991	5	0.0455	10	0.0504	9	0.0111	14
遂宁	0.0583	7	0.1134	4	0.1425	2	0.122	3	0.1668	1	0.0474	9	0.0327	12
内江	0.069	9	0.0035	13	0.1192	2	0.0742	8	0.1582	1	0.0786	7	0.0358	11
乐山	0.0867	5	0.0388	13	0.0762	9	0.0971	3	0.0449	12	0.0473	5	0.0798	7
南充	0.0342	12	0.1244	1	0.0004	13	0.063	8	0.0877	7	0.0934	5	0.088	6
眉山	0.0552	11	0.0455	12	0.1036	2	0.0972	3	0.0619	10	0.0675	9	0.0122	14
宜宾	0.0362	11	0.0842	5	0.067	9	0.0222	13	0.1612	1	0.0599	10	0.0277	12
广安	0.0156	13	0.107	4	0.1069	5	0.0616	8	0.109	2	0.0554	10	0.1018	6
达州	0.0137	13	0.0783	8	0.1187	1	0.0126	14	0.0976	4	0.0867	6	0.1095	2
雅安	0.0622	10	0.0312	13	0.1197	2	0.1291	1	0.0643	9	0.0724	7	0.0178	14
巴中	0.0033	13	0.107	5	0.1708	1	0.0606	7	0.1361	2	0.0818	6	0.0289	11
资阳	0.057	8	0.134	2	0.085	6	0.1095	4	0.1092	5	0.0421	11	0.0792	7
贵阳	0.0773	7	0.0296	10	0.0523	8	0.1059	5	0.0421	9	0.1175	3	0.0288	11
六盘水	0.016	13	0.1222	1	0.0367	11	0.1185	2	0.0577	10	0.092	5	0.0224	12
遵义	0.0156	13	0.1096	2	0.0673	11	0.0781	6	0.0712	9	0.0788	5	0.128	1
安顺	0.0097	11	0.1423	1	0.1197	2	0.049	10	0.0887	8	0.0989	5	0.007	13
昆明	0.1338	4	0.0288	9	0.0417	8	0.1258	5	0.0485	7	0.1443	2	0.0139	11

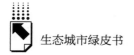

续表

城市名称	R&D经费占GDP比重 数值	排名	信息化基础设施 数值	排名	人均GDP 数值	排名	人口密度 数值	排名	生态环保知识、法规普及率，基础设施完好率 数值	排名	公众对城市生态环境满意率 数值	排名	政府投入与建设效果 数值	排名
曲靖	0.0086	12	0.1157	2	0.0527	10	0.0244	11	0.0974	4	0.0928	7	0.0947	5
玉溪	0.0466	9	0.1054	6	0.031	11	0.0285	12	0.0938	7	0.1179	2	0.0334	10
保山	0.0067	11	0.1195	4	0.1516	2	0.0067	10	0.07	8	0.102	5	0.0052	12
昭通	0.0008	14	0.1173	3	0.1037	6	0.0053	13	0.1049	5	0.0754	7	0.0207	11
丽江	0.0038	13	0.0842	6	0.0792	9	0.0171	11	0.0134	12	0.1077	3	0.1752	1
临沧	0.0037	12	0.1203	3	0.1166	4	0.0028	14	0.1076	5	0.0846	7	0.0908	6
拉萨	0.0039	13	0.1366	4	0.0017	14	0.2479	1	0.0606	7	0.081	6	0.0068	10
西安	0.1893	2	0.0301	10	0.0559	6	0.0177	13	0.0371	7	0.1085	4	0.0214	12
铜川	0.0105	14	0.0653	8	0.1324	1	0.033	11	0.0708	6	0.0216	13	0.068	7
宝鸡	0.0929	4	0.0923	5	0.0545	11	0.003	14	0.0398	13	0.0646	9	0.1082	2
咸阳	0.08	7	0.0588	9	0.0107	14	0.095	4	0.0294	12	0.0942	5	0.1323	1
渭南	0.0167	13	0.0856	5	0.0918	3	0.0757	10	0.0204	12	0.0804	7	0.08	9
延安	0.0317	12	0.003	14	0.1012	6	0.0182	13	0.0377	10	0.11	3	0.1397	1
汉中	0.0215	14	0.0958	3	0.0935	4	0.0228	13	0.0411	12	0.0763	7	0.0449	11
榆林	0.0557	10	0.0906	4	0.0157	13	0.0336	12	0.0114	14	0.08	7	0.1131	3
安康	0.0072	14	0.096	5	0.1243	3	0.0803	6	0.1252	1	0.0611	9	0.0337	11
商洛	0.019	12	0.1275	4	0.1311	3	0.0079	14	0.0712	7	0.0512	10	0.0669	8
兰州	0.0943	5	0.0259	10	0.0665	7	0.0404	9	0.005	14	0.0501	8	0.0063	13
嘉峪关	0.2176	1	0.0144	10	0.0342	8	0.1641	2	0.0011	13	0.0055	11	0.036	7

续表

城市名称	R&D经费占GDP比重		信息化基础设施		人均GDP		人口密度		生态环保知识、法规普及率，基础设施完好率		公众对城市生态环境满意率		政府投入与建设效果	
	数值	排名	数值	排名	数值	排名	数值	排名	数值	排名	数值	排名	数值	排名
金昌	0.0632	6	0.034	9	0.0803	5	0.0517	7	0.0098	12	0.0294	10	0.164	2
白银	0.0073	13	0.102	4	0.1018	5	0.0226	12	0.0796	7	0.063	9	0.0241	11
天水	0.0023	13	0.0439	9	0.1491	1	0.069	8	0.1394	2	0.0902	5	0.0163	12
武威	0.0044	14	0.0765	7	0.1378	1	0.0497	10	0.015	13	0.0865	5	0.0738	8
张掖	0.0113	13	0.0323	10	0.1484	2	0.1514	1	0.0134	12	0.0974	5	0.1339	3
平凉	0.0018	13	0.0139	12	0.1563	1	0.133	3	0.0696	8	0.0896	7	0.0345	10
酒泉	0.045	9	0.0214	12	0.1234	3	0.1219	4	0.0095	13	0.0681	7	0.1613	1
庆阳	0.0047	14	0.0924	5	0.0734	8	0.0309	11	0.0992	3	0.0948	4	0.0775	7
定西	0.0006	13	0.1031	4	0.1417	1	0.0052	12	0.0727	8	0.0864	5	0.0825	6
陇南	0.0012	12	0.1402	2	0.1378	5	0.0188	10	0.0474	9	0.0818	7	0.0009	13
西宁	0.0641	6	0.0422	10	0.0593	8	0.0622	7	0.0344	12	0.1301	4	0.0027	14
银川	0.1239	4	0.0244	10	0.0455	8	0.1822	1	0.0111	12	0.1046	6	0.0258	9
石嘴山	0.1535	2	0.0402	10	0.0682	6	0.0574	8	0.0089	12	0.0041	14	0.0639	7
吴忠	0.0095	13	0.1229	4	0.056	9	0.021	12	0.0309	11	0.1309	2	0.0773	6
固原	0.0003	14	0.1126	4	0.1249	2	0.0083	13	0.047	11	0.0733	7	0.1364	1
中卫	0.01	14	0.0808	7	0.1027	3	0.0526	11	0.0167	13	0.0752	8	0.0364	12
乌鲁木齐	0.1063	6	0.0101	12	0.0502	7	0.1392	2	0.0288	11	0.0438	9	0.0031	13
克拉玛依	0.0922	5	0.007	12	0.0125	11	0.0026	13	0.0399	8	0.019	10	0.0295	9

注：建设综合度数值越大表明下一年度建设投入力度应该越大，建设综合度排名靠前的表明下一年度建设投入力度应该大。

分类评价报告

Categorized Evaluation Reports

G.3

环境友好型城市建设评价报告

常国华　岳　斌　张伟涛*

摘　要：　本报告通过构建环境友好型城市评价指标体系，对 2017 年全国地级及以上城市环境友好城市建设的状况进行了评价与分析，列出了 2017 年评价结果排在前 100 名的城市。以 2018 年被欧盟评为"欧洲绿色之都"的奈梅亨市为例，简要介绍了其在交通、能源、水资源管理、废弃物处理以及城市绿色空间整合中的经验。最后提出划定城市"五线谱"、处理好城镇化和交通的关系、加快"海绵城市"建设、发展循环经济、缩小"数字鸿沟"以及利用"智慧城市＋PPP"模式等建议。

---

* 常国华，女，博士，副教授，主要从事环境科学教学与研究工作。

关键词： 环境友好型城市　可持续发展　智慧城市

环境友好型城市的概念是循可持续发展理论提出和发展起来的，但"环境友好"的理念是随着人类社会经济发展过程中出现的环境问题和人类对人地关系认识的不断深化而产生的。先秦有庄子"不以心捐道，不以人助天"的"顺天"思想，荀子"制天命而用之"的"制天"思想，西汉时有董仲舒"天人之际，合二为一"的思想，唐代人与环境的对立性和统一性逐渐被认识，刘禹锡提出了"天与人交相胜，还相用"，到了宋代程朱学派和陆王学派都提出了"人与天地万物一体"的思想，国外更有柏拉图的"乌托邦"和菲拉瑞特的"理想都市"。时至今日，纵观国内外，社会经济发展与环境间的矛盾较以往更加突出，"环境友好"更成为一种终极的价值观，可持续发展观因此得到进一步深化。2018 年，随着全面禁止 24 种"洋垃圾"、环境保护税法与实施条例同步施行、生态文明写入宪法、生态环境部组建等大事的发生，中国环境友好型城市的建设进入了全新的一年。鉴于此，本报告对中国 284 个地级及以上城市的环境友好型城市建设进行评价和分析，并借鉴国外环境友好型城市建设的经验，提出符合中国当下环境友好型城市建设现状的对策和建议。

一　环境友好型城市建设评价报告

（一）环境友好型城市建设评价指标体系

在对可持续发展城市和生态城市的思考中诞生了环境友好型城市，它也是现阶段对城市建设中环境、经济和社会三者关系深入理解的产物。能否建成和建成什么样的环境友好型城市，综合反映了一个地区经济和社会可持续发展的水平。因此，从城市的环境、经济和社会三个方面构建评价指标体系，能够客观、有效分析中国环境友好型城市的建设状况。

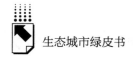
1. 评价指标体系的设计

基于环境友好型城市建设的基本要求和内涵，考虑到环境、经济和社会在建设中的作用，本报告选取生态环境、生态经济和生态社会 3 个二级指标，其下分为 14 个三级指标作为核心指标和 5 个四级指标作为特色指标，构建了比较全面的评价指标体系（见表 1）。其中核心指标用于评价城市在基本生态建设方面的表现，属于本报告中五种类型生态城市的共同考核指标，结果用生态城市健康指数（ECHI）表示（本书第二部分）。特色指标用于评价城市在环境友好方面的表现，以期通过特色指标突显环境友好型城市的特点和建设优势。

2. 指标说明、数据来源及处理方法

环境友好型城市特色指标的意义及数据来源如下。

（1）单位 GDP 工业二氧化硫排放量（千克/万元）

指某市工业企业在厂区内的生产工艺过程和燃料燃烧过程中排入大气的二氧化硫总量与其全年地区生产总值的比值。计算公式为：

单位 GDP 工业二氧化硫排放量（千克/万元）= 全年工业二氧化硫排放总量（千克）/全年城市国内生产总值（万元）

二氧化硫的危害众所周知，但现实是中国经济在不断发展，二氧化硫对环境和人们健康的威胁在加剧。2019 年《政府工作报告》中再次强调了二氧化硫、氮氧化物排放量下降 3% 的目标，在近年来的大气污染防治工作中工业企业作为污染防治主体也受到了严格的环保监管。当下以牺牲环境谋求经济增长的发展模式已被摒弃，谁能够将污染排放和经济利益比提高，谁就能实现经济的可持续发展，取得更长远、更大的利益。

数据来源：环保部门、环境公报、中国城市统计年鉴。

（2）民用汽车百人拥有量（辆/百人）

指本年内以城市年底总人口计，每百人拥有的民用车辆数量。

近年来，由于城市居民生活水平的提高、汽车价格的降低以及现有公共交通无法满足居民出行需求等情况，中国民用汽车的数量逐年飙升，民用汽车对环境的污染也越来越大，其中污染源除了汽车本身，有很大一部分来自围绕汽车形成的产业链，如修车厂、洗车厂等，所以民用汽车造成的污染和潜在污染不容小觑。

数据来源：中国各省区市统计年鉴。

表1　环境友好型城市评价指标

一级指标	核心指标			特色指标	
	二级指标	序号	三级指标	序号	四级指标
环境友好型城市综合指数	生态环境	1	森林覆盖率［建成区人均绿地面积（平方米/人）］	15	单位GDP工业二氧化硫排放量（千克/万元）
		2	空气质量优良天数（天）		
		3	河湖水质［人均用水量（吨/人）］		
		4	单位GDP工业二氧化硫排放量（千克/万元）	16	民用汽车百人拥有量（辆/百人）
		5	生活垃圾无害化处理率（%）		
	生态经济	6	单位GDP综合能耗（吨标准煤/万元）		
		7	一般工业固体废物综合利用率（%）		
		8	R&D经费占GDP比重［科学技术支出和教育支出的经费总和占GDP比重（%）］	17	单位耕地面积化肥使用量（折纯量）（吨/公顷）
		9	信息化基础设施［互联网宽带接入用户数（万户）/城市年末总人口（万人）］		
		10	人均GDP（元/人）		
	生态社会	11	人口密度（人口数/平方千米）		
		12	生态环保知识、法规普及率，基础设施完好率［水利、环境和公共设施管理业全市从业人员数（万人）/城市年末总人口（万人）］	18	主要清洁能源使用率（%）
		13	公众对城市生态环境满意率［民用车辆数（辆）/城市道路长度（千米）］	19	第三产业占GRP比重（%）
		14	政府投入与建设效果［城市维护建设资金支出（万元）/城市GDP（万元）］		

注：造成重大生态污染事件的城市在当年评价结果中按5%~7%的比例扣分。

（3）单位耕地面积化肥使用量（折纯量）（吨/公顷）

指本年内区域单位耕地上用于农业的化肥使用量，其中化肥使用量要求

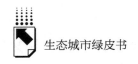

按折纯量计算。计算公式为：

单位耕地面积化肥使用量 = 化肥使用量（吨）/常用耕地面积（公顷）

从改革开放以后中国开始大量使用化肥，化肥确实对粮食增产有奇效，但随着时间的推移，化肥对土壤的危害也极大，土壤板结、庄稼难种比比皆是。在此情况下，国家积极推进传统农业的转型，倡导有机肥的使用，目标是在确保粮食产量不降低的前提下，到 2020 年实现化肥使用量的零增长。因此，化肥的使用量在一定程度上反映了农业可持续发展的水平。

数据来源：中国各省区市统计年鉴。

（4）主要清洁能源使用率（%）

是指为城市全年供给的天然气、人工煤气、液化石油气和电，经折标为万吨标准煤之后的总和与城市综合能耗的比值。计算公式为：

主要清洁能源使用率（%）＝［天然气供气总量（万吨标准煤）＋人工煤气供气总量（万吨标准煤）＋液化石油气供气总量（万吨标准煤）＋全社会用电量（万吨标准煤）］/全年城市的综合能源消耗总量（万吨标准煤）

其中，全年城市的综合能源消耗总量（万吨标准煤）＝单位 GDP 综合能耗（吨标准煤/万元）×城市 GDP（亿元）

"十三五"以来，中国高度重视清洁能源的发展和消纳利用，《清洁能源消纳行动计划（2018～2020 年）》更是首次将积极正面的"利用率"作为发展目标，因为中国是清洁能源发展大国，清洁能源作为能源消耗和经济发展之间的平衡点，在中国的前景广阔，而且在居民的生活当中沼气、风能、太阳能等清洁能源的作用日益突出。

上述各种能源折标系数取自《中国能源统计年鉴 2018》。

（5）第三产业占 GRP 比重（%）

指本年内某城市第三产业生产总值与其全年地区生产总值的比值。计算公式为：

第三产业占 GRP 比重（%）＝第三产业生产总值/地区生产总值（万元）（全市，不是市辖区）

第三产业相较于第一、第二产业对于环境的影响较弱，在中国第三产业的比重越来越大，对于生态建设可以说是"福音"，尤其是近些年涌现出的生态旅游、环保等一系列第三产业，更是将第三产业在中国生态建设中的作用不断放大。

（二）环境友好型城市评价与分析

1. 2017年环境友好型城市建设评价与分析

2017年环境友好型城市前100强见表2。环境友好型城市综合指数得分排名前10的城市分别为上海市、厦门市、南昌市、珠海市、三亚市、杭州市、宁波市、舟山市、黄山市、北京市。现将上述十强城市环境友好型城市建设情况和部分环境友好型特色指标进行简要分析。

上海市是一座高度城市化的特大型城市，人口集中，工业化程度高，城市承载力有限，城市生态系统非常脆弱，但通过"三年行动计划""清洁空气行动计划""水污染防治行动计划""长三角环境保护协作""排污许可及总量控制"等一系列政策的落实，城市自然生态和经济社会达到前所未有的和谐，跃然成为环境友好型城市综合评价的榜首；在单位GDP工业二氧化硫排放量、主要清洁能源使用率和第三产业占GRP比重方面上海市有突出的表现；在民用汽车百人拥有量排名上，在本报告评价的284个城市中上海市排名第226位，这对于城市化如此之高的城市是必然的，且短时间内很难改变，所以该市应该充分利用清洁能源和科技制造方面的优势，改变民用汽车的能源结构，同时大力发展公共交通。

厦门市被誉为中国最温馨的海滨城市，为了保住这份温馨，厦门市生态文明体制改革不断深化，城乡一体、海陆统筹的环境治理体系正在形成，主要污染物排放总量持续减少，在逐步实现经济稳定发展的同时生态环境得到良性循环，在环境友好型城市综合评价中居榜眼。在单位GDP工业二氧化硫排放量方面厦门市排名第10，表现突出，2015年更是出现了空气质量优良率达到99.18%，全国排名第二的好成绩；在民用汽车百人拥有量方面，厦门市排名第281位，所以应该大力发展公共交通，突出发展以自行车为首的零排放交通工具。

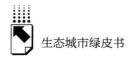

　　南昌市是鄱阳湖生态经济区的核心增长城市，自然生态环境得天独厚，曾荣获国家卫生城市、国家园林城市、中国优秀旅游城市、中国人居环境奖等荣誉，"生态立市"和"绿色发展"是南昌市一直秉持的理念，在环境友好型城市综合评价中居探花；在民用汽车百人拥有量、单位耕地化肥使用量和第三产业占GRP比重方面南昌市的排名属中等偏下，有很大的上升空间，所以该市要"不忘初心"，通过大力发展公共交通、生态农业、新兴第三产业等方式，坚持走绿色发展的道路。

　　珠海市是第一批国家生态文明建设示范城市，连续3年被评为全国最宜居城市，在环境友好型城市综合评价中排第4名，这是珠海市坚持生态文明新价值观和创新驱动，以环境保护改革红利和中欧低碳生态城市合作项目为契机，努力促进绿色低碳发展格局形成的结果；但在民用汽车百人拥有量方面珠海市排名第277位，所以该市应坚持绿色交通的理念，不断推进公共交通的建设和催化新能源的发展。

　　三亚市是中国最具特色的热带旅游精品城市，在环境友好型城市综合评价中排第5名，通过生态保护红线区的建设与管控、生态基础设施保护与修复、"海绵城市"的建设、生态安全屏障的构筑等措施，三亚市的环境质量不断提高；在单位GDP工业二氧化硫排放量、主要清洁能源使用率和第三产业占GRP比重方面，三亚市都有突出的表现，但在民用汽车百人拥有量和单位耕地面积化肥使用量方面都处于倒数，所以该市应大力发展公共交通和生态农业。

　　杭州市被誉为"人间天堂"，自然环境状况不言而喻，当下杭州市正处于"创新驱动发展、经济转型升级"的关键阶段，所以其采取大气复合污染防治、水污染综合防治、污染减排、清三河、修建无燃煤区、城市污水集中处理、垃圾无害化处置等一系列措施，锲而不舍地推进生态文明建设，进行平稳转型；在环境友好型城市综合评价中杭州市排第6名，但在民用汽车百人拥有量方面排第254名，所以该市要大力发展公共交通，倡导骑行、步行等健康环保的绿色出行方式。

　　宁波市是世界第四大港口城市，属于典型的江南水乡，在环境友好型城市综合评价中排第 7 名，"十二五"规划以来宁波市就坚持"生态立市"的战略，积极转变经济发展方式，大力开展节能减排、大气污染防治、水环境污染防治、区域行业环境治理提升、生态创建等专项行动，城市环境质量不断得到提升；但在民用汽车百人拥有量方面宁波市排第 265 名，所以该市应该改进城市公共交通发展模式，倡导绿色出行，打造绿色交通城市。

舟山市被誉为"千岛之城"，是长江流域和长江三角洲对外开放的海上门户和通道，有中国最大的渔场——舟山渔场，所以其一直秉持着"海岛生态文明"建设理念，在突出海岛特色的基础上致力于打造"海上花园城市"；舟山市在环境友好型城市综合评价中排第 8 名，但其民用汽车百人拥有量和主要清洁能源使用率排名较靠后，所以该市要加大公共交通方面的投入，建立绿色交通体系，优化能源结构，大力发展风能、水能和太阳能。

黄山市是徽商的发祥地，历史悠久，有着"中国最具魅力城市"的美誉，作为国家主体功能区建设试点地区的核心地区，其在环境保护等方面有着强有力的政策和资金支持，黄山市以此为契机，不断加强绿色低碳生态经济的发展，推进生态文明建设；黄山市在环境友好型城市综合评价中排第 9 名，且其在单位 GDP 工业二氧化硫排放量、单位耕地面积化肥使用量、主要清洁能源使用率和第三产业占 GRP 比重等方面也有较好的表现。

北京市在中国的地位和作用众所周知，但北京的"雾霾"也是家喻户晓的，为此北京市大力开展大气污染协同减排，坚持清洁能源发展战略，强力控制汽车尾气和扬尘，推进锅炉煤改气，多举措并用，治理效果明显。同时，北京市对城市环境进行综合治理，积极推进绿色发展格局的形成；北京市在环境友好型城市综合评价中排第 10 名，在主要清洁能源使用率和第三产业占 GRP 比重方面均排第 1 名，单位 GDP 工业二氧化硫排放量排第 2 名，但其在民用汽车百人拥有量和单位耕地面积化肥使用量方面排名都比较靠后，所以该市应该加快绿色交通体系的完善，积极发展生态农业。

对参与评价的 284 个城市在 5 个环境友好特色指标方面的表现进行分

析。在单位 GDP 工业二氧化硫排放量方面，金昌市、嘉峪关市、石嘴山市、阜新市、六盘水市、阳泉市、乌海市、攀枝花市、渭南市、吴忠市、中卫市、曲靖市、吕梁市、西宁市、运城市、伊春市、七台河市、通辽市、内江市、忻州市、滨州市、朝阳市、淮南市、平凉市、巴彦淖尔市、铜川市、云浮市、黑河市、定西市和乌兰察布市排名均比较落后，所以上述城市应该加强立法，加大对重点燃煤企业的管控，调整能源结构，推广清洁能源的使用，加大脱硫技术的开发和引进等，多举措不断减少工业二氧化硫的排放。

在民用汽车百人拥有量方面，东莞市、深圳市、佛山市、厦门市、中山市、苏州市、乌鲁木齐市、珠海市、海口市、昆明市、克拉玛依市、北京市、玉溪市、三亚市、银川市、拉萨市、乌海市、太原市、金华市、宁波市、无锡市、南京市、临沧市、鄂尔多斯市、郑州市、长沙市、嘉兴市、绍兴市、东营市和青岛市排名均比较落后，所以上述城市应该优先发展公交系统，提高公共交通服务水平，推广差别化停车收费，倡导以骑行和步行为主的绿色出行方式，限制民用汽车排量等，有效减少民用汽车的数量，倡导绿色出行。

在单位耕地面积化肥使用量方面，三亚市、福州市、石嘴山市、海口市、漳州市、鄂州市、银川市、渭南市、咸阳市、汕头市、商丘市、襄阳市、广州市、平顶山市、新乡市、安阳市、泉州市、东莞市、西安市、焦作市、宜昌市、濮阳市、周口市、漯河市、黄冈市、吉林市、通化市、烟台市、深圳市和宝鸡市排名均比较落后，所以上述城市应该加快传统农业的转型，增施有机肥，实施水肥一体化，开发新肥料和新施肥技术等，加强生态农业推广，推动农业循环经济发展。

在主要清洁能源使用率方面，榆林市、白山市、松原市、徐州市、酒泉市、朔州市、襄阳市、柳州市、梧州市、茂名市、通化市、崇左市、内江市、长治市、宜昌市、平凉市、资阳市、威海市、莱芜市、娄底市、枣庄市、七台河市、岳阳市、咸宁市、佳木斯市、湘潭市、吕梁市、达州市、鄂州市和永州市排名均比较落后，所以上述城市应该大力开发利用天然气，加

表2 2017年环境友好型城市评价结果（前100名）

城市名称	环境友好型城市综合指数（19项指标结果）		生态城市健康指数（ECHI）（14项指标结果）		环境友好特色指数（5项指标结果）		特色指标单项排名				
	得分	排名	得分	排名	得分	排名	单位GDP工业二氧化硫排放量	民用汽车百人拥有量	单位耕地面积化肥使用量（折纯量）	主要清洁能源使用率	第三产业占GRP比重
上海	0.8580	1	0.8795	4	0.7977	34	6	226	91	25	12
厦门	0.8472	2	0.9023	2	0.6929	167	10	281	171	73	74
南昌	0.8459	3	0.8758	8	0.7622	67	53	193	183	58	147
珠海	0.8433	4	0.8910	3	0.7097	142	27	277	159	37	127
三亚	0.8412	5	0.9050	1	0.6625	208	7	271	284	6	16
杭州	0.8399	6	0.8655	11	0.7684	57	33	254	104	32	25
宁波	0.8391	7	0.8782	5	0.7296	113	57	265	125	44	135
舟山	0.8384	8	0.8772	7	0.7296	112	23	207	48	188	70
黄山	0.8328	9	0.8476	16	0.7914	40	98	197	72	61	34
北京	0.8280	10	0.8580	15	0.7441	90	2	273	229	1	1
广州	0.8242	11	0.8700	9	0.6961	158	11	236	272	114	8
镇江	0.8227	12	0.8268	22	0.8112	24	38	190	40	91	112
深圳	0.8222	13	0.8773	6	0.6680	201	1	283	256	20	65
景德镇	0.8170	14	0.8123	26	0.8301	9	192	107	26	53	89
南宁	0.8157	15	0.8604	13	0.6904	172	30	179	202	209	92
海口	0.8153	16	0.8698	10	0.6629	207	5	276	281	40	3
拉萨	0.8105	17	0.8471	17	0.7082	144	21	269	77	155	23
天津	0.8034	18	0.8255	23	0.7417	94	44	233	172	72	69
南京	0.8029	19	0.8433	18	0.6898	173	19	263	51	179	55
福州	0.8025	20	0.8414	19	0.6937	163	107	174	283	81	39

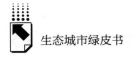
续表

城市名称	环境友好型城市综合指数(19项指标结果)		生态城市健康指数(ECHI)(14项指标结果)		环境友好指数特色指数(5项指标结果)		特色指标单项排名				
	得分	排名	得分	排名	得分	排名	单位GDP工业二氧化硫排放量	民用汽车百人拥有量	单位耕地面积化肥使用量(折纯量)	主要清洁能源使用率	第三产业占GRP比重
青岛	0.8020	21	0.8639	12	0.6287	228	8	255	194	216	68
江门	0.7991	22	0.8134	25	0.7590	73	97	173	157	12	168
成都	0.7975	23	0.8099	29	0.7628	64	16	250	32	59	84
扬州	0.7971	24	0.7910	40	0.8142	21	39	157	133	92	132
重庆	0.7965	25	0.8053	32	0.7717	51	150	172	141	85	18
合肥	0.7963	26	0.8076	31	0.7648	61	18	242	106	52	105
武汉	0.7947	27	0.8600	14	0.6118	233	15	251	219	219	97
南通	0.7940	28	0.7994	34	0.7790	48	28	223	59	67	107
长春	0.7918	29	0.8399	20	0.6570	216	37	214	242	154	181
绵阳	0.7896	30	0.7775	51	0.8233	13	94	95	121	97	164
常州	0.7870	31	0.8085	30	0.7270	117	92	253	80	90	113
哈尔滨	0.7869	32	0.8101	28	0.7219	126	66	178	36	237	27
温州	0.7819	33	0.7861	44	0.7702	56	36	239	122	21	62
西安	0.7803	34	0.8109	27	0.6945	162	9	244	266	51	41
连云港	0.7773	35	0.7795	49	0.7712	52	146	87	187	125	162
广元	0.7763	36	0.7737	52	0.7837	42	131	40	84	31	247
莆田	0.7756	37	0.7855	45	0.7481	84	25	54	246	105	243
绍兴	0.7739	38	0.7967	36	0.7102	141	68	257	156	83	137
苏州	0.7720	39	0.7996	33	0.6949	159	109	279	78	75	114
双鸭山	0.7706	40	0.7589	64	0.8032	30	253	140	22	124	14

续表

| 城市名称 | 环境友好型城市综合指数（19项指标结果） | | 生态城市健康指数（ECHI）（14项指标结果） | | 环境友好特色指数（5项指标结果） | | 特色指标单项排名 | | | | |
	得分	排名	得分	排名	得分	排名	单位GDP工业二氧化硫排放量	民用汽车百人拥有量	单位耕地面积化肥使用量（折纯量）	主要清洁能源使用率	第三产业占GRP比重
惠州	0.7675	41	0.8205	24	0.6192	230	78	238	250	98	232
兰州	0.7662	42	0.7737	53	0.7451	89	159	227	10	110	19
北海	0.7659	43	0.7972	35	0.6784	190	105	112	101	139	283
秦皇岛	0.7650	44	0.7938	39	0.6844	179	201	216	233	39	66
抚州	0.7649	45	0.7585	67	0.7829	44	136	34	123	77	227
台州	0.7644	46	0.7663	58	0.7591	72	55	224	161	19	103
威海	0.7616	47	0.8309	21	0.5674	265	50	232	196	267	169
中山	0.7608	48	0.7903	41	0.6781	192	13	280	178	35	153
九江	0.7597	49	0.7451	79	0.8004	31	140	69	188	93	80
大原	0.7591	50	0.7609	62	0.7539	77	65	267	9	112	33
秦州	0.7587	51	0.7378	85	0.8174	16	52	138	63	130	173
阜新	0.7587	52	0.7459	78	0.7944	36	281	139	96	28	49
鹤岗	0.7581	53	0.7531	73	0.7720	50	236	64	30	113	207
桂林	0.7552	54	0.7288	94	0.8293	10	133	96	109	137	56
沈阳	0.7545	55	0.7886	42	0.6591	215	96	240	83	203	64
大连	0.7544	56	0.7869	43	0.6635	206	101	225	181	171	63
济南	0.7538	57	0.7947	38	0.6393	226	45	245	211	202	31
无锡	0.7523	58	0.7651	59	0.7163	135	106	264	103	78	72
湖州	0.7522	59	0.7634	61	0.7210	127	165	235	58	38	122
佳木斯	0.7519	60	0.7589	65	0.7324	109	128	91	28	260	15

续表

城市名称	环境友好型城市综合指数（19项指标结果）		生态城市健康指数（ECHI）（14项指标结果）		环境友好特色指数（5项指标结果）		特色指标单项排名				
	得分	排名	得分	排名	得分	排名	单位GDP工业二氧化硫排放量	民用汽车百人拥有量	单位耕地面积化肥使用量（折纯量）	主要清洁能源使用率	第三产业占GRP比重
丹东	0.7508	61	0.7141	110	0.8537	2	175	115	99	4	24
贵阳	0.7506	62	0.7815	47	0.6641	204	217	252	189	108	32
自贡	0.7492	63	0.7493	77	0.7488	82	35	36	73	201	221
芜湖	0.7491	64	0.7685	56	0.6947	160	147	181	173	50	213
淮安	0.7490	65	0.7510	74	0.7436	91	121	65	166	173	154
汕头	0.7484	66	0.7786	50	0.6638	205	108	202	275	11	183
嘉兴	0.7482	67	0.7573	70	0.7225	124	118	258	116	23	111
长沙	0.7468	68	0.7809	48	0.6513	220	4	259	86	241	30
赣州	0.7462	69	0.7253	97	0.8047	28	183	49	155	41	128
蚌埠	0.7449	70	0.7410	83	0.7559	75	47	204	165	48	156
雅安	0.7444	71	0.7195	106	0.8142	22	124	89	151	14	155
郑州	0.7430	72	0.7583	68	0.7001	154	62	260	226	60	48
烟台	0.7422	73	0.7729	54	0.6562	217	73	243	257	100	159
西宁	0.7412	74	0.7578	69	0.6947	161	271	237	167	5	36
盐城	0.7384	75	0.7376	86	0.7407	97	80	85	117	186	205
遂宁	0.7361	76	0.7314	92	0.7491	81	54	24	97	190	236
牡丹江	0.7345	77	0.7117	115	0.7982	33	117	110	18	175	47
株洲	0.7335	78	0.7637	60	0.6490	221	153	196	65	253	101
齐齐哈尔	0.7326	79	0.6930	142	0.8434	4	171	62	4	131	17
铜陵	0.7325	80	0.7509	75	0.6810	185	177	146	88	132	269

续表

城市名称	环境友好型城市综合指数（19项指标结果）		生态城市健康指数（ECHI）（14项指标结果）		环境友好特色指数（5项指标结果）		特色指标单项排名				
	得分	排名	得分	排名	得分	排名	单位GDP工业二氧化硫排放量	民用汽车百人拥有量	单位耕地面积化肥使用量（折纯量）	主要清洁能源使用率	第三产业占GRP比重
眉山	0.7300	81	0.7303	93	0.7292	114	163	59	204	99	231
玉林	0.7299	82	0.6908	146	0.8394	6	40	33	98	156	94
张家界	0.7295	83	0.7373	87	0.7075	145	88	205	49	220	4
靖江	0.7287	84	0.7348	89	0.7115	140	112	15	235	195	130
白银	0.7284	85	0.6883	150	0.8406	5	42	132	16	106	167
丽水	0.7279	86	0.7002	130	0.8056	26	151	131	144	33	71
鹰潭	0.7274	87	0.6804	159	0.8590	1	116	17	60	46	87
钦州	0.7273	88	0.7187	108	0.7514	78	71	20	216	144	208
佛山	0.7256	89	0.7605	63	0.6279	229	31	282	176	34	235
柳州	0.7255	90	0.7957	37	0.5288	277	141	163	168	277	245
呼和浩特	0.7242	91	0.7234	100	0.7265	118	172	249	52	65	5
六安	0.7231	92	0.7015	125	0.7837	43	34	159	61	70	222
南充	0.7228	93	0.7235	99	0.7210	128	76	28	126	217	209
漳州	0.7223	94	0.7060	119	0.7681	58	77	60	280	55	102
包头	0.7223	95	0.7246	98	0.7158	136	185	241	41	107	67
随州	0.7221	96	0.7171	109	0.7359	105	3	47	253	170	172
防城港	0.7205	97	0.7588	66	0.6134	231	224	108	153	177	277
东莞	0.7201	98	0.7674	57	0.5878	251	162	284	267	7	106
锦州	0.7190	99	0.6881	151	0.8054	27	196	123	120	9	145
大同	0.7189	100	0.7498	76	0.6324	227	226	212	50	245	51

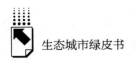
强发展清洁能源汽车，积极开发利用可再生能源到建筑，提高清洁能源开发和生产技术等，不断推广清洁能源和优化能源结构。

在第三产业占 GRP 比重方面，咸阳市、北海市、绥化市、吴忠市、克拉玛依市、滁州市、宝鸡市、防城港市、漯河市、玉溪市、咸宁市、资阳市、攀枝花市、唐山市、云浮市、铜陵市、东营市、揭阳市、大庆市、鹤壁市、石嘴山市、泸州市、金昌市、鄂州市、榆林市、十堰市、崇左市、淮北市、莱芜市和南平市排名均比较落后，所以上述城市应该加快第三产业企业的改革，多渠道增加第三产业投入，积极培植第三产业品牌企业，通过高新技术改造传统行业，加强人才培养以提高企业管理水平和创造力等，不断提高第三产业在地区生产总值中的比重，且优化第三产业结构。

2. 2017年环境友好型城市各地区比较分析

现将 2017 年环境友好型城市建设评价结果排名前 100 名的城市按照具体的行政区域进行归纳分析。图 1 显示，2017 年各地区进入环境友好型城市建设百强的数量降序排列为华东地区 41 个、中南地区 25 个、东北地区 12 个、西南地区 11 个、华北地区 7 个、西北地区 4 个；各地区进入前 50 名城市数量降序排列为华东地区 25 个、中南地区 11 个、西南地区 5 个、华北地区 4 个、东北地区 3 个、西北地区 2 个。

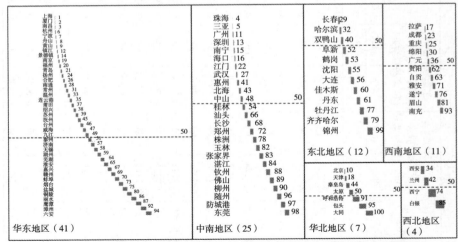

图 1　2017 年环境友好型城市综合指数排名前 100 名城市分布矩形树图

按地区对 2017 年环境友好型城市评价城市数量及其百强比例（见图 2）及占对应地区评价城市数量的比例（见图 3）进行比较分析，各地区参与评价城市数目占总评价城市数量（284 个）的比例降序排列为中南地区占 27.8%、华东地区占 27.5%、东北地区占 12.0%、华北地区占 11.3%、西南地区占 10.9%、西北地区占 10.6%；各地区进入百强城市数量比例降序排列为华东地区占 41.0%、中南地区占 25.0%、东北地区占 12.0%、西南地区占 11.0%、华北地区占 7.0%、西北地区占 4.0%；各地区百强城市数占其评价城市数量的比例降序排列为华东地区占 52.6%、西南地区占 35.5%、东北地区占 35.3%、中南地区占 31.6%、华北地区占 21.9%、西北地区占 13.3%。

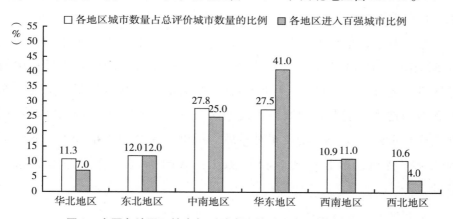

图 2　中国各地区环境友好型城市评价城市数量及其百强比例

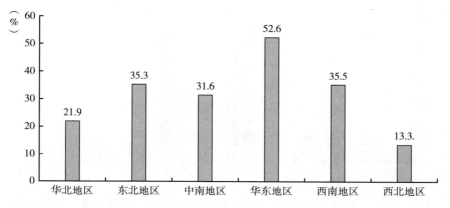

图 3　中国各地区环境友好型百强城市数占其评价城市数量的比例

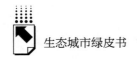
3. 2013~2017年环境友好型城市比较分析

2013~2017年中国各地区环境友好型城市评价结果排在前50名的城市数量变化情况如图4所示。近5年，华北地区前50名城市数量一直为2~4个；东北地区进入前50名的城市数量前4年维持在4~5个，到2017年减少到了3个；华东地区前50名城市数量前4年一直保持最高，但在2017年较2016年减少了一半；中南地区进入前50名的城市数量前4年一直居于第二位，到2017年超过华东地区成为第一；西南地区前50名城市数量从2013年开始一直处于增长的态势，但增长幅度较小；西北地区进入前50名的城市数量前2年处于中等，但从2015年开始一直位于最后一名。

综上所述，华东地区在环境友好型城市建设中一直势头强劲，但从前50名看，到2017年有大幅度降低，很多城市退居50名之后；中南地区潜力充分发挥，到2017年进入前50名的城市数量暴增；华北、东北和西南地区环境友好型城市建设上活力不高，总在小范围内波动；西北地区环境友好型城市建设相对滞后。所以，在全国大格局下，各地区应该发挥特色，取长补短，相互协作，共同推进环境友好型城市的建设。

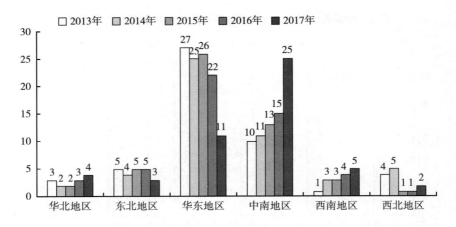

图4 2013~2017年中国各地区环境友好型城市综合指数前50名城市数量分布

二 环境友好型城市建设的实践与探索

由于发展理念和条件的差异，环境友好型城市的建设模式不拘一格，但各种模式异曲同工，城市在共性和个性相继绽放的同时逐渐走向一个共同的目标——环境友好，在这百花齐放般的环境友好型城市建设当中，我们往往需要的不是一种既定的建设模式，而是能够打破建设瓶颈的启示。《中国生态城市建设发展报告（2018）》中以2017年"欧洲绿色之都"（EU Green Capital）埃森市为例，介绍了这座"转型之城"在环境友好型城市建设过程中所付出的努力和取得的成绩，今年将以2018年度"欧洲绿色之都"（EU Green Capital）奈梅亨市为例，简要介绍其在交通、能源、水资源管理、废弃物处理和城市绿色空间整合中的经验，为中国环境友好型城市建设提供借鉴。

奈梅亨市位于荷兰格尔德兰省瓦尔河沿岸，靠近德国边陲，拥有17.7万人口，人口密度为3264/平方千米，面积57平方千米，其中水域面积4平方千米，平均海拔36米，属海洋性气候。瓦尔河、丘陵、开拓地和森林使奈梅亨市在2000多年的历史中散发着独特的魅力，奈梅亨市不仅珍爱这份历史魅力，而且很早就意识到可持续发展对这座荷兰最古老城市未来的重要性。"可持续"是奈梅亨市的关键词，从能源中性、原材料可持续到产品设计和功能生态环保，奈梅亨市总是以创新和环保的态度不断阐述着一种属于自己的可持续发展观，它就像一座实验室，在理论和实践间探索可持续发展，而身在其中的市民、企业和学校扮演着研究者、顾问和实践者的角色，提供灵感和专业知识。2018年奈梅亨市被评为"欧洲绿色之都"是一剂催化剂，使奈梅亨市更加乐意作为一个开拓型的城市，为欧洲其他城市的可持续发展建设打前阵。

（一）自由的出行方式，可持续的交通理念

在长达10年的时间里，奈梅亨市一直践行着运输与空间政策计划，想

要构建一个有利于城市环境的可持续交通系统。在此过程中，奈梅亨市致力于交通需求管理（Transportation demand management）[1] 和交通稳静化（Traffic calming）[2] 来提升公共交通质量，创造安全、便捷的自行车道路系统，因而鼓励市民选择健康、绿色的出行方式，减少小汽车的使用。计划实施过程中最大的阻碍就是奈梅亨市整体被河流、运河和铁路分隔成片，交通建设受到制约，通过架设桥梁一定程度上解决了分散区域的联通问题，但阻碍依然存在。面对此种境况奈梅亨市选择逆向思维，将这种阻碍当作一种约束规划行为和市民出行行为的条件，使交通需求管理和交通稳静化得以实现，而且自行车和步行成为当地一种最理想的出行方式。通过创新和耐心，奈梅亨市最终还是在自己热爱的土地上建设出了一个以公共交通和自行车为主的绿色、便捷、安全的交通系统，而且完美地阐述了"地形不会限制我们的思维，更不能让我们束手无策"。

奈梅亨市超过89%的居民住宅附近300米范围内都有公共交通，其中公共汽车占绝大多数，而且100%的公共汽车都属于低排放汽车，符合欧洲汽车排放标准（Euro V）。快速公交系统（BRT）在奈梅亨市已经相当成熟，快速公交有专用的道路，将学校、医院、公园、景点和商业区连接在一起，是通勤者、学生、游客的首选。为了防止燃油汽车尾气对城市环境造成污染，快速公交均使用沼气作为燃料，而这些绿色燃料绝大多数是通过当地植物发酵产生的。除了公共汽车，铁路交通也是可持续城市交通的基础，近些年，奈梅亨市投入大量资金在城中和周边新建了6座火车站，线路连接了城市的不同区域以及城市周边地区，为人们远距离出行提供了便捷、安全、绿色服务，有效减少了小汽车的使用。

提起"自行车王国"，浮现在我们脑海中的有中国和荷兰，对于中国这个称号已经是过去式，因为荷兰的自行车数量已经超过居民人数，是现在公

---

[1] 交通需求管理：为解决交通需求和交通供给之间的矛盾，提高交通系统效率所采取的影响出行行为的政策、技术和管理措施。

[2] 交通稳静化：通过减少居民区穿越性交通，降低车辆速度，从而保障居民出行安全，提高居住质量。

认的"自行车王国",在荷兰流行着这样一句话"我们不是自行车骑手,我们只是荷兰人"。奈梅亨市作为荷兰最古老的城市,自行车自然成为日常生活的一部分,而不是一种小众生活方式的象征,荷兰唯一的自行车历史博物馆就坐落于奈梅亨市,馆内珍藏有两个世纪以来的各类自行车和相关文献。奈梅亨市民热爱自行车并不是一种偶然,而是这座城市为他们创造了一个安全、舒适、便捷的骑行环境。一是完善便捷的配套设施:奈梅亨市内70千米的道路上都设有安全的自行车专用通道,瓦尔河上建有3座专门供自行车通行的桥梁,而且奈梅亨市计划在市内修建79千米独立的自行车高速公路。自行车专用通道与公交站、火车站连接,人们可以短距离骑行,然后换乘公共交通工具,在此过程中道路上的自行车指路系统会提供地点、距离、方向等信息,并设有等视线高度的特殊交通灯,为骑自行车出行提供了很大的便利,在到达车站后停车从来没有困扰过当地居民,仅中央车站就有上万个免费的自行车停车位,在学校、医院、超市、广场、市中心人们均可以享受到同样的服务。二是从孩子开始普及自行车:奈梅亨市的孩子在没学会走路的时候就生活在自行车的世界中,各式各样的自行车在孩子不同的年龄段都有其独特的用处,即使当地的自行车价格比中国昂贵许多,家长也依然愿意为孩子在自行车上花钱,并鼓励孩子使用自行车,因为专用的自行车道和自行车优先的交通规则让孩子在体验骑行快乐的同时也很安全,而且在学校自行车骑行课是必修课程。三是骑行从来就是一种享受:在奈梅亨市骑车不用戴头盔,因为得到以骑车人为中心的道路法规的保护,而且以此理念设计建造出来的基础设施很完备,再加上平坦的道路,骑行成为一种不出汗的交通体验。奈梅亨市居民乃至所有荷兰人都把自行车看成人生探索道路上的伴侣,这是一种长久的关系,年代越久远的自行车越值得珍惜。正是奈梅亨市民对自行车历来已久的热爱之情,让可持续交通系统的建设者们庆幸身在其中。

桥在奈梅亨市不仅仅是跨越水域的道路,更体现了奈梅亨市在交通建设中的前瞻思维和生态理念,而这两点恰恰是可持续交通系统建设的要点。奈梅亨市在设计建造桥梁时要符合四个标准:第一是桥梁与周边环境要相互联系,桥梁是河流景观的一部分,同时也是独立的个体,岸边和桥本身要能够提供视觉享受和体验；第二是桥梁设计要符合奈梅亨市现有和未来的城市规划，包括未来堤坝的搬迁和瓦尔河周边的空间发展；第三是桥梁的设计要体现当代技术和设计的要求；第四是无论桥面还是桥下部分都应该像一个"城市广场"，尤其是桥下空间可以作为低层的休闲环境。如此前瞻的思维已经将交通建设推上了一个新的高度，使其真正融入了人们的生活，成为城市的血脉。

近距离可以选择自行车或步行，城市内中远距离可以选择公共交通或自行车，远距离可以选择火车或小汽车，奈梅亨市一直希望人们能够根据自己的喜好自由地选择出行方式，当然他们强烈地希望人们能够选择便捷、绿色的公共交通和自行车，所以长期以来奈梅亨市都通过创新精神和前瞻思维致力于发达的道路、合理的交通政策法规和完善的基础设施建设，力求建设一个可持续的交通系统，为当地居民创造一个不存在交通困扰的城市。

（二）先进的能源中性理念，多样的能源开发方式

1970 年环境保护被正式提上奈梅亨市政治议程，1992 年起奈梅亨市的四年环保政策计划和执行方案中能源政策一直是主题之一。自 2010 年起，可持续成为奈梅亨市的一个重要主题，之后能源政策被列入可持续发展议程（2011～2015），目标是要在 2045 年将奈梅亨市打造成为能源中性城市，到 2020 年至少要比 2008 年（能源消耗总量 3.0 亿瓦时）节约能源 22%。"能源中性（energy neutral）"① 是奈梅亨市竞选"欧洲绿色之都"时的一大亮点，为此奈梅亨市在获奖前后不断地通过新能源开发、能源中性建筑和全民参与努力达到这一目标。

奈梅亨市盛行西风，属于典型的海洋性气候，加上地形平坦，海陆风常年不息，所以风能资源丰富。从早期利用风车为田地排水、带动磨坊碾盘工

---

① 能源中性（energy neutral）：某一区域消耗的能源与产生的能源能够相互抵消，是比"节能"更严格的概念。

作，到如今的风力发电，风能可以说是大自然对奈梅亨市乃至整个荷兰能源最大和最长久的资助。随着奈梅亨市科技的进步和能源结构的改革，风能在能源利用中的比例逐年增加，不断推进着可持续能源生产的发展。荷兰太阳能光伏技术发达，其太阳能应用专利数量排名世界第六，在良好技术环境的支持下，奈梅亨市通过建设太阳能发电园区和在建筑顶部安装光伏板，将太阳能应用到城市的方方面面，并计划到 2045 年至少安装 100 万块太阳能光伏板和 4 万座太阳能锅炉。奈梅亨市对于生物质能的使用比风能和太阳能还要早，早期主要是将生物质能加入煤炭中用于发电厂。因为生物质能广泛的用途和较强的替代优势，如今奈梅亨市通过技术创新生产出许多高质量、绿色环保的生物质产品，与发达的风力发电产业相比不分伯仲，而且成为重要的天然气补充能源。

2015 年荷兰就有与"能源中性"理念相符的住宅建筑出现，直到 2017 年 10 月 10 日的世界环保日，一座在北荷兰省沃尔默的 30 年代建筑被当地非政府环保组织 Urgenda 花费 35000 欧元进行了改造，第一座中性能源住宅出现，之后许多秉持着"能源中性"理念的停车场、公园、车站、工厂等在荷兰各地如破竹之势出现。奈梅亨市作为荷兰践行能源中性城市的探路者，首先从热电联供① （Combined heat and power，CHP） 开始。其自 2015 年起投入大量资金用于区域供暖网络的建设，在此过程中 15 座大规模的热电联供装置发挥巨大作用，不仅节省了大量燃料，而且生产中除尘效果好，能高空排放，有效地改善了环境质量。自从接入区域供暖网络，通过热电联供，再加上屋顶安装的太阳能供能系统，奈梅亨市的市政建筑所需能源中的 7.5% 是当地产生和可持续的，居民住宅通过使用太阳能和生物质能使所需能源中的 1.4% 做到了当地产生和可持续。为了以建筑所需能源供给当地化和可持续为"能源中性"的切入点，奈梅亨市还采取了在公园、停车场等公共场所安装 LED 照明设备、在家庭厨房中安装小型发酵罐等措施来向能

---

① 热电联供：对火电厂锅炉蒸汽驱动汽轮机的过程中或之后的抽汽或排汽的热量加以利用，既发电又供热，使热效率能够达到 70% 以上。

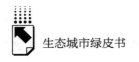

源中性建筑靠近。

奈梅亨市认为其能够获得"欧洲绿色之都"的称号，并且能够长久健康和繁荣，当地居民和企业的作用与政府不相伯仲，而且更具有潜力。虽然不能以偏概全，但从奈梅亨市政府、居民和企业在当地能源开发中的贡献来看，这一点所言非虚。政府方面，自 2008 年起奈梅亨市一直在购买本地的绿色能源使用，同时也为周边地区提供这种能源，至 2013 年奈梅亨市的能源较 2008 年节约了近 30%，节约的能源成本又可通过"循环基金"来支付房地产可持续发展的投资利息，这种做法正在荷兰全国推广；自 2008 年起，奈梅亨市每年投资 250 万欧元用于节能型公共照明设施的建设，至 2014 年公共照明所需的能源下降了 21%；在当地政府的努力下奈梅亨市的所有船只和大部分汽车都使用沼气和电；奈梅亨市为商务旅行提供公共交通、电动自行车和电动摩托车，而对于通勤交通，则有非常严格的停车授权制度，鼓励使用自行车，从而节约能源，减少交通污染。企业方面，2008 年以来参与奈梅亨市能源契约的所有企业都很好地履行了承诺，使二氧化碳的排放减少了 36%；在奈梅亨市能源改革中 80 多家企业在利润不清楚的情况下都积极参与了能源中性城市的建设项目；奈梅亨市的许多工业园区都建设了太阳能场，园区职工和访客可以免费为电动汽车和自行车充电；奈梅亨市所有废物焚烧厂都实现了与区域供热系统的连接，并投资在堆肥肥料中提取能源，其他企业也都在这类可持续能源开发上投入了大量的人力、物力和财力。居民方面，约 3 万奈梅亨市居民主动与房地产公司就节约能源及可持续发电做出约定，要求房地产公司到 2020 年建造的房屋都要达到可持续的标准；奈梅亨市居民对房屋的节能意识非常强，所以大多数家庭都在自己的屋顶安装太阳能板，在厨房安装小型沼气罐，照明使用 LED 灯等；自行车是奈梅亨市居民出行的最爱，也节约了大量的能源；由奈梅亨市民发起的能源合作社奈梅亨风力发电项目共有 1600 位会员，2015 年约有 1100 名成员购买了风电股份（约合 320 万欧元），用于支付四台风力发电机的建造；不管是住宅、出行节能，还是购买与风能、太阳能相关的股票，奈梅亨市的居民都一直坚持着节能减排和能源中性的理念。

（三）与水共存，污水管理为重，还地于河

过去几百年，荷兰不断高筑堤防以保护家园免于洪灾，填海造地以占据更多的土地，"与水争地"使其创造了一时繁华，但不知祸根深藏。1953 年自苏格兰而来的特大暴风在荷兰泽兰省和南荷兰省一带引起的洪水夺走了 1800 条生命，1993 年荷兰林堡省的马斯河谷又发生严重水患，180 多平方千米积水 1.5 米，一万年的防洪标准瞬间变成了空中楼阁，荷兰人突然明白他们高筑的堤防并不如想象中的坚固。1995 年马斯河和瓦尔河在法国和德两国等地的上游流域突降暴雨，洪水让海尔德兰省的堤防几近崩溃，奈梅亨市居民被迫撤离，在恐惧中度过了数日，经历了无数次洪水威胁的奈梅亨市深知侥幸心理不可存，应当摒弃加固、加高堤坝的惯用方法，从"与水争地"转变为"与水共存"。因此，奈梅亨市在新思维的引领下将污水管理置于重要位置，在与瓦尔河的相处过程中做出退让，还地于河。

奈梅亨市的污水管理比一般意义上生活、工业等污水的处理与管理的概念要广，它还涉及气候变迁、能源和原材料回收，目的是能够牢牢掌握住城市中的这部分水，不让其污染土壤和水体，或与小规模洪水"同流合污"，同时还能够加以利用。为此，奈梅亨市在下水道系统和雨水分流上付出了巨大的心血。奈梅亨市 99% 的住宅和公司都连接着下水道，总共有 700 千米，市政府主要利用智慧监控和品质指标对其进行长效管理，通过对污水水位、流量、管道寿命等指标进行实时或定期监测，并根据监测结果及时改进下水道技术和管理方式，保证下水道系统的正常运行。最终，所有的下水管道都会连接到奈梅亨污水处理厂或阿纳姆南污水处理厂进行净化处理，同时会产生一定量的生物质能和肥料，而且奈梅亨污水处理厂已经 100% 达到了能源中性的标准，阿纳姆南污水处理厂也有 28% 达到标准。随着 2000 年雨污分流系统的正式启用，奈梅亨市的雨水不再流入下水道，而是被引到地下过滤或汇入池塘，这样不仅可以直接补充地下水，也使下水道的负荷减少了50%，水资源管理更加可持续。2015 年以后，奈梅亨市在对历年降水资料

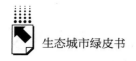

进行大数据分析的基础上，建立了几个暴风雨风险评估模型，模型的使用使奈梅亨市的雨水管理技术更加成熟。

面对洪水的威胁，1985年荷兰提出了"白鹳计划（Plan Ooievaar）"，将夏堤破除，把夏堤与冬堤之间的土地还给河流，是当下"还地于河（Room for the river）"政策的原型。但"白鹳计划"一直未落实，直至1993~1995年荷兰境内河水水位达到历史高点，以及1995年海尔德兰省的堤防几近溃堤等事件发生以后，1997年"还地于河"才被正式纳入治水政策中，通过创新和科学的规划将更多的土地归还给河岸自然生态系统。2000年以来奈梅亨市执行"还地于河"计划进展迅速，到2016年已将主堤向内陆移动了350米，河面高度降低了35厘米，高潮水位期间辅助河道能排走河流1/3的水量。计划实施之初奈梅亨市仅打算降低部分堤坝的高度，并在瓦尔河中央设置一些具有功能性的简单分流装置，但之后奈梅亨市将河岸改造定位成城市更新的媒介，将新产生的岛屿作为水上运动、漫步等休闲活动的场所，并把自然生态重新带回城市区域。高效的执行力和富有创意的设计，使奈梅亨市不仅成为荷兰"还地于河"国家级计划的主导者，而且成为各国都市规划或水利单位前来考察取经的重点对象。

（四）凡物皆有用，发展循环经济

奈梅亨市在2009~2014年人均废弃物产生量减少了约70千克，废弃物回收利用率从59.4%增加到了67.4%，成为荷兰废弃物回收利用率最高的城市，据推断这个数字在2020年会到达75%。取得如此大的成果主要归功于奈梅亨市制定的污染者付费和反向收集两个政策。污染者付费是指产生污染物的人应承担管理和防止污染物对人类健康或环境造成损害的成本，是1992年里约宣言的一部分，奈梅亨市根据污染者付费原则制定了本地的政策，其中主题之一就是"为你的废弃物买单"。奈梅亨市从1990年就开始对产生不可回收废弃物的企业或个人收取费用，近年来奈梅亨市更是善于利用垃圾焚烧产生的热能，自2015年垃圾焚烧厂并入区域供热系统以来可为4500户家庭供暖，而且垃圾中有机物产生的生物质能可用于公交车，此政策的实施实现了垃圾的分类和很高的回收利用率。反向收集是指政府向市民提供大量的垃圾分类和资源再利用服务，并且不断减少对剩余废弃物的处理服务，例如奈梅亨市政府收集废弃塑料包装时，当地居民可以免费索取收纳袋，每两周一次交给政府送入特定工厂处理再制成包装生产原料，而对于混凝土等不可重复利用的废弃物，居民需要自己将其存放在数量、容量有限的地下储存容器中。随着废弃物处理技术和理念的提升，奈梅亨市出现了大量的循环经济住宅、二手商品交易市场、废旧电器零件创意产品等基于垃圾分类和再利用理念的事物，说明奈梅亨市已经不仅仅满足于垃圾分类回收，而是逐步向更有意义的循环经济靠近。

（五）整合城市绿色空间，迈步生态城市

奈梅亨市近年来的城市规划是利用生态城市建设理念，以绿地和水体为载体将城市打造为一座紧凑型城市，使居民住宅 300 米内至少有 0.5 公顷的绿地，城市周围由绿带环绕，使市民能够快速容易到达自行车道和公共交通设施。为了达到这些目标，整合城市绿色空间，奈梅亨市在品质绿地、生态廊道、城镇再造三个方面下足了功夫。

城市里的绿地对于居民的生活品质、凝聚力和健康极为重要，奈梅亨市将城市绿地与自行车基础设施连接，形成了一种象征健康的景观和一种独特的城市结构。奈梅亨市在近年来新增、扩建了 9 个不同规模的公园，其中两个是由市中心停车场改造而成的。另外，市中心的 5 条购物街和 3 条住宅街道上也种植了大量的行道树，附近居民和商家也响应品质绿地建设，将房屋面向街道的一侧进行绿化。

北区的瓦尔河冲积平原、东南部的原始森林和侧向冰碛地形为奈梅亨带来了独特的自然景观和丰富的生态资源，更有国家级和省级自然保护区在城市周围形成了环状绿带。同时，为了强化环状绿带，与其他市镇间形成缓冲区，加强生态廊道的连接，奈梅亨市在西部和北部的工业区、农业区进行了许多改造。例如在西部的杜肯堡和林登霍尔特地区，奈梅亨市通过与国家水务局达成的协议和投资方案，建立了环境友好型银行并改造水道，以改善附

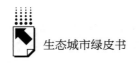

近水质和生态景观；在北部的阿纳姆和奈梅亨之间的农业区打造了新的景观公园，消除了二战时期的污染土壤和未爆物；下一步奈梅亨市还将在北部的德沃尔特地区开展食物森林、可持续养殖和自然保护等工作。

1990年荷兰政府要求奈梅亨市新建1.2万栋住宅来满足该地区的人口压力，但是牺牲城市内外的绿地和自然景观是其首要问题，为此奈梅亨市将瓦尔河以北的村庄整合起来，重建了一个新兴的绿色城镇——瓦尔斯普朗。这座新兴的绿色城镇具有雨水回收和循环系统、严格的建筑能源标准、垃圾焚烧供暖系统、大面积的品质绿地和完善的自行车道系统。

奈梅亨市在提交"欧洲绿色之都"申请时共总结出在城市建设上具有特色和示范性的经验18项，可以说奈梅亨市在城市建设过程中是可持续理念实实在在的践行者。由于篇幅有限，本报告只对奈梅亨市的交通、能源、水资源管理、废弃物处理和城市绿色空间建设进行了简要介绍，但其具有很好的启示意义，因为每个城市都有各自的特色，城市的建设者可以在此基础上结合自身特点制定适合自身的方案。在编写本部分内容的过程中，每到一个主题完结，笔者都会想"如果我们的城市这样做会怎样"。希望本书的读者，特别是城市建设的决策者，也能够在此有相同的憧憬。

三　环境友好型城市建设对策建议

（一）环境友好型城市背景下的城市规划

城市规划是城市未来发展的总体布局，是指导城市建设和管理的重要内容，体现了城市某段时期的政治、经济和社会政策，现阶段中国城市规划主要体现的是经济社会发展的目标和生态环境保护的要求。环境友好型城市能够解决城市经济与环境的矛盾，促进二者协调发展，所以是现阶段城市规划的主要目标和归宿，而且环境友好型城市的建设成果可以作为标准检验城市规划的科学性和合理性。

1. 环境友好型城市背景下划定城市"五线谱"

城市规划与城市发展之间的相互适应是一个动态调整的过程,[①] 在这个过程中,为了保证规划总体发展方向的稳定性,以及基础设施、绿地水体、历史文化遗迹等不在经济利益的驱使下被随意改变,规划中必须加入一些强制性内容作为强有力的原则约束。[②] 因此,原建设部在传统红线之后,于2002~2005年先后颁布了《城市绿线管理办法》《城市蓝线管理办法》《城市黄线管理办法》《城市紫线管理办法》,要求将城市道路、绿地、水体、基础设施和历史街区及建筑纳入城市规划编制和管理(见表3),保证城市的可持续发展。

城市"五线谱"一旦划定不得擅自调整,但不会约束城市的规划和发展,反而为城市注入了活力,使城市成为有机的整体,红线为经脉,绿线为衣装,蓝线为血液,黄线为器官,紫线为内在修养。因此,对城市"五线谱"的划定和管理切忌"一刀切"的简单化思维,建议采取刚性与弹性有机结合的方法,刚性底线保证城市的基础框架,避免过度追求城市发展和被利益驱使,弹性平衡为规划提供可调整的空间,避免长时间的申请、审批和建设过程使规划内容无法满足实际需求,刚柔并济才能使城市既肌肉发达、力量十足,亦体态丰盈、温柔敦厚。

2. 环境友好型城市背景下处理好城镇化与交通的关系

在前几年《生态城市绿皮书:中国生态城市建设发展报告》的环境友好型城市建设评价报告中,"公共交通优先"一直是对环境友好型城市交通规划的主要建议,但随着城镇化的加快,单靠公共交通优先这一类自下而上的措施很难保证城市交通可持续发展,城市区域间、城市间有序的交通,合理的规划很可能只是昙花一现的表象。因此,经过长期的探讨并借鉴国内外的经验,本报告建议从顶层设计开始,自上而下、系统思考城镇化过程中

---

① 康博成:《城市规划设计如何适应城市发展的思考》,《科技与企业》2016年第39期。

② 徐健、郑文裕、池浩:《哈尔滨市规划控制线(五线)管理应用研究》,《城乡治理与规划改革——2014中国城市规划年会论文集》,2014。

表3 城市"五线谱"

	定义	控制范围	原则	目的
红线	城市道路用地的控制线	城市中公交、地铁、人行道、行道树等各类道路（含居住区级道路）或用地	公共利益为刚性底线，以人为本为弹性控制原则	实现公共利益最大化，满足道路基本交通要求
绿线	城市各类绿地范围的控制线	公园绿地、生产绿地、防护绿地、附属绿地以及其他绿地	刚性控制是对公园、街头绿地、沿河、沿湖、沿路绿地，规划实行严格的控制	塑造高质量城市环境
蓝线	城市地表水体保护和控制的地域界线	河道、水库（湖泊）、滞洪区和人工湿地、大型排水渠、原水管渠等	以安全性为刚性底线，以景观功能为弹性控制原则	满足堤防建设、防洪安全、原水供应、环境保护、景观营造、生态修复的需要
黄线	对城市发展全局有影响的、城市规划中确定的、必须控制的城市基础设施用地的控制界线	交通设施、给水设施、排水设施、电力设施、通信设施、燃气设施、环卫设施、防灾设施以及其他基础设施	以技术手段为刚性底线，以平衡市场经济的缺失	最大限度地发挥基础设施在城市发展中的价值效益
紫线	文化街区和历史建筑的保护范围界线。	国家历史文化名城内的历史文化街区和省、自治区、直辖市人民政府公布的历史文化街区，以及历史文化街区外经县级以上人民政府公布保护的历史建筑	以历史文化保护要求为基点	挖掘文化、传承文化

城市交通的发展，尤其是理清城镇化中交通与人、区域、市场、环境、城市发展间错综复杂的关系（见图5），并以此为抓手标本兼治。（1）交通与人的关系。"以人为本"是城市交通建设的根本理念，《国家新型城镇化规划（2014~2020年）》强调走中国特色新型城镇化道路，将以人为本、四化同步、优化布局、生态文明、文化传承融入城市规划全过程中。所以，要牢固树立"以人为本"的城市交通建设理念，摒弃过去"以车为主"的习惯性认知。（2）交通与区域的关系。在中国，城市是一个行政区，区域间往往是竞争关系，除了高铁、省际高速公路外，各城市的交通配置都优先保护辖区内的利益。《"十三五"现代综合交通运输体系发展规划》中提出要加快

运输服务一体化进程，区域之间是时候跳出"一亩三分地"思维，打破行政区域界限，构建现代化交通网络系统，加快区域一体化进程。（3）交通与市场的关系。由于交通领域垄断封闭和市场运行机制缺失，市场机制被隔绝在城市交通体系之外，城市交通的发展只能依靠政府补贴，不仅政府负担巨大，而且很难产生优质的城市交通。当下，中国交通建设不仅要考虑服务于"一带一路"倡议及长江经济带等国家战略，而且要统筹国内和国外两大市场，所以正确地处理好交通与市场的关系显得尤为紧迫。（4）交通与环境的关系。交通运输业会对能源和周围环境造成负面效应，这是不可回避的问题。中国《关于全面深入推进绿色交通发展的意见》明确提出以交通强国战略为统领，以深化供给侧结构性改革为主线，着力实施七大工程，加快构建三大制度体系，推动绿色交通。所以，每个城市都需要将绿色交通理念融入城市交通建设的各个方面，形成城市交通绿色发展的长效机制和良好局面。（5）交通与城市发展的关系。在处理交通与城市发展的关系时需要考虑城市差异、发展成本和发展方向。城市差异包括规模、地理位置、功能、经济、文化等，也有新城和老城的差异，根据差异性，实事求是地进行交通规划和建设是一个需要考虑的大问题。近年来，许多新城和县城投入大量资金和土地建立起了大于自身规模需求的交通网络，造成利用率不高，资金和土地大量浪费，而真正需要的地方却出现短缺，过高的交通成本和浪费成为城市建设畸形发展的一大根源。城市发展方向的确定需要考虑交通现状和未来的交通需求，且交通的建设受城市发展方向的影响，二者不能背道而驰，要共同进退。

图5　城市交通与城镇化的五大关系

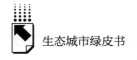

3. 环境友好型城市背景下建设海绵城市

随着城镇化的加快，整个城市被钢筋水泥包裹得严严实实，城市中原有的生态本底和水文生态系统被严重干扰，原本自然状态下 70% 的降水透过地面渗入地下，剩余 30% 形成径流外排，但城市建设后这种现象发生了反转，导致城市内涝、水体黑臭等问题屡见不鲜。近年来这种情况不断加剧，北京、武汉等地频频开启"看海模式"，南宁等一些城市甚至"逢雨必涝，雨后即旱"。在这样的背景下，2012 年低碳城市与区域发展科技论坛中"海绵城市"概念首次被提出，2013 年中国政府提出了建设海绵城市，之后在《中共中央国务院关于进一步加强城市规划建设管理工作的若干意见》《国务院关于深入推进新型城镇化建设的若干意见》《国务院办公厅关于推进海绵城市建设的指导意见》等一系列政策的支持下关于海绵城市的建设方案和标准逐渐成熟，2017 年在中国首部国家级综合性的市政基础设施规划《全国城市市政基础设施规划建设"十三五"规划》中海绵城市被明确写入，意味着海绵城市建设在国家层面获得政策的支持与保障。

海绵城市是建设环境友好型城市的具体途径，侧重于协调城市建设与水文生态系统的关系，强调城市水文自然灾害的应对。具体来说，要本着低影响开发的核心理念，通过生态系统保护、修复和低影响开发三大途径，建成低影响开发雨水系统、传统雨水管渠系统和超标雨水径流系统三大雨水系统。根据《国务院办公厅关于推进海绵城市建设的指导意见》《全国城市市政基础设施规划建设"十三五"规划》等文件的要求，现阶段海绵城市的建设要明确目标和切入点，在城市规划和建设中以生态优先、安全为重、因地制宜的原则推进新老城区的海绵城市建设（见图6），新城区以全面落实海绵城市建设要求为导向，老城区以存在内涝与黑臭水体的地区改造为导向。同时，在新老城区进行海绵城市改造时，要积极推广海绵型建筑、小区、公园和绿地，综合采取"渗、滞、蓄、净、用、排"措施，在消纳本区域雨水的基础上，为周边区域提供雨水蓄滞空间。

4. 环境友好型城市背景下发展循环经济

循环经济兼顾了经济和生态效益，环境友好型城市要求生产和消费活动

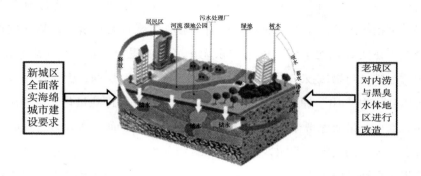

图6　新老城区海绵城市建设

以环境承载力为基础。在经济模式与环境矛盾日益突出的今天，建设环境友好型城市无疑为循环经济创造了前所未有的机遇和条件，而发展循环经济为环境友好型城市建设找到了有效的途径。[①] 2016年8月习近平总书记在青海考察时强调："循环利用是转变经济发展模式的要求，全国都应该走这样的路。"后又指出："发展循环经济是转变增长方式、实现可持续发展的必然选择。"2018年7月国家发展改革委与欧盟委员会签署了《关于循环经济合作的谅解备忘录》，开始建立循环经济高级别对话，同年阿里巴巴和腾讯等国内一些大企业利用互联网优势在循环经济上不断加码，中国循环经济发展进入新的篇章。

减量化（reduce）、再利用（reuse）、资源化（recycle）是循环经济的三大基础原则，简称"3R"原则。2009年1月1日中国开始实施《循环经济促进法》，对减量化、再利用和资源化等做出了规定，标志着中国循环经济发展有了法律保障，从生产的输入端和中间环节到末端，资源被充分"榨干"，"大量生产、大量消费、大量废弃"的现象逐渐被改变，发展循环经济在全国各地区、各行业迅速推广。当下，中国经济进入新常态，循环经济作为国民经济发展的重要方式，也应该稍微放慢脚步，先理清思路，考虑引入

---

① 李育冬、原新：《境友好型城市建设中的循环经济思想探析》，《生产力研究》2008年第4期。

发展循环经济的第四个"R"—再思考（Rethink）原则。再思考原则符合习近平总书记提出的"实践发展永无止境、解放思想永无止境、改革开放永无止境、干在实处永无止境"四个"永无止境"的思想，属于哲学思想层面。再思考原则虽与物质技术层面的"3R"原则不在同一层面，但作用巨大，二者可以并称为"4R"原则（见图7）。再思考原则在促进减量化、再利用、资源化方面，一是要思考循环经济的应用层面，应用层面可划分为宏观的零废弃社会、中观的生态工业园区以及微观的企业清洁生产和个人绿色消费；二是要思考循环经济本土化，从国家、省、市、县、区域的角度找准问题并发展具有本土特色的循环经济，解决实际问题，进一步可衍生出与不同产业相适应的循环经济；三是要思考循环经济中创新的驱动作用，以创新作为引领发展的第一动力，促进和升华减量化、再利用、资源化。只要灵活运用循环经济原理和"4R"原则，许多难题，尤其是经济发展与环境间的矛盾有望解决。

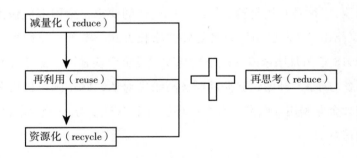

图7　循环经济"4R"原则

（二）环境友好型城市背景下的智慧城市建设

智慧城市是把物联网、云计算、大数据、社交网络等信息技术充分运用在城市的各行各业，以及知识社会下一代创新（创新2.0）环境下的城市信息化高级形态。[1] 从2010年起，许多城市的"十二五"发展规划就将建设

---

[1]　宁茂军：《智慧城市建设与集客经营转型》，《通信企业管理》2014年第10期。

智慧城市作为未来发展的重点，截至 2017 年 3 月，《智慧城市建设行业发展趋势与投资决策支持报告》数据显示，中国有 95% 的副省级城市和 83% 的地级市在政府工作计划中提出建设智慧城市，2018 年有望建成和在建的智慧城市超过 500 个。在中国，智慧城市建设更有强大的"政策光环"，如《国家智慧城市试点暂行办法》《关于促进智慧城市健康发展的指导意见》《关于开展智慧城市标准体系和评价指标体系建设及应用实施的指导意见》《新型智慧城市评价指标》《智慧城市技术参考模型》等，国家已从顶层考虑智慧城市建设，形成了自上而下推动智慧城市资源融合的趋势。智慧城市和环境友好型城市由于管理部门和内容的差异，看上去只是两个平行没有交集的概念，但就建设现状看，二者根本无法分割，环境友好型城市为智慧城市建设提出了理念，而智慧城市为环境友好型城市建设提供了技术层面的支持。

1. 环境友好型城市背景下缩小"数字鸿沟"

智慧城市建设是一项长久性的复杂系统工程，"数字鸿沟"对其实践环节与价值目标有显著的影响。[①] 目前中国正在如火如荼地进行智慧城市建设，但由于不同区域、人群、城乡和部门间认知和资源的差异，以及严重的信息不对称，"数字鸿沟"不断加剧，掣肘着智慧城市的建设。因此，为了缩小智慧城市建设中的"数字鸿沟"，首先要加快互联网基础设施建设，要按照《国家信息化发展战略纲要》和《"十三五"国家信息化规划》的要求，扩大 4G 网络覆盖，开展 5G 研发试验和商用，加快下一代互联网演进升级和商用，全面推进三网融合和陆海空一体化信息基础设施建设，从技术层面上加快信息资源整合，增加信息共享渠道。其次，要站在战略高度合理统筹互联网基础设施和信息资源，并用适度超前的思维进行规划，从顶层设计上准确定位和理解智慧城市，自上而下有意识地缩小"数字鸿沟"。

2. 环境友好型城市背景下的"智慧城市 +PPP"模式

PPP 模式是指政府与社会资本之间基于提供某种公共产品和服务，达

---

① 葛蕾蕾、佟婳、侯为刚：《国内智慧城市建设的现状及发展策略》，《行政管理改革》2017年第 7 期。

成特许权协议，通过签署合同明确双方的权利和义务，彼此之间形成一种"利益共享、风险共担、全程合作"的伙伴式合作关系（见图8）。2015 年中国出台《基础设施和公用事业特许经营管理办法》，正式推进 PPP 项目，打开了社会资本参与公共事业发展的途径。随着智慧城市的建设，"智慧城市 + PPP"模式势不可挡，政府利用社会资本的专业资源和创新能力，提供高质量、高效率和创造性的服务，实现了政府投资建设智慧城市的利益最大化，促进了政府职能转变，将更多精力投入规划和监管上，同时打破了公共服务"垄断"，激发了非公有制经济的活力。根据前瞻产业研究院发布的《2019～2024 年中国智慧城市建设行业发展趋势与投资决策支持报告》，截至 2018 年 4 月，全国 107 个智慧城市 PPP 项目中，综合项目占55.14%，投资总额 565.38 亿元，数据中心项目占 9.35%，投资总额81.99 亿元，智慧交通和智慧安防项目各占 6.54%，投资总额分别为12.34 亿元和 11.20 亿元，"智慧城市 + PPP"模式呈现强劲的势头，PPP模式成为"十三五"时期智慧城市建设的新特征。因此，在下一步智慧城市建设过程中，需要不断催熟政策环境，为 PPP 模式提供更大力度的政策支持，同时要推广大量试点城市，积累 PPP 模式应用经验，以点带面共建新型智慧城市。

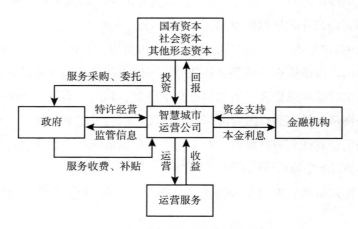

图 8　"智慧城市 + PPP"模式

绿色生产型城市建设评价报告

钱国权* 聂晓英 袁春霞

摘 要: 本报告构建了包括森林覆盖率、PM2.5 等在内的 19 个绿色生产型城市综合评价指标体系,包括 14 个用于评价生态城市健康指数的核心指标和 5 个用于评价绿色生产型城市特色指数的特色指标,计算得到中国 284 座城市的健康指数和特色指数,最终得到绿色生产型城市综合指数并将计算结果进行排序。重点分析了综合指数排在前 100 名城市的名次差异和区域差异特征,在此基础上从农业、工业和服务业绿色生产实践方面进行探讨,并针对各产业提出了实现绿色生产实践的对策措施。

关键词: 绿色生产型城市 健康指数 绿色生产

绿色生产型城市是指在城市建设发展过程中通过绿色创新,按照有利于保护生态环境的原则来组织生产过程,创造出绿色产品,以满足绿色消费,最终在城市中实现高经济增长、高人类发展、低生态足迹、低环境影响的目标。[1]

绿色生产型城市是可持续发展理念的具体实践,在发展过程中强调绿色生产理念,有助于推动当前国家提倡的生态文明建设进程。与传统城市最大

---

* 钱国权,男,博士,教授,主要从事人文地理学方面的研究。

① 史宝娟、赵国杰:《城市循环经济系统评价指标体系与评价模型的构建研究》,《现代财经》2007 年第 5 期。

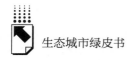

的区别在于绿色生产型城市在发展和建设过程中，注重绿色、节能、环保等理念，实现资源的节约、回收、循环利用，提高资源利用效率。具体来说绿色生产型城市的发展存在于农业、工业和服务业三个领域，其中农业绿色生产实践包括畜禽粪污治理、果菜茶有机肥替代化肥、东北地区秸秆处理、农膜回收、以长江为重点的水生生物保护五个层面；工业绿色生产实践包括提升能源效率、推进清洁生产、实现循环发展三个层面；服务业绿色生产实践包括绿色金融、绿色物流、节能环保服务业、绿色商业四个层面。

一　绿色生产型城市评价报告

（一）绿色生产型城市评价指标体系

绿色生产型城市作为生态城市的一种类型，既具有生态城市的基本特征，又具有绿色生产型城市的特殊性，因此，我们构建的绿色生产型城市评价指标体系包括两部分，一部分为反映生态城市共性的 14 项核心指标，另一部分为反映绿色生产型城市特性的 5 项特色指标（见表1）。

（二）绿色生产型城市的评价方法及评价范围

1. 绿色生产型城市评价数据来源及评价方法

用于绿色生产型城市评价的数据主要来自中国环境年鉴、中国城市统计年鉴、当地统计年鉴和当地环境公报、社会发展报告等。绿色生产型城市的评价方法与中国生态城市健康状况评价报告中所使用的方法一致（见本书《整体评价报告》）。

2. 绿色生产型城市的评价范围及时间

基于绿色生产型城市的评价指标体系，本报告采用 2017 年的统计数据，以地级市为基本评价单元对中国绿色生产型城市进行评价，因普洱市和巢湖市部分数据缺失，实际参与评价的城市数量为 284 座。根据计算结果，重点对 2017 年绿色生产型综合指数前 100 名的城市进行对比分析。

表1　绿色生产型城市评价指标体系

一级指标	核心指标				特色指标	
	二级指标	序号	三级指标		序号	四级指标
绿色生产型城市综合指数	生态环境	1	森林覆盖率［建成区人均绿地面积（平方米/人）］		15	主要清洁能源使用率［主要清洁能源使用总量/综合能耗（%）］
		2	空气质量优良天数（天）			
		3	河湖水质［人均用水量（吨/人）］			
		4	单位 GDP 工业二氧化硫排放量（千克/万元）		16	单位 GDP 用水量变化量（立方米/元）
		5	生活垃圾无害化处理率（%）			
	生态经济	6	单位 GDP 综合能耗（吨标准煤/万元）			
		7	一般工业固体废物综合利用率（%）			
		8	R&D 经费占 GDP 比重（%）［科学技术支出和教育支出的经费总和占 GDP 比重（%）］		17	单位 GDP 二氧化硫排放变化量（千克/万元）
		9	信息化基础设施［互联网宽带接入用户数（万户）/城市年末总人口（万人）］			
		10	人均 GDP（元/人）			
	生态社会	11	人口密度（人口数/平方千米）		18	单位 GDP 综合能耗（吨标准煤/万元）
		12	生态环保知识、法规普及率，基础设施完好率（%）［水利、环境和公共设施管理业全市从业人员数（万人）/城市年末总人口（万人）］			
		13	公众对城市生态环境满意率［民用车辆数（辆）/城市道路长度（千米）］		19	一般工业固体废物综合利用率（%）
		14	政府投入与建设效果［城市维护建设资金支出（万元）/城市 GDP（万元）］			

注：当年发生重大污染事故的城市在总指数中扣除5%～7%。

（三）绿色生产型城市评价与分析

通过对 14 项核心指标和 5 项特色指标的计算，我们得到了 284 座城市 2017 年的生态城市健康指数和绿色生产型城市特色指数，将这两个指数进行综合计算后得到绿色生产型城市综合指数。将综合指数位于前 100 名城市的三项指数和 5 个特色指标进行排名，结果见表2。

表2 2017年绿色生产型城市综合指数排名前100名城市

城市	绿色生产型城市综合指数（19项指标结果）		生态城市健康指数（14项指标结果）		绿色生产型城市特色指数（5项指标结果）		特色指标单项排名					
	得分	排名	得分	排名	得分	排名	主要清洁能源使用率	单位GDP用水量变化量	单位GDP二氧化硫排放变化量	单位GDP综合能耗	一般工业固体废物综合利用率
厦门	0.9013	1	0.9023	2	0.8983	25	73	59	244	36	107
珠海	0.8976	2	0.891	3	0.9163	3	37	13	260	22	8
三亚	0.8885	3	0.905	1	0.8417	100	6	283	259	8	5
上海	0.8875	4	0.8795	4	0.9103	9	25	47	174	29	72
宁波	0.8852	5	0.8782	5	0.9052	15	44	87	165	46	59
南昌	0.8846	6	0.8758	8	0.9096	10	58	22	228	6	105
深圳	0.8801	7	0.8773	6	0.8880	49	20	55	254	14	192
海口	0.8787	8	0.8698	10	0.9040	16	40	27	258	16	130
广州	0.8782	9	0.87	9	0.9017	18	114	95	249	28	61
北京	0.8745	10	0.858	15	0.9214	1	1	75	250	1	195
杭州	0.8652	11	0.8655	11	0.8643	83	32	271	204	13	178
黄山	0.8645	12	0.8476	16	0.9128	5	61	88	235	2	81
舟山	0.8625	13	0.8772	7	0.8208	120	188	237	255	72	68
福州	0.8542	14	0.8414	19	0.8906	44	81	233	195	40	41
青岛	0.8508	15	0.8639	12	0.8135	140	216	125	224	71	100
武汉	0.8482	16	0.86	14	0.8147	133	219	31	245	125	44
长春	0.8480	17	0.8399	20	0.8711	74	154	107	199	30	48
镇江	0.8476	18	0.8268	22	0.9068	12	91	89	78	51	42
南宁	0.8454	19	0.8604	13	0.8026	156	209	36	243	124	156

续表

城市	绿色生产型城市综合指数（19项指标结果）		生态城市健康指数（14项指标结果）		绿色生产型城市特色指数（5项指标结果）		特色指标单项排名				
	得分	排名	得分	排名	得分	排名	主要清洁能源使用率	单位GDP用水量变化量	单位GDP二氧化硫排放变化量	单位GDP综合能耗	一般工业固体废物综合利用率
天津	0.8432	20	0.8255	23	0.8934	39	72	235	225	33	19
南京	0.8418	21	0.8433	18	0.8376	101	179	46	202	97	115
惠州	0.8376	22	0.8205	24	0.8864	51	98	24	207	150	47
江门	0.8375	23	0.8134	25	0.9062	13	12	114	232	47	74
拉萨	0.8365	24	0.8471	17	0.8065	153	155	3	262	107	235
景德镇	0.8326	25	0.8123	26	0.8902	45	53	193	74	57	118
合肥	0.8319	26	0.8076	31	0.9009	20	52	84	256	3	151
常州	0.8314	27	0.8085	30	0.8965	32	90	105	211	96	11
南通	0.8290	28	0.7994	34	0.9133	4	67	118	121	7	52
成都	0.8284	29	0.8099	29	0.8812	62	59	42	253	25	191
扬州	0.8222	30	0.791	40	0.9109	8	92	93	213	9	46
苏州	0.8221	31	0.7996	33	0.8862	52	75	139	167	105	80
北海	0.8193	32	0.7972	35	0.8823	59	139	49	157	75	20
重庆	0.8183	33	0.8053	32	0.8552	89	85	172	153	67	208
温州	0.8180	34	0.7861	44	0.9089	11	21	159	226	18	36
中山	0.8175	35	0.7903	41	0.8948	35	35	106	203	41	143
绍兴	0.8170	36	0.7967	36	0.8748	70	83	204	154	128	106
西安	0.8156	37	0.8109	27	0.8291	109	51	282	251	38	152
汕头	0.8156	38	0.7786	50	0.9208	2	11	19	231	26	29
秦皇岛	0.8152	39	0.7938	39	0.8760	67	39	12	93	168	146

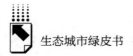

城市	绿色生产型城市综合指数（19项指标结果）		生态城市健康指数（14项指标结果）		绿色生产型城市特色指数（5项指标结果）		特色指标单项排名				
	得分	排名	得分	排名	得分	排名	主要清洁能源使用率	单位GDP用水量变化量	单位GDP二氧化硫排放变化量	单位GDP综合能耗	一般工业固体废物综合利用率
威海	0.8118	40	0.8309	21	0.7573	201	267	143	132	93	169
莆田	0.8102	41	0.7855	45	0.8807	64	105	9	169	49	175
连云港	0.8101	42	0.7795	49	0.8974	28	125	45	58	108	38
广元	0.8063	43	0.7737	52	0.8990	24	31	166	122	73	35
绵阳	0.8059	44	0.7775	51	0.8866	50	97	117	227	59	126
东莞	0.8049	45	0.7674	57	0.9117	6	7	23	210	44	96
哈尔滨	0.8035	46	0.8101	28	0.7848	180	237	222	208	99	136
台州	0.8019	47	0.7663	58	0.9030	17	19	153	219	15	109
芜湖	0.8012	48	0.7685	56	0.8944	36	50	34	98	31	163
济南	0.7987	49	0.7947	38	0.8100	149	202	192	170	84	122
无锡	0.7986	50	0.7651	59	0.8938	38	78	69	178	68	108
大连	0.7985	51	0.7869	43	0.8315	105	171	251	143	98	66
湖州	0.7981	52	0.7634	61	0.8968	30	38	154	126	109	15
佛山	0.7941	53	0.7605	63	0.8896	48	34	81	177	37	173
抚州	0.7932	54	0.7585	67	0.8921	43	77	248	72	20	99
嘉兴	0.7925	55	0.7573	70	0.8926	40	23	181	176	102	32
烟台	0.7920	56	0.7729	54	0.8462	97	100	208	152	63	213
沈阳	0.7908	57	0.7886	42	0.7971	160	203	91	159	172	119
郑州	0.7894	58	0.7583	68	0.8780	65	60	156	190	43	167
蚌埠	0.7853	59	0.741	83	0.9113	7	48	52	185	21	58

续表

城市	绿色生产型城市综合指数（19项指标结果）		生态城市健康指数（14项指标结果）		绿色生产型城市特色指数（5项指标结果）		特色指标单项排名				
	得分	排名	得分	排名	得分	排名	主要清洁能源使用率	单位GDP用水量变化量	单位GDP二氧化硫排放变化量	单位GDP综合能耗	一般工业固体废物综合利用率
长沙	0.7850	60	0.7809	48	0.7968	161	241	17	247	50	155
阜新	0.7844	61	0.7459	78	0.8940	37	28	41	36	139	129
铜陵	0.7825	62	0.7509	75	0.8726	73	132	39	136	155	101
贵阳	0.7819	63	0.7815	47	0.7829	183	108	61	273	121	264
兰州	0.7796	64	0.7737	53	0.7965	162	110	63	240	256	114
泰州	0.7773	65	0.7378	85	0.8896	47	130	128	212	70	16
东营	0.7765	66	0.742	82	0.8748	71	111	234	81	111	117
淮安	0.7763	67	0.751	74	0.8481	95	173	97	139	87	77
株洲	0.7708	68	0.7637	60	0.7911	170	253	109	163	135	82
双鸭山	0.7703	69	0.7589	64	0.8027	155	124	263	66	179	217
眉山	0.7682	70	0.7303	93	0.8762	66	99	252	61	131	60
西宁	0.7682	71	0.7578	69	0.7978	159	5	146	189	267	85
金华	0.7681	72	0.7219	103	0.8997	21	16	215	239	34	49
自贡	0.7669	73	0.7493	77	0.8169	125	201	157	106	78	131
防城港	0.7659	74	0.7588	66	0.7861	176	177	261	26	196	102
赣州	0.7658	75	0.7253	97	0.8809	63	41	131	113	32	190
九江	0.7648	76	0.7451	79	0.8209	119	93	177	99	112	239
鹤岗	0.7641	77	0.7531	73	0.7956	163	113	60	186	230	201
大原	0.7638	78	0.7609	62	0.7719	193	112	30	158	192	251
桂林	0.7635	79	0.7288	94	0.8622	85	137	254	173	58	123

续表

| 城市 | 绿色生产型城市综合指数（19项指标结果） | | 生态城市健康指数（14项指标结果） | | 绿色生产型城市特色指数（5项指标结果） | | 特色指标单项排名 | | | | |
	得分	排名	得分	排名	得分	排名	主要清洁能源使用率	单位GDP用水量变化量	单位GDP二氧化硫排放变化量	单位GDP综合能耗	一般工业固体废物综合利用率
克拉玛依	0.7605	80	0.7826	46	0.6978	242	246	14	32	273	97
鄂州	0.7601	81	0.7705	55	0.7304	223	256	72	105	212	161
张家界	0.7597	82	0.7373	87	0.8233	114	220	194	7	89	2
盐城	0.7592	83	0.7376	86	0.8206	121	186	170	147	116	113
钦州	0.7591	84	0.7187	108	0.8742	72	144	92	193	83	55
柳州	0.7587	85	0.7957	37	0.6535	264	277	262	196	248	30
石家庄	0.7561	86	0.7083	118	0.8921	42	109	7	56	137	95
十堰	0.7559	87	0.7571	71	0.7527	205	227	70	116	169	220
漳州	0.7555	88	0.706	119	0.8962	33	55	218	160	17	91
湛江	0.7552	89	0.7348	89	0.8132	141	195	129	200	164	12
遂宁	0.7538	90	0.7314	92	0.8175	124	190	258	246	81	13
辽源	0.7531	91	0.7315	91	0.8147	132	236	98	264	65	9
雅安	0.7527	92	0.7195	106	0.8471	96	14	137	215	158	211
六安	0.7522	93	0.7015	125	0.8966	31	70	189	181	42	27
淮南	0.7518	94	0.71	116	0.8707	75	135	32	48	147	149
佳木斯	0.7512	95	0.7589	65	0.7292	225	260	62	75	132	234
丽水	0.7508	96	0.7002	130	0.8949	34	33	195	162	11	140
沪州	0.7504	97	0.7271	96	0.8168	126	165	276	55	153	43
宣城	0.7504	98	0.7043	122	0.8815	60	47	188	272	77	98
龙岩	0.7498	99	0.7279	95	0.8121	142	207	40	229	123	125
淄博	0.7474	100	0.7443	80	0.7564	202	222	43	18	224	135

1. 2017年绿色生产型城市建设评价与分析

由计算结果可以看出（见表2），绿色生产型城市综合指数排在前10位的城市分别是厦门市、珠海市、三亚市、上海市、宁波市、南昌市、深圳市、海口市、广州市和北京市。

排名第1位的厦门市，其健康指数排名第2位，但是特色指数排在第25位，特色指数落后于健康指数，说明厦门市生态城市建设情况良好，绿色生产的实施有待加强。五项绿色生产型城市特色指标中，主要清洁能源使用率、单位GDP用水量变化量和单位GDP综合能耗分别排在第73位、59位和第36位，排名情况较好；较差的是一般工业固体废物综合利用率和单位GDP二氧化硫排放变化量，分别排在第107位和第244位，所以厦门市在绿色生产的实施过程中应注重提高固体废物的综合利用率，同时严格控制二氧化硫的排放量。

排名第2位的珠海市，有"幸福之城"和"新型花园城市"等众多称谓，综合指数得分为0.8976，健康指数和特色指数得分分别为0.8910和0.9163，排名均为第3位。五项特色指标中，一般工业固体废物综合利用率和单位GDP用水变化量排名较好，排名最差的是单位GDP二氧化硫排放变化量，与2016年相比，珠海市2017年单位GDP用水量有较大改善，用水效率明显提高。珠海市在开展绿色生产实践过程中应重点控制单位GDP二氧化硫排放量。

排名第3位的三亚市，位于海南岛最南端，是中国的滨海旅游城市，又被称为"东方夏威夷"，居民平均寿命达到80岁，是中国最长寿地区。其综合指数得分为0.8885，健康指数排在第1位，得分为0.9050；特色指数得分为0.8417，排在第100位，说明三亚市在生态城市建设方面卓有成效，但绿色生产实施效果有待提升。特色指标排名中主要清洁能源使用率、单位GDP综合能耗和一般工业固体废物综合利用率的排名均处于前10位，但是单位GDP二氧化硫排放变化量和单位GDP用水量变化量分别排在了第259位和第283位，与2016年相比，三亚市2017年单位GDP二氧化硫排放有所改善，应继续坚持改进二氧化硫治理措施，严格控制单位GDP二氧化硫

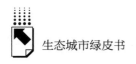
的排放量，并加强对用水量的监管力度，同时降低单位 GDP 的用水量。

排名第 4 位的上海市，其综合指数和健康指数分别为 0.8875 和 8795，均排在第 4 位，特色指数为 0.9103，排在第 9 位，特色指数稍落后于健康指数，说明上海市生态城市建设和绿色生产实践均较好。五项特色指标中，主要清洁能源使用率、单位 GDP 用水量变化量、单位 GDP 综合能耗和一般工业固体废物综合利用率排名均比较好，排名较差的是单位 GDP 二氧化硫排放变化量，说明上海市在绿色生产实践方面取得较好的成绩，但仍需严格控制二氧化硫的排放量。

排名第 5 位的宁波市，健康指数也排在第 5 位，特色指数为 0.9052，排在第 15 位，与 2016 年相比，宁波市在生态城市建设和绿色生产实践方面取得了较为显著的成效。就五项特色指标而言，与上海市基本类似，除单位 GDP 二氧化硫排放变化量排名较低外，其他各项指标排名均较好。宁波市在生态城市建设和绿色生产实践开展过程中应注重环境质量，控制二氧化硫的排放量。

排名第 6 位的南昌市，其健康指数和特色指数分别排在第 8 位和第 10 位，特色指数稍落后于健康指数，但总体而言，南昌市的生态城市建设和绿色生产实践实施情况良好。五项特色指标中，排名最好的是单位 GDP 综合能耗，排在第 6 位，其次是单位 GDP 用水量变化量，排在第 22 位，与 2016 年相比，南昌市 2017 年单位 GDP 用水效率明显提高。排名较差的是单位 GDP 二氧化硫排放变化量和一般工业固体废物综合利用率，排名分别为第 228 位和第 105 位，因此南昌市在绿色生产实践实施过程中应严格控制二氧化硫排放量，提高固体废物的综合利用率。

排名第 7 位的深圳市，是中国改革开放的窗口，健康指数为 0.8773，排在第 6 位，但是特色指数排名较为落后，排在第 49 位，说明深圳市的绿色生产实践有待加强。五项特色指标中单位 GDP 二氧化硫排放变化量和一般工业固体废物综合利用率排名分别为第 254 位和第 192 位，较为落后，深圳市在开展绿色生产实践时应注重控制二氧化硫排放量及提高一般工业固体废物的综合利用率，其他三项指标排名较为靠前。

排在第8位的海口市，具有"中国魅力城市""中国最具幸福感城市""全国城市环境综合整治优秀城市"等众多荣誉称号，其健康指数和特色指数分别排在第10位和第16位，生态城市建设和绿色生产实践总体发展状况较好，且较为均衡。五项特色指标中主要清洁能源使用率、单位GDP综合能耗和单位GDP用水量变化量均排名较为靠前，排名情况最差的是单位GDP二氧化硫排放变化量，位于第258位，今后应加强二氧化硫治理力度，严格控制其排放量，一般工业固体废物综合利用率排名也不容乐观，有待改善。

排在第9位的广州市，健康指数也排在第9位，特色指数排名第18位，特色指数落后于健康指数。五项绿色生产型城市特色指标中排名较好的是单位GDP综合能耗、一般工业固体废物综合利用率和单位GDP用水量变化量，单位GDP二氧化硫排放量和主要清洁能源使用率排名较为落后，因此广州市在开展绿色生产实践过程中的主要任务是降低二氧化硫排放量并提高主要清洁能源的综合使用率。

排在第10位的北京市，健康指数排在第15位，特色指数排名第1位，特色指数排名高于健康指数，说明北京市在绿色生产实践方面取得了较好成绩，值得全国各城市借鉴经验。五项特色指标中主要清洁能源使用率和单位GDP综合能耗均排在第1位，但单位GDP二氧化硫排放量和一般工业固体废物综合利用率排名较低，所以北京市今后在绿色生产实践中应重点控制二氧化硫排放量，提高一般工业固体废物综合利用率。

就特色指标而言，主要清洁能源使用率较高，排在前10位的城市分别是：北京市、滨州市、嘉峪关市、丹东市、西宁市、三亚市、东莞市、乌兰察布市、锦州市和潮州市；主要清洁能源使用率较低，排在后10位的城市分别是：榆林市、白山市、松原市、徐州市、酒泉市、朔州市、襄阳市、柳州市、梧州市和茂名市。排名落后的这些城市可向排名靠前的城市借鉴经验，提高主要清洁能源使用率。单位GDP用水量变化量降低较多，排在前10位的城市分别是：本溪市、嘉峪关市、拉萨市、白银市、七台河市、锦州市、石家庄市、贵港市、莆田市和盘锦市；单位GDP用水效率较低，排在后 10 位的城市分别是：乌海市、三亚市、西安市、赤峰市、平顶山市、河池市、运城市、通辽市、泸州市和大同市，这些城市在降低单位 GDP 用水量变化量方面可向排名前 10 位的城市借鉴成功经验。单位 GDP 二氧化硫排放降低较多，排名前 10 位的城市分别是：忻州市、嘉峪关市、晋城市、滨州市、曲靖市、广安市、张家界市、宜宾市、吕梁市和临沧市；单位 GDP 二氧化硫排放降低较少，排在后 10 位的城市分别是：金昌市、六盘水市、通辽市、亳州市、黑河市、阜阳市、定西市、信阳市、池州市和武威市，二氧化硫排放量的降低对于绿色生产实践的实施意义重大，因此排名靠后的城市应积极向排名靠前的城市吸取成功经验。单位 GDP 综合能耗较低，排在前 10 位的城市分别是：北京市、黄山市、合肥市、吉安市、宿迁市、南昌市、南通市、三亚市、扬州市和鹰潭市；单位 GDP 综合能耗较高，排在后十位的城市分别是：嘉峪关市、中卫市、石嘴山市、赤峰市、乌海市、莱芜市、乌鲁木齐市、运城市、吴忠市和本溪市。排名靠后的城市需向排名靠前的城市借鉴经验，提高单位 GDP 综合能耗。一般工业固体废物综合利用率较高，排名前 10 的城市分别是：枣庄市、张家界市、汕尾市、潮州市、三亚市、安顺市、渭南市、珠海市、辽源市和徐州市；一般工业固体废物综合利用率较低，排在后 10 位的城市分别是：陇南市、上饶市、金昌市、辽阳市、河池市、攀枝花市、黑河市、百色市、宜昌市和榆林市。排名靠后的城市在提高一般工业固体废物综合利用率方面可向排名靠前的城市借鉴经验。

2. 2017 年绿色生产型城市区域分布

对于综合指数进入前 100 名的绿色生产型城市，按照其隶属的行政区域进行分类（见表 3）。

由表 3 可以看出，2017 年参与绿色生产型城市评价的 284 座城市中，中南地区和华东地区参评城市分别为 79 座和 78 座，占到参评总数的 27.82% 和 27.46%，是六个区域中参评数量最多的两个区域，这与其作为中国城市集中分布区有密切关系。分析进入前 100 名的城市，华东地区有 47 座，占到其参评总数的 60.26%，中南地区只有 25 座，仅占到其参评总数的 31.65%。说明华东地区因地处东南沿海，地理位置优越，绿色生产水平在全国具有明显优势，中南地区与其相比还有一定差距。

表3　2017年绿色生产型城市综合指数排名前100名城市分布

地区	参评数量	前100名的绿色生产型城市	
		名　称	数量
华北	32	北京、天津、秦皇岛、太原、石家庄	5
华东	78	上海、南京、无锡、常州、苏州、南通、连云港、扬州、镇江、泰州、杭州、宁波、温州、嘉兴、湖州、绍兴、金华、舟山、台州、合肥、芜湖、蚌埠、淮南、淮安、铜陵、黄山、宣城、福州、厦门、莆田、龙岩、南昌、景德镇、济南、青岛、东营、烟台、威海、抚州、淄博、赣州、九江、盐城、漳州、六安、丽水、大连	47
中南	79	郑州、武汉、十堰、鄂州、长沙、广州、深圳、珠海、汕头、佛山、江门、湛江、惠州、东莞、中山、南宁、柳州、桂林、北海、防城港、海口、三亚、株洲、张家界、钦州	25
西南	31	重庆、成都、泸州、绵阳、雅安、自贡、广元、眉山、贵阳、拉萨	10
西北	30	西安、兰州、西宁、克拉玛依	4
东北	34	沈阳、大连、阜新、长春、辽源、哈尔滨、双鸭山、鹤岗、佳木斯	9

华北地区参评城市有32座，西南地区参评城市有31座，西北地区参评城市有30座，东北地区参评城市有34座，四个区域参评城市数量基本相当，这与其深居内陆，城市发展水平与东南沿海相比相对落后有关。绿色生产综合指数排名前100名的城市中，西南地区和东北地区分别有10座和9座，占到各自区域的33.33%和26.47%；华北地区有5座，西北地区有4座，分别占到所属区域参评城市数量的15.63%、13.33%。由此可见，华北地区和西北地区在绿色生产型城市建设方面相对落后，今后应从农业、工业和服务业等多个领域全面推行绿色生产，降低能源资源的使用率，提高生产效率，减少污染物排放量。

3. 绿色生产型城市比较分析

（1）2015～2017年部分绿色生产型城市综合指数排名比较分析

为了分析绿色生产型城市综合指数排名在不同年份的变化情况，表4对2015年前20名绿色生产型城市在2016年、2017年的排名变化情况进行比较，如表4所示。

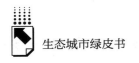

表4 2015～2017 年部分绿色生产型城市综合指数排名比较

城市	珠海	厦门	三亚	舟山	天津	深圳	广州	惠州	汕头	镇江
排名（2015）	1	2	3	4	5	6	7	8	9	10
排名（2016）	2	3	1	9	5	28	10	8	15	15
排名（2017）	2	1	3	13	20	7	9	22	38	18
城市	福州	西安	海口	苏州	合肥	重庆	黄山	南昌	上海	青岛
排名（2015）	11	12	13	14	15	16	17	18	19	20
排名（2016）	14	35	6	40	18	25	13	4	16	36
排名（2017）	14	37	8	31	26	33	12	6	4	15

从表中可以看出，珠海市、厦门市和三亚市 2015～2017 年虽排名有所变化，但始终保持在前 3 名，说明这三座城市生态城市建设和绿色生产实施卓有成效；排名保持稳定的城市（2017 年与 2015 年相比排名变化不超过 3 位）包括：深圳市、广州市、福州市；排名有所上升的城市包括：海口市、黄山市、南昌市、上海市和青岛市；排名出现下降的城市包括舟山市、天津市、惠州市、汕头市、镇江市、西安市、苏州市、合肥市和重庆市。

（2）2015～2017 年前 100 名绿色生产型城市区域分布比较分析

为了分析绿色生产型城市综合指数排名在不同区域的变化情况，图 1 对 2015～2017 年中国绿色生产型城市综合指数前 100 名的区域分布变化进行了比较。

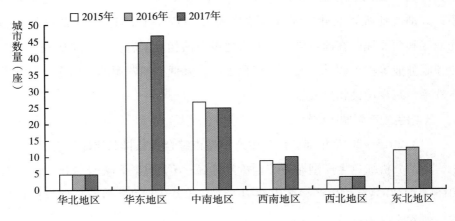

图1 2015～2017 年中国绿色生产型城市综合指数前 100 名区域分布变化

从图 1 可以看出，2015～2017 年进入前 100 名的绿色生产型城市数量变化不大。华北地区三年间没有变化，均为 5 座，2017 年为北京、天津、秦皇岛、太原和石家庄；华东地区由 2015 年的 44 座增加至 47 座；西南地区三年间增加了 1 座，增加的城市是眉山市；中南地区和西北地区的城市数量 2016～2017 年保持不变，均为 25 座和 4 座；东北地区城市数量有所减少，三年间城市数量分别为 12 座、13 座和 9 座，2017 年与 2015 年相比，减少的城市为鸡西市、大庆市、盘锦市、牡丹江市和七台河市，新增的城市为辽源市和阜新市。

二 绿色生产型城市建设的实践与探索

绿色发展作为当今世界的一个重要趋势，是指以效率、和谐、持续为目标的经济增长和社会发展方式。党的十八大以来，生态文明建设理念深入人心，绿色发展方式成为时代主旋律。2015 年党的十八届五中全会创造性地提出了绿色发展理念，指出："坚持绿色发展，必须坚持节约资源和保护环境的基本国策，坚持可持续发展，推进美丽中国建设。"2017 年党的十九大报告进一步指出："推进绿色发展，加快建立绿色生产和消费的法律制度和政策导向，建立健全绿色低碳循环发展的经济体系。"为未来中国推进生态文明建设和绿色发展指明了线路图。绿色产业和绿色生产作为绿色发展的重要举措和发展方式，涉及农业、工业、服务业等领域，使绿色发展取得了一定成效。

（一）绿色农业生产的建设实践

绿色农业是一种新的农业生产方式，是实现农业与农村可持续发展的必然选择。绿色农业以生态农业为基础，依靠现代化耕作技术，通过生产无污染、安全、优质农产品满足群众消费升级需求，是中国农业供给侧结构性改革的关键。当前中国农业发展仍存在高投入、高消耗、资源透支、农业生态环境恶化、生态系统结构失衡等问题，在推进绿色农业生产过程中要注重资

源节约、环境友好、生态保育、产品质量,解决好农业绿色发展过程中面临的突出问题。近年来,中国农业绿色发展建设实践及成效主要包括五个方面。①

1. 畜禽粪污治理

根据《2018 年中国畜禽养殖市场分析报告——行业深度调研与发展前景研究》,从 2010 年到 2017 年,中国畜牧业总产值从 2.08 万亿元增长到 3.03 万亿元,畜牧业成为农林牧渔业的支柱产业,比重维持在 30%。畜牧业的快速发展促进了农业经济的增长以及国民生活水平的提高,与此同时,畜牧业带来的环境问题也日益突出。从农业农村部的数据来看,中国每年产生的畜禽粪污总量达到近 40 亿吨,是 2017 年工业固体废物产生量的 1.21 倍,农业面源污染成为环境污染的重要组成部分。据此,国家发布《关于做好畜禽粪污资源化利用项目实施工作的通知》,农业畜牧业所带来的养殖污染开始逐步得到有效治理。

畜禽养殖废弃物处理和资源化,关系 6 亿多农村居民的生产生活环境,是一件利国利民利长远的大好事。推进畜禽粪污资源化利用,要坚持保供给与保生态相统一,优化养殖区域布局,加快畜牧业转型升级;坚持养殖业与种植业相结合,因地制宜采用"集团 + 农场 + 生态小农庄"的合作模式,形成"猪—沼—林(果、蔬、牧草)"循环的绿色发展路径;坚持政府引导和市场需求相结合,以点带面,综合利用粪污,实现种养平衡,使粪污得到资源化利用。

2. 果菜茶有机肥替代化肥

化肥的施用虽然对粮食增产具有积极作用,但近年来中国化肥使用总量过高。化肥过量使用导致土壤质地退化、粮食减产等后果,中国农业可持续发展受到影响。水果、蔬菜、茶叶等园艺产品的化肥用量占农用化肥用量的比例较高,成为推进化肥减量潜力最大的领域。实施有机肥替代化肥可解决化肥用量过大带来的环境问题。

农业农村部发布的《2018 年果菜茶有机肥替代化肥技术指导意见》针对

---

① 农业农村部网站,http://www.moa.gov.cn/ztzl/nylsfz/。

苹果、柑橘、设施蔬菜、茶树提出了"有机肥＋配方肥"模式、"果—沼—畜"模式以及"有机肥＋水肥一体化"模式等技术模式和运行机制，通过生物或者物理手段替代化肥从而达到减少化肥施用量的目的。部分地方推广秸秆还田腐熟技术和测土配方施肥技术，以绿色发展为导向，科学合理规划，减少了农业污染。

3. 东北地区秸秆处理

东北地区农业发展历史悠久，是中国重要的商品粮基地，在保障国家粮食安全中具有重要作用。然而由于多年过度垦殖、高强度产出和保护性措施缺乏，东北地区黑土地出现数量减少、质量下降等影响粮食综合产量提升和农业可持续发展的问题。据此农业部等印发了《农业资源与生态环境保护工程规划（2016～2020 年）》《东北黑土地保护规划纲要（2017～2030 年）》等一系列政策方案，旨在保护黑土地，夯实国家粮食安全，实现土地利用可持续发展。

玉米作为东北地区重要的粮食作物之一，秸秆总量大，综合利用率低。推广秸秆深翻还田、覆盖还田等循环利用技术，可有效推动以秸秆为媒介的循环农业发展。可在玉米主产县培育秸秆收储运社会化服务组织，提高秸秆处理的专业化水平。创新发展秸秆还田、饲料加工、燃烧利用等"变废为宝"的新技术，提高秸秆综合利用的标准化水平。同时，国家和地方政府应出台并落实用地、用电等惠民政策，建立政府引导、市场主体、多方参与的产业化发展机制。自 2015 年东北地区实施黑土地保护试点以来，黑土地质量开始稳步提升，逐渐走上了一条标准化高产高效绿色可持续发展之路。

4. 农膜回收

中国每年的农膜使用总量高达 260 多万吨，但回收成本高，效率低，大量的废旧地膜对农村人居环境及农业生产环境构成了潜在威胁，由此造成的"白色污染"问题十分严重。特别是西北地区，旱作农业发展对地膜的依赖程度较大，治理任务重。从源头上防控超薄地膜的使用是治理地膜残留污染的关键措施之一，培育市场化回收利用机制及探索未来绿色生产路径也是减少地膜污染的重要措施。截至 2016 年，甘肃省废旧农膜回收利用率已达到

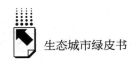
78.6%，基本形成了"农膜增产增收、废膜回收利用、资源变废为宝、农业循环发展"的模式，废旧农膜资源化利用水平较高，农业逐渐实现绿色发展。

5. 以长江为重点的水生生物保护

长江流域丰富的水生生物资源以及多样的水域生态环境，对维护中国生物多样性及生态平衡、保障国家生态安全具有重要意义。由于长期过度捕捞、水环境污染导致鱼类数量种类急剧减少，流域资源环境面临崩溃。保护水生生物，旨在解决渔业资源环境持续衰退恶化问题，促进渔业可持续发展。可采取的主要措施有在长江流域生物保护区实施休渔禁渔制度，为国家级重点保护野生动物中华鲟和长江江豚创造一个良好的生长环境。同时加强对海洋生态环境及渔业资源的管理，明确海洋渔业资源的承载能力，控制海洋特定区域的渔船数量、功率，规定三伏季节不得捕鱼，清理整治不规范不合格的捕鱼行为，达到修复沿江近海渔业生态环境的目的。

（二）绿色工业生产的建设实践

绿色工业是中国工业发展的必然选择，是新形势下保证城市可持续发展的新途径。绿色工业因环境问题而被提出，倡导以最小的资源、能源和环境消耗换取更大的经济效益，核心在于平衡经济和环境之间的关系。工业化的快速发展，造成了资源耗竭和环境污染等工业生态失衡问题，中国自20世纪90年代以来开始推行以清洁生产为主的防治工业污染的战略，拉开了发展绿色工业的序幕。从工业和信息化部印发的《工业绿色发展规划（2016~2020年）》可以看出，中国绿色工业生产的建设实践主要表现在以下三个方面。[①]

1. 以节约为先，提升能源效率

实现能源节约发展，是推进工业绿色生产的关键举措。能源节约集约利

---

① 中华人民共和国工业和信息化部，http：//www.miit.gov.cn/n1146295/n1652858/n1652930/n3757016/c5143553/content.html。

用的主要途径包括工业结构和能源消费结构的优化升级、先进技术装备的推广和使用以及能源管理体系的建设和完善三个方面。主要措施包括：对重点行业如钢铁、有色、石化、水泥、造纸、纺织等进行系统改造；在高耗能设备如电机、配电变压器等设备进行改造；回收利用电厂的余压余热；对焦化煤化行业进行结构改造；对园区的风能、太阳能进行节能改造。

2. 以减排为主，推进清洁生产

清洁生产技术的改造和清洁生产方式的推广，可降低污染物的排放强度，实现制造业的绿色可持续发展。主要途径包括减少企业对有毒有害原料的使用、引导高污染行业实施清洁生产技术改造、在高耗水行业推行节水技术改造和推广高效清洁制造工艺。主要措施包括：提升重点区域如京津冀、长三角、珠三角等区域的清洁生产和治理水平；提升重点流域如长江、黄河、珠江等的清洁生产和治理水平；减少重点行业、重点领域有毒有害污染物的使用和污染；提高中小企业的清洁生产技术水平；推行高耗水行业的节水改造技术。

3. 以资源为本，实现循环发展

资源是工业生产的根本要素，实现资源综合利用，可有效提高资源的利用效率，实现工业经济的循环发展。主要途径有工业固体废物的深度综合利用、再生资源的协同利用及规范相关产业、研发使用再制造产品和因地制宜推进循环生产方式等。具体措施包括：推进冶炼渣、化工废渣、煤电废渣等重工业固体废弃物的综合利用；推广废旧金属、废旧电子产品、建筑废弃物等的回收再利用；同时在重点区域建立资源综合利用和再制造示范基地，实现整个行业资源的循环发展。

（三）绿色服务业生产的建设实践

服务业对环境的影响虽然没有农业和工业直接和显著，但其在提供产品的过程中也会产生一定的废弃物、废水和废气，对环境造成负面影响。发展绿色服务业无疑成了现代服务业发展的一个重要方向。近年来，中国在产业政策上高度重视绿色服务业发展，推进服务业绿色转型，影响人们的消费方

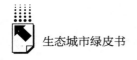
式及企业提供服务的方式，以期实现人与自然和谐发展。绿色服务业转型主要涉及金融、物流、节能环保、商业等领域，经过多年努力，各行业均取得了一定成效。

1. 绿色金融

绿色金融是指金融部门将环境保护考虑到金融发展当中，在金融经营中注重环境保护和生态治理，采用的主要方式是通过合理引导社会经济资源，实现社会的持续、绿色发展的目的。主要措施有：健全绿色金融法律法规监管体系；注重完善贷款评价审核体系，摒弃旧的烦琐程序；实现环保部门与金融部门之间政策、信息的互通互享；建立专门服务于绿色金融和低碳技术的基金等。

2. 绿色物流

绿色物流是指在物流过程中避免物流对环境造成危害，净化物流环境，实现物流资源的充分利用，核心在于通过现代技术降低物流对环境的污染，并实现以最少资源获取最大效益的目的。物流活动主要包括运输、仓储、装卸搬运、流通加工、配送等活动，发展绿色物流的主要措施包括：制定严格的绿色产品及排放标准；为具有绿色理念的物流和企业开通绿色通道，在税收、财政补贴等方面优先照顾；以绿色物流理念设计和管理物流行业，提高物流效率；重视先进科学技术的作用，提倡物流数字化。

3. 节能环保服务业

节能环保服务业由节能服务业和环保服务业两部分构成，节能服务是通过研发节能技术、设计节能程序、开展金融服务等为节能产品或设备等提供服务的行业。环保服务是指开发环保技术、提供环境咨询、回收利用废旧资源等与环境保护相关的活动。推进环保服务业发展的主要措施有：建立完善的财政税收政策及奖惩机制，用税收来约束企业自动向节能和环保靠拢；建立完善的投资融资机制，鼓励金融行业将资金投向环保项目；建立市场监督监管机制，加大科技研发投入力度。

4. 绿色商业

绿色商业是指在商品流通过程中，企业将环境保护和资源节约作为首要任务，严格履行自身的社会责任，在此基础上满足消费者的绿色消费需求，达到企业经营可持续发展的目的。发展绿色商业可采取的主要措施包括：改进销售方式，强化包装、零部件等的回收和重复循环利用；商业实体店率先使用减少材料与能源消耗的节能电灯、变频空调等绿色产品；政府采购优先考虑绿色环保产品；提倡全民绿色消费的观念。

三 实现绿色生产型城市建设的对策建议

（一）实现绿色农业生产的对策措施

加大对绿色农业的政策支持力度。落实好《建立以绿色生态为导向的农业补贴制度改革方案》、"农业绿色发展五大行动"、《农业资源与生态环境保护工程规划（2016~2020年）》、《农业绿色发展技术导则（2018~2030年）》等政策规划，在粮食主产区建立与农业发展方式相适宜的促进农业绿色发展的补贴政策体系，完善农民利益补偿、耕地保护补偿、生态补偿制度。改善农村金融服务，完善金融服务政策，扩大农业绿色发展金融服务范围并提高服务水平。

强化农业绿色发展的科技研发与投入。把现代科学技术融入绿色农业发展，注重科技创新，提高绿色农产品科技含量。优化农业科技资源配置，引进和培养相关人才，使科技创新、科技成果和人才更加有利于农业绿色发展。建立健全环境友好、经济高效的重大共性技术推广体系，提高科技应用水平。

发展新型绿色农业。重点培育和发展新型农业经营者和服务提供者，推进农业适度规模经营，提供统一检测配送、统一供应配送、统一防御治理等专业化服务。支持大型农牧业企业、专业公司、农民合作社等建设和经营农业废弃物处理回收设施，鼓励利用政府采购服务和企业承包等方式开展农业废弃物的第三方处理。

建立健全农业绿色发展监测评价体系。建立农业资源台账制度，开展调

查监测，做好分析评价工作。探索建立绿色农业发展指标体系，鼓励将监测评价结果纳入地方政府绩效考核。

（二）实现绿色工业生产的对策措施

加强组织领导。各级工业和信息化部门应当充分认识到发展绿色工业的实际意义，因地制宜地提出适合所管辖部门和区域发展绿色工业的目标和任务，充分发挥领导管理作用，建立一套完整的监督管理体系及考核评价体系，整改高排放高污染企业，合理布局产业空间，推动产业绿色发展。

重视市场调节。明确资源在工业发展中的核心地位，改革资源体制机制，建立能够反映市场供求关系、资源稀缺程度、环境污损程度的资源价格体系，充分发挥市场的调节作用，创新资源有偿使用体制。强化绿色工业发展的监管措施，营造良好的市场环境。

落实财税政策。加大绿色工业发展的财政投入力度，利用清洁生产、节能减排、技术改造等专项资金，统一对高污染高耗水的传统产业进行改造，提高资源的综合利用效率，同时将绿色节能产品纳入政府采购范围。

强化宣传引导。通过舆论宣传手段，开展形式多样、涉及面广的宣传教育活动，使绿色发展理念深入人心。充分利用新闻媒体、网络、公益组织、行业协会、社会舆论等方式，为全民树立绿色消费理念，为开展绿色生产、发展绿色工业营造良好的舆论氛围。

（三）实现绿色服务业生产的对策措施

提供资金保障。充足的资金是实现绿色服务业发展的根本保障，应加大政府资金对现代绿色服务业的支持力度，同时丰富资金支持方式。建立绿色服务业资金保障平台，鼓励金融机构扩大对绿色服务业的贷款规模。积极通过股票、债券等方式为符合条件的绿色服务业发展集资。

扩大土地规模。发展绿色服务业需要充足的土地作为场所，在制定土地利用规划时要充分考虑服务业用地需求，预留充足的服务业用地。同时支持企业用厂房、仓储用地等发展信息、节能环保、现代商贸等服务。

加大科技支持力度。先进科学技术是实现绿色服务业发展的基础。应建立绿色服务业专项研发基金项目，引进和培养特定人才，推进服务业高级化、绿色化，提升服务业科技含量。同时明确中国绿色服务业科技发展方向，重视提高资源回收和利用技术、清洁生产技术、节能技术等。

G.5
绿色生活型城市建设评价报告

姚文秀　刘攀亮　高天鹏*

摘　要： 本报告通过构建绿色生活型城市评价指标体系，对2017年全国地级及以上城市绿色生活城市建设的状况进行了评价与分析，列举并分析了2017年评价结果排在前100名的城市。以瑞典第三大城市马尔默为例，简要介绍了其在节能、节水、节地、节材、环保中的成功经验。最后，提出在强调生态文明的大背景下，要实现经济—社会—自然三大系统的有机统一，以新发展理念为引导，加强生态文明建设，规范相关制度，推行清洁生产，加大绿色发展技术创新投入，加快结构产业升级，实现全民生活绿色化，共同促进生态文明建设和美丽中国建设。

关键词： 绿色生活型城市　绿色发展　生态文明　生活方式

党的十九大报告指出："坚持人与自然和谐共生。建设生态文明是中华民族永续发展的千年大计。必须树立和践行绿水青山就是金山银山的理念，坚持节约资源和保护环境的基本国策，像对待生命一样对待生态环境，统筹山水林田湖草系统治理，实行最严格的生态环境保护制度，形成绿色发展方式

---

* 姚文秀，女，汉族，兰州大学生命科学学院博士研究生，主要从事城市生态学方面的研究。刘攀亮，女，汉族，兰州城市学院地理与环境工程学院讲师，博士研究生，主要从事POPs区域环境过程及风险方面研究。高天鹏，男，汉族，教授，博士，主要从事环境生物技术及生态修复的教学与研究工作。

和生活方式，坚定走生产发展、生活富裕、生态良好的文明发展道路，建设美丽中国，为人民创造良好生产生活环境，为全球生态安全做出贡献。"① 推动生活方式绿色化是目前中国生态文明建设和美丽中国建设中非常重要的内容，不仅有利于中国居民追求美好生活，也有利于中国公众参与生态文明建设。因此通过推动公众践行绿色生活方式来加强生态文明建设尤为重要。但是，中国在推动形成绿色生活方式的过程中面临着居民绿色生活意识薄弱、绿色消费需求不足、体制机制不健全等问题，使绿色生活方式的践行困难重重。② 鉴于此，本报告对中国 284 个地级及以上城市的绿色生活型城市建设进行评价和分析，并借鉴优秀的城市建设经验，提出有利于当下城市建设现状的对策和建议。

一　绿色生活型城市建设评价报告

（一）绿色生活型城市建设评价指标体系

1. 评价指标体系的设计

在《中国生态城市建设发展报告（2019）》中，参与评价城市数量与之前保持一致，为 284 个，同样对其进行绿色生活型城市排名，并选择排名前 100 的城市进行比较分析。

根据绿色生活型城市的主要特点，我们设计了相应的评价指标（表1），选取生态环境、生态经济和生态社会 3 个二级指标，其下分为 14 个三级指标（健康指数），另有 5 个四级指标（特色指标）。三级指标体现的是生态城市建设的基本要求，四级指标用来描述城市生态建设侧重点的差别。用来评价绿色生活型城市的 5 个特色指标分别为：教育支出占公共财政支出的比重、人均公共设施建设投资、人行道面积占道路面积的比例、单位城市道路面积公共汽（电）车营运车辆数和道路清扫保洁面积覆盖率。

---

① 习近平：《决胜全面建成小康社会　夺取新时代中国特色社会主义伟大胜利——在中国共产党第十九次全国代表大会上的报告》，《人民日报》2017 年 10 月 28 日。

② 张丽：《绿色生活方式探析》，东华大学硕士学位论文，2018。

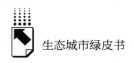

表1 绿色生活型城市评价指标

一级指标	核心指标				特色指标	
	二级指标	序号	三级指标		序号	四级指标
绿色生活型城市综合指数	生态环境	1	森林覆盖率［建成区人均绿地面积（平方米/人）］		15	教育支出占公共财政支出的比重（%）
		2	空气质量优良天数（天）			
		3	河湖水质［人均用水量（吨/人）］			
		4	单位GDP工业二氧化硫排放量（千克/万元）		16	人均公共设施建设投资（元）
		5	生活垃圾无害化处理率（%）			
	生态经济	6	单位GDP综合能耗（吨标准煤/万元）			
		7	一般工业固体废物综合利用率（%）			
		8	R&D经费占GDP比重［科学技术支出和教育支出的经费总和占GDP比重（%）］		17	人行道面积占道路面积的比例（%）
		9	信息化基础设施［互联网宽带接入用户数（万户）/城市年末总人口（万人）］			
		10	人均GDP（元/人）			
	生态社会	11	人口密度（人口数/平方千米）		18	单位城市道路面积公共汽（电）车营运车辆数（辆）
		12	生态环保知识、法规普及率，基础设施完好率［水利、环境和公共设施管理业全市从业人员数（万人）/城市年末总人口（万人）］			
		13	公众对城市生态环境满意率［民用车辆数（辆）/城市道路长度（千米）］		19	道路清扫保洁面积覆盖度（%）
		14	政府投入与建设效果［城市维护建设资金支出（万元）/城市GDP（万元）］			

注：造成重大生态污染事件的城市在当年评价结果中按5%~7%的比例扣分。

2. 指标说明、数据来源及处理方法

绿色生活型城市特色指标的意义及数据来源如下。

（1）教育支出占地方公共财政支出的比重（%）

计算公式：教育支出占地方公共财政支出的比重（%）=（2017年教育支出/2017年公共财政支出）×100%

该指标旨在强调在加大教育投入的背景下，教育对人们绿色生活观念的引导以及促使绿色的消费观在实践中更进一步得到推进的可行性。教育是改变人类生活观念的一种手段，受教育程度对人们的消费水平、生活结构、消费方式、价值观念等都有着重要影响。受教育程度提升，将会促进人们对新生事物的接受，从而在选择生活方式的过程中表现出更强的责任感。教育不仅要提高人的生产性价值，而且应该提升人的价值观，更理智地去践行绿色生活，使生活方式绿色化，最终实现人与社会、人与自然的共同发展。

数据来源：中国城市统计年鉴

（2）人均公共设施建设投资（元）

计算公式：人均公共设施建设投资（元）= 城市市政公用设施建设固定资产投资资金（元）/全市年末总人口

公共设施建设是经济发展的奠基石，是生产生活必不可少的生产要素和物质载体，其在国民经济中的重要性与战略地位不言而喻。它不仅是一个国家，尤其是发展中国家实现工业化的基础准备，也是推动社会经济快速发展的源泉。它在历史发展长河中以稳定且长期收益的方式存在，投资风险小，为国家经济增长发挥着举足轻重的作用，不仅弥补国内有效需求不足，刺激经济增长，而且改善经济结构，为闲散资金找到出路，为剩余劳动力创造就业机会，为企业发展提供良好的外部环境，有效提高整体发展水平，为绿色生活提供一定保障。

数据来源：城市建设统计年鉴、中国城市统计年鉴

（3）人行道面积占道路面积的比例

计算公式：人行道面积占道路面积的比例（%）=（人行道面积/道路面积）×100%

人行道、自行车道的合理设计、维护与有效管理能够激励居民自发地选择绿色出行。人行道和自行车道都是绿色出行的载体，为绿色出行提供基本条件。例如可修建散步和骑自行车的专用道，以此鼓励市民选择绿色出行。考虑到数据的易得性和完整性，本研究选择了人行道面积占道路面积的比例

这一指标作为绿色生活型城市特色指标之一。

数据来源：城市建设统计年鉴

（4）单位城市道路面积公共汽（电）车营运车辆数（辆）

计算公式：单位城市道路面积公共汽（电）车营运车辆数（辆）＝公共汽（电）车营运车辆数/年末实有城市道路面积

全民共享、绿色出行、绿色居住、绿色消费已成为全社会提倡的主流生活方式，当绿色发展、日益完善的基础设施带给人们越来越多的便利舒适时，人们也该履行好自己的义务，以更加绿色环保、友好文明、低碳节俭的方式生活。

数据来源：中国城市统计年鉴

（5）道路清扫保洁面积覆盖率（％）

计算公式：道路清扫保洁面积覆盖率（％）＝（机械化道路清扫保洁面积/道路面积）×100％

近年来，针对频现的雾霾等大气污染状况，多地出台了多项措施来综合治理，逐步加大治理大气污染的力度，主要通过加大水车作业频次和道路清扫保洁频次，减少路面交通扰动扬尘污染，有效应对污染天气，保护市民身体健康。而机械化道路清扫在此过程中展现了鲜明的优势，其效率高，覆盖面广，且可缩减保洁开支，节省部分人工费、材料费，保洁过程中降低了安全隐患，给保洁工作的安全带来了最大限度的保证，同时有效减少了大气污染，为人们绿色健康的生活环境提供了保障。

数据来源：城市建设统计年鉴

（二）绿色生活型城市评价与分析

1. 2017年绿色生活型城市建设总体评价与分析

根据表1所建立的绿色生活型城市评价体系和数学模型，本报告对284个城市的19项指标进行运算，得到了2017年各市的绿色生活型城市综合指数得分，进行排名后，筛选出了前100名（见表2）。下面针对绿色生活型城市建设前100名城市的建设现状及部分指标排名特点进行简要分析。

表 2 列举了 2017 年中国绿色生活型城市排名 100 强，前十位的绿色生活型城市依次为：三亚市、厦门市、上海市、深圳市、武汉市、南昌市、宁波市、杭州市、海口市、广州市。这些城市在绿色生活型城市的构建方面表现突出，能够为其他城市建设提供相关建设经验。

《中国生态城市建设发展报告（2019）》中参与统计的城市数目继续保持 284 个，特色指标较 2018 年未发生变化，依旧为教育支出占地方公共财政支出的比重、人均公共设施建设投资、人行道面积占道路面积的比例、单位城市道路面积公共汽（电）车营运车辆数、道路清扫保洁面积覆盖率。其统计数值均来自国家统计年鉴，个别数据与之前相比出入较大，此统计情况仅作参考。

从重点反映绿色生活水平的特色指标（见表 2）分析，茂名市、贵阳市、曲靖市、潍坊市、潮州市、玉林市、钦州市、莆田市、临沂市、昭通市的教育支出占地方公共财政支出的比重排名靠前，说明这些城市教育投资较大，教育是全民素质提升的基础，提倡公民在追求更加文明健康的生活方式的同时更具备社会责任感，在提升价值观的同时更理智地践行绿色生活；厦门市、武汉市、北京市、乌鲁木齐市、南京市、呼和浩特市、惠州市、克拉玛依市、乌海市、镇江市在人均公共设施建设投资的排名中位列前十，说明这些城市在公共设施建设中资金投入较多，政府的有序投资为人们健康出行提供了更好的保障；人行道面积占道路面积的比例最高的 10 个城市为河源市、庆阳市、达州市、巴中市、拉萨市、巴彦淖尔市、宝鸡市、葫芦岛市、十堰市、益阳市，该特色指标受各地地形分布的影响，可能出现与总体水平相较偏差较大的情况；单位城市道路面积公共汽（电）车营运车辆数最高的 10 个城市为深圳市、北京市、中山市、佛山市、商丘市、三亚市、梅州市、汕尾市、宁波市、长沙市，说明这些城市公共汽（电）车普及率较高，为节约能源及保护环境做出了巨大贡献；道路清扫保洁面积覆盖率的排名位居前 10 的是铜陵市、郴州市、曲靖市、昆明市、淄博市、遵义市、朝阳市、北海市、白城市、衡阳市，说明这些城市在市容建设方面有突出的成果，在降尘降污、"蓝天保卫战"中落实较好，表现优良。

表2 2017年绿色生活型城市评价结果（前100名）

城市名称	绿色生活型城市综合指数（19项指标结果）		生态城市健康指数（ECHI）（14项指标结果）		绿色生活特色指数（5项指标结果）		特色指标单项排名				
	得分	排名	得分	排名	得分	排名	教育支出占地方公共财政支出的比重	人均公共设施建设投资	人行道面积占道路面积的比例	单位城市道路面积公共汽（电）车营运车辆数	道路清扫保洁面积覆盖率
三亚	0.9078	1	0.9050	1	0.9155	1	197	11	15	6	15
厦门	0.8954	2	0.9023	2	0.8759	10	196	1	122	77	205
上海	0.8757	3	0.8795	4	0.8651	15	268	25	100	14	12
深圳	0.8750	4	0.8773	6	0.8684	13	273	15	141	1	113
武汉	0.8694	5	0.8600	14	0.8956	3	194	2	90	64	115
南昌	0.8691	6	0.8758	8	0.8504	25	199	27	154	38	69
宁波	0.8675	7	0.8782	5	0.8377	36	203	31	197	9	155
杭州	0.8656	8	0.8655	11	0.8658	14	117	18	174	28	13
海口	0.8605	9	0.8698	10	0.8344	38	188	24	213	33	18
广州	0.8597	10	0.8700	9	0.8308	41	104	13	231	31	136
南宁	0.8585	11	0.8604	13	0.8533	23	116	33	167	102	62
珠海	0.8579	12	0.8910	3	0.7650	70	207	32	60	248	106
青岛	0.8567	13	0.8639	12	0.8367	37	119	28	136	73	241
北京	0.8536	14	0.8580	15	0.8414	29	230	3	234	2	127
福州	0.8486	15	0.8414	19	0.8687	12	164	54	68	23	176
拉萨	0.8480	16	0.8471	17	0.8506	24	159	12	5	150	185
天津	0.8332	17	0.8255	23	0.8549	21	248	35	110	69	133
威海	0.8311	18	0.8309	21	0.8318	40	20	79	202	114	124
惠州	0.8309	19	0.8205	24	0.8599	17	78	7	199	51	90
成都	0.8274	20	0.8099	29	0.8765	9	227	20	108	17	39

续表

城市名称	绿色生活型城市综合指数（19项指标结果）		生态城市健康指数（ECHI）（14项指标结果）		绿色生活特色指数（5项指标结果）		特色指标单项排名				
	得分	排名	得分	排名	得分	排名	教育支出占地方公共财政支出的比重	人均公共设施建设投资	人行道面积占道路面积的比例	单位城市道路面积公共汽（电）车营运车辆数	道路清扫保洁面积覆盖率
舟山	0.8268	21	0.8772	7	0.6858	137	257	42	251	149	270
长春	0.8242	22	0.8399	20	0.7802	64	238	52	212	137	92
西安	0.8238	23	0.8109	27	0.8598	18	258	30	57	113	38
哈尔滨	0.8215	24	0.8101	28	0.8535	22	256	74	130	30	19
贵阳	0.8155	25	0.7815	47	0.9107	2	2	40	21	20	28
重庆	0.8146	26	0.8053	32	0.8408	31	225	46	39	123	181
镇江	0.8145	27	0.8268	22	0.7801	65	101	10	259	139	36
济南	0.8110	28	0.7947	38	0.8567	19	150	26	155	99	125
南京	0.8110	29	0.8433	18	0.7206	102	184	5	276	148	195
莆田	0.8100	30	0.7855	45	0.8784	7	8	73	125	81	107
合肥	0.8068	31	0.8076	31	0.8045	53	216	43	182	135	89
绍兴	0.8043	32	0.7967	36	0.8256	44	37	86	164	72	64
兰州	0.8036	33	0.7737	53	0.8873	5	98	14	134	24	111
沈阳	0.8023	34	0.7886	42	0.8406	32	243	82	87	98	82
温州	0.8020	35	0.7861	44	0.8464	28	12	57	191	94	80
长沙	0.7992	36	0.7809	48	0.8503	26	210	23	184	10	102
黄山	0.7988	37	0.8476	16	0.6621	159	278	63	96	275	207
鄂州	0.7929	38	0.7705	55	0.8556	20	221	55	129	82	130
扬州	0.7927	39	0.7910	40	0.7973	57	133	92	178	100	135
西宁	0.7923	40	0.7578	69	0.8889	4	179	16	76	22	114

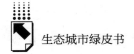

续表

城市名称	绿色生活型城市综合指数（19项指标结果）		生态城市健康指数（ECHI）（14项指标结果）		绿色生活指数 特色指数（5项指标结果）		特色指标单项排名				
	得分	排名	得分	排名	得分	排名	教育支出占地方公共财政支出的比重	人均公共设施建设投资	人行道面积占道路面积的比例	单位城市道路面积公共汽（电）车营运车辆数	道路清扫保洁面积覆盖率
大连	0.7911	41	0.7869	43	0.8027	54	265	89	40	42	164
常州	0.7896	42	0.8085	30	0.7366	86	135	34	274	147	146
柳州	0.7879	43	0.7957	37	0.7661	69	90	47	228	151	183
广元	0.7854	44	0.7737	52	0.8180	46	172	80	88	161	52
铜陵	0.7844	45	0.7509	75	0.8781	8	217	50	59	95	1
苏州	0.7822	46	0.7996	33	0.7335	88	158	38	255	186	98
抚州	0.7799	47	0.7585	67	0.8397	34	142	56	101	108	240
郴州	0.7777	48	0.7583	68	0.8318	39	267	17	159	39	59
秦皇岛	0.7768	49	0.7938	39	0.7291	94	76	107	82	195	56
湖州	0.7756	50	0.7634	61	0.8098	50	71	81	16	209	68
江门	0.7756	51	0.8134	25	0.6698	151	26	94	267	157	197
中山	0.7749	52	0.7903	41	0.7320	90	219	182	61	3	66
湛江	0.7746	53	0.7348	89	0.8861	6	28	64	52	70	117
绵阳	0.7734	54	0.7775	51	0.7620	73	161	120	91	84	160
克拉玛依	0.7711	55	0.7826	46	0.7388	85	36	8	232	216	178
南通	0.7710	56	0.7994	34	0.6915	129	97	69	260	243	73
太原	0.7699	57	0.7609	62	0.7953	58	201	21	147	168	151
十堰	0.7698	58	0.7571	71	0.8055	52	185	97	9	26	214
北海	0.7682	59	0.7972	35	0.6871	136	113	169	123	162	8
景德镇	0.7641	60	0.8123	26	0.6290	194	223	77	270	238	238

续表

城市名称	绿色生活型城市综合指数(19项指标结果)		生态城市健康指数(ECHI)(14项指标结果)		绿色生活特色指数(5项指标结果)		特色指标单项排名				
	得分	排名	得分	排名	得分	排名	教育支出占地方公共财政支出的比重	人均公共设施建设投资	人行道面积占道路面积的比例	单位城市道路面积公共汽(电)车营运车辆数	道路清扫保洁面积覆盖率
防城港	0.7638	61	0.7588	66	0.7779	66	235	41	70	207	158
株洲	0.7625	62	0.7637	60	0.7592	74	261	37	149	138	249
乌鲁木齐	0.7602	63	0.7365	88	0.8265	43	190	4	237	18	150
佛山	0.7596	64	0.7605	63	0.7570	77	118	159	93	4	120
张家界	0.7570	65	0.7373	87	0.8123	48	239	44	206	74	137
淄博	0.7569	66	0.7443	80	0.7921	60	31	53	162	202	5
泸州	0.7565	67	0.7271	96	0.8387	35	95	96	22	59	97
呼和浩特	0.7544	68	0.7234	100	0.8413	30	245	6	185	87	42
嘉兴	0.7490	69	0.7573	70	0.7257	99	48	126	216	57	31
眉山	0.7484	70	0.7303	93	0.7991	56	121	67	117	206	105
日照	0.7464	71	0.7428	81	0.7563	78	40	51	205	214	63
大同	0.7453	72	0.7498	76	0.7326	89	163	100	119	197	71
蚌埠	0.7426	73	0.7410	83	0.7471	83	136	122	66	141	22
芜湖	0.7404	74	0.7685	56	0.6618	160	189	124	64	232	162
连云港	0.7398	75	0.7795	49	0.6288	195	74	176	187	193	16
昆明	0.7398	76	0.7534	72	0.7017	119	202	22	284	43	4
包头	0.7381	77	0.7246	98	0.7759	67	198	19	24	190	260
自贡	0.7381	78	0.7493	77	0.7066	114	176	65	220	176	275
马鞍山	0.7379	79	0.7204	105	0.7868	62	218	58	116	204	55
石家庄	0.7371	80	0.7083	118	0.8179	47	43	70	230	46	145

续表

城市名称	绿色生活型城市综合指数（19项指标结果）		生态城市健康指数（ECHI）（14项指标结果）		绿色生活指数特色指数（5项指标结果）		特色指标单项排名				
	得分	排名	得分	排名	得分	排名	教育支出占地方公共财政支出的比重	人均公共设施建设投资	人行道面积占道路面积的比例	单位城市道路面积公共汽（电）车运营车辆数	道路清扫保洁面积覆盖率
鞍山	0.7351	81	0.6944	138	0.8491	27	260	62	102	48	140
汕头	0.7333	82	0.7786	50	0.6065	215	11	193	55	218	234
雅安	0.7326	83	0.7195	106	0.7692	68	250	78	19	231	65
东莞	0.7318	84	0.7674	57	0.6320	191	24	173	120	235	132
嘉峪关	0.7313	85	0.7230	101	0.7544	80	214	36	83	257	126
东营	0.7305	86	0.7420	82	0.6982	121	123	29	271	220	103
无锡	0.7296	87	0.7651	59	0.6301	192	192	49	282	213	209
常德	0.7283	88	0.7005	128	0.8060	51	233	91	28	129	21
赣州	0.7265	89	0.7253	97	0.7298	93	53	87	46	245	196
宝鸡	0.7251	90	0.7213	104	0.7359	87	69	165	7	63	198
铜川	0.7251	91	0.7118	114	0.7623	72	122	138	44	89	93
龙岩	0.7243	92	0.7279	95	0.7142	107	56	84	249	164	187
鹤岗	0.7239	93	0.7531	73	0.6423	176	263	109	273	37	193
烟台	0.7219	94	0.7729	54	0.5789	235	174	113	248	240	202
双鸭山	0.7208	95	0.7589	64	0.6142	206	280	140	225	78	261
宜昌	0.7198	96	0.7229	102	0.7113	109	231	60	150	234	226
银川	0.7178	97	0.6740	166	0.8404	33	276	39	109	66	51
阳泉	0.7174	98	0.7004	129	0.7650	71	54	106	121	19	248
佳木斯	0.7165	99	0.7589	65	0.5979	221	281	219	223	54	148
台州	0.7164	100	0.7663	58	0.5765	236	30	172	250	170	211

2. 2017年绿色生活型城市各地区比较分析

现将 2017 年绿色生活型城市建设评价结果排名前 100 名的城市按照具体的行政区域进行归纳分析。表 3 显示，2017 年各地区进入绿色生活型城市建设百强的数量降序排列为华东地区 38 个、中南地区 25 个、西南地区 11 个、华北地区 9 个、西北地区 9 个、东北地区 8 个；各地区进入前 50 名城市数量降序排列为华东地区 23 个、中南地区 12 个、西南地区 5 个、华北地区 3 个、东北地区 4 个、西北地区 3 个。

表 3   2017 年绿色生活型城市综合指数排名前 100 名城市分区表

地区	城市	城市数量
华北地区	北京、天津、秦皇岛、太原、呼和浩特、大同、包头、石家庄、阳泉	9
东北地区	长春、哈尔滨、沈阳、大连、鞍山、鹤岗、双鸭山、佳木斯	8
华东地区	厦门、上海、南昌、宁波、杭州、青岛、福州、威海、舟山、镇江、济南、南京、莆田、合肥、绍兴、温州、黄山、扬州、常州、铜陵、苏州、抚州、湖州、南通、景德镇、淄博、嘉兴、日照、蚌埠、芜湖、连云港、马鞍山、东营、无锡、赣州、龙岩、烟台、台州	38
中南地区	三亚、深圳、武汉、海口、广州、南宁、珠海、惠州、长沙、鄂州、柳州、郑州、江门、中山、湛江、十堰、北海、防城港、株洲、佛山、张家界、汕头、东莞、常德、宜昌	25
西南地区	拉萨、成都、贵阳、重庆、广元、绵阳、泸州、眉山、昆明、自贡、雅安	11
西北地区	西安、兰州、西宁、克拉玛依、乌鲁木齐、嘉峪关、宝鸡、铜川、银川	9

在 2017 年中国绿色生活型城市评价分析中，针对各地区进入百强的城市数量进行分析，结果见图 1。华北地区评价城市数量占全国总评价城市数量的 11%，其中进入百强的城市有 9 座，占百强总比例的 9%，与 2016 年相比数量不变；东北地区评价城市数量占全国总评价城市数量的 12%，其中进入百强的城市有 8 座，虽较 2016 年减少但差别不大；华东地区评价城市数量占全国总评价城市数量的 27%，占百强总比例的 38%；中南地区评价城市数量占全国总评价城市数量的 28%，其中 25 座城市进入百强，保持不变；西南地区评价城市数量占全国总评价城市数量的 11%，而进入百强的比例为 11%，有所增加；西北地区评价城市数量占全国总评价城市数量

的 11%，其中进入百强的有 9 座城市，占百强总比例的 9%。各项数据较
2016 年起伏很小。从图中可知，华东地区、中南地区在参与评价城市中所
占比例较高，而在中国绿色生活型城市百强比例中，两地区城市所占比例也均
超过总数的 1/4，华东地区占比依旧领先，华北地区、东北地区、西南地区、西

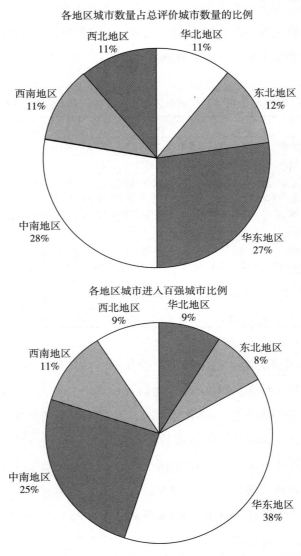

各地区城市数量占总评价城市数量的比例

各地区城市进入百强城市比例

图1　中国各地区评价城市数占总评价城市数比例及进入百强城市比例

北地区进入百强城市数目相近，存在数量关系：中南地区＝2×东北地区＋华北地区（西北地区），华东地区≈东北地区＋华北地区＋西北地区＋西南地区。

图 2 显示了各地区进入百强的城市数量占对应各地区评价城市总数量的比例。华北地区中 28.1％的城市进入百强；东北地区中进入百强的城市数量占其评价总数的 23.5％，较 2016 年下降了 3 个百分点；中南地区中进入百强的城市数量占其评价总数的 48.7％，华东地区进入百强的城市数量占其评价总数的 31.6％，与上年相比二者相反。西南地区占 35.5％，西北地区占 30％，与华东地区相近，总体与上年持平。

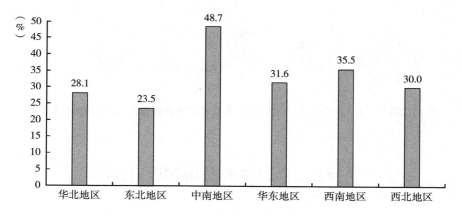

图 2　各地区百强城市数占对应各地评价城市总数的比例

3. 2013~2017 年绿色生活型城市比较分析

2013~2017 年中国各地区绿色生活型城市评价结果排在前 50 名的城市数量变化情况如图 3 所示。近 5 年，华北地区前 50 名城市数量一直是 3 个左右；东北地区进入前 50 名的城市数量 2013 年较多，之后有所下降，后 3 年维持不变；华东地区前 50 名城市数量于 2014 年近乎加倍增长后保持峰值 23 个；中南地区进入前 50 名城市数量近 4 年一直位居第二；西南地区前 50 名城市数量 5 年来变化波动较小；西北地区进入前 50 名的城市数量 2013 年达到近 5 年最多，之后一直位居末尾。

综上所述，华东地区在绿色生活型城市建设中一直名列前茅；中南地区潜力无穷，近 5 年浮动不大；华北、东北和西南地区在绿色生活型城市建设上成效欠佳，城市数量始终难以超过 10 个；西北地区总体落后。因此，各地区还应该因地制宜，发展特色产业，带动区域生态经济协同发展。

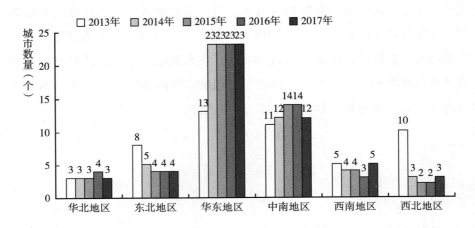

图 3　2013～2017 年中国各地区绿色生活型城市综合指数前 50 名城市数量分布

二　绿色生活型城市建设的实践与探索

随着城市现代化的不断推进，人们越来越注重社会的可持续发展与绿色生活型城市的构建，城市被期望成为绿色与艺术的完美融合，绿色生活型城市涵盖了城市生活的方方面面，主要有绿色建筑、绿色公路、绿色食品等方面。本部分以马默尔市住宅示范区为例，简要介绍其在节能、节水、节地、节材、环保中的成功经验，为中国绿色生活型城市建设提供借鉴。

马尔默（Malmo）是瑞典第三大城市，处于瑞典南部、波罗的海海口处及厄勒海峡东岸。据说马尔默是由以前的丹麦于 13 世纪建立的，最早起名为 Malmhau，意思为沙滩。马尔默优越的地理条件使其陆运、海运、空运比较发达，成为重要的贸易中心，市内聚集有多家著名的运输和贸易公司，来源于世界各地的商品被销往整个北欧。但是，马尔默在 20 世纪末期，以造船业为主的工业跌入低谷，严峻的生存危机逼着这个城市去寻求新的转型，这种转型建立在能源、交通运输、废物回收、城市规划、水源供应和与绿地相关的可持续性发展项目上。丹麦首都哥本哈根与马尔默隔海相望，曾经靠火车轮船使两城之间互通有无，但近年来两城之间跨海大桥的开通，促使马尔默逐渐上升为区域经济中心。为了响应马尔默"明日之城"的号召，政府大力支持距离城市中心最近的滨海地区，即对马尔默市西码头的开发，此开发计划的先头兵，是通过住宅示范区，将马尔默市西部废弃的码头区翻新改造成为住宅综合体（Bo01 项目）。[①] 整个住宅小区的建造并不追求特别先进的技术和产品，而是把重点放在对成熟、实用的住宅技术与产品的集成上，取得了明显成效，并获得了欧盟的"推广可再生能源奖"。住宅示范区采取了边建设边展示的方式，有两大发展目标：通过住宅示范区的建立，引发社会各界关于"21 世纪应该住什么样的房子"和"我们的生活方式该何去何从"的辩论；这为城市改造、城市化进程与可持续发展相结合等带来了突破。

（一）节能

减少能源特别是化石能源的消耗，促进可再生能源的生产供应，提高能源使用效率，一直是西方发达国家致力研究的课题。具体到 Bo01 项目，其最重要的成果之一，就是实现了 Bo01 小区 1000 多户住宅单元 100% 依靠可再生能源，并已达到自给自足。

1. 能源供应方面：100% 利用当地的可再生能源，包括风能、太阳能、地热能、生物能等。

（1）风能：依靠风力发电。主要来自距小区以北 3 千米处的一个 2 兆瓦风力发电站（2001 年 7 月建成，是瑞典最大的风力发电站，年生产能力估计可达 630 万千瓦时），能够满足 Bo01 小区所有住户的家庭、热泵及小区电力机车的用电。

（2）太阳能：用于发电和供热。在 Bo01 小区一栋楼顶安有约 120 平方

---

① 周红亚：《住宅类绿色建筑适宜技术应用研究》，苏州科技大学，2018。

米的太阳能光伏电池系统，年发电量估计为 1.2 万千瓦时，可满足 5 户住宅单元的年需电量。此外，还设有 1400 平方米的太阳能板（其中 1200 平方米为平板，200 平方米为真空板），分别安装在 8 个楼宇，年产热能约 525 兆瓦时，相当于 375 千瓦时/平方米·年，可满足小区 15% 的供热需求。

（3）地热资源：采用地源热泵技术，通过埋在地下土层的管线，把地下热量"取"出来，然后用少量电能使之升温，供室内暖气或提供生活热水等。据有关环保机构评估，地热泵能比电锅炉供热节省 2/3 的电能，比燃料锅炉节省 1/2 的能量，平均可节约用户 30%～40% 的供热费用。在 Bo01 住宅示范区，利用地源热泵技术，可将地下 90 米井中约 15℃ 的水，通过热交换器，使其分别达到 67℃ 用于冬季供热（1.2～3.15 兆瓦的热泵可年产4000 兆瓦时以上的热能）和 5℃ 用于夏季制冷（2.4 兆瓦的热泵可年产 3000兆瓦时）。另外，这些房子大多安装了温度传感器，可以使供暖系统随时感知室内外的温度变化，自动调整锅炉或热泵的供热效率，避免浪费能源。以上措施可满足 Bo01 住宅示范区 85% 的供热需求。

（4）生物能：住宅区的生活垃圾和废弃物，可以通过马尔默市的市政处理站生产电力和热力并回用于小区。

2. 能源消耗方面：瑞典地处北欧，冬季漫长寒冷，夏季短暂而凉爽，因此所有建筑物最主要的能源消耗就是取暖。建筑供暖占瑞典全国总能耗的 1/4，占建筑能耗的 87%。Bo01 住宅示范区能源的消耗主要集中在暖通空调和家庭用电方面，小部分用于驱动热泵、小区电瓶车的充电以及其他公共设施的运转。Bo01 示范小区在降低能耗方面值得借鉴的经验包括如下几个方面。

（1）限制能耗：Bo01 严格规定每户的能源使用/消耗（包括家庭用电、暖通空调）不能超过 105 千瓦时/平方米·年（2000 年瑞典家庭平均能源使用/消耗水平为 175 千瓦时/平方米·年），在满足使用需要和保障舒适度的同时，体现了节约能源的原则。

（2）提高能效：Bo01 采取多种措施，如"质量宪章"（Quality Charter），从楼面设计、建材选择，以及户内电器的配套上都力求实现能源效率高、日常能耗少。如普遍采用断桥式喷塑铝合金门窗、高效暖气片（配以可调式温控阀）、可调式通风系统、节能灯具、空心砖墙及复合墙体技术；部分楼宇安装有可回收热量的新风系统、加厚的复合外墙、外保温墙板等。此外，小区广泛推广植被绿色屋顶，有助于保温、减少能耗而且环保。

（3）充分利用 IT 信息技术，加速了可持续发展理念的普及，使居住者不再仅仅是被动的参与者。Bo01 示范区项目自启动伊始，就在能源生产与消耗、用水、垃圾、交通等设备安装方面运用电子卡技术实行了全过程管理、控制和运行监测，形成的数据库不仅为小区管理提供了依据，更可贵的是为小区每个住户提供了多种动态信息服务。此外，通过开展环境教育计划，使居住其中的居民有了更强的环保意识。

3. 能源的供求平衡方面

Bo01 引入"大循环周期的概念"，即小区的电网、热网与市政电网、热网是串联的，保证了小区可再生能源在生产高峰时可将多余电量输给城市公共网而不浪费；反之，在低谷时可从公共电网获得补充。这使 Bo01 示范区在以年为周期的测评中，实现了小区能源的自给自足和供求平衡。此外，瑞典政府也采取一些经济措施鼓励可再生能源的生产和使用，如富余的可再生能源的售价可以高于市场价，居民使用时可以获得补贴等。

（二）节水

瑞典因为冰川纪的原因，国内湖泊众多，淡水资源丰富，所以在水利用方面更注重污水排放对生态环境的影响。具体做法如下。

1. 给排水系统：Bo01 小区的给排水系统与市政管网相连。

2. 雨水处理系统：主要针对瑞典南部多雨的特点，将雨水排放系统设计为：雨水首先经过屋顶绿化系统过滤处理，补充绿化系统水分，其余雨水经过路面两侧开放式排水道汇集，经简单过滤处理后最终排入大海。

3. 节水器具：住宅单元中普遍采用节水器具，例如两挡甚至三挡的节水马桶，部分单元还安装了节水龙头。

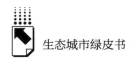

（三）节地

主要通过合理的规划和设计提高小区的土地利用率，同时增加小区的美学观赏性。

土地利用上，小区沿袭了瑞典传统的低密度、紧凑、私密、高效的用地原则。Bo01 规划以多层为主（3~6 层），容积率较本地区其他住宅小区高。在设计上，得益于 30 多位建筑设计师的共同参与，各个住宅楼从外观立面到平面构图，乃至装修装饰都精彩纷呈，各具特色，在体现多样性的同时，又很好地实现了和谐统一，并突出展示了以人为本的功能性原则。

西班牙著名设计师 Santiago Calatrava 设计出超高层的综合公寓，建于整个住宅示范区的北面，远望是由九个立方体经过叠加后，又顺时针扭转而成的整个建筑分为 54 层，总高度约为 190 米，居住总面积达 12150 平方米，可容纳 150 套居住与办公单元。

（四）节材

小区在招投标阶段，就提前公布了建材选用指南，明确列出对环境和人体健康有害的材料清单，要求所有工程承包单位必须遵循。建造过程中，通过合理的规划、设计和采用先进的住宅建造技术，达到节约建筑材料的目的，如部分住宅楼采用钢结构体系，小区公共部分尽量应用了使用寿命较长、可再生利用的材料（木材、石料等），并对未来可再用于铺设道路的底料进行了考虑。

（五）环保

保护生态多样性、减少环境污染一直是西方国家环境保护的重点，也是创建可持续发展城市的重要举措。Bo01 的实践也不例外。

1. 生物多样性保护：在 Bo01 项目启动伊始，当地的环保和科研机构先对住宅示范区进行了地毯式的物种搜索以及土质和水文测试，务求在项目开工之前，对那些曾在当地出现的物种进行妥善的移植和保护，并在项目后期进行景观设计时再移植回来。记得在一次参观时,当地导游就非常自豪地介绍 Bo01 是如何保护一种名为 Filago Vulgaris 的草花的。这种后工业时代的环保意识很值得我们在当今快速工业化进程中加以借鉴。

2. 植被屋顶:在 Bo01 小区中穿行,碧绿色的屋顶很容易在空间转换时闯入你的眼帘,并构成该住宅示范区的一道风景。其主要的功能是调节降水。由于马尔默临近海洋,年降水较多,通过植被屋顶,可以使 60% 的年降水通过蒸发再参与到大气水循环中,其余的水则经过植被吸收后进入雨水收集系统;这样还有利于屋面的保温隔热,如一般屋顶房屋的温度在冬季和夏季分别达到 −30℃ 和 +80℃,但经过植被屋顶的调节,冬季和夏季的房屋温度可分别达到 −5℃ 和 +25℃。

3. 固体废弃物处理

(1)生活垃圾的处理

Bo01 的做法是按照 3R 原则,遵循分类、磨碎处理、再利用的程序。居民首先将生活垃圾分为食物类垃圾和其他类干燥垃圾,然后把分类后的垃圾通过小区内两个地下真空管道,连接到市政相应处理站,通常食物垃圾经过市政生物能反应器,可转化生成甲烷、二氧化碳和有机肥;其他类干燥垃圾经焚化可产生热能和电能。据测算垃圾发电可为住区每户居民提供 290 千瓦时/年的电量,足够满足每户公寓全年的正常照明用电。

(2)建筑垃圾的处理

Bo01 小区将建筑工地的垃圾细分为 17 类,大大提高了垃圾回收利用的效率。此外,很多开发单位采用工厂预制的方式生产住宅建筑的部品,减少了现场的建筑垃圾量。

4. 污水处理:Bo01 小区的污水通过市政管网并入市政污水处理系统。其中有两个厂房的功能值得一提:一个厂房负责将收集的污水进行发酵处理从而生产沼气(Biogas),经净化后可以达到天然气的品位;还有一个厂房的功能是对污水中磷等富营养化学物质进行回收再利用,如制造化肥,以减少其对生态系统的破坏。

5. 清洁能源:垃圾处理后的沼气发电可用于小区内电瓶机车的充电。

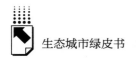

马默尔市 Bo01 住宅示范区在绿色生活型城市建设中成功地将废弃工业区改造为新型、优美的住宅区，使马尔默市向可持续发展城市的发展目标迈出了坚实的一步，也为欧洲其他国家树立了一个新型住宅区的样板。

三　绿色生活型城市建设对策建议

党的十八届五中全会提出的创新、协调、绿色、开放、共享的五大发展理念成为中国现阶段发展的指导思想，这五大发展理念相互影响、相互促进，共同促进生态文明建设和美丽中国建设。习近平总书记提出了"要像爱护眼睛一样爱护生态环境"的绿色环境观、"绿水青山就是金山银山"的两山理论、"政治生态也要山清水秀"的政治生态观等，这些思想丰富了中国绿色发展的内涵。绿色发展的核心是正确处理人与自然的关系，但是这并不意味着绿色发展仅仅局限于自然系统的发展，而是要实现经济—社会—自然三大系统的有机统一。[①] 绿色发展理念是实现人类永续发展的重要基础，而绿色生活方式要在新发展理念的指导下建立、推广起来。绿色发展理念要求公众践行绿色生活方式，这不仅是实现经济社会永续发展的条件，更是中国经济社会发展的行动指南，只有把绿色发展理念贯穿到中国发展的全过程中去，才能促进企业绿色生产、公众绿色生活。因此，中国必须贯彻新发展理念，引导人们践行绿色生活方式。绿色生活方式倡导人以自然为友，珍爱自然，把自然置于与人类平等的地位。但是在资源消耗如此严重的今天，如果人类不改变粗放的生产和生活方式，地球资源已经不能满足人类持续的需求。实现生活方式绿色化是一个长期复杂的社会转变过程，不是一期一夕就能完成的，因此需要以新发展理念为引导，政府要加强相关制度建设，企业要实施清洁生产助推绿色生活，个人要积极践行绿色生活，总之，全体社会成员要共同行动起来培育绿色生活方式。

---

① 刘德海：《绿色发展》，江苏人民出版社，2016，第 93 页。

（一）加强生态文明建设

我们要走一条绿色生产和绿色生活相和谐的发展道路，不能片面追求GDP的增长，忽视发展的长久性和人的全面发展。绿色生产必定要以绿色生活为目的，而绿色生活是绿色生产的落脚点，人类践行绿色生活是靠绿色生产来提供物质基础的，绿色生产和绿色生活是实现人类全面发展的根本选择。要加强生态文明建设，以此来培育绿色生活方式，弘扬绿色发展的价值观和科学的消费观，让绿色生活成为公众的自觉选择。

（二）加强相关制度建设

鉴于中国环境规制效果的正向作用，需要进一步增加地方环境规制的强度，促进中国区域经济向绿色发展转型。过去所依赖的传统经济增长方式遗留了大量的污染密集型产业，导致了许多地方日益突出的环境问题，产业末端的环境规制有可能成为当前环境治理和倒逼产业转型升级的有效手段。提高环境管制强度短期内可能对经济增速有一定影响，但可能催生新兴产业和绿色环保产业，因此从长期看是有利的。针对不同区域间存在的产业结构和禀赋性差异，需要因地制宜地采取差异化的管制措施使技术水平落后、耗能排污密集的企业退出市场，同时鼓励清洁生产技术的推广和示范，实现地方绿色发展水平的提高。

（三）加强舆论引导

现阶段中国依旧要以绿色家庭、绿色学校、绿色社区的建设为平台，通过多种途径广泛宣传绿色生活方式，把追求绿色生活方式作为新时尚，引导公众自觉选择可持续性的消费模式。

（四）加强企业清洁生产，加快绿色供应链的建设

推动清洁能源的利用，能够有效改善能源消费结构，从源头上控制污染，减少温室气体的排放，为绿色生产和绿色生活提供强大的支撑。

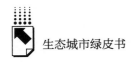

（五）反对消费主义，倡导绿色消费

我们要摒弃消费主义，提倡绿色消费。一方面，绿色消费能够促进居民消费结构的调整，增强经济发展的内生动力，也有助于经济社会与环境和谐发展。绿色生活倡导绿色消费，把绿色生活的理念传递给大众，引导他们自觉抵制过度消费、炫耀性消费，在一定程度上推动公众参与节能减排，缓解资源环境的压力。另一方面，绿色消费能够带来生产的变革，如果企业能够根据市场需求的变化，抓住绿色转型的机遇，加快供给侧结构性改革，能够有效去掉过剩产能，就能促进产业结构升级，使其朝着生态化方向转变，从根源上为生态环境解压。

（六）加大绿色发展技术创新投入

创新驱动经济绿色可持续发展是中国经济发展适应新常态的必然要求。首先，要加大对技术创新的投入，引导企业技术创新的方向，尤其是加快绿色低碳工业技术、低碳能源技术、绿色建筑技术、绿色交通技术、低碳农业技术等的开发。鉴于越来越多的证据表明年轻企业是重大创新的一大源泉，要消除妨碍低碳技术交易和新企业进入的障碍并改善创业条件。科技创新的投资回报期长、风险高，政府应给予一定的信贷优惠、直接补贴或其他激励方式，以降低企业科技创新的成本。其次，有必要展开更有效和更具包容性的多边科技创新合作。要发挥技术创新的空间传导联动机制，加强"邻近"区域间的技术交流，特别是在可再生能源、能效和其他低碳技术等领域实施进一步开发及应用方面的交流与合作，推进区域绿色产业的协同发展，通过技术交流，在吸收、消化的基础上，提高模仿创新能力，培育技术创新能力，改变对技术引进的依赖，形成新产业或者优势产业，促进技术变革对绿色发展的正向溢出效应。最后，鉴于中西部地区技术创新成果较少的现实，应加大中西部地区低碳环保技术的研发投入，为加强企业对低碳环保技术的研发强度和吸收能力制定科学合理的激励政策。在研发资源约束下，中西部地区应充分利用技术溢出的手段提升本地区的技术创新能力。

（七）加快结构产业升级

中国各区域要加快产业结构升级，促进产业结构高级化和合理化，减少污染物排放。中西部地区在鼓励第三产业发展的同时，必须促进工业从低端的重化工业向高技术产业、战略性新兴产业转型升级，从资源密集型、劳动密集型产业向技术密集型产业过渡，加快中国工业结构的转型升级，促进区域绿色发展水平的提升。特别地，中西部地区目前正处于承接发达地区落后产业转移的阶段，在承接产业转移的过程中，应结合各区域的特点制定相应的产业政策，有目的地调结构促升级，发挥产业结构升级的碳减排效应，促进中国区域经济向绿色发展转型。

G.6
健康宜居型城市建设评价报告

王翠云　台喜生　李明涛*

摘　要:　健康宜居型城市作为一种理想的人类居所,旨在寻求一种让人居更舒适、让生态更健康、让经济更高效、让环境更优美、让生活更美好的城市形态。本报告在介绍健康宜居型城市概念的基础上,构建了包括19个指标的健康宜居型城市评价指标体系,其中包括14个用于评价生态城市健康指数的核心指标和5个用于评价健康宜居型城市特色指数的特色指标,运用该指标体系,将中国150座城市的健康指数和特色指数进行综合计算后得到健康宜居型城市综合指数,并对综合指数排在前100名的城市做了重点分析和评价,在此基础上以国内的厦门市和国外的悉尼市为例,对健康宜居型城市的建设实践进行探讨,进而提出建设健康宜居型城市的对策措施。

关键词:　健康宜居型城市　综合指数　健康指数评价

　　健康宜居型城市是目前国际城市科学研究的重点领域之一,也是政府和城市居民密切关注的焦点。关于"健康宜居",狭义的理解,"健康"是指广大市民的健康,即以市民的健康为中心,"宜居"是指宜于居住,即宜人的气候、和谐的景观、优美的环境和良好的治安;广义的理解,"健康"应包括健康的人群、健康的环境和健康的社会,"宜居"应包括协调的自然环

---

*　王翠云,女,汉族,博士,副教授,主要从事城市环境与城市经济方面的研究。

境与人文环境，稳定的社会环境，繁荣的经济，浓郁的文化氛围，齐全完备的设施，适于人类工作、生活和居住的城市。因此健康宜居型城市是指在有序、稳定、健康的环境中，人民安居乐业，人与自然、人与社会、历史与未来均和谐发展的城市。[①]

一 健康宜居型城市评价报告

（一）健康宜居型城市评价指标体系

健康宜居型城市作为生态城市的一种类型，既具有生态城市的基本特征，又具有健康宜居型城市的特殊性，因此，我们构建的健康宜居型城市评价指标体系包括两部分，一部分为反映生态城市共性的 14 项核心指标，另一部分为反映健康宜居型城市特性的 5 项特色指标（见表 1）。

与 2015~2016 年健康宜居型城市评价指标体系相比，本报告对 5 项特色指标做了调整，用"人体舒适度指数"代替了"城市旅游业收入占城市 GDP 百分比"，主要是考虑到适宜的温度、湿度和风速是健康宜居型城市的重要组成部分，因此我们将温度、湿度和风速进行计算，得到人体舒适度指数，并将其作为健康宜居型城市的特色指标之一，计算公式如下：

$$SST = (1.818t + 18.18)(0.88 + 0.002f) + \frac{t - 32}{45 - t} - 3.2v + 18.2$$

其中 SST 为人体舒适度指数、t 为平均气温、f 为相对湿度、v 为风速。

（二）健康宜居型城市的评价方法及评价范围

1. 健康宜居型城市的评价数据来源及评价方法

用于健康宜居型城市评价的数据主要来自中国环境年鉴、中国城市统计

---

① 梁鸿、曲大维、许非：《健康城市及其发展：社会宏观解析》，《社会科学》2003 年第 1 期。

表 1　健康宜居型城市评价指标体系

一级指标	核心指标			特色指标	
	二级指标	序号	三级指标	序号	四级指标
绿色生产型城市综合指数	生态环境	1	森林覆盖率［建成区人均绿地面积（平方米/人）］	15	人体舒适度指数
		2	空气质量优良天数（天）		
		3	河湖水质［人均用水量（吨/人）］		
		4	单位 GDP 工业二氧化硫（SO_2）排放量（千克/万元）	16	万人拥有文化、体育、娱乐业从业人员数（人/万人）
		5	生活垃圾无害化处理率（%）		
	生态经济	6	单位 GDP 综合能耗（吨标准煤/万元）		
		7	一般工业固体废物综合利用率（%）		
		8	R&D 经费占 GDP 比重（%）［科学技术支出和教育支出的经费总和占 GDP 比重（%）］	17	万人拥有医院、卫生院数（座/万人）
		9	信息化基础设施［互联网宽带接入用户数（万户）/城市年末总人口（万人）］		
		10	人均 GDP（元/人）		
	生态社会	11	人口密度（人口数/平方千米）	18	公园绿地 500 米半径服务率（%）
		12	生态环保知识、法规普及率、基础设施完好率（%）［水利、环境和公共设施管理业全市从业人员数（万人）/城市年末总人口（万人）］		
		13	公众满意程度［民用车辆数（辆）/城市道路长度（千米）］	19	人均居住用地面积（平方米/人）
		14	政府投入与建设效果［城市维护建设资金支出（万元）/城市 GDP（万元）］		

注：当年发生重大污染事故的城市在总指数中扣除 5% ~7%。

年鉴、中国城市建设统计年鉴、当地统计年鉴和国家气象信息中心网。健康宜居型城市的评价方法与中国生态城市健康状况评价报告中所使用的方法一致（见本书《整体评价报告》）。

2. 健康宜居型城市的评价范围及时间

健康宜居型城市的评价依据健康宜居型城市评价指标体系，采用 2017

年的统计数据进行，共选择了 150 座地级市。在此基础上，对 2017 年中国
健康宜居型城市综合指数前 100 名城市进行重点评价与分析。

（三）健康宜居型城市评价与分析

通过对 14 项核心指标和 5 项特色指标的计算，我们得到了 150 座城市
2017 年生态城市的健康指数和健康宜居型城市的特色指数，将这两个指数
进行综合计算后得到健康宜居型城市综合指数。将综合指数位于前 100 名城
市的三项指数和 5 个特色指标进行排名，结果见表 2。

1. 2017 年健康宜居型城市建设评价与分析

从表 2 中可以看出，健康宜居型城市综合指数排在前 10 位的城市分别
是珠海市、厦门市、武汉市、舟山市、南京市、海口市、杭州市、三亚市、
广州市和成都市。

健康宜居型城市综合指数排在第 1 位的珠海市，是广东省南部的一座海
滨城市，曾以整体城市景观被评为"全国旅游胜地四十佳"之一，拥有
"幸福之城"和"浪漫之城"的美誉，2016 年又被住房和城乡建设部评为
首批"国家生态园林城市"。其健康指数和特色指数的得分分别为 0.8910
和 0.9033，均处于第 3 位，说明珠海市生态城市和健康宜居城市的建设效
果良好，所以其综合指数得分为 0.8971，远高于排在第二位的厦门市。表
征健康宜居型城市的五个特色指标中"人体舒适度指数"和"人均居住用
地面积"分别位于第 7 位和第 9 位，表明珠海市不仅气候宜人、人体舒适度
高，而且人均居住用地面积较大、人居环境较好；"公园绿地 500 米半径服
务率""万人拥有文化、体育、娱乐业从业人员数""万人拥有医院卫生院
数"分别居第 13 位、20 位和 31 位，从中可以看出珠海市城市建设过程中，
凸显了"生态之城、健康之城和宜居之城"特色，各项配套设施齐全，发
展较为均衡。

健康宜居型城市综合指数排在第 2 位的是厦门市，其健康指数排在第 2
位，特色指数落后于健康指数，排在第 11 位，说明厦门市生态城市建设成
效显著，而健康宜居型城市建设稍有落后。五个特色指标中"万人拥有文化、

表2 2017年健康宜居型城市综合指数排名前100名城市

| 城市 | 健康宜居型城市综合指数（19项指标结果） | | 生态城市健康指数（14项指标结果） | | 健康宜居型城市特色指数（5项指标结果） | | 特色指标单项排名 | | | | |
	得分	排名	得分	排名	得分	排名	万人拥有文化、体育、娱乐从业人员数	万人拥有医院、卫生院数	公园绿地500米半径服务率	人均居住用地面积	人体舒适度指数
珠海	0.8971	1	0.891	3	0.9033	3	20	31	13	9	7
厦门	0.8800	2	0.9023	2	0.8578	11	10	79	36	32	22
武汉	0.8703	3	0.86	14	0.8806	6	13	18	45	68	48
舟山	0.8696	4	0.8772	7	0.8620	8	30	43	55	76	49
南京	0.8693	5	0.8433	17	0.8953	5	12	38	5	57	66
海口	0.8644	6	0.8698	10	0.8590	10	6	1	44	117	1
杭州	0.8624	7	0.8655	11	0.8593	9	18	22	4	105	46
三亚	0.8613	8	0.905	1	0.8176	28	15	101	3	91	18
广州	0.8585	9	0.87	9	0.8469	14	9	57	23	106	15
成都	0.8556	10	0.8099	28	0.9013	4	4	3	51	50	57
东莞	0.8497	11	0.7674	53	0.9321	1	19	13	10	1	9
南昌	0.8481	12	0.8758	8	0.8203	26	26	76	67	63	30
上海	0.8480	13	0.8795	4	0.8165	29	8	65	38	114	56
深圳	0.8463	14	0.8773	6	0.8152	30	3	40	16	142	2
北京	0.8416	15	0.858	15	0.8253	25	1	10	21	135	98
宁波	0.8409	16	0.8782	5	0.8036	35	43	63	89	69	41
福州	0.8339	17	0.8414	18	0.8263	24	34	118	7	26	24
昆明	0.8332	18	0.7534	63	0.9130	2	25	6	2	23	82
贵阳	0.8300	19	0.7815	45	0.8785	7	32	14	34	31	93
青岛	0.8296	20	0.8639	12	0.7953	37	47	9	86	24	110

续表

城市	健康宜居型城市综合指数(19项指标结果) 得分	排名	生态城市健康指数(14项指标结果) 得分	排名	健康宜居型城市特色指数(5项指标结果) 得分	排名	特色指标单项排名 万人拥有文化、体育、娱乐业从业人员数	万人拥有医院、卫生院数	公园绿地500米半径服务率	人均居住用地面积	人体舒适度指数
苏州	0.8261	21	0.7996	32	0.8526	13	54	52	39	35	52
合肥	0.8188	22	0.8076	30	0.8301	22	44	72	66	12	58
中山	0.8168	23	0.7903	40	0.8433	15	49	35	62	77	4
景德镇	0.8137	24	0.8123	25	0.8152	31	45	106	56	18	27
天津	0.8104	25	0.8255	22	0.7953	36	28	20	70	89	108
拉萨	0.8100	26	0.8471	16	0.7729	39	2	8	112	4	123
无锡	0.8094	27	0.7651	55	0.8537	12	53	36	49	44	55
大连	0.8066	28	0.7869	42	0.8264	23	41	64	42	60	118
惠州	0.8065	29	0.8205	23	0.7925	38	70	96	12	8	10
长沙	0.8063	30	0.7809	46	0.8316	21	17	21	83	14	51
湖州	0.8016	31	0.7634	57	0.8397	16	52	82	1	71	53
南宁	0.7964	32	0.8604	13	0.7323	51	39	124	43	127	19
西安	0.7918	33	0.8109	26	0.7727	40	21	29	71	129	84
太原	0.7903	34	0.7609	58	0.8197	27	11	11	54	81	119
乌鲁木齐	0.7857	35	0.7365	73	0.8348	19	5	4	19	6	134
嘉兴	0.7829	36	0.7573	62	0.8086	33	57	87	29	27	61
济南	0.7828	37	0.7947	37	0.7708	42	31	28	95	94	87
秦皇岛	0.7812	38	0.7938	38	0.7686	43	55	70	27	84	117
金华	0.7775	39	0.7219	81	0.8331	20	62	58	30	49	32
镇江	0.7755	40	0.8268	21	0.7242	55	59	104	82	19	54

续表

城市	健康宜居型城市综合指数（19项指标结果）		生态城市健康指数（14项指标结果）		健康宜居型城市特色指数（5项指标结果）		特色指标单项排名				
	得分	排名	得分	排名	得分	排名	万人拥有文化、体育、娱乐业从业人员数	万人拥有医院、卫生院数	公园绿地500米半径服务率	人均居住用地面积	人体舒适度指数
威海	0.7748	41	0.8309	20	0.7187	60	63	95	69	39	112
绍兴	0.7748	42	0.7967	35	0.7528	45	74	115	14	46	39
淄博	0.7744	43	0.7443	67	0.8044	34	42	30	90	51	96
柳州	0.7717	44	0.7957	36	0.7477	47	78	116	15	43	17
宜昌	0.7664	45	0.7229	80	0.8099	32	24	71	77	36	75
常州	0.7636	46	0.8085	29	0.7187	59	37	109	50	144	59
沈阳	0.7595	47	0.7886	41	0.7303	52	36	26	108	67	130
温州	0.7575	48	0.7861	43	0.7288	53	81	114	24	72	31
北海	0.7571	49	0.7972	34	0.7169	62	88	128	35	28	3
银川	0.7554	50	0.674	110	0.8368	17	16	27	58	10	120
兰州	0.7546	51	0.7737	50	0.7355	50	14	24	57	42	149
克拉玛依	0.7540	52	0.7826	44	0.7255	54	38	120	64	3	129
南通	0.7527	53	0.7994	33	0.7061	66	93	48	100	58	70
郑州	0.7514	54	0.7583	60	0.7444	48	23	62	113	103	73
江门	0.7430	55	0.8134	24	0.6726	80	107	142	18	47	8
长春	0.7417	56	0.8399	19	0.6435	97	33	84	103	90	141
株洲	0.7415	57	0.7637	56	0.7193	58	85	12	119	45	33
佛山	0.7385	58	0.7605	59	0.7165	63	65	60	28	147	16
丽江	0.7372	59	0.6384	128	0.8361	18	35	67	9	83	91
西宁	0.7368	60	0.7578	61	0.7157	64	29	33	60	124	139

续表

城市	健康宜居型城市综合指数（19项指标结果）		生态城市健康指数（14项指标结果）		健康宜居型城市特色指数（5项指标结果）		特色指标单项排名				
	得分	排名	得分	排名	得分	排名	万人拥有文化、体育、娱乐人员数	万人拥有医院、卫生院数	公园绿地500米半径服务率	人均居住用地面积	人体舒适度指数
丽 水	0.7362	61	0.7002	95	0.7723	41	68	91	26	75	26
烟 台	0.7302	62	0.7729	51	0.6876	73	69	46	129	38	113
石家庄	0.7298	63	0.7083	89	0.7513	46	46	68	79	109	92
重 庆	0.7297	64	0.8053	31	0.6540	89	75	78	25	145	111
鄂尔多斯	0.7279	65	0.7	96	0.7559	44	27	5	115	2	133
台 州	0.7224	66	0.7663	54	0.6786	76	94	105	59	92	35
呼和浩特	0.7222	67	0.7234	79	0.7210	56	7	16	121	5	138
芜 湖	0.7209	68	0.7685	52	0.6733	79	116	85	65	82	62
哈尔滨	0.7200	69	0.8101	27	0.6299	104	40	37	117	102	146
锦 州	0.7158	70	0.6881	104	0.7435	49	71	61	68	16	122
衢 州	0.7129	71	0.7053	91	0.7205	57	91	47	6	131	40
蚌 埠	0.7117	72	0.741	70	0.6825	75	127	86	73	21	77
九 江	0.7088	73	0.7451	66	0.6724	81	97	140	48	37	38
包 头	0.7043	74	0.7246	78	0.6840	74	48	25	96	93	135
鞍 山	0.7038	75	0.6944	98	0.7131	65	51	45	130	30	121
漳 州	0.7017	76	0.706	90	0.6974	69	103	127	20	65	11
东 营	0.7016	77	0.742	69	0.6613	85	105	23	127	33	99
大 同	0.7009	78	0.7498	65	0.6520	91	60	15	131	66	137
大 庆	0.6992	79	0.6938	99	0.7046	67	50	19	91	7	143
桂 林	0.6965	80	0.7288	76	0.6642	83	80	137	11	113	25

续表

城市	健康宜居型城市综合指数（19项指标结果）		生态城市健康指数（14项指标结果）		健康宜居型城市特色指数（5项指标结果）		特色指标单项排名				
	得分	排名	得分	排名	得分	排名	万人拥有文化、体育、娱乐业从业人员数	万人拥有医院、卫生院数	公园绿地500米半径服务率	人均居住用地面积	人体舒适度指数
马鞍山	0.6936	81	0.7204	83	0.6667	82	122	56	84	88	67
本溪	0.6868	82	0.6796	107	0.6941	70	76	50	76	64	131
连云港	0.6834	83	0.7795	47	0.5873	118	137	125	97	20	90
绵阳	0.6829	84	0.7775	49	0.5883	117	113	117	92	101	45
宜宾	0.6822	85	0.6744	109	0.6899	72	120	41	8	139	28
泉州	0.6802	86	0.702	92	0.6584	86	99	110	17	62	125
扬州	0.6801	87	0.791	39	0.5693	122	79	126	102	134	65
牡丹江	0.6779	88	0.7117	87	0.6442	96	72	42	72	79	147
湘潭	0.6768	89	0.7014	93	0.6522	90	83	81	137	70	34
湛江	0.6733	90	0.7348	74	0.6118	110	143	138	47	97	5
洛阳	0.6733	91	0.655	125	0.6915	71	82	97	75	55	103
安庆	0.6715	92	0.6937	100	0.6493	93	114	135	63	15	64
营口	0.6712	93	0.6798	106	0.6625	84	87	7	111	25	128
肇庆	0.6706	94	0.7122	86	0.6289	105	125	139	52	87	13
承德	0.6696	95	0.6218	134	0.7174	61	73	88	41	22	127
日照	0.6683	96	0.7428	68	0.5937	115	84	112	104	100	107
廊坊	0.6651	97	0.675	108	0.6551	88	67	39	99	86	132
延安	0.6622	98	0.674	111	0.6503	92	22	59	88	126	142
泰州	0.6607	99	0.7378	71	0.5836	120	121	131	93	78	72
汕头	0.6607	100	0.7786	48	0.5428	129	110	147	61	137	6

体育、娱乐业从业人员数"排在第 10 位，可以看出厦门市的文化、体育和娱乐产业发展状况良好，位居全国前列；"人体舒适度指数"排在第 22 位，得益于厦门优越的气候条件，全年温和多雨，冬无严寒，夏无酷暑；"人均居住用地面积"和"公园绿地 500 米半径服务率"的排名较为接近，分别排在第 32 位和第 36 位，今后应该增加居住用地面积和公园绿地面积；而"万人拥有医院、卫生院数"是五个指标中排名最后的一个，排在第 79 位，因此厦门市在医疗条件方面，尤其是医院和卫生院的数量有待提高。

健康宜居型城市综合指数排在第 3 位的武汉市，其健康指数排在第 14 位，而特色指数排在第 6 位，健康指数落后于特色指数，说明武汉市健康宜居型城市建设情况较好，生态城市的建设有待加强。五个健康宜居型城市特色指标中，"万人拥有文化、体育、娱乐业从业人员数"和"万人拥有医院、卫生院数"分别排在第 13 位和第 18 位，排名情况较好；因武汉属亚热带季风性湿润气候，夏季高温多雨，所以其"人体舒适度指数"排在第 48 位；"公园绿地 500 米半径服务率"和"人均居住用地面积"分别排在第 45 位和第 68 位，所以武汉市今后应该在增加城市绿地面积和居住用地面积的同时，增加公园数量。

我国第一个以群岛建制的城市舟山市，综合指数排在第 4 位，健康指数和特色指数非常接近，分别排在第 7 位和第 8 位，说明舟山市生态城市建设和健康宜居型城市建设卓有成效，位居全国前列。五个特色指标的排名差距不大，排名最好的"万人拥有文化、体育、娱乐业从业人员数"排在第 30 位，其次是"万人拥有医院、卫生院数"和"人体舒适度指数"，分别排在第 43 位和第 49 位，排名最差的是"人均居住用地面积"，排在第 76 位，可以看出，舟山市不仅自然环境优美，气候宜人，而且文化体育、医疗保健等基础设施完备，城市发展均衡。

健康宜居型城市综合指数排在第 5 位的南京市，其健康指数排在第 17 位，特色指数排在第 5 位，健康指数的排名落后于特色指数。表征特色指数的五个指标中，"公园绿地 500 米半径服务率"和"万人拥有文化、体育、娱乐业从业人员数"排名情况较好，分别排在第 5 位和第 12 位；"万人拥有医院、卫生院数"排在第 38 位，排名较差的是"人均居住用地面积"和"人体舒适度指数"，分别排在第 57 位和第 66 位。"人体舒适度指数"由当地的温度、湿度和风速计算得到，南京市地处亚热带季风湿润气候区，决定了其冬冷夏热、雨热同季的气候特点，人为的干预对其影响甚微，因此，南京市在今后的城市建设中应增加医院、卫生院数量和居住用地面积。

具有"中国最具幸福感城市"之称的海口市，健康宜居型城市综合指数排在第 6 位，其健康指数和特色指数均排在第 10 位，可见海口市生态城市和健康宜居型城市建设非常均衡，且总体发展状况较好。五个特色指标中，"万人拥有医院、卫生院数"、"人体舒适度指数"和"万人拥有文化、体育、娱乐业从业人员数"三个指标均名列前茅，其中"万人拥有医院、卫生院数"和"人体舒适度指数"均排在第 1 位，"万人拥有文化、体育、娱乐业从业人员数"排在第 6 位；"公园绿地 500 米半径服务率"和"人均居住用地面积"分别排在第 44 位和第 117 位，因此海口市在今后的健康宜居型城市建设中，重点是在增加居住用地面积的同时，不断优化公园绿地的分布格局，提高公园绿地服务率。

健康宜居型城市综合指数排在第 7 位的是杭州市，其健康指数排在第 11 位，特色指数排在第 9 位，总体发展状况良好，且较为均衡。五个特色指标中"公园绿地 500 米半径服务率"、"万人拥有文化、体育、娱乐业从业人员数"和"万人拥有医院、卫生院数"排名情况较好，分别位于第 4 位、第 18 位和第 22 位。"人体舒适度指数"和"人均居住用地面积"分别排在第 46 位和第 105 位，因此杭州市今后健康宜居型城市建设的重点是增加居住用地面积。

中国最南端的滨海旅游城市——三亚市，健康宜居型城市综合指数排在第 8 位，健康指数和特色指数分别排在第 1 位和第 28 位，可见三亚市生态城市建设效果显著，健康宜居型城市的建设有待加强。5 个特色指标中，"公园绿地 500 米半径服务率"、"万人拥有文化、体育、娱乐业从业人员数"和"人体舒适度指数"均位于前 20 位,分别排在第 3 位、第 15 位和第 18 位;"人均居住用地面积"和"万人拥有医院、卫生院数"分别排在第 91 位和第 101 位,所以三亚市健康宜居型城市建设的重点是增加居住用地面积和医院、卫生院的数量。

健康宜居型城市综合指数排在第 9 位的是广州市,其健康指数也排在第 9 位,特色指数排在第 14 位,特色指数稍落后于健康指数。5 个特色指标中,"万人拥有文化、体育、娱乐业从业人员数"、"人体舒适度指数"和"公园绿地 500 米半径服务率"排名情况较好,分别排在第 9 位、第 15 位和第 23 位;"万人拥有医院、卫生院数"排在第 57 位,排名最差的是"人均居住用地面积",排在第 106 位,广州市在健康宜居型城市建设中的主要任务是优化用地结构,增加居住用地面积,提高人均居住用地比例,与此同时,适当增加医院、卫生院的数量,改善就医环境。

健康宜居型城市综合指数排在第 10 位的是成都市,其健康指数和特色指数分别排在第 28 位和第 4 位,健康指数落后于特色指数,说明成都市需要进一步加强生态城市建设。五项特色指标中"万人拥有医院、卫生院数"和"万人拥有文化、体育、娱乐业从业人员数"分别排在第 3 位和第 4 位,这两项指标的排名为特色指数的领先奠定了基础;"人均居住用地面积"、"公园绿地 500 米半径服务率"和"人体舒适度指数"三项指标的排名比较接近,分别排在第 50 位、第 51 位和第 57 位,所以成都市健康宜居型城市建设的重点是优化用地结构,提高居住用地和公园绿地的比例。

对健康宜居型城市的五项特色指标进行分析,"万人拥有文化、体育、娱乐业从业人员数"排在前 20 名的城市是:北京市、拉萨市、深圳市、成都市、乌鲁木齐市、海口市、呼和浩特市、上海市、广州市、厦门市、太原市、南京市、武汉市、兰州市、三亚市、银川市、长沙市、杭州市、东莞市和珠海市;"万人拥有医院、卫生院数"排在前 20 位的是:海口市、郴州市、成都市、乌鲁木齐市、鄂尔多斯市、昆明市、营口市、拉萨市、青岛市、北京市、太原市、株洲市、东莞市、贵阳市、大同市、呼和浩特市、岳阳市、武汉市、大庆市和天津市；"公园绿地500米半径服务率"排在前20位的是：湖州市、昆明市、三亚市、杭州市、南京市、衢州市、福州市、宜宾市、丽江市、东莞市、桂林市、惠州市、珠海市、绍兴市、柳州市、深圳市、泉州市、江门市、乌鲁木齐市和漳州市；"人均居住用地面积"排在前20位的是：东莞市、鄂尔多斯市、克拉玛依市、拉萨市、呼和浩特市、乌鲁木齐市、大庆市、惠州市、珠海市、银川市、沧州市、合肥市、邢台市、长沙市、安庆市、锦州市、辽阳市、景德镇市、镇江市和连云港市；"人体舒适度指数"排在前20位的是：海口市、深圳市、北海市、中山市、湛江市、汕头市、珠海市、江门市、东莞市、惠州市、漳州市、揭阳市、肇庆市、玉林市、广州市、佛山市、柳州市、三亚市、南宁市和清远市。

2. 2017年健康宜居型城市的区域分布

将综合指数位于前100名的健康宜居型城市，按照其隶属的行政区域进行分类，得到2017年健康宜居型城市综合指数排名前100名城市分布表（见表3）。

表3　2017年健康宜居型城市综合指数排名前100名城市分布

地区	参评数量	前100名的健康宜居型城市	
		名　称	数量
华北	16	北京、天津、秦皇岛、太原、大同、石家庄、鄂尔多斯、呼和浩特、包头、承德、廊坊	11
华东	54	上海、南京、无锡、常州、苏州、南通、连云港、扬州、镇江、泰州、杭州、宁波、温州、嘉兴、湖州、绍兴、金华、衢州、舟山、台州、合肥、芜湖、蚌埠、马鞍山、安庆、福州、厦门、南昌、景德镇、济南、青岛、东营、烟台、威海、淄博、丽水、九江、日照、漳州、泉州	40
中南	43	广州、深圳、珠海、汕头、佛山、江门、湛江、惠州、东莞、中山、南宁、柳州、桂林、北海、海口、三亚、肇庆、郑州、武汉、长沙、宜昌、株洲、洛阳、湘潭	24
西南	12	重庆、成都、绵阳、贵阳、拉萨、昆明、丽江、宜宾	8
西北	10	西安、兰州、西宁、克拉玛依、乌鲁木齐、银川、延安	7
东北	15	沈阳、大连、长春、哈尔滨、大庆、牡丹江、锦州、鞍山、本溪、营口	10

从表3中可以看出，2017年参与健康宜居型城市评价的150座城市中，参评数量最多的是华东地区，共有54座城市参与评价，占到总参评城市数量的36%，其次是中南地区，共有43座城市参与评价，占总参评城市数量的28.67%。众所周知，这两个区域是我国城市化水平最高、城市分布最集中的区域，因此参与健康宜居型城市建设评价的城市数量也最多，这两个区域参评的城市数量占到总参评城市数量的64.67%。但是排名进前100的城市中，华东地区有40座，占到其参评总数的74.07%，而中南地区仅有24座，占到其参评总数的55.81%，比例明显低于华东地区。说明在健康宜居型城市建设方面，华东地区凭借其优越的地理位置，良好的经济条件，科学合理的城市建设规划，发展状况处于国内领先水平。

华北地区和东北地区分别有16座和15座城市参与健康宜居型城市建设评价，参评的城市数量较为接近，排名进入前100的城市中，华北地区有11座，占其参评总量的68.75%，东北地区有10座，占其参评总量的66.67%，可见华北地区，尤其是京津冀地区，作为中国的政治文化中心，以及北方经济的重要核心区，健康宜居型城市建设状况略优于东北地区。

参与评价的城市数量最少的两个区域是西南地区和西北地区，西南地区有12座城市参与评价，进入前100名的有8座城市，占其参评总量的66.67%，西北地区有10座城市参与评价，进前100名的有7座城市，占其参评总量的70%。这两个区域深居内陆，健康宜居型城市建设相对落后，所以被选入的参评城市数量较少。这两个区域今后应该积极开展各项文体娱乐活动，不断优化用地结构，增加绿地和居住用地面积，完善医疗保障体系，适当增加医院和卫生院的数量，改善人居环境。

3. 健康宜居型城市比较分析

（1）2016～2017年部分健康宜居型城市综合指数排名比较分析

为了分析健康宜居型城市综合指数排名在不同年份的变化情况，表4对2016年前20名健康宜居型城市在2017年的排名变化情况进行了比较。

表4 2016～2017年部分健康宜居型城市综合指数排名比较

城市	三亚	舟山	珠海	厦门	海口	北京	南昌	南宁	天津	合肥
排名（2016）	1	2	3	4	5	6	7	8	9	10
排名（2017）	8	4	1	2	6	15	12	32	25	22
城市	上海	武汉	广州	杭州	惠州	福州	南京	东莞	青岛	成都
排名（2016）	11	12	13	14	15	16	17	18	19	20
排名（2017）	13	3	9	7	29	17	5	11	20	10

2017年健康宜居型城市评价指标体系在2016年的基础上进行了微调，对综合指数的排名有一定的影响，但是"人体舒适度指数"的加入，使健康宜居型城市排名更科学、更合理。我们将2017年综合指数的评价结果与2016年进行对比，从表4中可以看出，舟山、珠海、厦门和海口2016～2017年排名虽有所变化，但变化幅度较小，排名变化不超过2名，且两年来均保持在前6名；排名变化幅度较小的城市还有上海市、福州市和青岛市，上海市2017年排名较2016年落后了2名，福州市和青岛市均落后了1名。

排名变化幅度较大，且有所提升的城市包括：武汉市、广州市、杭州市、南京市、东莞市和成都市，其中南京市的提升幅度最大，由2016年的第17位上升到2017年的第5位，上升了12个名次；其次是成都市和武汉市，成都市由2016年的第20位上升到2017年的第10位，武汉市由2016年的第12位上升到2017年的第3位，分别提升10位和9位；然后是东莞市和杭州市，均前进了7个名次；最后是广州市，由2016年的第13名上升到2017年第9名，前进了4个名次。

排名变化幅度较大，且有所下降的城市包括：三亚市、北京市、南昌市、南宁市、天津市、合肥市和惠州市，其中南宁市、天津市、惠州市和合肥市的下降幅度较大，南宁市由2016年的第8名下降到2017年的第32名，下降了24位，天津市由2016年的第9名下降到2017年的第25名，下降了16位，惠州市由2016年第15名下降到2017年的第29名，下降了14位，合肥市由2016年的第10名下降到2017年的第22名，下降了12位；三亚市、北京市和南昌市排名也有不同程度的下降，但下降幅度较小，三亚市由2016年的第1名下降到2017年的第8名，下降了7位，北京市和南昌市分别由 2016 年的第 6 名和第 7 名下降到 2017 年的第 15 名和第 12 名，分别下降了 9 位和 5 位。

（2）2016～2017 年前 100 名健康宜居型城市区域分布的比较分析

为了分析健康宜居型城市综合指数排名在不同区域的变化情况，图 1 对 2016～2017 年中国健康宜居型城市综合指数前 100 名区域分布变化进行了比较。

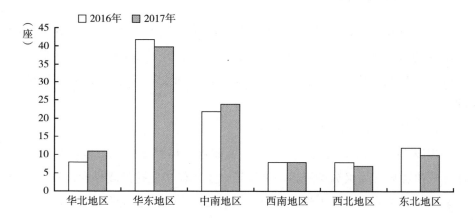

图 1　2016～2017 年中国健康宜居型城市综合指数前 100 名区域分布变化

从图 1 可以看出，进入 2017 年中国健康宜居型城市前 100 名的城市分布与 2016 年相比，有所变化。华北地区 2017 年与 2016 年相比，进入前 100 名的城市数量有所增加，由原来的 8 座增加到 11 座，新增加的城市是包头市、承德市和廊坊市；华东地区 2017 年健康宜居型城市数量由 2016 年的 42 座下降到 40 座，其中在 2017 年退出前 100 名的城市是淮安市、淮南市、新余市和赣州市，新进入的城市是日照市和漳州市；中南地区 2017 年健康宜居型城市数量与 2016 年相比，增加了 2 座，其中 2017 年退出前 100 名的城市是襄阳市，新进入的城市是湛江市、肇庆市和洛阳市；西南地区 2017 年健康宜居型城市数量与 2016 年相比没有变化，但是 8 座城市有所变化，宜宾市代替了雅安市；西北地区因 2017 年宝鸡市的退出，城市数量由 2016 年的 8 座下降为 7 座；东北地区 2017 年健康宜居型城市数量由 2016 年的 12

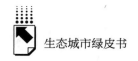

座下降为 10 座，其中退出的城市包括抚顺市、丹东市和吉林市，新进入的城市是营口市。

二 健康宜居型城市建设的实践与探索

（一）国内案例（厦门）

厦门市在历年的健康宜居型生态城市评价报告中均名列前茅。[1][2] 除了出众的自然生态环境资源禀赋和发达的社会经济基础之外，科学合理的城市规划与建设管理也为优越的城市品位和发展前景奠定了良好的基础。

1. 厦门市垃圾分类做到有法可依

2019 年，厦门市垃圾分类取证环节试点工作有序推进。厦门市城市管理行政执法局在垃圾分类运输环节取证试点工作中坚持问题导向，瞄准四个问题深入开展取证试点工作，取得明显成效：一是瞄准执法取证难问题，从运输环节入手引导运输企业开展安装监控、现场检查、固化证据等工作；二是瞄准管理责任人难认定问题，引导街道与各责任单位签订承诺书，督促街道抓紧确定无物业小区生活垃圾分类管理责任人；三是瞄准管理与执法衔接不畅的问题，坚持每周一检查，每周一总结，每月一会议，促进了分类取证试点工作齐抓共管和部门联动；四是瞄准清洁楼管理履责不到位问题，指导环能公司在两个试点街道的 7 个清洁楼安装了录像监控设备，强化检查、取证、信息报送职责，发现问题时第一时间报告所属街道督促整改，对拒不整改的及时抄报辖区执法中队依法查处。厦门市于 2018 年 9 月 1 日起施行《厦门市餐厨垃圾管理办法》，市建设局和城市管理行政执法局于 2018 年 9

---

① 台喜生、李明涛：《健康宜居型城市建设评价报告》，《中国生态城市建设发展报告（2018）》，社会科学文献出版社，2018。

② 台喜生、李明涛、方向文：《健康宜居型城市建设评价报告》，《中国生态城市建设发展报告（2017）》，社会科学文献出版社，2017，第 321 ~ 344 页。

月联合印发了《厦门市建筑装修垃圾处置管理办法》。这一系列管理条例让厦门市在治理城市生产生活垃圾问题以及处置城市生产生活垃圾时均有法可依，真正做到城市管理的法制化。

2. 蓝天保卫战——建设工地扬尘治理

2018 年厦门市扬尘防治工作取得了骄人的成绩，空气质量综合指数在全国 169 个城市中名列前茅，其中建设工地扬尘治理是重要的一环。精细化的监管治理，多方共建的合力治理，依法依规的从严治理是厦门市城管执法部门打赢"蓝天保卫战"的有效举措。市城管执法局积极联合建设、环保、交通等相关部门开展渣土车专项整治行动，严厉打击渣土车违规运输、污染路面产生扬尘二次土污染等问题。

3. 公共空间保护

违法占地、违法建设行为侵占公共空间，影响社会公平正义，破坏城市形象。厦门市在 2012 年就率先启动了"违法占地、违法建设"治理工作，经过多年努力，取得了较好的成效，为建设美丽城市、提升环境品质做出了积极的贡献。

4. 健康生活方式的设施保障

厦门健康步道是厦门岛"一环三区三带"慢道系统的东西方向走廊带，贯穿东西方向的山海步行通廊。健康步道山林部分，将建设 5 个特色公园和 6 个驿站，供市民游客休憩游玩。厦门健康步道项目全长约 23 千米，建成后将与目前已建成的五缘湾步行系统、环筼筜湖步行系统、东坪山步行系统、环岛慢行系统等，一起构建成岛内慢行系统，将形成一条山海步行通廊，为厦门市民游客提供新的健身休闲好去处。23 千米长的健康步道项目，在满足行人正常需求的基础上，还重点把城市的自然资源、文化资源都串联了起来，重点打造一种"慢行"的城市生态系统。[①]

成功的城市建设和良好的城市发展需要城市各方的努力，从大处着眼、

---

① 王舒：《新闻观察：厦门健康步道基础部分已基本完成》，http：//news. xmtv. cn/2019/03/30/VIDEVqiZPrsVugMlcOsM0paQ190330. shtml。

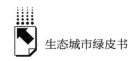
从小处着手是厦门市建设发展健康宜居型生态城市的有效途径，严格的城市管理在维护城市品位中发挥了重要作用。

（二）国外案例（Sydney）

悉尼将宜居、宜业、宜游作为可持续发展的目标，并制订了"可持续发展悉尼 2030"计划和"Sydney 2050"计划。[①]"可持续发展悉尼 2030"是悉尼为自己制定的一系列目标，目的是到 2030 年，让悉尼尽可能达到绿色、国际化和开放。该计划将改变悉尼城市居民的生活、工作和娱乐。"Sydney 2050"计划来源于城市居民、旅游者、务工者和企业对城市的要求，城市管理者和建设者通过询问知晓了他们的诉求，因此而制定了该计划。人们希望城市建设与发展关心环境，有繁荣的经济，支持文艺创作与发展，让人与人、与世界更好地、更便捷地沟通交流。"Sydney 2050"是目前城市建设者和管理者做一切决定的基石。

1. Green——绿色

悉尼将以杰出的环境表现和新的"绿色"工业驱动经济增长而被国际认可，成为引领者；通过绿色基础设施网络减少能耗、水耗和废水，进而减少碳排放；提供新的住房机会，辅以关键交通工具、设施、基础设施以及休憩用地。

2. Global——国际化

悉尼将继续作为澳大利亚的国际化城市和国际口岸，在文化基础设施里有世界知名的旅游胜地和持续投资环境。悉尼将在城市中心为商业活动提供优质空间和高质量的职位、社会服务和文化娱乐设施，吸引和留住人才。悉尼将通过呵护创新和新技术激励创造与合作。

3. Connected——开放（沟通交流）

悉尼城市中心通过步行和骑行道路网络实现了良好的可达性，交通路线连接了村庄、城市中心和市内其他地方。城市的村庄将持续作为社区生活的

---

① CITY OF SYDNEY. Sustainalbe Sydney 2030. https：//www. cityofsydney. nsw. gov. au/vision/ sustainable－sydney－2030.

焦点以增加居民的归属感。经济适用房、良好的社区设施可达性、良好的跨社区项目和服务的参与度等一系列措施旨在提升社会公平。悉尼还通过提高市民在艺术展示、表演、城市活动和节日中的参与度增加文化活力。悉尼的改变需要政府、私人部门和团体的共同参与及合作。

凡事预则立，不预则废，城市建设与发展亦是如此。悉尼的城市建设发展规划来源于城市居民的诉求，有良好的群众基础，以绿色、国际化、开放为长远目标，并且有切实可行的执行计划，旨在打造一个可持续的健康宜居城市。

三　实现健康宜居型城市建设的对策建议

建设健康宜居型生态城市首先是建设生态城市，打造社会和谐、经济高效、生态良性循环的人类居住形式。健康要求解决城市化、人口、环境、资源的巨大压力和严峻挑战；宜居要求建立社会和谐、环境优美的宜居环境，是当下国内外许多城市建设发展的目标；而城市规划、政府建设、完善政府管理体系、促进产业生态化、环境保护及城市绿化、社区建设、提高生态理念以及构建完善的基础设施和社会保障体系等是健康宜居型生态城市的建设途径。[1][2] 杨卫泽通过宜居生态市建设理论及其评价指标体系研究界定了宜居生态市的范围，即宜居生态市是指一个城市的全部行政区域，是城乡融合的"共同体"；提出了建设宜居生态市的内涵，即建设"人本化""生态化""持续化""安全化""节约化"的"五化"市；论述了宜居生态市建设的新理念，提出了宜居生态市建设的五"色"（金色、黄色、蓝色、绿色、红色）论、五"C"（循环、舒适、文化、协调、控制）论、五"点"（出发点、重点、难点、归宿点、不足点）论等特色理论。[3]

---

[1]　曾春霞：《"两型社会"背景下宜居生态城市建设探讨——以湖南衡阳为例》，《安徽农业科学》2009 年第 10 期。

[2]　程雪林：《基于宜居住生态城市理念的天津滨海新区建设研究》，天津大学硕士学位论文，2007。

[3]　杨卫泽：《宜居生态市建设理论及其评价指标体系研究》，南京理工大学博士学位论文，2008。

　　城市与土壤一样，是一种类生命体，作为生命体的人只有维持健康的机体，才能行使机体的功能，城市也一样，唯有维持健康，才能可持续地发展下去，承载城市居民的生活生产，如果失去健康，城市也会经历衰弱和病入膏肓，无法发挥其载体功能，城市居民也将无法延续生产生活，被迫迁徙。宜居是在城市健康发展的基础上，城市居民对其更高的要求和愿望，要求其满足生产生活的所有需求，并且还要有质量，有良好的生态环境、平稳上升的经济和和谐有序的社会运行等一系列非必需但可提升城市品位的软实力。

　　本评价报告基于大数据调查、理论研究和现实案例分析，提出健康宜居型生态城市建设与发展的一大思路："在进步与提升中回归原始。"进步指城市发展的科技含量不断提高，提升指城市居民的生活水平不断上升，回归原始指居民的生活方式要适配自然生态系统的代谢节奏，城市居民的生活物耗和能耗要适配自然生态系统的供给速度，更重要的是各种废弃物、污染物的排放要适配自然生态系统的降解、净化速度。当然，城市生活节奏与自然生态系统代谢的节奏要达到很好的和谐，需要强大的科技支撑，更重要的是完善而高效的城市管理，最重要的是城市居民的生活态度。我们因为对便捷的需求而额外地使用了大量非必需品，如塑料包装、快餐包装、快递包装、垃圾方便袋等，却又没有切身参与垃圾分类的意识和实际行动，更加没有思考和关注消费了的非必需品最终以什么样的方式进入自然的生态系统和环境，掩埋？焚烧？堆放？以及这些处理方式会对自然生态系统造成何种程度的影响。即便有这样的思考和反思，也不会影响我们的生活方式，不会减缓我们对便捷的每时每刻的需求，最终导致自然生态系统面临人类生产生活排放的不可承受之重——废气、废渣、废水。因此，我们的生活方式对于自然生态系统的代谢来说不健康，那自然生态系统不会反馈给我们一个健康的生活环境，因为自然生态系统新陈代谢的速度赶不上我们排污排废的速度。

　　基于以上理论研究、案例调查和反思，本评价报告针对健康宜居型生态城市建设，在历年研究的基础上，进一步提出如下的对策和建议。并且我们希望，宏观的政府政策调控能通过微观的具体操作形式落在实处，唯有如此，宏观政策才不至于沦为口号，而能得到切实的执行。

（一）健康消费

健康宜居的生态城市需要每一个城市居民从现在起切实地执行垃圾减量化和垃圾分类，减少直至杜绝对难分解消费品的使用。要建设和发展健康宜居型生态城市，健康消费的理念必须得到贯彻实施。

（二）意识更新

城市居民需要更新意识，减少对难降解物的消费，直至不用，如塑料包装。但这并不表示生活质量的退步，只是为了生态环境，我们每一个人都需要放弃一些难降解消费品带来的便捷，如方便袋、一次性餐盒、吸管、筷子等。更重要的是，城市管理者甚至政府，需要在新的理念指导下投资技术、给予奖励，甚至动用生产生活约束条例，减少直至替代难降解消费品的生产和使用。在环保意识提倡和盛行的大背景下，至少要督促城市居民做到对易降解餐余垃圾（残汤、剩菜、摘捡烂菜、果核、果皮）与难降解生活垃圾（玻璃瓶、塑料瓶、塑料袋、金属）的区分投放，而垃圾车要易于做到区分回收和处理。

（三）样板打造

城市居民小区相当于城市类生命体的细胞，健康的细胞在增殖分化后能为机体带来生机和活力，而恶化的细胞往往预示着机体的消耗和衰亡。良好的社区生产生活氛围，加上城市管理者和政府的支持、鼓励和奖励，打造低碳、环保、绿色、健康、循环的居民小区样板，在发展中不断摸索和改进，形成成型的建设方式，进而向城市空间的每一个居民小区推广，不失为一种健康宜居型生态城市建设的思路。该思路与左长安论述的"CBD 发展规律与细胞生长规律"有相似之处。[①]

（四）从娃娃抓起

时至今日，很多有关人类可持续发展的战略不仅要让现实劳动力有良好

---

① 左长安：《绿色视野下 CBD 规划设计研究》，天津大学博士学位论文，2010。

的体验，同时需要从孩子开始灌输思想、培养习惯，就是希望在不远的未来国家建设、民族复兴的重担落在新生劳动力身上时，他们不仅有先进的理论指导和技术实践，更有正确的思想意识和行为习惯，能实现生产建设和生活与生态环境、自然资源和谐共发展。城市化是人类发展史上不可逆转的大趋势，而健康的生产生活方式和建设思路能造就宜居的城市空间。因此，对新生劳动力的培养非常有必要开设"健康、低耗、低排、资源循环、环境友好"教育课堂与生产生活实践。

（五）生态立市

在"绿水青山就是金山银山"的时代背景下，生态立市是各城市发展规划的良好选择；而建设现代宜居生态城市，是实施生态立市战略的必然选择。建设现代宜居生态城市，就必须把握其基本内涵和大致图景，分析其现实基础和制约因素，统筹经济、文化、社会、生态建设等各个方面，从规划、建设、管理等层面全面推进，才能达到既定的目标。[①]

（六）产业优先生态化

现代城市发展注重产业结构调整，降低第二产业比重、增加第三产业比重是普遍的产业结构调整手段，但是餐饮业、商业、金融业、房地产业、旅游业、咨询业、服务业不全都是无烟产业、绿色产业。左长安探讨了绿色视野下CBD（中央商务区）规划设计的原理与方法：基于能源资源集约利用的规划设计，基于环境品质与健康宜居的规划设计，基于经济、社会、文化活力的规划设计，以及基于综合防灾减灾的规划，都综合反映出低耗、低排、资源节约、环境友好、健康宜居的规划设计理念。[②]在城市发展过程，产业结构调整和升级改造都要注重生态化，低耗、低排、资源节约、环境友好是最基本的要求，也最难以有效地实现。餐饮业

---

① 玉溪市委党校课题组：《玉溪现代宜居生态城市建设路径研究》，《中共云南省委党校学报》2011年第5期。

② 左长安：《绿色视野下CBD规划设计研究》，天津大学博士学位论文，2010。

时下流行的外卖，房地产业的拆建，旅游业兴起的自驾游，服务业中物流行业的快递包裹等，都存在持续走高的高能耗或高排放趋势，抑或兼而有之。这些新兴产业带来的问题也在冲击城市的健康宜居水准，只是问题的呈现还未达到传统产业三废的影响力，值得在问题爆发前给予相当程度的关注。譬如对餐饮外卖包装和物流快递包装苛以重税，同时强制性地推广使用易降解包装材料。

G.7
综合创新型城市建设评价报告

曾 刚 滕堂伟 朱贻文 叶 雷 高爽昱*

摘　要： 根据综合创新型生态城市指标体系中的指标，本报告采用
2017 年各个相关省份的统计年鉴、相关城市的统计年鉴、相
关城市的国民经济和社会发展统计公报等发布的统计数据，
对中国 284 个城市进行综合创新型生态城市评价。总得分排
名靠前的城市主要包括直辖市，例如北京、上海等；各省份
的省会城市，例如广州、南京；沿海开放型城市，例如深圳、
珠海等。登上前 100 名榜单的城市，尤其是其中较为靠前的
城市主要分布在东部沿海地区，西部地区城市的数量较少，
说明中国综合创新型生态城市的发展地域差异显著。最后本报
告提出以绿色技术创新为突破口，推动城市绿色发展和高质量
发展；搭建城市创新平台，完善城市创新系统；发挥城市地方
特色优势，吸引创新型人才等对策建议。

关键词： 综合性　创新型　生态城市

一　新时代综合创新型生态城市的发展动态

在国际竞争日趋加剧、国内经济向高质量发展的时代背景下，综合创新
型生态城市是践行"创新、协调、绿色、开放、共享"新发展理念的引领

---

* 曾刚，男，华东师范大学教授，博士，博士生导师。

者，是推动物质文明、政治文明、精神文明、社会文明、生态文明协调发展的排头兵，是努力实现更高质量、更有效率、更加公平、更可持续发展的战略载体。

（一）增加创新浓度成为城市建设新命题

集聚全球范围内的创新要素，全面提升大学、科研机构、高技术企业、创新创业人才在城市特定地域内集聚的密度，着力增加金融创投、中介服务等各种创新要素的集聚维度，提高创新创意互相交流、碰撞的频度，成为当前国内外创新型城市发展的普遍选择。这种新趋势体现了城市对于创新浓度的追求。创新要素越集聚，浓度越大，配置自由度越高，越能产生不同类型、不同领域、不同层级的知识的学习、吸收、组合、创新效应，越能为层出不穷的创新，尤其是激进式创新提供优良的生态环境，越能催生跨界融合发展。

增加城市的创新浓度，是和当前全球范围内制造业创新生态的重大改变息息相关的。新一轮产业革命引致了产业链、价值链、创新链在空间上的聚敛效应，正在深刻改变着传统的全球生产网络和全球价值链，也正在深刻地重塑着世界城市体系。对创新要素的竞争性集聚引致的创新浓度，成为事关城市竞争优势塑造的核心命题。

2018 年，"人才大战"成为国内综合创新型生态城市建设实践中的一道突出风景。从 2017 年初以来，国内的武汉、杭州、成都、西安、长沙、郑州、宁波、海南、天津等约 60 个城市先后出台人才新政。2018 年北京、上海、深圳、广州、南京、珠海等城市纷纷推出集聚引进高端人才的政策举措。而发达国家的大中型城市则以大学、科学园、创新街区、中心城区等为主要空间载体，积极发挥大学的知识溢出效应，创新土地混合利用方式，基于公私合作伙伴关系模式加快各类创新要素的空间集聚，促进创新主体的互动联系，着力增加城市"创新斑块"的创新浓度。

（二）优化创业生态系统成为城市建设新动力

集聚国内外创新要素为综合创新型生态城市建设提供了外部驱动力，但优化要素配置、将创新的潜能变为城市的经济优势，则离不开创业生态系统。优化创业生态系统，为综合创新型生态城市建设提供了强劲的内生驱动力。为此，需要高度重视初创企业的发展绩效，科技金融的融资便利性，技术人才的数量、质量、可得性、工资与生活成本，城市的市场范围和市场连通度或网络连接度，需要打造一大批富有创业经验的创业导师等新兴人才队伍。

富有优良创业生态系统的城市，无不强调激励探险精神的特殊个性，尊重并发扬市民中的特殊才能，努力打造生产、生活、生态，吃住行与工作娱乐功能空间高度集聚融合的新型城市空间形态（如创新街区、知识公园）等；充分发挥城市的多样性、复杂性等城市内在的本质属性。

创业生态系统聚焦于新兴的产业领域，在很大程度上反映了综合创新型生态城市的创新驱动发展潜力，预示着城市在全球竞争格局中未来地位的消长动态。

（三）优化营商环境成为城市建设新选择

激发市场主体活力，着力优化营商环境，成为综合创新型生态城市市政当局的主动选择。面对大数据、人工智能、新兴业态等重大科技和社会经济变革，市政当局纷纷进行政府体制机制变革，从某种意义上看，这已经成为市政当局的一场自我革命。2018 年以来，国务院成立了推进政府职能转变和"放管服"改革协调小组，并下设优化营商环境专题组，先后出台了《国务院办公厅关于进一步压缩企业开办时间的意见》《国务院办公厅关于开展工程建设项目审批制度改革试点的通知》《国务院办公厅关于印发进一步深化"互联网＋政务服务"推进政务服务"一网、一门、一次"改革实施方案的通知》《国务院关于印发优化口岸营商环境促进跨境贸易便利化工作方案的通知》《关于聚焦企业关切进一步推动优化营商环境政策落实的通知》等一系列文件，对优化营商环境做出了具体部署。例如：持续放宽市场准入，投资贸易更加宽松便利，民航、铁路等重点领域开放力度持续加大，部分垄断行业通过混改积极引入民间投资；加大监管执法力度，市场竞争更加公平有序；深化"互联网＋政务服务"，办事创业更加便捷高效；建立健全评价机制，营商环境评价更加有效。

优化营商环境成为国内外众多城市解放生产力、提高竞争力的重要抓手。上海将 2018 年列为"营商环境改革年"，以自贸试验区建设为突破口，聚焦开办企业、办理施工许可、获得电力、跨境贸易等评价营商便利度的关键指标，积极开展改善营商环境专项行动计划，推进投资、贸易、金融等制度创新先行先试，总体呈现改善态势，企业办事便利化程度逐步提升，制度性交易成本不断降低。依托进博会的大平台，主动对标国际最高标准，为进一步改善营商环境创造了有利条件。2017 年后，以吸引亚马逊入驻建立第二个总部为契机，包括洛杉矶、纽约、华盛顿、芝加哥等大城市在内的 238 个美国城市积极行动起来，着力优化城市营商环境。

（四）改善生态环境成为城市建设新切入点

保护和改善城市生态环境，是综合创新型生态城市建设的切入点，贯穿创新浓度、创业生态系统、营商环境等各个领域。优良的生态环境，是创新区位重要的内在组成部分，是创新要素尤其是高端创新要素集聚的重要区位因子；优良的生态环境，对城市的创业生态系统有效运转会产生两大系统功能的战略耦合效应；优良的生态环境，是政府必须高度重视的企业运营过程中的重要方面，尤其体现在高效、科学、公正的"环保执法"上。正是从这个意义上讲，保护生态环境，就是保护综合创新型生态城市的生产力；改善生态环境，就是发展综合创新型生态城市的生产力。

二　创新型生态城市指标体系

（一）指标选取

根据创新型生态城市指标体系构建的理论依据，在保持总体 14 个基础指标的前提下，本报告又选取了 5 个特色指标，以反映城市的创新基础与创

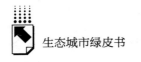
新绩效。现将各个特色指标的选取背景与意义、指标内涵、总体现状阐述如下。

特色指标一：R&D 人员数量

R&D 活动（Research and Development）是指在科学技术领域为增加知识总量并运用这些知识进一步创造新的应用而进行的创造性、科学性和系统性活动，包含基础研究、应用研究和实验发展三类活动。R&D 人员是指直接从事这三类活动或与这三类活动相关的管理和直接服务人员，是城市实现未来经济增长和维持区域可持续竞争力的基础，也是衡量一个城市创新基础条件与科技竞争实力的核心指标。

R&D 人员是开展 R&D 活动的前提和基础，也是 R&D 活动中最具活力的因素。一方面，R&D 活动的初期方向不确定性、活动过程的长期性和活动结果的不可预测性，要求城市必须具备一定数量和较高质量的具有专业知识与技能的 R&D 人员从事创造性活动。另一方面，R&D 人员主要分布于企业、高等院校、研究机构和非营利机构，是创新所需知识的主要生产者和传播者。区域创新系统理论认为创新活动是由空间上分工合作、关系上互相关联的企业、高等院校和研究机构组成的知识创造与扩散子系统（知识基础维度）和知识应用与开发子系统（商业维度）的有效结合所支撑的，R&D 人员是维持这些子系统运行的核心组成部分。此外，创新来源于不同知识、信息以及经验间的重新组合。市场的不确定性、技术的复杂性和研发的风险性，使 R&D 活动日益成为系统性工程，需要企业、高等院校、研究机构、中介机构等创新行为主体间的密切合作。R&D 活动所需要的新颖和前沿知识主要蕴含于 R&D 人员的技能之中，且这些知识主要通过 R&D 人员的分享与交换进行流动和重新组合。

根据科技部发布的《我国科技人力资源发展状况》，2017 年我国参与 R&D 活动的人员总数为 621.4 万人，R&D 人员总量为 403.3 万人年，其中企业、研究机构和高等院校 R&D 人员总量分别为 312.0 万人年、40.6 万人年和 38.2 万人年，万名就业人员中 R&D 人员为 52 万人年/万人，研发人力规模居全球首位。数量庞大的 R&D 人员成为我国实施创新驱动发展战略，建设创新型城市，到 2020 年进入创新型国家行列，2030 年跻身创新型国家前列的基础保障。

特色指标二：国家级科技企业孵化器数量

科技企业孵化器是以科技创新型中小企业为重点服务对象，为在孵企业提供研发、测试、经营活动的服务、设施和场地，以促进科技成果商业化、培育高新技术企业及企业家为核心目的的科技创新服务机构。与省级、市级、县级孵化器相比，国家级科技企业孵化器在领导团队学历、孵化器规模、孵化成果、累计毕业企业数、累计提供岗位、企业申请专利等方面的要求都更为严格，是体现一个城市科技成果商业化能力的重要指标。

1987 年，我国第一个科技企业孵化器在武汉诞生，由此我国科技企业孵化器的帷幕拉开，并在推动城市创新能力提升和经济可持续发展方面发挥了重要作用。具体而言，一方面，科技孵化器提高了城市科技成果的转化效率。科技企业孵化器是培养和扶植一批有一定潜力的科技型中小企业的重要服务机构，通过为中小型服务企业提供物理空间和基础设施以及一系列服务支持，降低创业者的创业风险与创业成本，提高中小企业创业成功率，帮助与支持他们进行研究成果的进一步转化，达到培养出成功企业家和成功企业的最终目的。另一方面，科技企业孵化器是推进区域创新系统中不同创新主体进行协同创新的重要运行载体。三螺旋理论创始人亨利·埃茨科维兹教授认为孵化器是大学、企业和政府三个主体在创新活动中各自职能重叠所产生的稳定的新型组织形式，是这三个主体相互关联和有效互动而形成的基础研究与应用研究相融合、创新活动与创业活动相衔接的交叉组织，其成功运作必然要求不同创新主体进行高水平协同运作。

根据《科技部关于公布 2018 年度国家级科技企业孵化器的通知》，截至 2018 年 12 月，我国共有国家级科技企业孵化器 124 所，几乎涵盖了中国所有的省、自治区、直辖市，囊括了 73 个城市。孵化器是城市创新能力成长的重大推动力，国家级科技企业孵化器数量能够较好地反映一个城市所具有的企业培育能力以及该城市的创新环境营造能力。

特色指标三：创业板上市公司数量

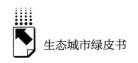

创业板上市公司数量是指所统计城市在创业板（在中国指深圳创业板）上市的公司数量总和。由于主板市场对企业成立时间、资本规模和企业业绩等方面具有较为严格的要求，创业板凭借其上市标准较低、市场监管严格、市场前瞻性高的优势，成为成长性高同时科技含量高的创业型企业、中小企业和高科技企业上市的重要融资平台。创业板上市公司数量是衡量一个城市创新氛围和技术商业化的核心指标。

创业板上市公司数量的多少体现了一个城市的创新基础和创新氛围。一方面，创业板上市公司具有成长潜力大、技术独特、创新性强等特点，它们多半是在先有研究成果的基础上再建立企业以实现技术商业化的"两高六新"企业（成长性高、科技含量高且具有新服务、新经济、新能源、新材料、新农业和新商业模式的企业），同时创业板上市公司主要集中在生物、信息、新能源、新材料等国家战略性新兴产业，因此创业板上市公司数量越多表明在未来一段时间内一个城市新增大型创新型企业的可能性越大。另一方面，创业板上市公司数量不仅反映了城市在未来一段时间内的发展潜力，也从侧面反映了该城市在营造创新氛围、吸引风险资本和培育高新技术企业方面的力度与成效，创业板上市公司数量越多表明城市在营造创新氛围和科技成果商业化方面的成效越明显。

深圳创业板开通十年以来，上市公司数量显著增加。2009 年创业板上市公司仅 36 家，分布于 24 个城市。截至 2018 年 12 月，我国创业板上市公司突破 700 家，分布于 28 个省、自治区、直辖市的 113 个城市，较 2009 年增加了 18.4 倍。

特色指标四：规模以上工业企业平均利润率

规模以上工业企业（以下简称"规上工业企业"）是指年主营业务收入在 2000 万元及以上的工业企业。规上工业企业平均利润率是指在一定的统计期内，规上工业企业剩余价值总额占预付资本总额的比率，不仅可以衡量一个城市工业企业的总体盈亏水平和健康程度，还可以反映一个城市工业企业的整体竞争力和创新绩效。

规上工业企业是技术创新的主要来源地，是国家和区域创新体系中的核心主体。一方面，创新活动并不是简单和廉价的经济社会活动，需要企业具备完备的实验设备、高素质的 R&D 人员和 R&D 经费投入，规模较小的企业大多不具备这些条件。规上工业企业具有较强的市场垄断能力与雄厚的资本优势，可以为技术创新活动进行大规模研发资源投入和抵御技术创新风险提供保障。另一方面，企业利润是检验创新产出实际成效的重要标准。约瑟夫·熊彼特指出企业所获得的超额利润主要来源于 R&D 活动所产生的独有性和排他性优势。创新活动所产生的新发明、新技术和新产品所嵌入的高度专属权能够为 R&D 活动所生产的原创性知识提供工艺优势、产品优势和服务优势，使企业在市场竞争中保持领先地位。此外，企业 R&D 活动所产生的专利、版权、商标等无形知识产权也已成为企业直接获得收益的重要途径。企业通过无形知识产权的转让、授权、交易和投资入股等转移方式，不仅可以收回 R&D 投入，还可以获得超额的经济利益。

根据国家统计局发布的工业企业财务数据，2018 年我国规上工业企业实现主营业务收入 102.2 万亿元，比 2017 年增长 8.5%，规上工业企业主营业务实现利润总额 6.6 万亿元，比 2017 年提升 10.3%，主营业务收入的平均利润率为 6.5%，比 2017 年上升 0.1 个百分点。规上工业企业平均利润率的持续提升是一个城市知识生产活动、科技创新活动和科技成果商业化活动可持续发展的有效保障。

特色指标五：百万人口发明专利授权数

百万人口发明专利授权数是指统计期内每百万常住人口所拥有的发明专利授权数。发明专利是指对发明专利授予的专有权，发明专利通常是一种提供新的生产方式，或为已有问题提供新的技术解决方案的产品或方法。与实用新型专利和外观设计专利相比，发明专利的技术含量更高，新颖程度更高，核心竞争力更强，是国际上比较城市、区域和国家间科技进步、创新实力和创新绩效所使用的最为广泛的指标之一。

发明专利是反映一个城市创新能力和创新产出水平的"风向标"和"晴雨表"。首先，发明专利具有潜在的商业价值和经济效益。发明专利中所蕴含的技术信息是罕见的，即使对具有相关技术和技能的熟练研究人员而言也不是显而易见的，且发明专利中的部分高价值专利在未来的市场中可能转化为实际的经济价值，甚至具有一定的战略价值。其次，发明专利是R&D活动的主要产物。世界知识产权组织认为R&D活动所生产的原创性知识90%以上均包含在专利中，其他10%左右的知识则主要蕴含在出版物和论文中，发明专利原创性、新颖性知识的密度远高于实用新型专利和外观设计专利，是R&D活动的主要产出成果形式。最后，专利是保护创新主体R&D活动成果和未来开展R&D活动的主要载体。专利的高度专属权保护机制不仅明确了创新主体的知识产权范围，还是遏制技术纠纷、模仿、复制和剽窃等不法行为的重要依据。城市所拥有的专利库是城市未来进行创新活动所需技术知识库的核心部分，也是一个城市在区域、国家、全球创新体系中占据和维持其位置的重要知识资本。

据国家知识产权局统计数据，2018年我国大陆地区（不含港澳台）发明专利申请量达154.2万件，较2017年提升11.6%，授权发明专利为43.2万件，较2017年提升2.9%，每万人发明专利拥有量达11.5件，较2017年提升1.7件。

（二）数据来源与测算方法

1. 数据来源

为了保证数据的完整性和可得性，本报告在撰写时2018年统计数据尚不完整的情况下，采用各个城市2017年度的统计数据，并与本书其他部分保持一致。依据"综合创新型生态城市评价体系"，通过整理2017年相关城市的统计数据，可以对中国284个城市进行综合创新型生态城市评价，并可以将其与往期的情况进行对比。为了保证数据的权威性与客观性，本报告所采用的数据来源包括2017年各个相关省份的统计年鉴、相关城市的统计年鉴、相关城市的国民经济和社会发展统计公报等。

2. 权重分配

为了与本书其他部分保持一致，本指标体系权重的确立方法采取的也是逐级等分分配的方式。首先，将一级指标的权重设为1/1，再将一级指标下属的各个二级指标均分，例如，"生态环境"占目标层的1/5；又将每个二级指标的总权重设定为1/1，把该二级指标所包括的各个三级指标均分，例如，"森林覆盖率"占二级指标"生态环境"的1/5，而占一级指标的1/25（见表1）。

表1　中国综合创新型生态城市评价指标体系及权重

一级指标	二级指标	二级指标对一级指标的权重	三级指标序号	三级指标	三级指标对二级指标的权重
综合创新型生态城市发展指数	生态环境	1/5	1	森林覆盖率[建成区绿化覆盖率(%)]	1/5
			2	空气质量优良天数(天)	1/5
			3	河湖水质(人均用水量)(吨/人)	1/5
			4	单位GDP工业二氧化硫排放量(千克/万元)	1/5
			5	生活垃圾无害化处理率(%)	1/5
			6	单位GDP综合能耗(吨标准煤/万元)	1/5
	生态经济	1/5	7	一般工业固体废弃物综合利用率(%)	1/5
			8	R&D经费占GDP比重[科学技术支出和教育支出占GDP比重(%)]	1/5
			9	信息化基础设施[互联网宽带接入用户数(万户)/全市年末总人口(万人)]	1/5
			10	人均GDP(元/人)	1/5
	生态社会	1/5	11	人口密度(人/平方千米)	1/4
			12	生态环保知识、法规普及率,基础设施完好率[水利、环境和公共设施管理业全是从业人员数(万人)/城市年底总人口(万人)]	1/4
			13	公众对城市生态环境满意率[民用车辆数(辆)/城市道路长度(千米)]	1/4
			14	政府投入与建设效果[城市维护建设资金支出(万元)/城市GDP(万元)]	1/4
	创新基础	1/5	15	研发人员数量(万人)	1/3
			16	国家级科技企业孵化器数量(个)	1/3
			17	创业板上市公司数量(个)	1/3
	创新绩效	1/5	18	规模以上工业企业平均利润率(%)	1/2
			19	百万人口专利授权数(项)	1/2

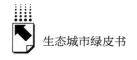

3. 计算方法

在对指标进行计算前，首先区分该指标是属于正指标还是逆指标。对于属于正指标的数据，将其最大值设定为 100 分；对于属于逆指标的数据，将其最小值设定为 100 分；随后，其余城市的得分按与得分最高城市的比例，计算出该项指标的最终得分：

$$正指标得分 = \frac{现状值}{统计城市中该类指标最大值} \times 100$$

$$逆指标得分 = \frac{统计城市中该类指标最小值}{现状值} \times 100$$

正、逆指标得分取值范围均为 0~100，若出现负值统一进行归零处理。

本报告将从生态环境、生态经济、生态社会、创新基础及创新绩效五个主题展开分析，最终落实到 19 个具体指标，对综合创新型生态城市的发展状况进行计算和比较，分别得到 284 个城市相应的 19 个三级指标、5 个二级主题得分，并计算得到最后的整体得分。

三 评价结果

（一）综合创新型生态城市排名

根据本报告所制定的计算步骤，采用各个城市的统计指标数据，计算得出 284 个城市的总分。与往期的方法一致，我们选取其中前 100 名的城市进行更深入分析。通过对总得分进行排序，我们将排名位列前 100 名的城市名单列出，如表 2 所示。

总体来看，在综合创新型生态城市排行榜上排名前 50 位的城市，主要包括直辖市，例如北京、上海等；各省份的省会城市，例如广州、南京等；沿海开放型城市，例如深圳、珠海等。从具体得分来看，排名靠前的北京（55.33 分）、深圳（52.74 分）等城市得分较高，达到 100 名中较为靠后城市得分（固原 20.32 分、黄山 20.28 分）的两倍多。这表明全国综合创新型

表2　中国综合创新型生态城市100强（2019年）

排名	城　市	排名	城　市	排名	城　市	排名	城　市	排名	城　市
1	北　京	21	南　昌	41	湖　州	61	泉　州	81	榆　林
2	深　圳	22	长　沙	42	昭　通	62	烟　台	82	拉　萨
3	上　海	23	宁　波	43	鄂尔多斯	63	辽　源	83	泰　州
4	广　州	24	海　口	44	保　山	64	石 家 庄	84	太　原
5	珠　海	25	南　通	45	茂　名	65	洛　阳	85	鹰　潭
6	厦　门	26	兰　州	46	克拉玛依	66	莆　田	86	常　德
7	苏　州	27	临　沧	47	商　丘	67	宜　春	87	陇　南
8	杭　州	28	定　西	48	乌鲁木齐	68	重　庆	88	大　庆
9	武　汉	29	济　南	49	哈 尔 滨	69	曲　靖	89	武　威
10	南　京	30	庆　阳	50	南　宁	70	漳　州	90	六　安
11	成　都	31	镇　江	51	怀　化	71	威　海	91	绍　兴
12	东　莞	32	呼和浩特	52	嘉　兴	72	惠　州	92	廊　坊
13	佛　山	33	湛　江	53	河　源	73	娄　底	93	郴　州
14	郑　州	34	天　津	54	延　安	74	北　海	94	沈　阳
15	合　肥	35	嘉峪关	55	福　州	75	舟　山	95	丽　水
16	三　亚	36	温　州	56	汕　头	76	东　营	96	邢　台
17	青　岛	37	长　春	57	金　华	77	大　连	97	大　同
18	常　州	38	天　水	58	扬　州	78	乌　海	98	丽　江
19	中　山	39	周　口	59	肇　庆	79	赣　州	99	固　原
20	西　安	40	无　锡	60	抚　州	80	徐　州	100	黄　山

生态城市之间的差距仍然较大。同时，登上前100名榜单的城市，尤其是其中较为靠前的城市主要分布在东部沿海地区，西部地区城市的数量较少，说明中国综合创新型生态城市的发展状况地域差异显著。

通过将本期城市排名与之前进行对比，发现排名总体上较为稳定，但也有个别城市的波动较为明显。

佛山本期排名第13（上期排名第27），进步较为显著。其中，佛山在空气质量优良率、垃圾处理率、孵化器数量等指标上都在全国处于领先地位，是其排名靠前的主要原因。常州本期排名第18（上期排名第16），基本都处于比较靠前的位置。其中，常州在工业固体废物处理率、孵化器数量和专利数量等指标上都在全国处于靠前地位。在100强榜单的中段，昭通本期排名第 42（上期排名第 79），进步较为显著。其中，昭通在研发经费比重、公众对城市生态环境满意率等指标上表现十分突出，天津本期排名第 54（上期排名第 15），退步非常明显。其中，天津在河湖水质、环境满意率、孵化器数量等指标上几乎都处在全国靠后位置，这也影响了天津的排名情况，重庆本期排名第 68（上期排名第 41），出现了一定程度的下降。其中，河湖水质、二氧化硫排放量和环境满意率是重庆整体水平中拖后腿的重要因素，而在 100 强榜单的后段，六安本期排名第 90（上期排名第 224），同比进步非常显著。其中，六安的垃圾处理率、环保普及率在全国排名靠前，是其本期排名提升的主要因素。

（二）聚类分析结果

根据总分排名的分析结果全面地反映了我国综合创新型生态城市的发展水平。同时，为了对各种城市的类型进行更为细致和精确的划分，研究以指标体系中的五个主题（生态环境、生态经济、生态社会、创新基础及创新绩效）作为变量，以全国 284 个城市作为样本，利用系统聚类法进行聚类分析，采用离差平方和算法得到综合创新型生态城市的聚类谱系图。根据聚类谱系图，按照各个城市在五个主题上得分的特征与区别，可以将这 284 个城市分为综合创新型、生态经济型和生态社会型共三类（如图 1 所示）。

第一类城市，综合创新型（14 座）：包括北京、深圳、上海、广州、珠海、苏州、杭州、武汉、南京、东莞、佛山、合肥、常州、济南。

第一类城市的整体特征是综合实力特别突出，尤其在创新基础和创新绩效两大主题上在全国处于领先地位。从总分上看，14 个第一类城市的平均分达到了 34.39 分，遥遥领先于其他类别的城市。从各个主题来看，第一类城市在创新基础上特别突出，平均分达到 37.12 分（第二类城市为 4.01 分，第三类城市为 1.21 分）；在创新绩效上也十分突出，平均分达到 26.14 分（第二类城市为 6.29 分，第三类城市为 5.86 分），与其他类别的城市相比拥有非常显著的优势。由此也可以看出，北京、深圳、上海、广州等城市在我

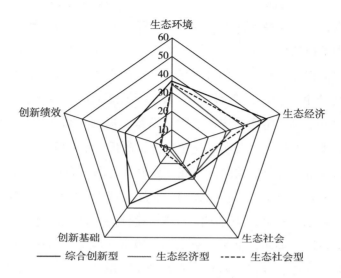

图1　三种类型城市主题平均得分雷达图（2019年）

国创新型城市的发展中位居前列，起到了引领和示范作用，但在生态环境保护与市民获得感方面仍存在不小的提升空间。

第二类城市，生态经济型（103座）：包括成都、青岛、中山、西安、长沙、宁波、南通、镇江、天津、温州、长春、无锡、湖州、乌鲁木齐、南宁、嘉兴、福州、金华、扬州、肇庆、抚州、泉州、烟台、石家庄、洛阳、莆田、重庆、漳州、威海、惠州、舟山、东营、大连、赣州、徐州、拉萨、泰州、鹰潭、常德、六安、绍兴、廊坊、丽水、固原、黄山、绵阳、沧州、吉安、信阳、亳州、咸阳、台州、芜湖、广元、平凉、张家界、宣城、内江、宁德、景德镇、安顺、龙岩、潍坊、玉林、江门、安庆、滁州、巴中、驻马店、资阳、连云港、南平、遂宁、梅州、盐城、安康、桂林、广安、蚌埠、汕尾、铜陵、宿迁、三明、眉山、泸州、宿州、衢州、随州、钦州、阜阳、清远、佳木斯、株洲、阜新、德州、池州、韶关、衡水、南阳、济宁、泰安、潮州、自贡。

从整体上看，第二类城市的生态经济领域比较突出，领先于第三类城市；但在创新能力上的总体水平亟须加强。从总分上看，103个第二类城市的平均分为20.19分，落后于第一类城市，但略微领先于第三类城市。从各个主题来看，第二类城市在生态经济上比较突出，平均分达到42.49分，领先于第三类城市的32.75分。但是，第二类城市的创新能力不足，创新基础与创新绩效的得分分别为4.01和6.29分，落后第一类城市较多。

第三类城市，生态社会型（167座）：包括厦门、郑州、三亚、南昌、海口、兰州、临沧、定西、庆阳、呼和浩特、湛江、嘉峪关、天水、周口、昭通、鄂尔多斯、保山、茂名、克拉玛依、商丘、哈尔滨、怀化、河源、延安、汕头、辽源、宜春、曲靖、娄底、北海、乌海、榆林、太原、陇南、大庆、武威、郴州、沈阳、邢台、大同、丽江、吕梁、白城、昆明、淄博、湘潭、宜宾、商洛、柳州、石嘴山、衡阳、通化、防城港、玉溪、宝鸡、许昌、达州、黄冈、鸡西、永州、秦皇岛、遵义、漯河、益阳、邵阳、新乡、濮阳、贵阳、崇左、淮安、西宁、齐齐哈尔、铜川、岳阳、马鞍山、渭南、四平、盘锦、梧州、保定、通辽、开封、上饶、九江、绥化、白银、黑河、荆州、张家口、十堰、吴忠、七台河、双鸭山、阳泉、鹤壁、贺州、南充、晋中、晋城、德阳、鹤岗、长治、牡丹江、巴彦淖尔、临沂、阳江、焦作、松原、河池、平顶山、淮北、运城、包头、日照、揭阳、金昌、葫芦岛、张掖、新余、汉中、邯郸、黄石、朝阳、淮南、乌兰察布、云浮、锦州、三门峡、六盘水、菏泽、唐山、孝感、鞍山、枣庄、忻州、来宾、营口、攀枝花、宜昌、乐山、呼伦贝尔、丹东、雅安、朔州、萍乡、咸宁、鄂州、贵港、银川、铁岭、襄阳、莱芜、百色、安阳、中卫、酒泉、聊城、滨州、伊春、赤峰、白山、荆门、辽阳、抚顺、承德、本溪、吉林。

从整体上看，第三类城市的生态社会领域相对较好，领先于第二类城市；但在创新能力上，总体水平与第一类城市差距非常明显。从总分上看，167个第二类城市的平均分为18.81分，略微落后于第二类城市，与第一类城市则相差较大。从各个主题来看，第三类城市在生态社会上表现突出，平均分达到19.06分，领先于第一类城市的18.78分，遥遥领先于第二类城市的12.66分。但是，第三类城市的创新能力严重不足，位于三个类别城市的最后，创新基础与创新绩效的主题得分分别只有1.21分和5.86分，离"创新驱动，转型发展"的时代要求尚有不短的距离。

四 对策建议

随着经济全球化的不断深入和科学技术的迅猛发展，创新正在经济长期可持续增长中发挥着越来越重要的作用。从外部形势看，近年来国际局势波诡云谲，正面临百年未有之大变局，中国亟须通过创新升级，在全球产业分工上有所突破。从内部环境看，中国经济目前处于转型期，传统发展动力不断减弱，粗放型增长方式难以为继，创新驱动的重要性和迫切性日益显现。能否通过"创新驱动，转型发展"，实现从传统粗放型增长向现代智慧型高质量发展的转型，直接关系到中国的未来。为此，需要采取以下措施，推动综合创新型生态城市升级发展。

第一，以绿色技术创新为突破口，推动城市绿色发展和高质量发展。对于创新基础和创新绩效较好的城市而言，更应注重将生态环境与创新融为一体，解决长期可持续发展方式和发展动力的问题。在相当长的时间里，我国很多地方的创新政策与环境政策是分离的，创新活动与环境保护二者之间存在脱节。而绿色创新有利于实现经济发展与自然资源消耗之间的"脱钩"，是推动绿色发展、健全生态经济体系的必由之路。

综合创新型城市应广泛吸纳社会力量参与绿色创新，形成政府、企业、社会多元化、多渠道、层次清晰的绿色创新投入格局。由政府牵头建立绿色技术成熟度评价体系，对绿色产业发展的成熟关键技术实施政府财政购买；同时，配以绿色消费积分制，鼓励消费者选购绿色产品。以国家发展改革委2018年底出台的《关于创新和完善促进绿色发展价格机制的意见》为契机，更好地发挥价格杠杆对创新资源的引导和优化配置作用，拉动绿色创新的发展。

第二，搭建城市创新平台，完善城市创新系统。对于经济基础较好的城市，应格外注重培育重点创新型企业、产业孵化器、技术交易平台等区域创新系统。政府应重视基于创新联盟的开放式区域创新系统建设，指导重点企业、科研院所、政府等更好地互相开放和开展密切的合作，尤其要重视跨区

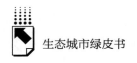

域的科技中介机构的作用。

生态经济型城市可以建立技术交易平台，促进技术创新成果交易。通过技术交易平台，为企业提供更多选择，推动先进适用技术与资本、产业对接，促进成果转化和产业化应用。同时，技术交易规模的不断扩大能够促进技术研发投入，加速技术进步速率，在供给和需求两端形成良性互动，推动经济和环境的可持续发展。

第三，发挥城市地方特色优势，吸引创新型人才。对于具有良好社会氛围和基础设施的城市，应注意突出本土的特色优势，提升自身创新能力。对这一类城市，应当着重吸引两类人才：一是在本地土生土长的人才，二是本土高校、科研院所培养的周边省份的人才。前者从小习惯于本地自然环境和社会环境，后者对本地环境已经有所适应，在条件合适时也会优先考虑留下工作。对于其他类似城市，也完全可以有目标地针对这两类人才进行政策倾斜。建议针对本土人才建立系统的"追踪档案"，利用现代信息化网络资源，结合本地教育管理部门掌握的学生教育档案，建立长期、动态、精准的潜在人才跟踪机制，建立人才储备库。可通过打造自身品牌特色行业来吸引人才创新创业、留住科技人才。例如内蒙古的奶制品业、羊毛纺织业，云南地区的金属冶金与生物产业等都可以借鉴，吸引特定领域优秀的科技人才。这就需要每个城市的政府部门进行统筹管理，一方面需要做好宣传工作，在目标院校、科研院所、高新技术企业等大力推介本地区特殊产业；另一方面需要提高服务意识，针对特定学科领域制定特殊政策，在资金支持、科研环境、生活待遇等方面，保障科技人才的切身利益。

核心问题探索

Studies on Key Issues

G.8
城市群的生态城市协同建设

孙伟平　刘明石*

摘　要： 目前，中国城市群的生态城市协同建设顶层设计已经初步形成，相关理论研究逐步深入，参与城市积极推动，政府间合作越来越紧密，"共抓大保护，不搞大开发"这一理念已经被广泛接受和认可。在生态城市协同建设中，还存在法律法规、协调机制、生态补偿机制不健全，协同层次低、内容少，城市协同缺乏内生动力等问题。在未来的生态城市协同建设中，要细化顶层设计，差异化设计生态城市协同建设发展路径，打破行政区域壁垒，加快构建城市间统一开放、充满活力的一体化区域市场体系及区域产业协作体系，建立健全与城市协同相关的法律法规、协调机制及生态补偿机制。

* 孙伟平，男，上海大学社会科学学部教授，研究员，博士生导师；刘明石，男，中国社会科学院博士，哈尔滨师范大学马克思主义学院讲师。

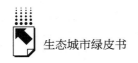

关键词： 城市群　生态城市　顶层设计

中国的生态城市建设已经进入城市群阶段，城市群内部的生态城市协同建设成为新的研究课题。目前，这一领域的理论研究与建设实践都取得了很大进展。

一　城市群内部的生态城市协同建设初见成效

（一）顶层设计初步形成

党和政府对生态城市协同建设高度重视，并就此做出了相关的顶层设计。国务院提出，"十三五"期间要加强城市群建设，并拟定了 19 个城市群作为重点发展目标。[①] 十九大报告也明确指出，城市建设要走区域协同发展战略的路子，"以城市群为主体构建大中小城市和小城镇协调发展的城镇格局"。[②] 2018 年，博鳌亚洲论坛专门设置了"中国城镇化的城市群模式"分论坛。

为了配合生态城市协同建设，国务院及国家各部委、各省区市政府相继出台了一系列规划及相关政策。例如，从 2015 年开始，国务院先后批准通过了京津冀、长三角、珠三角等三个世界级城市群的发展规划。此外，还相继批复了成渝城市群、长株潭城市群、哈长城市群、长江中游城市群等次级城市群，以及淮河生态经济带等中小城市群。目前，已经基本确立了梯次结构合理、覆盖全国重点区域的城市群架构。

为了促进城市群的发展，2019 年 2 月，国家发改委发布了《关于培育发展现代化都市圈的指导意见》。依照该《意见》标准，《中国都市圈发展报告 2018》共识别出上海、杭州、青岛、南京、银川、合肥等 34 个都市

---

① 《"十三五"期间我国共要建设 19 个城市群》，人民网。
② 《决胜全面建成小康社会　夺取新时代中国特色社会主义伟大胜利》，十九大报告。

圈。根据发展程度的不同，《报告》把 34 个都市圈划分为成熟型都市圈（如南京、杭州、深圳都市圈）、发展型都市圈（如合肥、成都、沈阳都市圈）和培育型都市圈（如重庆、哈尔滨、乌鲁木齐都市圈）三类。每个都市圈都编制了如《上海大都市圈空间协同规划》《南京都市圈区域规划》等发展规划。这些都市圈发展规划，都以"共建、共享、同城化"为目标，重点在城市间一体化、同城化方面下功夫，努力打造 30 分钟快速通勤圈、1 小时生活圈。

（二）政府间合作越来越紧密

区域内城市的市长联席会议、合作办公室以及定期召开的会议、高端论坛、研讨会等是当前生态城市协同建设的主要工作方式。

2018 年 3 月，长三角市长联席会议召开，与会代表签署了《长江三角洲地区城市合作（金华）协议》。2018 年 5 月，由沪、苏、浙、皖三省一市合作组建的长三角区域合作办公室成立，专门处理长三角城市之间的协同问题。湖北、江西等沿长江省份建立了长江保护联席机制，通过定期召开会议的方式，共商长江环境保护及长江沿线城市的协同发展。2017 年 4 月，武汉、长沙、合肥、南昌等四个长江中游城市还共同签署了《长江中游城市群省会城市合作行动计划（2017～2020）》，力争实现产业发展协同化、公共服务同城化等目标。2018 年 11 月，《长三角地区一体化发展三年行动计划（2018～2020）》发布。2018 年 11 月，《珠三角国家绿色发展示范区建设实施方案》发布。2018 年 11 月，北部湾城市合作组织的 10 个城市，合作签署了《环境保护合作框架协议》。2018 年 12 月，淮海经济区 10 个城市签署了《协同发展战略合作框架协议》。

2018 年 1 月，京津冀城市协同发展高端论坛在河北召开，就城市发展、对接京津等议题进行讨论。2018 年 6 月，"环太湖城市协同发展研讨会"在无锡召开，与会者在生态共保、区域共治等方面达成广泛共识。2018 年 9 月 1 日，在长三角工业互联网峰会上，杭州、苏州等 9 城市签署协议，开始实施 G60 工业互联网协同创新工程。2018 年 11 月，这 9 个城市又联合发布

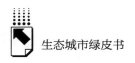

《一体化发展的 30 条措施》，努力实现区域内 9 城市的同城效应。2019 年 5 月 23 日，京津冀全域旅游协同发展论坛举行，就"京津冀全域旅游空间格局"问题进行了探讨和研究。

2016 年以来，杭州、湖州、嘉兴、绍兴四城市以"交通共联、环境共建、社会共享"为目标，积极主动加强城市间合作，成果显著。福建省的漳州、泉州和厦门三个城市，通过合作共建园区、环境污染联防联控、公用设施跨区覆盖、环境设施共建共享等一系列措施，加速推进一体化进程。2018 年 4 月 20 日，洛阳、三门峡、济源、平顶山等四个城市在洛阳召开联席会议，共同探讨建立联席会议制度，推进洛阳都市圈建设。围绕上海都市圈建设，周边城市用实际行动纷纷响应。南通提出要建设上海"北翼门户城市"，宁波强调要强化与上海的同城化建设，嘉兴表示，要"全面对接上海示范区"，湖州市则直接提出旨在加速融入上海的《都市圈三年行动计划》。①

随着生态城市协同建设的逐步推进，城市间项目合作的数量越来越多，融资规模也越来越大。2016 年，嘉兴引进来自上海投资的浙商项目 82 个，总投资 105 亿元。2018 年，闽西南五市共投资 965.3 亿元，组织实施 66 个协同项目，超额 19.5% 完成 2018 年的合作计划，并计划进一步深入推进基础设施、社会事业等领域的协同合作，推动协同发展朝着既定目标加速迈进。2019 年，为推进九龙江跨市流域协同治理，闽西南五市计划商讨 101 个协同项目，投资 1400 亿元。沧州积极与京津对接，截至 2019 年 1 月，已经有 1542 个京津项目落地沧州渤海新区，总投资 6947.4 亿元。2019 年初，绍兴市党政代表团开展长三角一体化绍兴推介活动，共签约 18 个重大项目，总投资 351.8 亿元。为推动产业联动发展，截至 2019 年 5 月，川渝合作高滩新区累计签约项目 66 个，年产值规模达 27 亿元。

（三）生态城市协同建设成果初现

2011 年 2 月，在广东省委、省政府的领导下，深汕（深圳与汕尾）特

---

① 注：三年行动计划指 2018～2020 年。

别合作区成立，成为生态城市协同建设的一个典范。2017 年 3 月，浙江省在嘉兴市设立"浙江省全面接轨上海示范区"，全面接轨上海。2018 年 9 月，成都与南充市政府在南充召开城市合作专题对接会，讨论自贸区协同发展、城市合作对接等问题。2019 年江苏省"两会"上，常州和泰州代表团共同提议，加速两个城市的联合，实现"中轴崛起"。2019 年 3 月，上海市青浦区与江苏省苏州市吴江区、浙江省嘉善县，以协作机制为基础，建立区域环保产业网，共建一体化生态文明示范区。2019 年 5 月，京津合作示范区在天津市东北部成立，计划投资 2500 亿元，已经完成投入 40 亿元。

2016 年 8 月 8 日，浙江省台州市"杜桥—椒江"城际过江专线通车，有效促进了"三区两市"同城化发展。① 2017 年 7 月，嘉兴市与上海市三家医疗机构实现"点对点"联网结算，嘉兴的市民可以在上海这三家医疗机构接受治疗并直接在上海进行刷卡结算。此外，嘉兴与上海还实现了公交领域一卡通。2019 年 2 月，苏州轨道交通 S1 线进入实质性施工阶段。S1 线全长 41.25 千米，均为地下线。该线路一旦建成，将用轨道交通把苏州、昆山、上海连接起来，助力苏昆沪迈入轨交同城时代。目前，京津"半小时"经济圈已经形成，浙江省绍兴市已经成功融入上海 90 分钟交通圈和经济圈。

经过几年发展，中国城市群内部生态城市协同建设，已经从最开始的基础设施及硬件对接发展到现在的资源共享及软件相通阶段。2014 年，"长三角区域空气质量预测预报中心"成立，标志着长三角地区空气质量预测预报协调工作初见成效。2016 年 6 月，京津冀合作签署了《养老工作协同发展合作协议》，天津市卓达养老示范基地成为首批试点。

近年来，各参与协同建设的城市积极推进科技及人才资源共享。截至 2016 年底，长三角各城市已经有近 1500 家单位参与共享活动，共 17000 多台（套）科研仪器设备入网。该活动有效降低了设备的重复购置率，提升了科研设备的利用率。2018 年 10 月，辽宁沿海经济带 6 城市共同签署了

---

① 《协同发展铸就城市强大核心区》，《台州日报》2016 年 8 月 26 日。

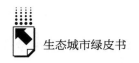
《人才供需合作框架协议》，共商区域人才协同发展大计。2018 年 11 月，这 6 个城市又签署了《协同对外开放行动计划》，协同推进对外开放。

京津冀协同发展战略实施以来，河北省积极落实"三区一基地"功能定位，"京津研发、河北转化"的协同模式逐渐成形。怀柔—丰宁产业园等产业疏解项目顺利实施，《京冀医药产业协同发展框架》等合作协议也相继签署。高碑店农副产品物流园，签约北京商户 4 万余户，其中 2.4 万户已经入驻。河北省与京津共建科技园区等创新载体超过 210 家。

（四）理论研究逐步深入

2006 年，新时代城市协作的标志性著作《区域经济一体化下的城市合作与发展》出版，该书对区域合作背景下的城市协作与发展问题进行了较为前瞻性的阐述。截至 2019 年 5 月 15 日，在中国知网中，以"城市群"作为关键词进行检索，可检索到相关文章 13304 篇，其中核心期刊 2414 篇，CSSCI 来源期刊 1705 篇。从现有成果看，与城市群相关的研究以解决城市之间的协同问题为主。此外，研究城市群建设同中国城镇化、生态文明、生态城市之间关系的成果越来越多。随着研究的逐步深入，研究视角也从最初的主要侧重于对城市群内涵及对外国经验的研究和介绍，发展到现在的理论研究与实证研究并举。

各级智库也加强了对生态城市协同建设的研究。例如，早在 2012 年，成渝经济区就成立了"城市群产业发展协同创新中心"，专门研究和指导城市群内部城市之间的协同建设问题。2018 年 1 月，国家智库发布《长江中游城市群协同发展评价报告（2017）》。2018 年 3 月，中国第一家"国家中心城市研究高端智库"在郑州成立。2018 年 6 月，科技创新智库国际研讨会召开，主题为："城市群与未来机遇"。2018 年 6 月，安仁智库中心与教育部相关课题组、上海交大城市科学研究院联合发布了《加快发展大都市圈的战略与政策研究报告》。2018 年 9 月，国家智库发布《"长三角城市协同发展能力指数（2018）"研究报告》。这些成果，标志着各级智库对城市群的研究已经进入常态化阶段。

二 城市群内部生态城市协同建设效果还不尽如人意

中国的城市群建设时间较短，还存在相关法律法规及协调机制不健全，协同层次低、内容少，生态补偿机制不健全等问题。这些问题的存在，对城市群内部生态城市协同建设造成了一定的影响和阻碍。

1. 生态城市协同建设缺乏内生动力

每一个城市，在加入城市群建设之前，都有一套自成体系的发展模式和规划，在城市群协同过程中，城市原规划与城市群规划相抵触的现象屡见不鲜。在协同问题上，相邻城市自然地理环境相似，势必会出现产业布局及发展利益冲突，当涉及城市自身核心利益的时候，各参与城市往往畏首畏尾，不愿意合作。由于各城市的天然禀赋不同，对资源的掌控能力各不相同，对待城市群的态度也不一样。例如，京津冀城市群中，北京处于绝对的核心，京津两市是国际大都市，而河北省的承德、沧州等市则体量很小，导致这些城市在城市群建设中处于被动服从的地位，与大城市之间不是合作关系，而变成了依附关系。在长株潭城市群中，湘潭对接长沙的意愿强烈，相比较而言，长沙对接湘潭的意愿显弱。①

中国整体生态环境不容乐观，流域发展不平衡问题突出。绝大多数城市并未实现自身的经济发展及生态保护的良性循环，参与城市群建设，多是出于自身利益考虑，主要是为了解决自身发展问题。各个城市都想把污染产业转移出去，把经济建设搞上来。参与生态城市协同建设的各方，利益得失不同，对待已经签署的合作协议的态度也各不相同。得到利益的城市往往实施协议的积极性高，推进速度快，而失去利益的城市往往会采取各种借口拖延甚至抵制协议的实施。随着城市群的发展，这种恶性循环的弊端被进一步放大。加之顶层设计不健全，产业结构和空间布局不合理，城市功能分工不明

---

① 《中国城市群协同发展面临挑战 三类要素缺乏》，中国产业经济信息网，2018年4月5日。

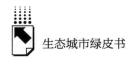

确，不科学，错位竞争不畅，影响了城市群整体效能的发挥。

2. 协同层次低、内容少，生态补偿没有落到实处

以 GDP 为主要考核指标的政治晋升机制，使地方政府在城市协同方面，更偏好追求经济协同规模最大化，而选择性地忽视教育、医疗、环境治理等短期难以见效的外溢性公共产品的协同与合作。此外，城市间的协同与合作主要还局限于外围的工作，雾霾防治、科技资源流动共享等领域的深层次合作还较为少见，尚未形成协同发展的城市利益共同体、一体化土地要素市场、完善的生态环境保护联动机制和公共服务协调平台。

一般而言，经济落后地区的生态环境相对于经济发达地区要好一些。在生态城市协同建设中，这些经济落后地区在环境保护方面做出了相当大的贡献，但是没有得到相应的经济补偿。目前，国内学术界和各省区市政府相关部门都在研究生态补偿问题，但是，关于生态补偿的范围、对象及数额还没有形成全国统一标准。生态补偿资金主要来源于上一级政府部门，补偿力度不够，多数被补偿的城市或单位不满意。而且，自上而下的纵向生态补偿相对容易，城市群内部城市之间的横向生态补偿基本处于空白状态。

3. 城市间协同法律法规、协调机制不健全

目前，生态城市之间的协同建设，主要以论坛、联席会议、城市联合会等方式进行沟通和协调，没有固定统一的协调管理机构，缺乏约束机制，没有成熟的纠纷解决机制，使协同工作务虚大于务实。

相关法律法规不健全。国家层面缺乏对城市协同发展方面的立法，城市群内部立法的合法性不足。在实际操作过程中，经常出现签订了协议却无法执行的情况，例如，打不通的断头路、无法截断的环境污染等。城市间合作签署的各种框架协议本身没有法律约束力，即使相关城市违反协议，也无法对其进行惩戒。

三 生态城市协同建设发展路径

城市群建设是中国生态城市协同建设的一个重要环节和阶段，提升城市

群的综合承载能力及联动发展水平，更有助于实现生态城市的可持续发展。

1. 细化顶层设计，差异化设计城市协同建设发展路径

城市群背景下的生态城市协同建设，要放在中国城镇化的大环境下进行考虑，在建设美丽中国共识基础上，努力探寻生态城市协同建设的规律。要立足于生态城市协同建设的现实情况，实事求是稳步发展，不搞大开发、大变革。要把城市群看作一个大的系统，按照系统论的要求，梳理城市群内生态环境、自然资源，统筹协调各城市之间的关系，构建区域城市命运共同体。要把生态环境保护底线思维运用到城市群建设中来，将生态保护与绿色发展作为衡量城市发展水平的重要指标。不管如何协同，必须保证所有参与协同建设的城市，生态环境都越来越好。要让各个城市充分感受到城市协同建设带来的便利。

城市群内部要有明确的分工与合作，各城市要明确自己在城市群中的定位。北京、天津、上海等特大城市，在城市群中要充分发挥引领作用。南京、石家庄、杭州等城市要发挥区域性增长极的作用。其余的中小城市要做好大城市的有益补充，帮助大中城市解决困难，同时发展自己的特色产业，与大中城市形成一种互利互惠的平等合作关系，构建生态城市命运共同体。

2. 积极推进生态城市协同建设一体化进程

在制定生态城市协同建设发展规划的时候，要主动与国家层面规划相衔接，与城市原本的发展规划相协调和衔接。京津冀、长三角、珠三角等城市群横跨数省，涉及的省际问题非常多，要从省级层面积极沟通，确保生态城市协同建设的顺利实施。建立统筹城市群内部各城市的权威机构，协调城市之间的协同建设问题，避免城市发展的无序状态甚至恶性竞争。

要推进区域基本公共服务一体化进程，逐步实现基本公共服务异地共享标准一致。加强"同城化"合作，努力实现公共服务在省际、市际的均衡化、平等化。在中国的城市群中，京津冀城市群发展较早，也较为成熟。深入剖析京津冀城市协同建设的问题，研究解决思路，对于解决其他生态城市协同建设问题会很有帮助。

交通方面，要继续推进城市群内部的交通一体化，优化公路网、铁路网

等交通枢纽的建设和布局，快速推进交通信息资源的整合共享。环境保护方面，要加强跨区域生态管控合作，建立和完善城市群内部的环保情况通报制度，统一环境保护标准，强化污染监测技术研究，加速实现环境监测数据的互通和共享。

3. 打破城市行政壁垒，加快构建统一开放、充满活力的一体化区域市场体系及区域产业协作体系

要遵循市场经济规律，在城市群内部制定统一的中长期发展规划，通过城市协同、错位分工，解决单个城市发展中面临的短板。进一步消除体制机制障碍，促进各类要素更加自由地流动。在城市群内部尽快建立绿色生态技术交易市场、用水权交易市场、碳排放交易市场、排污权交易市场等市场体系。

要综合考虑各城市能源、交通、生态、经济、人口等综合因素，调动并协调好各种力量，通过公共资源的协同布局，影响人口的有序流动与合理配置，实现城市间产业的协同分工。加速淘汰落后及过剩产能，创造发展新动能，把节能环保的创新产业"引进来"，形成互补性分工与合作，打造良好的产业生态系统。构建基于产城融合的城市空间，力争将城市发展从产能驱动转移到产城协同上面来。

要"立规矩""下禁令"，建立产业准入负面清单，把不利于生态城市建设的产业、高污染项目、高耗能项目挡在城市建设的计划之外。严格按照负面清单处理现存污染企业，不能仅限于把污染企业搬出辖区，而是要令污染企业在中国彻底消失。

4. 建立健全生态城市协同建设机制、法律法规及生态补偿机制

在现有的城市协同机制基础上，要加快构建分层协同发展机制，强化生态安全风险联合防控，全面清理和废除妨碍生态城市协同建设的各种地方性法规及政策。建立生态城市协同发展政策评估机制，定期发布评估报告。处理好区域协同规章制度同法律法规的关系，在法律规定的框架内进行协商合作。制定长远务实的政策，形成组织机构健全、形式灵活多样的行政协调机制。严守生态保护红线，建立生态保护协同机制。

　　建立健全生态补偿机制，让为城市群发展做出环境贡献的城市得到应有的补偿。按照"谁破坏、谁恢复，谁污染、谁付费"的原则，明确各城市在生态环境保护方面的权利和义务。建立城市群内生态环境污染补偿委员会。通过量化评分的方式确定环境污染程度及补偿标准。每年年初，由各参与生态城市协同建设的城市缴纳一定数量的环境污染保证金。一旦出现跨城市环境污染，则由委员会出面，从污染源城市的环境污染保证金中直接拨款给受害城市。

　　加大生态补偿的力度，增加补偿的数量和范围。增强横向城市生态补偿精准性，避免出现"我留住了绿水青山，却没有得到金山银山"的现象发生。鼓励各参与生态城市协同建设的城市，积极探索建立更科学更有效的横向生态补偿机制。

G.9
大都市圈的生态城市协同建设研究

钱国权　李恒吉　汪永臻*

摘　要： 大都市圈是城市未来发展的方向，大都市圈生态城市建设是
实现可持续发展的必由之路。本报告基于对大都市圈生态城
市的基本认知，梳理了大都市圈生态城市的理论基础（可持
续性、城市生态学、循环经济）和协同建设原则（协同性、
动态性、最优性、层次性），最后重点从经济、社会、资源、
生态保护和环境治理等方面分析了大都市圈生态城市协同建
设的发展思路。

关键词： 大都市圈　生态城市协同建设　生态城市

大都市圈是现代城市发展到一定时期，进入郊区化阶段之后的产物。从
20世纪初期开始，大都市圈逐渐在英、美、法、德等西方发达国家形成，
并逐渐成为城市的主要地域形态，大都市区成为西方政治、经济、文化等几
乎所有社会生活的舞台。由于大都市圈的出现，人们模糊了对城市、区域等
非常清晰的空间实体的界定，必须重新认识自己繁衍生息的家园。因此，从
诞生之日起的整个20世纪，西方国家对于大都市圈的关注就从未停止，而
大都市圈的城市协同发展，尤其是空间形态、结构以及演化始终是大都市圈

---

* 钱国权，男，博士，兰州城市学院甘肃省城市发展研究院教授，主要从事人文地理学方面的
研究；李恒吉，男，中国科学院西北生态环境资源研究院兰州文献情报中心/全球变化研究信
息中心研究员，主要从事环境科学方面的研究；汪永臻，男，汉族，应用经济学博士后，主
要从事发展战略、城乡规划研究。

研究中极其重要的领域之一。20 世纪 90 年代以来，随着中国式郊区化的推进与都市圈初期形态的萌生，对中国大都市圈城市形成与演变的研究也逐渐成为城市地理学、城市规划学、城市经济学等众多学科共同关注的热点。

随着城市化的快速推进和全球化的日益深入，城镇群体空间现象出现在越来越多的国家和地区。都市圈是其中最重要的一种空间形式，一个或多个中心城市与周边具有紧密经济、社会联系的城镇，构成了具有一体化倾向的圈层状地域结构。这是当今国家、区域参与全球劳动地域分工、经济协作与竞争的基本单元，是各国区域经济发展的经济载体。在经济全球化的格局中，未来城市的竞争不再是个体之间的竞争，而是都市圈之间的竞争，是区域与区域之间的竞争。构筑区域性发展优势，解决好同处于一个区域范围内的相关城市彼此间的分工与协作，共建都市圈中各城市的和谐发展与繁荣，产生联动效应，形成区域一体化的发展格局是未来经济发展的必然趋势。当全球经济进入一个新的群体竞争时代后，国家之间、区域之间的竞争逐渐转化为有竞争力的城市和企业之间的竞争。

都市圈既是城市和区域经济演进的必然产物，又是群体竞争时代的客观要求，也是重构区际分工与协作的重要手段。面对激烈的外部挑战，城市个体在竞争中往往处于劣势，"联合"不仅可以提升区域整体的竞争力，更可以作为参与广域层面经济竞争的基本单元获取更多的发展机会。管理的高层次集聚，生产的低层次扩散，控制和服务的等级体系扩散方式构成了信息经济社会的总特征。这使少数中心城市因管理总部、金融机构以及高等级基础设施的汇聚成为周边地域依赖的经济中心、信息枢纽，而生产、制造等功能则向周边城镇层层扩散，形成以中心城市为核心的圈层等级扩散体系。在这些经济紧密联系、区域城镇空间一体化的演化趋势下，都市圈经济模式应运而生。由集聚形成的规模经济和范围经济，以及高速通道缩短了城市间的空间距离和经济距离，生产和服务的交易成本、运营成本和管理成本大大降低，投资回报率和要素收益率明显提高。经济活动的高度密集和在空间上的压缩，使都市圈成为一个国家或区域的经济核心区和增长极，也成为最具活力和竞争力的地区。因此，作为区域经济发展的微观主体，都市圈的发展成

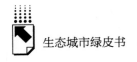

为社会各界关注的热点问题。

国外已有英国大伦敦、法国巴黎大区、德国柏林和勃兰登堡地区、荷兰兰斯塔德都市圈、美国北俄亥俄州城市体系、日本三大都市圈以及韩国首尔大都市区等都市圈城市发展模式先例。中国目前已形成若干都市圈城市体系，发育比较成熟的是长三角、珠三角和京津冀三大都市圈。可见，作为一种区域发展模式，都市圈受到了越来越多的关注和实际运用，在各国城市化进程发展中发挥着越来越大的作用。中国政府在"十三五"规划中明确提出了都市圈战略规划，即将出台的"十四五"规划也肯定会对都市圈的规划部署提出新的要求，这必将对中国城市化进程的未来发展产生重大影响。

一 大都市圈生态城市的基本认知

（一）都市圈的基本概念与内涵

关于都市圈（Metropolitan Area）的一般概念，目前国际上尚没有统一的界定标准。都市圈这一概念最初是由日本学者提出来的。20 世纪 50 年代，日本行政管理厅将都市圈定义为以一日为周期，可以接受城市（人口规模必须在 10 万人以上）某一方面功能服务的地域范围（张伟，2003）。50 年代中期进一步提出了大都市圈的概念，中心城市人口须在百万人以上或是中央指定市，圈内到中心城市的通勤率不少于本身人口的 15%。都市圈是城市在发挥其机能的时候与周边地域形成种种紧密联系所能波及的空间范围，通常以物流、人流、经济流、信息流等作为研究衡量的指标，城市本身的对外控制能力和经济辐射能力也是其重要的衡量标准。日本学者成田孝三在研究都市圈的时候认为，在大都市外围应该有一个比日常通勤圈更大的联系圈域，并称其为"都市广域联系圈"。他以大阪广域联系圈为例，主要从四个方面来说明都市广域联系圈：劳动力流入圈（人流圈）、批发零售圈（物流圈）、中枢管理机能圈（中心职能圈）、电话交流圈（信息流圈）。日本学者小林博氏集中研究了国际上众多学者的观点，系统地提出了三个关注点：（1）以经济职能关系为主体的特大城市引力圈，着重对东京圈进行研究；（2）集中通过城市人流、物流研究了大城市日常生活圈；（3）在中小城市连续扩大的城市地域，研究了新的卫星城和工业城。日本《地理学词典》将都市圈定义为"城市通过对其周边地域辐射中心职能而发展，以城市为中心形成的职能地域、节点地域称为都市圈"。

中国对都市圈的研究起步较晚，对都市圈的相关理论尚处于研究阶段，还没有提出明确的都市圈的概念和范围界定。最早提出相关概念的是周起业、刘再兴等人，他们在《区域经济学》一书中提到："按经济中心来组织管理地区经济，即以大城市为依托，有计划地发展中小城镇，在各大城市周围形成若干以中小城市为主的中小型经济中心。通过它们使大城市同相邻的中小城镇和农村相联系。大、中、小城市与分别联系着的农村相交织，组成全国的经济网络，协调部门和地区间的经济活动。"这个设想的进一步发展，是以大城市为依托，组织大城市经济圈，按大城市经济圈来安排地区生产布局。1990年，复旦大学高汝熹教授提出了城市经济圈的定义，"城市经济圈是以经济比较发达的城市为中心，通过经济辐射和经济吸引，带动周围城市和农村，以形成统一的生产和流通经济网络"。1992年姚士谋则提出城市群的概念，认为城市群是指在特定的地域范围内相当数量不同性质、类型和等级规模的城市，在一定的自然环境条件下，以一个或两个超大或特大城市作为地区经济中心，共同构成的一个相对完整的城市集合体。1993年，涂人猛在《大城市圈及其范围研究》一文中也提出："所谓大城市圈是指以大城市为中心，经济和社会受大城市作用的区域，城市与该区域间存在经常的有机联系和彼此相互依存的关系。"沈立人对都市圈的定义为："都市圈是指以大都市为核心，超越原来边界而延伸到邻近地区，不断强化相互的联系，最后形成的有机结合甚至一体化的大区域，又称大都市地区或大都市连绵区。"邹军等（2001）认为都市圈是城市群的一种空间表现形式，是以空间联系作为主要考虑特征的功能地域概念。张京祥等（2001）认为都市圈指由一个或多个核心城镇，以及与这个核心具有密切社会、经济联系的，具有一定一体化倾向的临接城镇与地区组成的圈层式结构。杨涛等（2009）

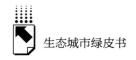

认为都市圈是由强大的中心城市及其周边邻近城镇和地域共同组成的高强度密切联系的一体化区域。

都市圈是经济发展到一定阶段的产物（杨涛、杨绍峰，2002），是以中心城市为主导、其他城市发展各具特色的地域经济的发展联合体，是未来城市发展的新方向。在都市圈内部，城市间的资源与利益互享；各城市之间既有分工，更有联系，强化彼此间的联合发展，淡化孤立、对立的发展；减弱行政区划所引起的经济发展阻力等成为面向新时期、新挑战的城市经济发展的新模式。都市圈的出现，一改以往城市单一发展建设的模式，使之走向联合发展建设的道路，由单中心、点轴城市化过程转变成大域面上的城市化过程。距离已不是限制经济发展的主要因素，但经济发展联系依然符合距离衰减规律，因而都市圈也就有了距离的概念，相应地出现了半小时都市圈、一小时都市圈、一日交流圈（王德、刘楷，2003）等概念。

综合各方面的研究，本研究认为，无论都市圈还是大都市圈都是指一个特定时空尺度的城市影响地域。都市圈并非牵强地将几个地区圈在一起，而是充分考虑了中心城市的集聚效应和辐射效应，中心城市与周边城市的可达性，以及作为统一的区域经济体系，其内聚力、组织效率以及个体之间的关联性等。都市圈比较完整的概念应是由一个或多个中心城市和与其有紧密社会、经济联系的周边城镇与农村组成，以中心城市为核心，以发达的联系通道为依托，通过中心城市的经济吸引和经济辐射，带动周边地区协调发展的有机的、一体化的经济区域。

（二）生态城市的文献综述与实践情况回顾

1. 国内外生态城市研究综述

（1）关于生态城市的思想渊源

人类关于生态城市的思想，最早可追溯到公元前。在中国的春秋时期，《管子·乘马篇》中就提到："凡立国都，非于大山之下，必于广川之上，高毋近旱。而水用足，下毋近水，而沟防省。因天材，就地利，故城廓不必中规矩，道路不必中准绳。"反映了中国古代顺乎自然、因地制宜的城市建设思想，具有朴素的生态学思想。以后的秦咸阳、汉长安、宋汴梁、元大都的城市规划也都体现了这一思想。古罗马建筑师威特鲁威在《建筑十书》中总结了古希腊和古罗马等城市的建设经验，主张应从城市的环境因素来考虑城市的选址、形态和布局等。文艺复兴时期，意大利建筑师阿尔伯蒂在《论建筑》中提出应从实际需要出发实现城市的合理布局。[①]

1889年，针对工业革命初期的城市问题，霍华德出版了《明天：通往真正改革的和平之路》（1902年修订本改名为《明日的田园城市》）一书，提出了关于田园城市的比较完整的城市规划思想体系。霍华德希望通过这一"万能钥匙"，进行社会变革，以解决城市问题，实现"社会城市"的"梦想"：拥有优美的自然环境、丰富的社交机遇，有企业发展的空间和资本流，有洁净的空气和水，有自由之气氛，具合作之氛围，无烟尘之骚扰，无棚户之困境，兼具城乡之美，而无城市之通病，亦无乡村之缺憾。霍华德还从土地、资金、城市收支、行政管理等方面对如何建设田园城市提出了具体措施。这一理论对现代城市规划思想起了重要的启蒙作用，是城市发展理论研究的一个重要里程碑，标志着现代城市规划出现了比较完整的理论体系和实践框架。[②] 刘易斯·芒福德（Lewis Mumford）指出，"霍华德最大的贡献不在于重新塑造城市的物质形态，而在于发展这种形态下的有机概念，他把动态平衡和有机平衡这种重要的生物标准引用到城市中来"。

20世纪初，国外科学家开始将生态学思想运用于城市问题的研究中。1915年，英国生物学家格迪斯把生物学、社会学、教育学和城市规划学融为一体，创造了"城市学"（Urbanology）的概念。强调城市规划不仅要注意研究物质环境，更要重视研究城市社会学以及更为广义的城市学。指出"城市改造者必须把城市看成是一个社会发展的复杂统一体，其中的各种行动和思想都是有机联系的"，"人类社会必须和周围的自然环境在供求关系上相互取得平衡，才能持续地保持活力"。他提出把生态学的原理和方法运

---

① 马交国、杨永春：《生态城市理论研究综述》，《兰州大学学报》2004年第5期。
② 埃比尼泽·霍华德：《明天：通往真正改革的和平之路》，金经元译，商务印书馆，2000。

用到城市规划中，形成"生态规划方法"，使城市规划走出城市美化运动（City Beautiful Movement）的局限，开始探究城市及其周边的区域自然地理与人类聚落之间关系的重要性，成为生态规划最为先驱的思想。芒福德评价格迪斯的思想为："在苏格兰思想中包含了欧洲，在欧洲思想中包含了全世界。"①

（2）关于生态城市的理论研究

1971 年，联合国"人与生物圈"（MAB）提出了生态城市的概念，并明确指出应该将城市作为一个生态系统来进行研究。自此以后，国内外的学者对生态城市的内涵特点、规划原则、评价标准、方法等方面进行了广泛的研究。1980 年，第二届欧洲生态学学术讨论会以城市生态系统作为会议的中心议题，从理论、方法、实践、应用等方面进行探索。1992 年，里约热内卢会议将环境问题定格为 21 世纪人类面临的巨大挑战，就实施可持续发展战略达成一致，推动了人类居住区及城市的可持续发展研究。生态城市作为人类理想的聚居形式和人类为之奋斗的目标，成为当代城市研究新的热点，进一步丰富了生态城市的思想体系。

一是从生态学角度研究生态城市的基本内涵。1984 年，苏联生态学家 Yanitsky 提出了生态城市的理想模式，初步阐释了生态城市的内涵特点：技术与自然充分融合，人的创造力和生产力得到最大限度的发挥，而居民的身心健康和环境质量得到最大限度的保护。美国学者 Richard. Register（1987）提出生态城市应追求人类和自然的健康与活力，认为生态城市即生态健康的城市，是紧凑、充满活力、节能并与自然和谐共存的聚居地。Yanistky（1987）描述了生态城市的知识、设计、建设实施与城市结构关系的矩阵，包括三个层次的内容：第一层为自然地理层，第二层为社会功能层，第三层为文化意识层。王如松将其思想概括为"按生态城原理建立起来的一类社会、经济、自然协调发展，物质、能量、信息高效利用，生态良性循环的人类聚居地，即高效和谐的人类栖境"。黄光宇（1989）提出，生态城市研究

---

① 张京祥：《西方城市规划思想史纲》，东南大学出版社，2005。

根据生态学原理，综合研究城市生态系统中人与"住所"的关系，并应用生态工程、环境工程、系统工程等现代科学与技术手段协调现代城市经济系统与生物的关系，保护与合理利用一切自然资源与能源，提高资源的再生和综合利用水平，提高人类对城市生态系统的自我调节、修复、维持和发展的能力，使人、自然、环境融为一体，互惠共生。陈易（2002）按照生态足迹理论为生态城市进行了新的定义。仇保兴（2009）认为，生态城市是指有效运用具有生态特征的技术手段和文化模式，实现人工—自然生态复合系统良性运转以及人与自然、人与社会可持续和谐发展的城市。根据世界自然基金会的定义，低碳城市是指城市在经济高速发展的前提下，保持能源消耗和二氧化碳排放处于较低的水平。低碳城市和生态城市这两个概念联系密切，应该结合使用。

二是从系统的角度研究生态城市的本质特点。中国生态环境学家马世骏和王如松（1984）提出了社会—经济—自然复合生态系统的理论，并指出城市是典型的社会—经济—自然复合生态系统。沈清基（1998）提出生态城市是一个经济发达、社会繁荣、生态保护三者高度和谐、技术与自然达到充分融合，城市环境清洁、优美舒适，能最大限度地发挥人的创造力与生产力，并有利于提高城市文明程度的稳定、协调、持续发展的人工复合系统。黄肇义、杨东援（2001）在总结国内外生态城市理论研究的基础上，结合最新的生态经济理论，提出生态城市是全球或区域生态系统中分享其公平承载能力份额的可持续子系统。

三是从内涵的角度研究生态城市的建设原则。1984年MAB报告中提出了生态城市规划的五项原则：1）生态保护策略（包括自然保护、动植物区系及资源保护和污染防治）；2）生态基础设施（自然景观和腹地对城市的持久支持能力）；3）居民的生活标准；4）文化历史的保护；5）将自然融入城市，成为生态城市建设的重要依据。王如松从城市生态学角度提出，生态城市的建设必须满足人类生态学的满意原则，经济生态学的高效原则，自然生态学的和谐原则等。Richard. Register（1987）提出了创建生态城市的原理：生命、美丽、公平是生态城市准则，随后提出了12条生态城市的设计

原则，最后完善成为建立生态城市十原则（1996）。陈勇（1992）提出了生态城市的时空定位，并从哲学、文化、经济、技术等四个方面对生态城市思想进行了剖析。

四是从实施的角度探讨生态城市的规划方法。早在20世纪60年代，美国景观设计师麦克哈格就提出了城市与区域土地利用生态规划方法的基本思路，并通过案例研究，对生态规划的工作流程及应用方法做了较全面的探讨。1977年维也纳召开第五次MAB国际协调理事会，提出了用综合生态方法研究城市生态系统及其他人类居住地。黄光宇（1992）提出了创建生态城市的十条评判标准、生态城市的规划设计方法和三步走的生态城市演进模式。王如松（1998）提出了城市生态系统的自然、社会、经济结构与生产、生活还原功能的结构体系，用生态系统优化原理、控制论方法和目标规划方法研究了城市生态。

五是从评价的角度建立生态城市的标准体系。很多学者对生态城市的指标体系进行了研究，大致可分为两类。第一类是以宋永昌为代表的从城市生态系统的结构、功能、协调度三方面建立的生态城市指标体系；第二类是许多学者通常采用的通过对城市的经济、社会、自然各子系统的分析，将指标体系分为经济生态指标、社会生态指标、自然生态指标三大类的体系。

六是从实证的角度分析生态城市的基本内容。Richard Register（2006）在其著作《生态城市：重建与自然平衡的城市》中综述了生态城市建设的各个方面，介绍了世界各个生态城市建设的最好的理念、模式以及设计和建设的具体案例，提出了城市、城镇及乡村建设和生活的全新方法和永恒的生态城市建设原理，并勾画出一幅生态城市的美好蓝图。

2. 国内外生态城市的实践情况

（1）国外生态城市的实践情况

从1971年"生态城市"概念提出至今，世界上很多城市都在城市生态化建设方面取得了不同程度的成效。如巴西的库里蒂巴、澳大利亚的阿德莱德、瑞典的马尔默以及美国的伯克利、克利夫兰都启动了生态城市建设计划，并取得了可喜的成绩和成功的经验。从各城市的建设情况看，生态城市的建设可以分为三个阶段。

20 世纪 70 年代末，按照生态城市规划五项原则的要求，生态城市的建设被赋予了新的内涵，进入了全新的时代。国际生态城市运动的创始人，美国生态学家 Richard Register 领导"城市生态学研究会"在美国加利福尼亚的伯克利开展了一系列生态城市建设活动，形成了可持续发展的目标，将生态的内涵引入城市建设，形成了生态伯克利全新的城市建设标准：重视基地的自然特征，基于生态多样性保护进行建设；重视历史文化遗产的继承与保护；重视慢速道路系统的建设，基于步行尺度确定城市的中心商业区；采取紧凑的发展模式，围绕中心集中开发，鼓励土地的混合使用和高密度开发；重视新能源的开发利用，采用被动与主动式节能技术，实现节能减排。这些措施有力地推进了城市的可持续发展，伯克利也为此被认为是全球"生态城市"建设的样板，并深刻影响着其他生态城市的建设。

此后，根据可持续发展的理念，生态城市还引入了社会和谐的概念。如新加坡著名的"居者有其屋计划"，提出"为所有新加坡人提供策划周详的组屋"。最终使 82% 的新加坡居民住在政府组建的公屋中，并以此为主线逐步建立起了新加坡的社会保障体系，最终闻名于世。

到了 21 世纪，随着世界各国对气候变化问题的日益关注，很多城市将"低碳"概念引入生态城的建设。最典型的要数阿拉伯联合酋长国的马斯达尔生态城（Masdar City, United Arab Emirates）。"马斯达尔"在阿拉伯语中，就是"能源"的意思。马斯达尔生态城是在首都阿布扎比郊区沙漠中兴建的一座新城，规划 5 平方千米，容纳 5 万人。马斯达尔生态城将成为世界上首座达到零碳、零废物标准的"沙漠中的绿色乌托邦"。

马斯达尔生态城由官方机构阿联酋阿布扎比未来能源公司统筹规划，合作对象有世界野生动物基金会（WWF）、美国麻省理工学院（MIT）、英国福斯特建筑事务所等，初始预算总投资金额为 220 亿美元。马斯达尔生态城于 2006 年开始动工，之后的市区开发分为六个阶段进行，与计划相关的全部建筑物与配套措施于 2016 年全数完成。

在英国著名的设计大师诺曼·福斯特（Norman Foster）的主持下，马斯达尔城从建筑、交通、供水三方面入手，全面采用先进的碳中和技术的设计和组合，以求实现规划目标：零碳、零废物和可持续发展。整个城市以太阳能为主（太阳能提供的电能还将用于制冷系统驱动和海水淡化加工厂运转），同时利用波斯湾的风能保证能源供给，此外还大量种植棕榈树和红树，以制造生物能源。城市所有建筑限高5层，所有的建筑都使用太阳能薄膜电池作为外墙和顶部材料。整个城市的能源全部由可再生能源提供。马斯达尔城铺设了一条轻轨通往阿布扎比。城市内出行则依靠人性化、快速的公共汽车。从市内任何地点出发，到达最近的交通网点和便利设施距离都不超过200米，因此市民无须驾驶汽车出行。而街道整体布局将创造"微地带"，在通常潮湿的气候下保持空气流通。整个城市99%的垃圾不得使用掩埋法处理，将尽可能回收、重复使用或用作肥料。城市内的树木和城外种植的农作物使用经过处理的废水灌溉，达到比一般城市节约用水50%的目标。

纵观国外生态城市的建设历程，生态城市的建设内容从注重单一绿化环境，到关注全面的生态环境，从环境生态到社会生态，再到低碳化。这一转变过程，反映出人类对于可持续发展的认识和理解不断深化和完善的过程，也是生态城市建设不断提高的过程。国外生态城市建设中有以下宝贵的经验值得未来城市的规划与建设者去借鉴。

第一，以可持续发展为目标，全面规划生态城市的建设内容和标准。Richard Register 在《生态城市伯克利：为一个健康的未来建设城市》中详细阐释了伯克利建设的有关内容，以及在规划、建筑、交通、能源、政策、经济和市民行为等方面的相关实施方法。如瑞典斯德哥尔摩市的环境计划将可持续发展的环境影响管理与城市管理相结合，确定了以下6个目标：利于环境的高效交通、安全的产品、可持续的能源消费、生态规划与管理、利于环境的高效废弃物处理、健康的室内环境，并制定有详细的实施目标与评估指标。美国的克里夫兰以建设成大湖沿岸的绿色城市为目标，制定了包括空气质量、气候变化、能源、绿色建筑、绿色空间、基础设施、政府领导、邻里社区、公共健康、精明增长、区域主义、交通选择、水质量及滨水地区等一系列具体的目标和指导原则。澳大利亚的阿德莱德在该市的影子规划

（Shadow Plan）中通过 6 幅规划图，详细表述了该市从 1836 年到 2136 年长达 300 年的生态城市建设的发展规划。澳大利亚的怀阿拉的发展战略提出了 7 条生态城市建设的战略要点，将重点解决能源和资源问题。芬兰将生态的内涵作为规划编制的原则与指导纲领，作为规划编制工作过程中的核心任务，贯穿于城市规划中，体现在城市规划的各个规划技术层面、管理层面和实施层面。同时，在每个目标下设有分目标，由不同部门共同实施，其规划管理机构也与环境机构密切相关。

第二，以重点问题为导向，系统制定生态城市的实施措施。国外生态城市建设不是在城市中全面铺开的，而是针对城市发展中面临的突出问题，抓住重点、逐步推进。如新加坡为了解决淡水资源严重匮乏的问题，采取综合管理措施，注重细节，加强高新科技的研发应用，完善法律法规和价格调节，达到开源与节流双项并举，形成了雨水、进口水、新生水和淡化海水四大"国家水喉"，建立起水源保证体系，彻底缓解了水资源紧缺的主要问题。日本有些城市的建设重点在于生态工业园和循环经济，而英国贝丁顿、瑞典马尔默等欧洲的一些城市则重点考虑生态社区。再如，巴西的库里蒂巴，以其系统地解决城市公共交通问题而享誉全球，在 1990 年成为发展中国家唯一被联合国第 1 批确定的"全球最适宜人类居住的城市"（其他 4 个城市为温哥华、巴黎、罗马、悉尼），被誉为"巴西生态之都""城市生态规划样板"，同时也受到世界银行和世界卫生组织的称赞。20 世纪六七十年代前的库里蒂巴和巴西大多数城市一样，面临严重的人口拥挤、贫穷、失业、环境污染等社会及环境问题。1964 年，巴西建筑师 Jorge Wilhelm 制定的库里蒂巴总体规划，确立了沿 5 条交通轴线进行高密度线状开发的规划格局，经公众讨论于 1965 年开始实施。政府采取各种土地利用措施，以公交线路所在的道路为中心，鼓励临近公交线路的街区高密度开发，抑制其他街区的土地开发，鼓励土地混合利用，改善和保护城市生活质量。到 20 世纪 70 年代，通过选用成本较低的公共交通系统（而不是地铁和轻轨），采用车外购票与一票制支付方式等措施，逐步形成了由快速线、支线、区际联络线、大站快车线等组成的一体化的公共交通系统。同时，将高密度混合土地利用与公交走廊规划成功结合，保证了 2/3 的市民每天都使用公共汽车。研究人员估计每年减少的小汽车出行达 2700 万次。其使用的燃油消耗是同等规模城市的 25%。将公共交通与土地的混合利用有机结合的高度系统化的规划，渐进的实施，切实可行的管理措施，三者密切结合，成功实现了城市建设与生态建设的一体化推进。而且公共汽车服务无须财政补贴，政府也没有采用控制小汽车使用或拥有，提高排放标准，减少道路供应以及其他的税收、收费等政策。此外，政府还资助了"垃圾购买项目"，市民可用垃圾交换食物，该项目以及能源保护项目也分别得到联合国能源规划署和国际节约能源机构的嘉奖。

第三，以科技资金为支撑，具体解决生态城市建设的相关问题。如澳大利亚怀阿拉建立了能源替代研究中心，研究常规能源的保护及能源的替代。美国克利夫兰市政府建立了专门的生态可持续研究机构。日本大阪在 NEXT21 生态实验住宅建筑设计中，利用了大量最新技术达到生态住宅的理想目标，如太阳能外墙板、中水和雨水的处理再利川设施、封闭式垃圾分类处理及热能转换设施等。弗莱堡集聚了大量的太阳能研发机构，使之成为"太阳城"。怀阿拉市政府资助成立了干旱区城市生态研究中心，此外德国、美国、加拿大开展了对生态城市的理论和应用研究。克里夫兰市政府成立了全职的生态城市基金会，启动了生态城市建设基金，用于该市生态城市的宣传、信息服务、职业培训、科学研究与推广。丹麦、英国、意大利、以色列等国为该国的生态农业、生态工业、生态建筑的研究和推广提供了大量资金，在不同程度上推动了这些国家生态城市的发展。

第四，制定相应的配套政策，保障生态城市的建设。克里夫兰市政府为了推动生态城市的建设，制定了包括鼓励在新的城市建设和修复中进行生态化设计、强化循环经济项目和资源再生回收、规划自行车路线和设施等 14 条政策措施。德国的 Erlangen 制定了一体化的交通规划，限制汽车的特权，鼓励和促进有利于环境保护的交通方式，提倡节约能源、水和其他资源，避免对水、大气和土壤的污染，鼓励在商业和家庭生活中自觉保护环境等。一些国家通过立法，已经为生态城市建立了一套绿色（或生态）法律保障体系，即：绿色秩序制度，包括自然资源产权制度、绿色市场制度、绿色产业制度、绿色技术制度等；绿色产销制度，包括绿色生产制度、绿色消费制度、绿色贸易制度、绿色包装制度、废物回收利用制度等；生态激励制度，包括绿色财政制度、绿色金融制度、绿色投资制度、绿色税收制度、绿色统计制度、绿色审计制度、绿色会计制度等；绿色社会制度，包括绿色教育制度、绿色信息（宣传）制度、绿色行政制度、绿色采购制度、公众参与制度等。

第五，鼓励公众参与，促进了生态城市的建设和发展。Richad Register 提出的生态城市建设的十项计划中，第一项就是普及与提高人们的生态意识。国外成功的生态城镇建设都刻意鼓励尽可能广泛的公众参与，无论从规划方案的制定、实际建设的推进，还是后续的监督监控，都有具体的措施保证群众的广泛参与。如德国生态城市 Erlangen 城在建设中，努力与市民一起进行规划，有意与一些行动小组，特别是与环境有关的小组合作，并使他们在一些具体项目中成为合作伙伴，同时又使他们保持自由，并可以抨击当局的某些决策。阿德莱德生态城规划中提出了"以社区为主导"的开发程序，该程序采取鼓励社区居民参与生态开发的一系列措施，包括创造广泛、多样的社会及社区活动；保持并促进文化多样性，将生态意识贯穿到生态社区发展、建设、维护的各个方面；加强对生态开发过程中各方面运作的教育和培训等。这些城市采取的一系列措施，拓宽了广大公众参与生态城市建设的渠道，提高了公众的生态意识，促进了生态城市的建设和发展。

（2）国内生态城市的实践情况

中国从 20 世纪 80 年代初开始进行城市生态研究，北京、天津、上海、长沙、宜春、深圳、马鞍山等城市都相应开展了研究，主要集中在对城市生态系统的分析和评价上。进入 20 世纪 90 年代，中国建设生态城市的呼声越来越高，并具备了一定的理论和实践基础。江西宜春市成为中国第一个生态城市试点。目前，原国家环保总局已公布的国家级生态示范区多达 320 个。

中国的生态城市建设实践在三个领域展开，一是根据《全国生态示范区建设规划纲要（1996～2050 年）》（1995）、《生态功能保护区规划编制导则（试行）》（2001）、《生态县、生态市建设规划编制大纲（试行）》（2004）等要求，围绕城市、县等区域的生态建设编制规划，实施建设，开展了相关工作。这类规划一般内容全面但缺乏专项规划，指标具体但侧重宏观目标。二是围绕城市建设在城市规划设计中不断丰富生态和可持续发展的内容。全国各地结合不同层次的规划，进行了不少有益的尝试，形成了一批规划建设成果。区域规划和城市总体规划层面开展的城市生态规划实践最为广泛，《天津市城市总体规划》《江苏省沿江城市带规划》《拉萨市城市总体规划》有较强的代表性。三是结合项目，面向实施。其中以北京的绿色奥运会和上海的低碳世博会最具代表性，且效果显著。而前两种由于属于长远规划，周期较长，往往实施效果不明显。

21 世纪，中国的生态城市建设开始形成热潮。近年来，国内陆续涌现出一批新型的"生态城"，如上海崇明东滩生态城、天津生态城、北京丰台区长辛店生态城、河北唐山曹妃甸生态城、河北廊坊万庄生态城等，它们从城市设计开发的初期就引入了城市可持续发展的思想，系统探索了城市生态规划与建设实践中的技术与方法，从而在实践中推动了中国生态城市规划与建设水平的提升。

上海崇明东滩生态城是国内第一个全方位按照生态城市目标和原则规划的生态城。东滩生态城位于上海崇明岛的最东端，包括东部湿地、北部农场以及南部生态城。东滩生态城建设的基本理念是"绿色的城市"、"紧凑的城市"、"滨水的城市"和"通达的城市"，营造一种新型的经济与社会环境，倡导可持续的生产与生活方式。

以目标为导向，在一系列规划研究和设计的基础上，东滩生态城规划提出了建设的 8 个目标：1）环境保护目标，包括了形成带状缓冲区域，加强保护鸟类栖息地，实现零排放交通、水处理和再循环、低交通噪音、光污染控制、无垃圾填埋、景观中的生物多样性等。2）社会与经济优势目标，规划为 8 万居民提供 3.5 万个本地就业岗位，作为上海附近极富吸引力的休闲与度假地，每天吸引 1.5 万名游客。3）低生态足迹目标，常规模式的城市生态足迹一般为 5.8 全球公顷/人，生态城市规划足迹为 2.6 全球公顷/人。

4）水与防洪控制目标，规划水量相对充沛的河道和湖泊，水资源经过妥善管理后用于提供独立的有限饮用水，同时对现场的污水进行再生利用，规划每日耗水 1.65 万吨，每日排水 0.43 万吨。5）农业生产目标，规划用 8 公顷的城市工厂温室栽培作物，节省占用相当于常规城市 1000 公顷的生产用地。6）能源产生、使用和减少排放目标，规划生态城能源需求为 600 兆瓦时/年，热能和电能通过风力、生物、垃圾以及城市建筑物上的太阳能光伏板直接获得，且不产生碳排放，同时东滩还将成为第一个建立氢能电网的城镇。7）废弃物管理原则，规划 100% 的废弃物回收和 5000 吨/年的低垃圾填埋量，同时垃圾可通过地下封闭管道运往垃圾再利用与处理工厂，再次被转化成肥料和能源。8）可达性和交通目标，布局设计使生态城的居民 500 米以内即可搭乘公交车或水上巴士，畅通车道相应减少和停车场的设置鼓励步行和自行车出行方式，规划每天居民的出行距离为 420 万千米，平均出行距离为 24 千米，同时要求交通达到碳零排放。但由于东滩生态城的土地性质为农业用地，存在先天上的缺陷，因而这一项目至今仍未启动。

二　大都市圈生态城市发展的理论基础

大都市圈的生态城市发展是一种跨学科的城市发展理念，而不是某一种单一的发展形式。其理论基础包括可持续发展理论、城市生态学理论、城市规划理论与循环经济理论等。

（一）可持续发展理论

可持续发展是一种既满足当代人的需要，又不损害后代人满足其需要的能力的发展模式。其实质是经济、社会和环境的协调发展，既要发展经济，提高人们的生活水平，又要保护人类赖以生存的各种自然资源和环境，使子孙后代能够永续发展和安居乐业。地球是一个复杂的巨系统，可持续发展追求的是整体发展和协调发展。可持续发展是关乎所有人的发展，应以公平为原则，既要保障横向上不同国家和地区的发展公平，也要

保障纵向上的代际发展公平。可持续发展本身也是多样性、多模式的多维度发展。

可持续发展可归结为经济可持续发展、生态（环境）可持续发展和社会可持续发展。可持续发展理论强调经济增长的必要性，不仅重视经济增长的数量，更重视经济增长的质量。单纯数量的增长有限，只有依靠科学和技术进步，提高效益和质量的内涵型经济增长，才能让经济走上良性持续的轨道。

可持续发展的状态就是资源可持续利用、生态环境良性循环的状态。发展不能超越资源和环境的承载能力。自然资源是可持续发展的物质基础，良好的生态环境是可持续发展的保障。实现可持续发展，就要使可再生资源的消耗速率低于其更新速率，使不可再生资源的使用能够得到替代资源的补偿。

可持续发展的长远目标是谋求社会的全面进步。发展不单纯是经济的增长，而且涉及人类生活质量的改善，人类健康水平的提高，让人们享有平等、自由、受教育的权利并免受暴力。所以，在可持续发展系统中，经济发展是基础，自然生态（环境）保护是条件，社会进步才是目的。在21世纪，人类共同追求的目标，是以人为本的自然—经济—社会复合系统的持续、稳定、健康的发展。

（二）城市生态学理论

城市生态学是一门交叉学科，由生态学、城市学及人类生态学等学科发展而来，于1925年由美国芝加哥学派的代表人物帕克（R. E. Park）[1] 首先提出。生态学是研究生物之间、生物与环境之间相互关系的学科。城市学是以城市为研究对象，从不同角度、不同层次观察、剖析、认识、改造城市的各种学科的总称。人类生态学是研究人与周围环境之间相关关系及其规律的学科。城市生态学是以生态学理论为基础，应用生态学和工程学的方法，研

---

① Park E P. *The City* ［M］. Chicago：The University of Chicago Press，1925.

究以人为核心的城市生态系统的成分、结构、机制及与其他系统关系的规律，促进物质转化和能量流动以及环境质量改善，实现结构合理、功能高效及关系协调的一门综合性学科。城市生态学是"生态城市"最基本的理论基础。

城市生态学从宏观上对城市自然生态系统、经济生态系统和社会生态系统之间的关系进行考察，强调城市自然环境和人工环境、生物群落和人类社会、物理生物过程和社会经济过程之间的相互作用，把城市作为整个区域范围内的一个有机体，分析各组分之间的能量流动、物质代谢、信息流通和人的活动所形成的格局和过程。

城市生态学包含的一般规律，如生物与生物及生物与环境相互依存、相互制约的规律，物质循环与再生的规律，物质输入与输出动态平衡的规律，环境资源的有效极限规律等，是解决人类当前面临的人口、粮食、能源、资源、环境五大问题的基本理论，是指导生态城市规划、建设和发展的基础理论依据。

宋永昌等认为，城市生态系统是人为改变了结构、改造了物质循环和部分改变了能量转化、长期受人类活动影响的、以人为中心的陆生生态系统。马世骏和王如松认为，城市生态系统是由人类社会、经济和自然三个子系统构成的复合生态系统。城市生态系统具有以下特点：（1）是人工生态系统，人是这个系统的核心和决定因素；（2）消费者占优势；（3）分解功能不完全；（4）自我调节和自我维持能力很薄弱；（5）受社会经济多种因素制约。

（三）循环经济理论

英国环境经济学家大卫·皮尔斯（Pearce，D. W）和特奈（Turner，R. K）在《自然资源和环境经济学》（*Economics of Natural Resources and the Environment*，Harvester Weatsheaf，1990）[1] 一书中最早提出了"循环经济"

---

[1]　王艳、尹建中：《城市循环经济理论与实践现状及展望》，《对外经贸》2012 年第 6 期。

的术语。他们在该著作中，还提出了循环经济的两个原则，即可再生资源的开采速率不大于其可再生速率，排放到环境中的废弃物要小于或等于环境的同化能力。

学者对循环经济概念从三个不同的角度进行了解释。一是从自然资源及废弃物综合利用的角度理解循环经济，认为循环经济的本质是尽可能少用和循环利用资源；二是从纯技术范式的角度理解循环经济，主张改进生产技术，实现资源的减量化、再利用及再生化；三是从经济模式的角度理解循环经济，把循环经济提升到一种经济发展模式的高度。这三个角度既体现了循环经济的本质属性，也体现了循环经济研究上的进展。

潘鹏杰（2010）[①] 认为，循环经济是以提升经济效益、生态效益和社会效益为核心，以高效利用资源和防治环境污染为出发点，以 3R 为原则，使生产方式由粗放型向集约型、消费方式由过度型向节约型根本转变，经济可持续发展，实现城市人与自然和谐的一种创新经济增长方式。"3R"原则是由杜邦化学公司提出的，意为减量化（Reduce）、再利用（Reuse）和再循环（Recycle）。经济活动中要减少资源的使用量，重复利用资源和物品，回收废弃物，让废弃物再生资源，最终减少向环境排放的废弃物。[②]

一般认为，循环经济本质上是一种生态经济，运用生态学的反馈规律而不是机械论的线性规律来指导人类社会的经济活动。与传统的"资源—产品—污染排放"单向流动的线性经济比较，循环经济要求把经济活动组织成一个"资源—产品—再生资源"的反馈式流程。传统经济的特征是高开采、低利用、高排放，循环经济的特征是低开采、高利用、低排放。循环经济为可持续发展提供了战略性的理论范式，可以消解长期以来环境与发展之间的尖锐矛盾。循环经济作为一种经济发展模式，是对传统经济发展模式的创新和革命。它体现了人类经济发展观念的转变，循环经济不是

---

① 潘鹏杰：《城市循环经济发展评价指标体系构建与实证研究》，《学习与探索》2010 年第 5 期。

② 冯久田、尹建中、初丽霞：《循环经济理论及其在中国实践研究》，《中国人口·资源与环境》2003 年第 2 期。

否定经济增长，而是主张经济增长方式的转变。在遵循生态学和经济学规律的基础上，通过产业调整、技术更新、管理创新、人力资源开发等手段来提高资源利用效率及经济发展质量，实现经济发展和生态环境的协调、平衡。

三 大都市圈生态城市协同建设的原则

大都市圈的发展过程极为复杂，包含的要素众多。协同建设需要系统理论的指导，应遵循系统的协同性、动态性、最优性、层次性等原则，实现良性发展。

（一）协同性原则

1971 年，联邦德国理论物理学家哈肯（H. Haken）提出协同学系统科学方法论，对当代自然科学与社会科学领域的健康发展产生了广泛而深远的影响。协同学是研究协同系统从无序到有序的演化规律的新兴综合性学科，它认为，系统的因子之间是处于相互作用、相互制约的动态平衡当中的，当系统在受到外参量的扰动或系统内某一个或几个因子异变时，系统通常会给出一定的响应。当扰动或异变强度较低时，系统处于相对稳定平衡的状态，否则，系统处于不稳定平衡状态。

都市圈生态城市协同发展是一个复杂巨系统，将协同理论引入生态城市建设系统，对现有的城市整体发展的演化规律做出系统评价和综合研究，能科学、快捷地解决城市建设协同性的现实性问题。城市系统中的人、建筑、城市空间形象、自然环境等众多的系统参量在外环境参量的驱动下，在城市子系统之间的相互协同作用下，以自组织的方式在宏观尺度上形成空间、时间或功能有序结构的条件、特点及其演化规律。而城市的发展建设，就是要在动态中寻求平衡，在协同中得到发展。生态城市建设的协同性原则要求社会进步、经济增长和环境保护三者之间的协同，也即人类社会与自然环境的协同发展。

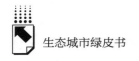

（二）动态性原则

动态性原则就是要探索系统的内外联系及系统发展变化的方向、趋势、活动的速度和方式，还要探索系统发展的动力、应用和规律。动态性原则强调系统的开放性。系统的开放性是指一个系统在接纳周围环境的同时与其周围环境也是相互作用、相互影响的，即它既受外部环境的影响，又影响着外部环境，它们相互之间不断交换物质、能量、信息。城市作为地球环境中的一个开放系统，在不断与外界交换物质、能量和信息的过程中取得可持续发展。

都市圈生态城市协同系统是一个耗散结构，只要能够从外部环境得到足够的负熵流，只要内部的熵增加维持在一个比较低的水平，城市将远离平衡态而表现出耗散结构系统的特征，城市将朝着进化的方向发展，城市生活将依然丰富多彩。按照熵定律的城市发展观，未来城市唯有步入低熵社会，我们才有可能构建富有生机和活力的城市人居环境，否则，我们将无法避免城市热寂的到来。城市成为低熵社会的路径可概括为以下几点。其一，走可持续发展的道路，保护良好的城市环境生态系统。人与自然之间的关系是相互依存、相互制约的对象性关系，人不能离开自然界而独立存在；自然界的演变必然受到人类活动的影响。因此，人与自然的和谐共生必然要求可持续发展。城市的可持续发展，其本质是城市在满足当代人、后代人物质和文化生活需要的同时，不能超出生态系统承载能力的限度。其二，科学知识和信息是一种具有巨大潜力的负熵，因此，要实现城市社会信息化。其三，要控制城市人口，合理控制城市规模。

（三）最优性原则

最优化原则是在一定条件下，改进系统的结构、功能和组织，以促使系统整体实现耗散最小而效率最高、收益最大的目标。同时，从系统的多种可能中选择最优方案，取得最优效果。要实现生态城市建设系统整体优化的目的，关键是实现系统的要素与要素之间、局部与整体之间的协调发展。具体可从以下几方面来说明。其一，实现生态城市系统的整体优化，即运用系统工程的方法进行生态城市系统建设，应考虑系统整体的最佳设计、最佳决策、最佳控制和最佳管理，在整体效益最优最佳的原则下，正确处理好局部与整体、眼前与长远的关系。使系统的整体性能得到优化，为整个系统的发展打下坚实的基础，使整个系统的效益产生质的飞跃，并以此保障生态城市建设的可持续发展。其二，要在选择和实施建设方案时，要求规划工作者尽最大努力确保建设效果，和尽最大努力确保生态安全，减少、杜绝破坏生态平衡的行为。在损害不可避免时，要把此种负面后果控制在最小范围内，限制在最低程度上，同时兼顾社会公益原则。其三，最优化原则要求在生态城市建设中，把优化思想贯穿于系统分析过程和系统实施的各个阶段。

（四）层次性原则

系统的层次性原理指的是，由于组成系统的诸要素的种种差异，系统组织在地位与作用、结构与功能上表现出等级秩序性，形成了具有质的差异的系统等级，即形成了统一系统中的等级差异性。系统的层次又是相对的，任何一个系统，一方面，都需要该系统中的要素联系起来，形成一个协同整合的统一系统，另一方面，又都是更大系统的子系统，在这个更大系统中起着要素的作用，构成了这个更大系统的基础。区域是城市生态系统运行的基础和依托，离开区域的自然和人文支持，城市就成了封闭的"孤岛"，城市与外界的物质、能量、人口、信息和文化等方面的交流就没有了畅通的渠道，城市生态系统的新陈代谢就难以进行，这样的城市是不可能实现生态化的。生态城市作为城乡统一体，是建立在区域平衡基础之上的，而且城市之间是相互联系、相互制约的，只有有了平衡协调的区域，才有平衡的生态城市。

四 大都市圈生态城市协同建设的重点

大都市圈生态城市协同建设的基本内容虽然量多面广，但其基本建设内容的重点可以归纳为三个方面：经济，社会，资源、生态保护与环境治理。

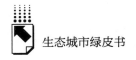

（一）经济方面

大都市圈生态城市协同建设的重点在于城市产业的选择和空间布局。生态城市的产业结构，正在较快地由以第二产业为主向以第三产业为主转变，城市也正在由工业品制造中心转变为对区域进行流通、金融、科技、信息支持的经济中心，城市产业系统应加快这种转变，并有计划地使高能耗、高污染工业企业远离市区。要大力推广节能、节水、节料技术，降低城市资源消费总量，达到从源头控制污染产出的目的。

更高层次优化产业结构。首先，根据城市建设的实际需求和市场的发展规律，合理设立各产业的发展结构，并对各产业的发展进行正确引导，让一些高能耗产业有效转变为绿色低碳产业。其次，还需要高度重视与文化和服务产业相关的重点发展项目，促进城市文化产业以及服务产业的高效绿色化发展。①广泛推行清洁生产，发展绿色产业、环保产业，实现经济增长方式从高消耗、高污染向资源节约和环境友好转变，形成产业竞争新优势，使经济建设与生态环境建设相协调。②积极构建循环经济发展平台，根据不同产业的特点，确定实施循环经济的重点和途径，逐步建立覆盖面广、运行效率高、经济效益好的循环经济发展体系，借助科技进步和循环经济的示范效应，推进企业内部、企业之间、工业园区的循环经济建设。

调整城市用地布局。土地利用的空间配置，直接影响到其环境质量的优劣，在大都市圈生态城市系统内尤为重要。城市的性质、规模、产业结构和用地大小以及城市的地形地貌、山脉、河流、气候、水文、工程地质等都是因地制宜地进行城市土地利用布局要考虑的关键因素。应合理选择用地类型，根据国家有关政策、法规，生态适宜度以及技术、经济的可行性，在适当的标准指导下，结合生态适宜度、土地条件等评价结果，划定各类用地的范围、位置和大小，明确各类用地的开发次序。要在城市近、远期总体规划指导下，合理调整城市现有土地的利用状况，实现城市圈层结构模式中各功能区的有序排列和布局。

（二）社会方面

大都市圈生态城市协同建设需要社会的支持和保障。生态城市的建设要以人为本。因此，人口数量、人口素质、生活基础设施建设、政府法律法规制定是其建设的重要组成因素。

根据人口承载能力，控制人口数量，调整人口结构。人口发展应以控制人口数量膨胀为重点，统筹兼顾人口空间分布和年龄结构的优化。应坚持适度从紧的计划生育方针，控制人口总量增长；推动城市化进程的良性发展，有效促进农村剩余劳动力转移，采取多种政策措施改善生态移民及外来人口的生活环境，优化人口空间格局；促进老龄事业和老龄产业的发展，鼓励老年人参与社会发展和生态环境建设，变老龄化压力为动力。

加大对教育及科研的投入力度。应提高居民受教育年限，同时建立人才保证体系，以优惠条件广招人才，以科学技术为推动力加快生态城市建设。

政府一是应制定大都市圈生态城市建设规划与实施框架，确定建设方向、基本原则、总体目标以及阶段目标等，充分发挥政府的宏观调控和管理职能；二是应制定相关法规，使生态城市建设有法可依、有章可循，保障总体规划和目标的实现；三是应制定推动生态城市建设的相关政策措施，特别应针对不同阶段的目标和项目实施，制定相关政策，如生态建设项目的投融资政策、税收减免政策、财政补贴政策等。

伴随生态城市功能区的合理划分产生的城市聚集障碍，需依靠完善的城市基础工程设施来排除。城市基础设施是建设城市物质文明和精神文明的最重要物质基础；是保证城市生存、持续发展的支撑体系；是保障优良的生活质量、高效的工作效率、优美的城市环境所必备的条件。当前，人们对城市基础设施的需求日益强烈，且主要集中在交通、水、能源、通信、防灾、环卫等方面。①应建设快速、完善的综合交通系统，满足城市居民日常出行便捷、快速、安全、舒适等要求，满足城市交通运输快速、大运量、大容量等需要。②建设优质、保量、持续运转的给排水系统。③建设高效、洁净的能

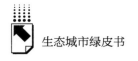

源系统。④建设高效、完备的通信系统。⑤建设安全、可靠的综合防灾系统。⑥建设与城市规模相匹配的环境卫生系统。

（三）资源、生态保护与环境治理

良好的生态环境是生态城市可持续发展的基础和必要条件。环境对城市可持续发展的类型和模式起着强有力的约束作用。环境质量的好坏直接影响着人类的生活质量，同时也影响着资源利用的深度和广度。自然保护是城市生态建设的重要内容之一，对于在高度工业化的城市地区保持水土、生物等自然资源和自然环境，维护生态平衡发挥着重要作用，同时也是开展科研、科普教育、旅游活动的重要基地。城市自然保护的主要内容包括自然资源和自然环境的保护，土地、矿产、水资源、自然历史遗迹和人文景观的保护和管理。应加大环境治理与环境污染监督的力度。在保护的基础上进行提高和完善，通过相应的工程技术措施，使自然生态环境的生态效益和共享性得到维持和提高。应加强城市绿化建设，在城市用地布局的基础上进行绿地建设的布局，点、线、面有机结合，组成完善的复层绿色结构系统，与地形地貌和河湖水系有机结合，增加绿化面积，提高城市绿化率，实施立体绿化，构建绿色生态廊道。应强化城乡融合的建设理念和规划，打破行政区界限，使物质资源、能量资源和信息资源在城乡区域之间得到合理配置和调控，实现城乡和谐发展。

附　录

Appendices

G.10
中国生态城市建设"双十"事件

曾　刚　葛世帅　陈炳　谢家艳　陆琳忆　杨阳

在对 2018 年中国生态城市建设"双十"事件进行评价与筛选之前，要首先界定城市生态建设事件的标准。依据城市生态建设的内涵，"城市生态建设事件"需满足以下三个准则：①事件与生态环境建设或破坏有关；②具有过程投入大、结果影响大、可受人为干预而在较短时间内实现改变等特征；③能够明确定位事件发生的时间和地点，要求能具体到一个或几个城市。"双十"事件的筛选主要依据事件的媒体关注度、政府关注度、民众关注度及专家认可度四个维度的综合评价得分。具体实施步骤有以下五点。

第一，在主流媒体报刊上通过关键词检索新闻报道，收集城市生态建设事件，构建基础数据库。所收集的新闻报道报刊来源为：《人民日报》《光明日报》《南方日报》《中国环境报》（暂无相关刊物）。具体检索关键词有以下两类：①检索关键词为：生态、环境、环保。对这些关键词进行检索能够较为全面地收集到全年的城市生态环境事件，保证基础数据库的完整性。

②检索关键词为：洋垃圾、蓝天保卫战、环保税、黑臭水体、垃圾分类、生态文明城市、美丽中国。对这些关键词进行检索能够较为全面地收集到不同城市对国家重大环保政策的响应结果。通过两类关键词检索共收集到新闻报道919条，以此构建城市生态事件基础数据库，并将对生态环境有益的事件命名为"亮点事件"，有害的事件命名为"恶性事件"，以便筛选。第二，依据报刊影响力分别对四个报纸进行赋权，进而对基础数据库内各事件进行打分，反映媒体关注度。第三，结合2018年国家出台的重大生态环境类政策的指导方向以及国家环境督查组主要关注通报的环境问题，找出"亮点事件"获得哪级政府（中央、省厅、本市）认可或"恶性事件"获得哪级政府督查，对筛选出的事件进行评分，反映政府关注度。第四，通过百度事件搜索生态事件新闻报道热度，将919条报道依据搜索量进行打分，反映民众关注度。第五，参考前文评价报告中的城市综合排名，对数据库中的城市生态事件进行专家组审议打分，反映专家认可度。

　　基于上述步骤，依据四个维度对各事件的打分，得到不同指标的具体数值，进行标准化处理后，依据不同的权重加权求和并排序，分别选择"亮点事件"和"恶性事件"中排名前十位的生态事件，确定为2018年度"城市生态建设十大亮点事件"与"城市生态建设十大恶性事件"。

2018年城市生态建设十大亮点事件

事件一：北京蓝天保卫战"成绩单"喜人

　　2018年9月7日，北京正式发布实施《北京市打赢蓝天保卫战三年行动计划》。计划提出，到2020年，北京市的空气质量要在"十三五"规划目标的基础上进一步提高，重污染天数要明显减少。行动计划实施的第一年，北京交上了一份漂亮的答卷。2018年，北京市年平均优良天数比例达到62.2%；PM2.5浓度为51微克/立方米，同比下降12.1%；重污染天数15天，比2017年减少9天。

2018 年，北京市聚焦重型柴油车、扬尘、挥发性有机物治理三大攻坚行动，加强了城市精细化管理和区域联防联控，空气质量得到明显改善。北京市在 2018 年完成了新一轮的 PM2.5 来源解析工作，实现了粗颗粒物监测网络在市乡镇街道的全覆盖，为打好蓝天保卫战提供了科学支撑。此外，北京市的结构性减排成效显著。一方面，北京市有序退出了 656 家一般制造和污染企业，清理整治 521 家"散乱污"企业；另一方面，北京市完成了 450 个平原村的煤改清洁能源工作，全市集中供热清洁化比例达到 99% 以上，全市平原地区基本实现"无煤化"。此外，北京铁腕执法，进一步加大了环境监管执法力度。自 2018 年 4 月 20 日起，北京市创新实施重型柴油车闭环管理机制，将超过 14 万辆超标车纳入"黑名单"。2018 年北京市全年查处违法行为 4929 起，处罚金额近 2.3 亿元，同比增加 22.5%。

事件二：上海"母亲河"进入全流域综合治理新阶段

2018 年，上海全面启动苏州河环境综合整治四期工程，通过加强岸上截污治污，计划完成 155 千米河道环境综合整治、46 条断头河整治，同时加强两岸生态整治，逐步实现苏州河两岸贯通。四期工程的开展标志着上海的"母亲河"苏州河进入了全流域综合治理的新阶段。

苏州河是横贯上海中心城区的骨干河道，涉及上海 12 个区、2012 条（段）中小河道，被誉为上海的"母亲河"。20 世纪 90 年代起，上海对苏州河实施了三轮整治工程，至 2017 年，全市有 1864 条（段）中小河道已基本消除黑臭。2018 年，上海市绝大部分中小河道水质明显改善，全市主要河流断面水环境功能区达标率达到 76.7%，和 2017 年相比上升了 17.6 个百分点；劣 V 类断面占比较 2017 年下降了 11.1 个百分点。在全面消除中小河道黑臭的基础上，上海市在 2018 年还启动了以苏州河环境综合整治四期为引领的劣 V 类河道水环境治理三年行动，通过污水厂提标扩容、泵站改造等工程，不断改善河道水质。2018 年 12 月 30 日，苏州河（真北路—蕰藻浜）堤防达标及底泥疏浚工程正式开工建设。该工程总投资约 20 亿元，包括 30.11 千米堤防达标改造和约 172 万立方米河道底泥疏浚，计划 2019 年

年底完工。工程建成后，防汛墙的高度将增加到5.2米，这将大幅提高苏州河的防洪排涝能力，提升区域生态环境质量。

事件三：杭州萧山区"环保地图"监管无盲区

2017年，杭州萧山区环保局着力建设"智慧环保"平台，成功完成放射源监控和污水中控系统建设，在浙江省内获得"单打冠军"；2018年，萧山区环保局再次推进"环保一张图"的建设工作，正式建立了集废气、废水、固废、放射源和空气质量五大在线监测系统为一体的监控平台，真正成为浙江省环保监管领域的"全能冠军"。

自2017年起，杭州萧山区便着力建设"智慧环保"平台，至2018年完成了18套环保系统和五大在线监测系统的整合，真正做到了"环保一张图，监管全覆盖"。这张"环保地图"不仅拥有地理信息，还涵盖了企业基本信息、污染源及其处理系统工作状况数据、执法记录以及三废等在线监测数据。目前，萧山区已对31家国控和省控排污企业使用废水中控系统进行监测。萧山区环保局还同时上线了智慧环评审批系统，环保审批全过程皆可在网上办理，实现"零次跑"，不仅提高了为群众和企业的办事效率，也方便了全过程监管的落实。此外，萧山区还建成了全省首个集辐射剂量实时监测、视频监控和职能巡检于一体的放射源在线监控平台，能够实时监控全区128枚放射源。接下来，萧山区将把废水中控全过程监管平台扩大使用于市控企业，届时将实现1000多家重点监管企业废水在线监控系统全覆盖，彻底消除监管盲区。

事件四：深圳海关全力封堵"洋垃圾"入境

2018年，深圳海关深入推进"蓝天"专项行动，查证走私固体废物10.1万吨；检出检疫不合格固体废物870批，共计27.7万吨。深圳海关的一系列高压严打措施将"洋垃圾"拦截在了国门之外。

自2017年底起，我国明令禁止废弃塑胶、纸类、废弃炉渣与纺织品等14大类125种固体废物入境。2018年1月1日起，中国又禁止从国外进口

24 种洋垃圾。2018 年以来,深圳海关按照海关总署统一部署,严格执行进口固废查验检验制度,对固体废物实施 100% 过机查验,100% 过磅称重,对机检查验发现有走私违规嫌疑的 100% 开箱实施人工彻底查验,将"三个100%"查验制度落到实处。2018 年,深圳海关将打击"洋垃圾"走私作为一号工程,全年滚动开展了 5 轮集中打击,共侦办了 27 宗"洋垃圾"走私罪案,相比 2017 年增长了 1.5 倍。其中"使命 2018 - 2""使命 2018 - 13"等"洋垃圾"专项行动均取得重大胜利,破获了一批大案要案。同时,深圳海关针对进口废塑料进行专项行动,重新逐一核对了关区 16 家废塑料进口企业的注册信息,对重点环境风险监管的失信企业名单即时调整了信用等级。深圳海关的一系列亮剑举措重点打击了废物、化学品、濒危动植物走私等环境领域的走私犯罪活动,取得了良好的法律效果、社会效果和生态效果。

事件五:黄山启动中国首个国家气象公园试点

2018 年 1 月 23 日,国家气象公园试点建设工作正式启动,黄山风景区成为中国首个国家气象公园试点。未来两年内,黄山将依据《国家气象公园建设指南(试行)》,保护当地的气象旅游资源,挖掘潜在的气象旅游资源并实现其文化和科学价值,同时增强景区防灾减灾的能力。黄山国家气象公园试点建设完成后,将由中国气象服务协会验收,合格后便可获得国家气象公园资格。

国家气象公园的概念由青海省气象局研究员德力格尔创造性地提出,指以气象旅游资源为主体,具有生态保护、观赏游览、科学及文化研究等功能,并具有一定规模和质量的风景资源和环境条件的特定地域。此前,我国对气象气候资源的保护几乎为空白。德力格尔指出,国家气象公园试点应具有典型性和代表性,能够体现地域和气候特征。黄山风景区作为中国知名山岳型景区,其气象旅游资源的典型性和珍稀性毋庸置疑。黄山地处亚热带季风气候区,具有得天独厚的自然条件:黄山年平均降水 232 天、降水量2370 毫米,年平均气温 8.1℃,森林覆盖率 98.29%,空气质量常年保持国家 I 级,因此造就了该地区气象景观资源的多样性。黄山风景区作为黄山的名片，既是世界文化与自然遗产，又是世界地质公园，其"五绝"：奇松、怪石、云海、温泉、冬雪誉满天下，而"云海"和"冬雪"正是典型的气象景观。据了解，黄山年平均出现云海 224 次，出现佛光 42 次，日出、晚霞、云海、佛光、雨凇、雾凇、冬雪等 10 多种气象景观交相辉映。早在 2012 年，黄山便提出建设黄山气象公园的设想，并为此做了充分的准备工作，此次国家气象公园试点建设将为黄山的发展保护注入新活力。

事件六：成都"公园城市"建设显成效

2018 年 2 月 11 日，习近平总书记在四川成都天府新区考察时，首次提出了建设公园城市的理念，并特别指出在城市建设中要考虑生态价值。2018 年 7 月，成都发布《加快建设美丽宜居公园城市的决定》，布局生态城市的"公园化"模式。成都以覆盖全域的天府绿道作为重要支撑体系，串联境内的生态区、公园、小游园和微绿地，使整个成都化身为一座大花园，将城市的生态价值转化为生活品质。

根据规划，成都天府绿道将以"一轴两山三环七道"为主体骨架贯通整个城市，全程 1.69 千米，涵盖 1920 千米区域绿道、5380 千米城区绿道及 9630 千米社区绿道三级绿道体系，建成后将是全国规划最长的城市绿道慢行系统。截至 2018 年底，成都已经累计建成天府绿道 2607 千米，基本建成熊猫绿道并向市民开放，并贯通了 24 千米的城市自行车专用道。同时，成都在绿道沿线还启动了 100 项川西林盘保护与修复工作，初步形成了 40 万亩的景观农业。2018 年，成都全市绿道还植入了 577 个文化设施，1108 个体育设施，506 个旅游设施，开工建设了 1080 处各类基本公共服务设施，使闲适的市井生活与良好的生态环境相得益彰。成都以城市绿道推进公园城市建设，让绿道可进入、可参与、景观化、景区化，使绿色融入城市建设中，向市民呈现了一座全新的公园城市。

事件七：武汉首创长江水质考核奖惩和生态补偿机制

武汉市政府于 2017 年 12 月印发《长江武汉段跨区断面水质考核奖惩和生

态补偿办法（试行）》，为考察水质在长江武汉段共设置了 13 个跨区监测断面，并建立了跨区断面水质考核奖惩和生态补偿机制。作为全国大江大河中首创的长江水质考核奖惩和生态补偿机制，其一经提出便得到迅速落实。2018年 1 月，武汉市按照水质考核核算原则，对 13 个断面综合污染指数进行了预警核算和上下游对比，并公布了长江武汉段 13 个跨区断面的水质监测结果。

根据《办法》规定，跨区考核断面水质与入境对照断面水质相比，综合污染指数持平或下降（水质改善）比例不超过 10% 和综合污染指数下降比例超过 10% 分别获得 50 万元、100 万元的奖励。综合污染指数上升（水质下降）比例不超过 10% 和综合污染指数上升比例超过 10% 将被扣缴 100万元和 200 万元。跨区断面水质考核实施形式为"单月监测、双月核算通报、年度算总账"。近年来，长江武汉段水质稳定保持优良（Ⅲ类及以上），优于国家考核要求的目标。《办法》的出台为改善长江武汉段水质、明确保护和利用中权责不清的问题提供了有效的解决方式。

事件八：海口获得全球首批"国际湿地城市"称号

2018 年 10 月 25 日，在《国际湿地公约》第十三届缔约国大会全体会议上海口荣获全球首批"国际湿地城市"称号，同获此次殊荣的有 18 个城市，分别来自七个国家。

海口被誉为"母亲河"的美舍河，全长 23.8 千米，有 50.16 平方千米的流域面积，河道曾经被严重污染。2016 年底，海口市为了全方位修复美舍河的生态环境采取了"控源截污—内源治理—生态修复"的治理方式。其中较为关键的是，海口在美舍河流域凤翔段 3.5 万平方米的建筑垃圾堆弃场上，建设成了八级净水梯田人工湿地，利用地形落差并融合 10 余项中国科学院水处理专利技术，规模达到了约 1.4 万平方米。2017 年 10 月，海口市成为中国首批"湾长制"试点，并率先实现了"河湾同治"。2018 年，通过生态修复的五源河变成了滨海湿地，潭丰洋也从土地平整硬化项目中转变为湖泊湿地，海口拥有了日均能够处理数千吨污水尾水的凤翔公园八级人工湿地梯田。如今，经过生态修复的海口，已消除黑臭水体 720 万平方米，森林覆盖率高达 38.4%，建成区绿化覆盖率为 42.7%。生态修复不仅使海口的环境质量得到了改善，也为其带来了绿色经济效益。湿地经济植物和动物的养殖，既降低了湿地的维护成本，又为农民创造了收入：拥有千亩荷塘的龙泉镇为当地村民创收超过 1500 万元；永兴镇的"冯塘绿园"每年可给每户村民带来两万多元收入。

事件九：大理全面打响洱海保护治理攻坚战

2018 年，大理持续深入推进洱海保护治理"七大行动"，果断采取系列措施，使治理工作落实见效，被国务院的第五次大督查点名表扬。2018 年 11 月，洱海湖心断面水质为Ⅱ类，这是自 2015 年以来首次实现 11 月份洱海全湖总体水质达Ⅱ类。

洱海是中国第七大淡水湖泊，千百年来滋养孕育着大理的灿烂文化。改革开放后，随着大理地区经济社会快速发展，洱海污染负荷不断增加，分别于 1996 年、2003 年、2013 年出现了蓝藻大面积暴发和聚集。2017 年初，大理开启洱海抢救模式，出台了洱海保护"七大行动"，包括流域"两违"整治、村镇"两污"整治、面源污染减量、节水治水生态修复、截污治污工程提速、流域执法监管、全民保护洱海等。至 2018 年，洱海治理成效初显，全年水质稳定，其中有 7 个月达到Ⅱ类标准。这个结果离不开当地政府和人民的共同努力。大理在 2018 年共投入洱海保护治理资金 28.20 亿元，并于 12 月份开始全面停止洱海海东开发区建设。保护洱海也是一场全民行动，结合洱海保护实际，大理创造性地开展了以"清洁家园、清洁水源、清洁田园"为主题的"三清洁"环境卫生整治活动，发挥人民群众的主体作用，从源头上减少了洱海输入性污染。

事件十：湖州发布全国首个生态文明示范区建设地方标准

2018 年 8 月 14 日，湖州市政府正式发布了由中国标准化研究院、浙江省标准化研究院、湖州市标准化研究院和湖州市质量技术监督局共同起草的《生态文明示范区建设指南》地方标准，这是全国首个生态文明示范区建设地方标准。

2014 年 5 月，湖州获批建设全国首个地级市生态文明先行示范区。2015 年 10 月，湖州成为全国唯一的创建国家生态文明标准化示范区的城市。湖州市生态文明标准化建设取得了阶段性成果，在全国率先建立生态文明标准体系，发布生态文明标准 43 项，建成生态文明标准化示范点 51 个、示范带 9 条。2018 年，湖州市已成功创建省级美丽乡村示范县 2 个、先进县 1 个，打造 3A 级景区村庄 19 个，将 90% 的行政村创建成了市级美丽乡村，建成示范乡镇 22 个、精品村 56 个、景观带 19 条。此次发布的《生态文明示范区建设指南》包含生态文明示范区空间布局、城乡发展及融合、绿色产业发展、资源节约、循环利用、生态环境保护、生态文化和体制机制建设共七个方面的建设指标，通过生态文明标准化建设，可以固化湖州市生态文明先行示范区建设所取得的成果和经验，同时建立可复制、可推广的制度体系，推动全国生态文明建设。

2018 年城市生态建设十大恶性事件

事件一：清远市环保工作弄虚作假，黑臭水体治理不力

2018 年 6 月 11 日，生态环境部官方网站和微信公众号等媒体陆续报道了中央第五环保督察组对清远市海仔大排坑治理情况的抽查结果，发现清远市黑臭水体治理存在"表面治污""假装治污"等治理不到位的情况。《人民日报》多次刊文对清远市黑臭水体整治中存在的弄虚作假问题进行了跟踪报道。

清远市政府于 2016 年 7 月 29 日印发了《清远市区黑臭水体综合整治工作方案》，推进黑臭水体整治工作。2017 年上半年，清远市水务局为落实"创建卫生城市"的要求，采取水系连通的"紧急处置"方式让黑臭水体在短时间内达到了整治标准，并向省住建厅谎报"通过采取截污控源、三清保洁、水系连通等有效措施，实现了水体洁净、不黑不臭的整治效果"。同

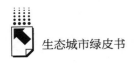
年 8 月，省住建厅组织专家赴清远进行黑臭水体整治现场检查后，并未严格审核就对清远市水体整治工作给予了评估通过。总体来说，清远市政府和相关职能部门对黑臭水体整治工作存在谎报、虚报、夸大等不实问题，省住建厅在评估工作中作风不正，存在监督检查不力等问题。2018 年 6 月，针对清远市黑臭水体整治不利问题，经广东省纪委常委会会议研究并报省委、省政府同意，包括清远市市长在内的 23 人被查处，5 名厅级干部被问责。

事件二：连云港市"12·9"重大爆炸事故，造成二氯苯泄露和10人死亡

2018 年 8 月 22 日，国务院安委办公布了挂牌督办的连云港市聚鑫生物科技有限公司"12·9"重大爆炸事故的调查报告。依据《安全生产法》《生产安全事故报告和调查处理条例》等法律、法规，事故企业被吊销安全生产许可证，罚款 500 万元。与事故相关的 45 名责任人和 10 家责任单位被追责，其中 13 名责任人被建议追究刑事责任。

2017 年 12 月 9 日 2 时 9 分，连云港聚鑫生物科技有限公司间二氯苯装置发生爆炸事故，经后期计算，该次爆炸释放的总能量为 14.15 吨 TNT 当量，事故共造成 10 人死亡、1 人轻伤，直接经济损失 4875 万元。爆炸产生的大量浓烟及粉尘存在长时间对周边环境造成恶劣影响、威胁居民健康的风险。事故发生后，国务院、原国家安全监管总局和江苏省委、省政府领导高度重视，分别做出重要批示，国务院安委会对该起事故查处实行挂牌督办。调查发现，聚鑫生物科技有限公司"12·9"重大爆炸事故是一起生产安全责任事故。聚鑫公司存在安全管理混乱、装置无正规科学设计、违法组织生产、变更管理严重缺失、教育培训不到位、操作人员资质不符合规定要求等问题，公司未严格落实安全生产主体责任，是事故发生的主要原因。

事件三：益阳市私人矮围侵占洞庭湖湿地17年之久，严重影响湿地生态及湖区行洪

2018 年 6 月 17 日，《北京青年报》报道，洞庭湖深处，存在一道人为

垒砌的堤坝似"水中长城",被围起来的湖区面积近 3 万亩,严重影响湿地生态及湖区行洪。从开始建设算起,"夏氏矮围"已侵占洞庭湖湿地 17 年之久,湖南各级政府数次严令拆除,但矮围依然存在。生态环境部组成督察组,对洞庭湖私人矮围开展专项督察。

被誉为"长江之肾"的洞庭湖,是我国乃至世界范围内的重要湿地。近些年,洞庭湖私人矮围现象比较普遍,规模最大的"夏氏矮围"最具代表性。洞庭湖长期以来兼具生产和生态两大功能,由于利益驱使,部分区域生态平衡被人为破坏。据当地群众反映,该堤坝是当地一个私企老板所建,变相地将国家的湿地变成"私家湖泊"。矮围建起来后,当地防洪压力加大,鱼的种类减少,严重破坏了江豚等生物的栖息地。"夏氏矮围"早已多次被各级政府部门下令整改。2014 年,湖南省遥感中心通过卫星监测发现巨型矮围。2015 年,因其违反防洪法,湖南省水利厅多次要求当地水利部门采取措施。2016 年,沅江市出台《沅江市拆除洞庭湖矮围网围专项行动实施方案》。但整治措施没有严格落实,超级矮围的破坏性影响依然存在,其根本原因在于背后复杂的利益关系。

事件四:临汾市政府环境监测数据弄虚作假,侵害市民环境质量知情权

2018 年,生态环境部高度重视生态整治工作落实情况,相继查处多起生态治理不到位,弄虚作假案件。河北省沧州市通过在监测断面上游临时投加药剂,降低断面水质监测数据,掩盖河道污染问题;辽宁省绥中县一份虚假文件,两张整改面孔,谎称已停止建设,却加快推进违法项目;萍乡市在不采取污染治理措施的情况下实现考核断面达标。其中,临汾市大气监测数据造假最具代表性。

2018 年 3 月,生态环境部检查发现,临汾市 6 个国控空气自动监测站监测数据存在异常情况。进一步调查发现,临汾市环保局原局长张文清等人指使其他人员通过堵塞采样头、向监测设备洒水等方式,从 2017 年 4 月至2018 年 3 月对全市 6 个国控空气自动监测站实施干扰近百次,导致监测数

据严重失真达 53 次，该行为严重误导了环境决策，同时侵害了公众的知情权。2017 年 1 月，临汾市政府因二氧化硫浓度长时间"爆表"问题被原环境保护部约谈，原环境保护部还对其新增涉大气污染物排放的建设项目实施环评限批。临汾市环保局为尽快解除限批，在监测数据上造假，对此，临汾市委、市政府不敏感、不警醒。临汾市没有形成打击监测数据造假的高压态势，涉案的 16 名人员既有环保系统人员也有城镇居民，都对干涉监测数据造假没有正确认识。

事件五：泉州市港口发生碳九泄漏事故，严重污染大气和水体

2018 年 11 月 3 日晚，福建泉州码头的一艘石化产品运输船在装卸作业时，操作员违规操作，导致裂解碳九发生泄漏，69.1 吨碳九产品漏入近海，造成大气、水体严重污染。截至 2018 年 11 月 8 日 17 时，泉港区医院共收治受害患者 52 名，包括门诊就诊 42 名，住院治疗 10 名，其中 1 人入住 ICU。

调查显示，东港石化公司、"天桐 1 号"油轮公司是造成事故发生的主要责任、直接责任单位，同时存在有关地方政府和部门履职不到位的问题。涉事企业安全生产意识薄弱，管理无序，主体责任不落实。事故发生后，东港石化公司刻意隐瞒事实，恶意串通，伪造证据，瞒报数量，性质十分恶劣。2018 年 11 月 25 日，福建省泉州市政府召开新闻发布会，通报泉港碳九泄漏事件处置和事故调查最新情况，东港石化严重瞒报化学品泄漏量，实际泄漏碳九为 69.1 吨。11 月 27 日，7 名有关企业的直接责任人已被批捕，8 名政府官员被追究责任。

事件六：唐山市省级开发区环保措施不力，未完成园区水污染治理

2018 年初，河北省撤销唐山市芦台经济技术开发区西部园区的省级开发区资格，这是全国首个因未完成《水污染防治行动计划》（简称"水十条"）规定的工业集聚区水污染治理任务而被撤销的省级开发区。

芦台经济开发区成立于 2003 年，拥有东部、西部两个工业园区，是经

河北省政府批准设立的省级经济开发区，总面积 134 平方千米，规划面积 22.7 平方千米。近年来，我国工业污染防治取得积极进展，污染物排放总量得到有效控制。但工业结构偏重、企业数量多且分布密集、排放基数大等情况仍将长期存在，工业集聚区水污染防治是工业污染防治的薄弱环节，其环境基础设施建设运行更是突出短板。工业集聚区污水成分复杂，污染因子多，建设污水集中处理设施并进行自动实时监控是底线要求。"水十条"明确规定，2017 年年底前，工业集聚区应按规定建成污水集中处理设施，并安装自动在线监控装置，京津冀、长三角、珠三角等区域提前一年完成；逾期未完成的，一律暂停审批和核准其增加水污染物排放的建设项目，并依照有关规定撤销其园区资格。

事件七：铜陵市危险废物倾入长江形成黑色产业链，酿成 "10·12" 系列重大污染事件

2017 年 11 月，长江航运公安局芜湖分局在铜陵段共截获 7 艘非法转移疑似固体废物的船舶，在马鞍山段查扣 1 艘非法转移生活垃圾的船舶，8 艘船舶共计装载固体废物近 7000 吨。经查，2017 年 5 月以来，铜陵籍汪某某等人为获取非法利益，从外省以车、船运输近 1000 吨工业废渣非法倾倒在铜陵市义安区长江堤坝的江滩上。涉案人员的系列案件也被一一查证："12·20" 污染环境案中，江苏淮安、扬州、苏州等地被非法转移处置共计 1022.95 吨危险废物。"1·26" 长江铜陵段倾倒固废污染环境案中，313.28 吨胶木通过长江水路运输被非法倾倒在长江铜陵段上江村江边。截至目前，"10·12" 系列污染环境案，共查证犯罪嫌疑人 29 人，查证非法倾倒在安徽省内的危险废物 62.88 吨，污泥 2525.89 吨，胶木 313.28 吨，非法倾倒在江苏三地的危险废物 1022.46 吨，先后查获涉污船舶 17 艘次，现场查获固体废物 7600 余吨，通过溯源倒查，查找到源头企业 16 家。

安徽 "10·12" 系列案件，是一起典型的非法处置倾倒固体废物污染环境的案件。经警方侦查发现，通过几级中间商层层转包，利用长江水道，将发达地区各种垃圾非法运输至欠发达地区倾倒，已经形成了一条黑

色"产业链"。系列案件中一些倾倒的固体废弃物含有重金属等有害污染物,有的甚至是有毒物质,倾倒区域的地表水、土壤和地下水等环境介质均受到不同程度的损害。

事件八:西安市秦岭违建大批别墅,造成生态破坏

秦岭是我国地理南北分界线,素有"中华龙脉"之称。作为长江、黄河两大水系重要水源地,秦岭是南水北调中线工程的水源地。风光旖旎、气候宜人,秦岭又被称为西安的"后花园"。然而长期以来,秦岭北麓产生了大批违建别墅,不仅圈地占林,试图将"国家公园"变为"私家花园",而且破坏山体、损毁植被,扰得生态之地一片乌烟瘴气。

秦岭北麓西安段违建别墅、破坏生态环境问题由来已久。针对这些问题,习近平总书记罕见地先后6次对秦岭北麓西安境内违规建别墅、严重破坏生态环境问题做出重要批示指示。从2018年7月起,中央直接派驻整治工作队伍。多个部委和省份都召开会议传达学习了中央办公厅《关于陕西省委、西安市委在秦岭北麓西安境内违建别墅问题上严重违反政治纪律以及开展违建别墅专项整治情况的通报》(下称"通报")。11月12日,生态环境部召开部党组(扩大)会议指出,《通报》将秦岭北麓西安境内违建别墅问题作为严重违反政治纪律的典型案例。

事件九:南平市葫芦山开采石料,严重破坏当地植被

2015年1月1日,新修订的《环境保护法》正式施行。当天,一起由民间环保组织提起的环境公益诉讼,在南平市中级人民法院被立案受理。北京市朝阳区自然之友环境研究所和福建省绿家园环境友好中心状告4名福建籍和浙江籍公民,在未依法取得占用林地许可证及未办理采矿权手续的情况下,在南平市延平区葫芦山开采石料,并将剥土和废石倾倒至山下,造成植被严重毁坏。

南平市中级人民法院分别于2015年5月15日和6月5日两次公开开庭。10月29日做出一审宣判,判令4名被告在5个月内,清除矿山工棚、

机械设备等，恢复被破坏的 28.33 亩林地的功能，在林地上补种林木，并抚育保护 3 年。如不能在指定期限内恢复林地植被，则共同赔偿生态环境修复费用 110.19 万元，共同赔偿生态环境受损恢复原状期间的服务功能损失 127 万元，用于原地的生态修复或异地公共生态修复。作为新修订的环保法施行后全国首例由社会组织提起的和全国首例法院立案受理的环境民事公益诉讼案，本案的判决生效，对之后的环境民事公益诉讼案件审理具有一定借鉴意义。

事件十：安庆市江豚自然保护区不断瘦身，严重威胁"水中大熊猫"江豚生存

2018 年 11 月 14 日，《人民日报》讯，中央生态环境保护督察针对 10 省份开展"回头看"，13 日通报第一起典型案例。安徽省安庆市随意调整保护区范围和功能区划，导致江豚自然保护区不断缩减，保护区生态功能日益衰退，严重威胁"水中大熊猫"江豚的生存环境。

安庆长江段是长江干流江豚密度最大的江段之一，是江豚最重要的栖息地和保护地。2007 年，安庆市成立市级江豚自然保护区，全长 243 千米，总面积 806 平方千米。督察组调查发现，安庆市政府相继于 2015 年 11 月、2016 年 12 月和 2017 年 6 月，三次发文调整江豚自然保护区范围和功能区划，但文件均未正式经上级部门批准。这一做法违反了国家关于自然保护区管理的相关规定。2015 年的调整中，保护区总面积从 806 平方千米减为 552 平方千米，干流长度从 243 千米减为 152 千米，导致约 50 头江豚失去栖息地。2017 年调整中，为推进安庆港中心港区建设，双河口段、沙漠洲段、五里庙段、长丰段等四个区域共 2.66 平方千米范围被调出保护区。调整后的保护区内仅安庆岸线仍有 25 个生产码头泊位、2 个水上加油站以及 3 个锚地，对江豚生存造成直接威胁。另外，保护区还设置有 18 个直排长江干流的排污口。

G.11
中国生态城市建设大事记
（2018年1～12月）

朱　玲[*]

2018年1月1日　新《水污染防治法》正式实施。新规坚持保护优先、预防为主、综合治理、统筹协调的四大原则，做出了55处重大修改，涉及河长制、饮用水保护、环保监测等内容。

2018年1月1日　《生态环境损害赔偿制度改革方案》明确在全国试行生态环境损害赔偿制度。

2018年1月1日　《中华人民共和国环境保护税法》正式施行，环保税由此成为我国的第十八个税种。

2018年1月1日　《核安全法》全面施行，生态环境部（国家核安全局）开展全国性"核安全法实施年"活动，全面落实习近平总书记提出的"理性、协调、并进"的核安全观，依法从严监管，推进核安全治理体系和治理能力现代化。

2018年1月2日　住建部印发《关于加快推进部分重点城市生活垃圾分类工作的通知》，再次明确了生活垃圾分类的工作目标和任务：要求2018年，46个重点城市均要形成若干垃圾分类示范片区，探索建立宣传发动、收运配套、设施建设等方面的工作机制。

2018年1月4日　中办、国办印发《关于在湖泊实施湖长制的指导意见》。根据指导意见，我国2018年底前所有湖泊将实施湖长制，建立健全以党政领导负责制为核心的责任体系，实行湖泊生态环境损害责任终身追究制。

---

* 朱玲，女，汉族，教授，主要从事哲学伦理学研究。

2018 年 1 月 17 日　环保部印发《排污许可管理办法（试行）》。这是我国排污许可制度的第一个部门规章，规定了排污许可证核发程序等内容，细化了环保部门、排污单位和第三方机构的法律责任，为改革完善排污许可制迈出了坚实的一步。

2018 年 2 月 2～3 日　环境保护部在京召开 2018 年全国环境保护工作会议。环境保护部部长李干杰出席会议并讲话。

2018 年 2 月 5 日　中办、国办印发《农村人居环境整治三年行动方案》，提出到 2020 年，实现农村人居环境明显改善，村庄环境基本干净整洁有序，村民环境与健康意识普遍增强。

2018 年 3 月 11 日　十三届全国人大一次会议第三次全体会议通过了《中华人民共和国宪法修正案》，"生态文明"被写入宪法，这意味着从根本大法角度生态文明被纳入中国特色社会主义总体布局和第二个百年奋斗目标体系，为中国特色社会主义生态文明建设提供了根本的法律保障。

2018 年 3 月 17 日　第十三届全国人民代表大会第一次会议审议批准了国务院机构改革方案，组建生态环境部，整合原来政府各部门分散的生态环境保护职责，统筹生态保护与污染防治，统一行使生态和城乡各类污染排放监管与行政执法职责，是我国生态环境保护历史上又一个重要里程碑。

2018 年 4 月 2 日　河南省召开危险化学品和烟花爆竹安全监管工作会议暨双重预防机制推进会，划定新乡县、范县等 16 个县为危险化学品重点县，要求重点县科学规划化工园区具体位置，并明确细分行业的发展方向和资源配置，开展一体化化工园区建设。

2018 年 4 月 8～11 日　博鳌亚洲论坛年会在海南博鳌举行。国家主席习近平出席年会开幕式并发表题为《开放共创繁荣　创新引领未来》的主旨演讲。

2018 年 4 月 13 日　生态环境部、商务部、发展改革委、海关总署等四部委发布联合公告，从 2019 年 1 月 1 日起，将包括工业来源废塑料在内的 16 个品种固体废物，从《限制进口类可用作原料的固体废物目录》调入《禁止进口固体废物目录》，这意味着废塑料进口将全面被禁止。

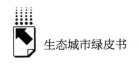

2018 年 4 月 14 日　中共中央、国务院做出关于对《河北雄安新区规划纲要》的批复。雄安新区将成为绿色生态宜居新城区，新区建设坚持把绿色作为高质量发展的普遍形态，充分体现生态文明建设要求，坚持生态优先、绿色发展，贯彻绿水青山就是金山银山的理念。

2018 年 4 月 16 日　新组建的生态环境部正式挂牌。我国生态环境保护进入了一个新的历史周期。生态环境部整合实现了地上和地下、岸上和水里、陆地和海洋、城市和农村、一氧化碳和二氧化碳的"五个打通"。

2018 年 4 月 16 日　《环境影响评价公众参与办法》由生态环境部部务会议审议通过。《办法》主要针对建设项目环评公参相关规定进行了全面修订，充分保障公众参与的充分性和有效性，进一步提高公众参与的效率，优化营商环境。

2018 年 4 月 17 日起　央视财经接连曝光多家化工企业及园区非法排污，涉及山西三维集团、江苏连云港灌云县化工园区等多家单位。

2018 年 4 月 22 日　江苏省环保厅对滨海县和大丰区全境实施 6 个月区域限批，其间暂停除环保基础设施类项目和民生类项目外的所有建设项目环评文件审批。

2018 年 5 月和 10 月　中央生态环保督察组分两批对全国 20 个省份开展"回头看"，重点聚焦第一轮督察反馈问题的整改情况，严厉查处一批敷衍整改、表面整改、假装整改及"一刀切"等生态环保领域的形式主义、官僚主义问题，进一步压实地方党委、政府的生态环保责任。

2018 年 5 月 18～19 日　全国生态环境保护大会在北京召开，习近平总书记发表重要讲话，对加强生态环境保护、坚决打好污染防治攻坚战做出了全面部署。大会正式确立了习近平生态文明思想，为新时代生态文明建设提供了根本遵循和实践动力。

2018 年 5 月 30 日　江西省政府办公厅印发《鄱阳湖生态环境综合整治三年行动计划（2018～2020 年）》，指出除在建项目外，长江江西段及赣江、抚河、信江、饶河、修河岸线以及鄱阳湖周边 1 千米范围内禁止新建重化工项目，周边 5 千米范围内不再新布局有重化工业定位的工业园区。

2018 年 6 月 5 日 山东省住建厅发布了《山东省绿色智慧住区建设指南》，内容包括总则等 8 个部分，旨在构建绿色智慧住区指标体系。

2018 年 6 月 5 日 生态环境部联合中央文明办、教育部、共青团中央、全国妇联共同发布《公民生态环境行为规范（试行）》，共有 10 条内容，简称"公民十条"，分别是：关注生态环境、节约能源资源、践行绿色消费、选择低碳出行、分类投放垃圾、减少污染产生、呵护自然生态、参加环保实践、参与监督举报、共建美丽中国。"公民十条"的发布旨在强化公民的生态环境意识，引导公民自觉践行绿水青山就是金山银山的理念，在全社会大力传播社会主义生态文明观，共同推动形成人与自然和谐发展的现代化建设新格局。

2018 年 6 月 7 日 生态环境部印发了《2018～2019 年蓝天保卫战重点区域强化督查方案》，为进一步改善京津冀及周边地区、汾渭平原及长三角地区等重点区域环境空气质量，持续开展大气污染防治强化督查。

2018 年 6 月 10 日 上海合作组织成员国元首理事会第十八次会议在青岛举行。习近平主席发表了"弘扬上海精神，构建命运共同体"的重要讲话。

2018 年 6 月 13 日 湖北省政府印发《湖北省沿江化工企业关改搬转工作方案》，再次明确沿江 1 千米内禁止新建化工项目和重化工园区，沿江 15 千米范围内一律禁止在园区外新建化工项目。凡不符合规划或安全环保条件、存在环境污染风险的现有化工企业，一律关停或迁入合规园区、改造升级。

2018 年 6 月 24 日 中共中央、国务院公布了《中共中央国务院关于全面加强生态环境保护坚决打好污染防治攻坚战的意见》，意见提出：要坚决打赢蓝天保卫战，着力打好碧水保卫战，扎实推进净土保卫战。

2018 年 7 月 3 日 国务院印发《打赢蓝天保卫战三年行动计划》，要求坚决打赢蓝天保卫战，实现环境效益、经济效益和社会效益多赢。

2018 年 7 月 7 日 "生态文明贵阳国际论坛 2018 年年会"开幕式在贵阳举行。论坛主题为"走向生态文明新时代：生态优先 绿色发展"。

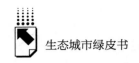

2018 年 7 月 10 日　十三届全国人大常委会第四次会议听取和审议大气污染防治法执法检查报告并做出《关于全面加强生态环境保护　依法推动打好污染防治攻坚战的决议》。

2018 年 7 月起　陕西省对秦岭北麓西安境内的违规别墅和其他破坏生态环境问题展开清查，拆除违建别墅，恢复良好生态，并对相关责任人严肃处理。习近平总书记高度重视生态文明建设和生态环境保护，针对秦岭北麓西安境内违建别墅问题多次做出重要批示指示，中央派驻了专项整治工作组督促整改。

2018 年 7 月 20 日　"2018 天津规划论坛暨中新天津生态城绿色发展论坛"在中新天津生态城成功举办。来自国内外 30 余位专家学者以"从理想到实践：生态城市规划前沿及实施路径"为主题展开了演讲与讨论。

2018 年 7 月 27 日　《经济参考报》刊发题为《生态保护红线全国"一张图"将完成》的报道。文章称，7 月 26 日，生态环境部召开 7 月例行发布会。全国已有 14 省份发布本行政区域生态保护红线。

2018 年 8 月 31 日　十三届全国人大常委会第五次会议通过了《土壤污染防治法》。对土壤污染防治的基本原则、土壤污染防治基本制度、预防保护、管控和修复、经济措施、监督检查和法律责任等重要内容做出了明确规定，标志着土壤污染防治制度体系基本建立，该法将于 2019 年 1 月 1 日起施行。

2018 年 8 月 22 日　重庆出台全国首个省级层面"智慧城市管理"行业标准《重庆市智慧城市管理信息系统技术规范》，标志着全国首个省级层面智慧城市管理行业标准正式出台。

2018 年 9 月 3 日　生态环境部正式公布了《关于生态环境领域进一步深化"放管服"改革，推动经济高质量发展的指导意见》，为打好污染防治攻坚战、推动经济高质量发展提供了有力支持。

2018 年 9 月 3 日　中非合作论坛北京峰会开幕。习近平主席发表了题为"携手共命运　同心促发展"的主旨讲话。

2018 年 9 月 7～8 日　"第九届中国（天津滨海）国际生态城市论坛暨

2018 中国国际数字经济创新峰会"在天津滨海新区举行。论坛主题为"数字时代让城市生活更美好"。

2018 年 9 月 20 日 "城市大数据及城市仿真论坛 2018"在北京召开，论坛聚焦了国内外及各学科的城市仿真成果与应用研究，促进了和城市仿真有关的各学科专家的交流，搭建了城市仿真国内外交流平台，深入挖掘了城市仿真在预测城市发展规律方面的应用，明确了基于时空大数据多学科全方位的城市仿真的共同方向，形成了与会全体专家共同努力的目标，促进了与会者共同推进城市仿真以形成指导城市管理决策科学手段的决心。

2018 年 9 月 25 日 重庆市启动 2018～2019 年重庆市智慧城市技术创新与应用示范专项重点示范项目申报工作，推动了大数据智能化技术在政务服务、社会治理、民生改善等领域的应用示范。

2018 年 9 月 26 日 联合国环境规划署将年度"地球卫士奖"授予中国浙江"千村示范、万村整治"工程。这项工程是"绿水青山就是金山银山"理念在基层农村的成功实践。

2018 年 9 月 24 日 由兰州大学、甘肃省教育厅主办，甘肃省相关高校协办的 2018 年"一带一路"高校联盟生态文明主题论坛开幕，来自"一带一路"高校联盟的中外成员单位分享了三年来高校联盟建设的新成果，描绘了"一带一路"高等教育共同体的新篇章，探讨了"一带一路"生态文明建设的新经验。

2018 年 10 月 22 日至 11 月 2 日 生态环境部、住房和城乡建设部开展 2018 年城市黑臭水体整治专项巡查，重点对 36 个重点城市（直辖市、省会城市、计划单列市）以及上次督查时进展缓慢的一些城市进行专项巡查。

2018 年 10 月 27 日 "2018 全球城市论坛"在中国金融信息中心举办，由上海交通大学中国城市治理研究院承办。论坛主题是"全球城市·绿色发展"。

2018 年 11 月 2～3 日 "2018（第六届）国家城市发展市长论坛"在中新天津生态城举办。论坛主题为"绿色、智慧、融合——新时代城市的高质量发展"，旨在为城市发展寻找新坐标，发掘新动能，激发新活力。

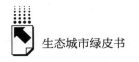

2018 年 11 月 5～10 日　首届中国国际进口博览会在中国国家会展中心（上海）举办。旨在坚定支持贸易自由化和经济全球化，主动向世界开放市场。

2018 年 11 月 5 日　新疆、西藏、青海、甘肃、云南 5 省区 9 个国家级自然保护区的负责人在青海省西宁市签订协作备忘录，明确未来将在跨区域生态环境保护、跨区域信息共享等方面加强协作。

2018 年 11 月 12 日　生态环境部、自然资源部联合发布生态保护红线标识。标志着生态保护红线工作已由制定省级划定方案逐步转入落地勘界定标和制定配套政策的阶段。

2018 年 11 月　《中共中央办公厅关于陕西省委、西安市委在秦岭北麓西安境内违建别墅问题上严重违反政治纪律以及开展违建别墅专项整治情况的通报》将秦岭北麓西安境内违建别墅问题作为严重违反政治纪律的典型案例，重视程度高，追责力度大，震慑效果强，影响范围广，对生态环境系统具有很强的针对性、指导性，对生态环境保护工作具有历史性、标志性意义。

2018 年 12 月 12 日　中国社科院发布由刘举科、孙伟平、胡文臻主编的《中国生态城市建设发展报告（2018）/生态城市绿皮书》。报告针对生态城市群高质量发展，遵循生态城市发展规律，规划生态城市"绿色发展三阶段走"战略，坚持生态城市绿色发展理念与建设标准，坚持普遍性要求与特色发展相结合的原则，用"核心指标＋扩展指标"建立了动态评价模型，创建了"法于人体"的"健康指数"评价方法，坚持全面考核与动态评价相结合，提供了可资借鉴的科学评价依据。对全国地级及以上城市进行绿色健康发展评价，凡进入"很健康""健康"序列范围的城市便可被认定为已经进入了高质量发展阶段。使"高质量发展"通过"健康指数"评价法具体化、可操作化。同时公布了 2017 年中国生态城市发展"双十事件"。

2018 年 12 月 15 日　中国生态文明论坛在广西南宁召开年会，生态环境部对第二批 16 个"绿水青山就是金山银山"实践创新基地和第二批 45

个国家生态文明建设示范市县进行了授牌命名。第二批"绿水青山就是金山银山"实践创新基地（16个）分别为：北京市延庆区、内蒙古自治区杭锦旗库布齐沙漠亿利生态示范区、吉林省前郭尔罗斯蒙古族自治县、浙江省丽水市、浙江省温州市洞头区、江西省婺源县、山东省蒙阴县、河南省栾川县、湖北省十堰市、广西壮族自治区南宁市邕宁区、海南省昌江黎族自治县王下乡、重庆市武隆区、四川省巴中市恩阳区、贵州省赤水市、云南省腾冲市、云南省红河州元阳哈尼梯田遗产区。

2018 年 12 月 29 日　第十三届全国人民代表大会常务委员会第七次会议通过《全国人民代表大会常务委员会关于修改〈中华人民共和国劳动法〉等七部法律的决定》，其中，对《中华人民共和国环境影响评价法》《中华人民共和国环境噪声污染防治法》做出修改，决定自公布之日起施行。

G.12
参考文献

[1] 卢中原、李晓西、赵峥等:《亚太城市绿色发展研究报告》,《中国发展观察》2017 年第 Z1 期。

[2] 张涵:《以人为本促进城市高质量发展》,《中国国情国力》2019 年第 7 期。

[3] 黄顺江:《中国绿色发展道路让经济与环境兼容》,《中国科学报》2019 年 7 月 23 日。

[4] 刘耀彬、袁华锡、胡凯川:《中国的绿色发展:特征规律·框架方法·评价应用》,《吉首大学学报》(社会科学版) 2019 年第 4 期。

[5] 姚龙华:《城市高质量发展需要城市更新"升级版"》,《金融咨询》2019 年 2 月 26 日。

[6] 杨伟民:《树立空间发展理念 推进城市化高质量发展》,中国网,2019 年 6 月 12 日。

[7] 范恒山:《紧扣城市高质量发展五个关键词》,《解放日报》2019 年 8 月 2 日。

[8] 刘燕华: 《中小城市高质量发展:怎么看,怎么办》,中国经济网,2019 年 3 月 1 日。

[9] 史云贵、刘晓君:《绿色治理:走向公园城市的理性路径》,《四川大学学报》(哲学社会科学版) 2019 年第 3 期。

[10] 唐由海、王靖雯:《基于"公园城市"理念与方法的宜宾城市中心区城市设计》,《山西建筑》2019 年第 11 期。

[11] 吴承照、吴志强:《公园城市生态价值转化的机制路径》,《成都日报》2019 年 7 月 10 日。

［12］唐柳、周璇：《推进公园城市生态价值转化》，《成都日报》2019 年 7 月 10 日。

［13］曹顺仙、周以杰：《习近平绿色发展思想的生态哲学诠释》，《南京林业大学学报》（人文社会科学版）2019 年第 3 期。

［14］杨达、刘梦瑶：《构建广义绿色治理体系的贵州样板》，《中国社会科学报》2019 年 8 月 8 日。

［15］范锐平：《加快建设美丽宜居公园城市》，《人民日报》2018 年 10 月 11 日。

［16］曹顺仙、周以杰：《习近平绿色发展思想的生态哲学诠释》，《南京林业大学学报》（人文社会科学版）2019 年第 3 期。

［17］李百汉：《推动绿色发展需抓住五大"着力点"》，《经济日报》2019 年 7 月 19 日。

［18］李晓江、吴承照、王红扬、钟舸、李炜民、成玉宁、杨潇、刘彦平、王旭：《公园城市，城市建设的新模式》，《城市规划》2019 年第 3 期。

［19］刘红梅：《推进城市绿色发展》，《青海日报》2018 年 2 月 26 日。

［20］潘家华：《公园城市 城市高质量发展的理论与实践创新》，《成都日报》2019 年 2 月 27 日。

［21］尚晨光、张雅静：《公园城市：工业文明城市理念的一场革命》，《湖北理工学院学报》（人文社会科学版）2019 年第 2 期。

［22］康博成：《城市规划设计如何适应城市发展的思考》，《科技与企业》2016 年第 39 期。

［23］徐健、郑文裕、池浩：《哈尔滨市规划控制线（五线）管理应用研究》，《城乡治理与规划改革——2014 中国城市规划年会论文集》，2014。

［24］李育冬、原新：《境友好型城市建设中的循环经济思想探析》，《生产力研究》2008 年第 4 期。

［25］宁茂军：《智慧城市建设与集客经营转型》，《通信企业管理》2014 年

第 10 期。

[26] 葛蕾蕾、佟婳、侯为刚：《国内智慧城市建设的现状及发展策略》，《行政管理改革》2017 年第 7 期。

[27] 史宝娟、赵国杰：《城市循环经济系统评价指标体系与评价模型的构建研究》，《现代财经》2007 年第 5 期。

[28] 农业部网站，http：//www. moa. gov. cn/ztzl/nylsfz/。

[29] 中华人民共和国工业和信息化部，http：//www. miit. gov. cn/n1146295/n1652858/n1652930/n3757016/c5143553/content. html。

[30] 习近平：《决胜全面建成小康社会　夺取新时代中国特色社会主义伟大胜利——在中国共产党第十九次全国代表大会上的报告》，《人民日报》2017 年 10 月 28 日。

[31] 张丽：《绿色生活方式探析》，东华大学硕士学位论文，2018。

[32] 周红亚：《住宅类绿色建筑适宜技术应用研究》，苏州科技大学硕士学位论文，2018。

[33] 刘德海：《绿色发展》，江苏人民出版社，2016。

[34] 梁鸿、曲大维、许非：《健康城市及其发展：社会宏观解析》，《社会科学》2003 年第 1 期。

[35] 台喜生、李明涛：《健康宜居型城市建设评价报告》，《中国生态城市建设发展报告（2018）》，社会科学文献出版社，2018。

[36] 台喜生、李明涛、方向文：《健康宜居型城市建设评价报告》，《中国生态城市建设发展报告（2017）》，社会科学文献出版社，2017。

[37] 王舒：《新闻观察：厦门健康步道基础部分已基本完成》，http：//news. xmtv. cn/2019/03/30/VIDEVqiZPrsVugMlcOsM0paQ190330. shtml。

[38] CITY OF SYDNEY. Sustainalbe Sydney 2030. https：//www. cityofsydney. nsw. gov. au/vision/sustainable－sydney－2030.

[39] CITY OF SYDNEY. Planning for 2050. https：//www. cityofsydney. nsw. gov. au/vision/planning－for－2050.

[40] 曾春霞：《"两型社会"背景下宜居生态城市建设探讨——以湖南衡阳

为例》，《安徽农业科学》2009 年第 10 期。

[41] 程雪林：《基于宜居住生态城市理念的天津滨海新区建设研究》，天津大学硕士学位论文，2007。

[42] 杨卫泽：《宜居生态市建设理论及其评价指标体系研究》，南京理工大学博士学位论文，2008。

[43] 左长安：《绿色视野下 CBD 规划设计研究》，天津大学博士学位论文，2010。

[44] 玉溪市委党校课题组：《玉溪现代宜居生态城市建设路径研究》，《中共云南省委党校学报》2011 年第 5 期。

[45] 《"十三五"期间我国共要建设 19 个城市群》，人民网。

[46] 《决胜全面建成小康社会　夺取新时代中国特色社会主义伟大胜利》，十九大报告。

[47] 《协同发展铸就城市强大核心区》，《台州日报》2016 年 8 月 26 日。

[48] 《中国城市群协同发展面临挑战　三类要素缺乏》，中国产业经济信息网，2018 年 4 月 5 日。

[49] 马交国、杨永春：《生态城市理论研究综述》，《兰州大学学报》2004 年第 5 期。

[50] 埃比尼泽·霍华德：《明天：通往真正改革的和平之路》，金经元译，商务印书馆，2000。

[51] 张京祥：《西方城市规划思想史纲》，东南大学出版社，2005。

[52] Park E P. *The City* ［M］. Chicago：The University of Chicago Press, 1925.

[53] 王艳、尹建中：《城市循环经济理论与实践现状及展望》，《对外经贸》2012 年第 6 期。

[54] 潘鹏杰：《城市循环经济发展评价指标体系构建与实证研究》，《学习与探索》2010 年第 5 期。

[55] 冯久田、尹建中、初丽霞：《循环经济理论及其在中国实践研究》，《中国人口·资源与环境》2003 年第 2 期。

G.13
后　记

生态城市建设已经进入城市群发展阶段。城市群内部的生态城市协同建设成为新的发展目标。这是国家持续加大污染防治力度、改革完善相关制度、协调推动高质量发展与生态环境保护所取得的重大成果。《中国生态城市建设发展报告》也已走过了近十年的研创发布之路。本系列研究牢记使命，始终把生态城市建设作为重要使命，坚持绿色发展，为广大人民群众建设更加美好的生产生活环境、享有美丽健康宜居的环境，提高人民生活质量。这就是我们给共和国70周年的献礼。

在过去一年里，推动社会经济生态环境高质量发展成为我们研究与践行的重点。《中国生态城市建设发展报告（2019）》重点关注如何实现城市群高质量发展问题。我们提出了"法于人体"的"健康指数"评价方法，坚持全面考核与动态评价相结合，提供了可资借鉴的科学评价依据。进入"很健康""健康"序列范围的城市便可被认定为已经进入了高质量发展阶段。"高质量发展"通过我们的评价得到了具体化、可操作化。依此原理，我们对2017年284个中国生态城市的健康指数进行了全面考核及综合评价排名；坚持普遍性要求与特色发展相结合的原则，对地方政府生态城市建设的投入产出效果进行了科学评价与排名，评选出了环境友好、绿色生产、绿色生活、健康宜居和综合创新型城市等五类特色发展的一百强城市；给出各城市下年度的建设侧重度、建设难度和建设综合度等指导意见，指导生态城市建设朝着正确健康方向发展。从评价结果看，建成区人均绿地面积由2016年的15.01平方米提高到2017年的15.71平方米，增加了0.7平方米。单位GDP工业二氧化硫排放量由2016年的1.76千克/万元下降到2017年的1.26千克/万元，下降了0.5千克/万元。单位GDP综合能耗由2016年的 0.85 吨标准煤/万元下降到 2017 年的 0.82 吨标准煤/万元，下降了 0.03 吨标准煤/万元。空气质量持续好转。例如北京 2018 年蓝天保卫战"成绩单"喜人，年平均优良天数比例达到 62.2%，PM2.5 浓度为 51 微克/立方米，同比下降 12.1%，重污染天数 15 天，比 2017 年减少 9 天。再如成都"公园城市"建设显成效。2018 年 2 月 11 日，习近平总书记在四川成都天府新区考察时，首次提出了建设公园城市的理念，并特别指出在城市建设中要考虑生态价值。武汉首创长江水质考核奖惩和生态补偿机制。浙江省湖州市发布全国首个生态文明示范区建设地方标准。海口获得全球首批"国际湿地城市"称号。西部省会（首府）城市进步明显，除银川市外，其他全部进入前 100 名，兰州市从第 101 位跃居第 53 位，拉萨市从第 44 位跃居第 17 位，说明西部生态城市建设的成效显著。

中国的生态城市建设已经进入城市群发展阶段，转向以天蓝地绿水净为特质的高质量发展阶段。一是建设生态城市标准示范城；二是向城市群高质量协同发展迈进。生态城市建设发展中，西部发展不充分、东西部城市发展不平衡问题依然突出，特别是新一轮西部大开发建设中，亟须"形成若干新的大城市群和区域性城市群"。近期《中共中央、国务院关于新时代推进西部大开发形成新格局的指导意见》指出：要"因地制宜优化城镇化布局与形态，提升并发挥国家和区域中心城市的功能和作用，推动城市群高质量发展和大中小城市网络化建设"。我们认为，按照国家"两横三纵"城市化规划格局，需要大力强化西部"一横一纵"城市化规划，建设以兰州为中心的西部大都市圈，以陆桥通道（西安至新疆乌鲁木齐至阿拉山口）为横轴（包括天山北坡城市群）、以包昆通道为纵轴的城市带（包括呼包鄂榆、宁夏沿黄、黔中、滇中城市群），以关中—天水、兰西、成渝、藏中南地区城市群为重要组成部分的城市群，形成新时代西部开发大都市圈建设新格局。我国北有以北京为中心的京津冀协同发展战略区，东有以上海为中心的长江经济带发展战略区，南有以广东为中心的粤港澳大湾区，唯独西部没有代表性大都市圈。亟须"形成若干新的大城市群和区域性城市群"（《国家主体功能区规划》），以解决东西部发展不平衡、不协调的问题。

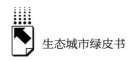
　　大都市圈建设也是当前和今后相当历史时期需要花大力气解决的突出问题。都市圈是指以大都市为核心，以空间联系为主要特征，以物流、人流、经济流、信息流等为衡量指标的一个功能地域概念，是在充分发挥中心城市的集聚效应和辐射效应前提下，发挥其功能时与周边地域形成种种紧密联系所能波及的空间范围（又称为一日交流圈），所形成的功能地域、节点地域称为都市圈。需要着力推进东西部城市群及大都市圈协调发展。

　　《中国生态城市建设发展报告（2019）》的理论构架、目标定位、发展理念与思路、研究重点、考核评价标准等由主编确立。参加研创工作的主要编撰者有陆大道、李景源、孙伟平、刘举科、胡文臻、曾刚、黎云昆、喜文华、王兴隆、李具恒、赵廷刚、温大伟、谢建民、张志斌、刘涛、常国华、岳斌、张伟涛、钱国权、聂晓英、袁春霞、姚文秀、刘攀亮、高天鹏、王翠云、台喜生、李明涛、汪永臻、康玲芬、张腾国、滕堂伟、朱贻文、叶雷、高旻昱、刘明石、李恒吉、葛世帅、陈炳、谢家艳、陆琳忆、杨阳、朱玲、崔剑波、马凌飞等。本报告大事记由朱玲负责完成，中英文统筹由汪永臻、马凌飞负责完成，最后由主编刘举科、孙伟平、胡文臻统稿定稿。

　　生态城市发展研究与《生态城市绿皮书》的研创、发行及成果推广工作得到皮书顾问委员会及诸多机构领导专家真诚无私的关心支持。在这里，我们要特别感谢中国社会科学院、甘肃省人民政府、兰州城市学院、上海大学以及华东师范大学相关领导所给予的亲切关怀和巨大支持，衷心感谢陆大道院士、李景源学部委员所贡献的智慧和给予的指导帮助，感谢配合我们开展社会调研与信息采集的城市和志愿者，感谢社会科学文献出版社谢寿光社长和社会政法分社王绯社长、周琼副社长，以及责任编辑赵慧英老师为本书出版所付出的辛勤劳动。

刘举科　孙伟平　胡文臻

二〇一九年六月十六日

权威报告·一手数据·特色资源

皮书数据库
ANNUAL REPORT(YEARBOOK)
DATABASE

当代中国经济与社会发展高端智库平台

所获荣誉

- 2016年，入选"'十三五'国家重点电子出版物出版规划骨干工程"
- 2015年，荣获"搜索中国正能量 点赞2015""创新中国科技创新奖"
- 2013年，荣获"中国出版政府奖·网络出版物奖"提名奖
- 连续多年荣获中国数字出版博览会"数字出版·优秀品牌"奖

成为会员

通过网址www.pishu.com.cn访问皮书数据库网站或下载皮书数据库APP，进行手机号码验证或邮箱验证即可成为皮书数据库会员。

会员福利

- 已注册用户购书后可免费获赠100元皮书数据库充值卡。刮开充值卡涂层获取充值密码，登录并进入"会员中心"—"在线充值"—"充值卡充值"，充值成功即可购买和查看数据库内容。
- 会员福利最终解释权归社会科学文献出版社所有。

数据库服务热线：400-008-6695
数据库服务QQ：2475522410
数据库服务邮箱：database@ssap.cn
图书销售热线：010-59367070/7028
图书服务QQ：1265056568
图书服务邮箱：duzhe@ssap.cn

社会科学文献出版社 皮书系列
SOCIAL SCIENCES ACADEMIC PRESS (CHINA)

卡号：237479655848
密码：

基本子库
SUB DATABASE

中国社会发展数据库（下设 12 个子库）

全面整合国内外中国社会发展研究成果，汇聚独家统计数据、深度分析报告，涉及社会、人口、政治、教育、法律等 12 个领域，为了解中国社会发展动态、跟踪社会核心热点、分析社会发展趋势提供一站式资源搜索和数据分析与挖掘服务。

中国经济发展数据库（下设 12 个子库）

基于"皮书系列"中涉及中国经济发展的研究资料构建，内容涵盖宏观经济、农业经济、工业经济、产业经济等 12 个重点经济领域，为实时掌控经济运行态势、把握经济发展规律、洞察经济形势、进行经济决策提供参考和依据。

中国行业发展数据库（下设 17 个子库）

以中国国民经济行业分类为依据，覆盖金融业、旅游、医疗卫生、交通运输、能源矿产等 100 多个行业，跟踪分析国民经济相关行业市场运行状况和政策导向，汇集行业发展前沿资讯，为投资、从业及各种经济决策提供理论基础和实践指导。

中国区域发展数据库（下设 6 个子库）

对中国特定区域内的经济、社会、文化等领域现状与发展情况进行深度分析和预测，研究层级至县及县以下行政区，涉及地区、区域经济体、城市、农村等不同维度。为地方经济社会宏观态势研究、发展经验研究、案例分析提供数据服务。

中国文化传媒数据库（下设 18 个子库）

汇聚文化传媒领域专家观点、热点资讯，梳理国内外中国文化发展相关学术研究成果、一手统计数据，涵盖文化产业、新闻传播、电影娱乐、文学艺术、群众文化等 18 个重点研究领域。为文化传媒研究提供相关数据、研究报告和综合分析服务。

世界经济与国际关系数据库（下设 6 个子库）

立足"皮书系列"世界经济、国际关系相关学术资源，整合世界经济、国际政治、世界文化与科技、全球性问题、国际组织与国际法、区域研究 6 大领域研究成果，为世界经济与国际关系研究提供全方位数据分析，为决策和形势研判提供参考。

法律声明

"皮书系列"（含蓝皮书、绿皮书、黄皮书）之品牌由社会科学文献出版社最早使用并持续至今，现已被中国图书市场所熟知。"皮书系列"的相关商标已在中华人民共和国国家工商行政管理总局商标局注册，如LOGO（ ⬛ ）、皮书、Pishu、经济蓝皮书、社会蓝皮书等。"皮书系列"图书的注册商标专用权及封面设计、版式设计的著作权均为社会科学文献出版社所有。未经社会科学文献出版社书面授权许可，任何使用与"皮书系列"图书注册商标、封面设计、版式设计相同或者近似的文字、图形或其组合的行为均系侵权行为。

经作者授权，本书的专有出版权及信息网络传播权等为社会科学文献出版社享有。未经社会科学文献出版社书面授权许可，任何就本书内容的复制、发行或以数字形式进行网络传播的行为均系侵权行为。

社会科学文献出版社将通过法律途径追究上述侵权行为的法律责任，维护自身合法权益。

欢迎社会各界人士对侵犯社会科学文献出版社上述权利的侵权行为进行举报。电话：010-59367121，电子邮箱：fawubu@ssap.cn。

社会科学文献出版社